智能变电站实用技术丛书

保护控制分册

BAOHU KONGZHI FENCE

主　编　宋璇坤
副主编　刘　颖　李　军　肖智宏　李敬如

中国电力出版社
CHINA ELECTRIC POWER PRESS

内 容 提 要

智能变电站是实现坚强智能电网建设发展的重要组成部分，它涉及多学科理论和多领域技术。为加快智能变电站实用技术的推广，有必要编写一套综合性强且便于不同专业理解的《智能变电站实用技术丛书》。该丛书对智能变电站一、二次设备的基本原理、关键技术、工程应用、试验调试、运维检修等内容进行了系统性阐述与经验总结，凝聚了编写单位及人员在智能变电站实用技术研究与实践方面的成果与心得，以期对智能变电站推广建设起到一定的促进作用。

本书为《智能变电站实用技术丛书 保护控制分册》，共分为 5 章，包括概述、层次化保护控制系统、合并单元及智能终端装置、时间同步系统及展望。每章节都包含概念定义、结构特点、应用现状、关键技术、工程方案、检测调试、运维检修等内容，本书对推动智能变电站保护控制系统实用技术体系的建立具有重要价值。

本书可供从事二次系统方面研究、设计等人员阅读，也可供高等院校相关专业的师生参考。

图书在版编目（CIP）数据

智能变电站实用技术丛书. 保护控制分册 / 宋璇坤主编. —北京：中国电力出版社，2018.12
ISBN 978-7-5198-2590-4

Ⅰ. ①智… Ⅱ. ①宋… Ⅲ. ①智能系统–变电所–继电保护 Ⅳ. ①TM63

中国版本图书馆 CIP 数据核字（2018）第 246886 号

出版发行：中国电力出版社
地　　址：北京市东城区北京站西街 19 号（邮政编码 100005）
网　　址：http://www.cepp.sgcc.com.cn
责任编辑：马　青（010-63412784，610757540@qq.com）
责任校对：黄　蓓　常燕昆
装帧设计：张俊霞　赵姗姗
责任印制：石　雷

印　　刷：三河市万龙印装有限公司
版　　次：2018 年 12 月第一版
印　　次：2018 年 12 月北京第一次印刷
开　　本：787 毫米×1092 毫米　16 开本
印　　张：18.75
字　　数：420 千字
印　　数：0001—2500 册
定　　价：75.00 元

版 权 专 有　侵 权 必 究

本书如有印装质量问题，我社营销中心负责退换

《智能变电站实用技术丛书　保护控制分册》

编写组名单

主　　编　宋璇坤

副 主 编　刘　颖　李　军　肖智宏　李敬如

参编人员　谷松林　张志鹏　陈　炜　姜百超

张晓宇　刘晓川　申洪明　张华娇

马迎新　刘　鹏　陈光华　任雁铭

尹　星　刘　宇　陶洪铸　李　刚

周劼英　刘思革　李仲青　刘前卫

周航帆　须　雷　周　斌　刘丽榕

刘东超　张祥龙　徐　江　王洪斌

贺　春　韩凝晖　高　旭　李　力

李铁臣　吴聪颖　吴　刚　李海涛

序

智能变电站是实现坚强智能电网建设发展的重要组成部分。在前期新技术研究与标准制定基础上，2009 年 8 月，国家电网有限公司开始了智能变电站试点工程的建设工作，试点工程采用电子式互感器、智能终端、一次设备状态监测、DL/T 860 规约等新设备与新技术，基本实现了全站信息数字化、通信平台网络化、信息共享标准化等功能要求。为了进一步提升智能变电站的设计、建设及运行水平，2012 年 1 月，国家电网有限公司又提出建设以“系统高度集成、结构布局合理、装备先进适用、经济节能环保、支撑调控一体”为特征的新一代智能变电站，国网经济技术研究院有限公司（简称国网经研院）作为电网规划和工程设计咨询技术归口单位，牵头承担了新一代智能变电站的研究与设计工作。

历经 10 个月的研究与论证，2012 年 11 月，国网经研院完成了新一代智能变电站近、远期概念设计方案，并得到了行业内多位院士与专家学者的认可。同年 12 月，北京未来科技城、重庆大石等 6 座新一代智能变电站示范工程开工建设，并于 2013 年底成功投运。在充分肯定新一代智能变电站的设计思路和工作方法的基础上，国家电网有限公司于 2014 年初启动了 50 座扩大示范工程建设，实现了 110（66）～500kV 电压等级的全覆盖。今昔之感，从 2012 年到 2018 年，国网经研院与相关协作单位攻坚克难，完成了关键技术研究、工程设计论证、技术标准制定、典型方案编制等工作，提出了基于整体集成技术的顶层设计方法，研发了集成式隔离断路器、一体化业务平台、层次化保护控制系统等新型智能装备，构建了融合设计、制造、调试、安装全环节的模块化建设技术，编写了《新一代智能变电站研究与设计》《新一代智能变电站典型设计》（110kV、220kV、330kV、500kV 分册）等书籍，推动了智能变电站技术的创新与发展。

智能变电站涉及多学科理论和多领域技术。在智能变电站的建设与运行中发现，不同专业人员对智能变电站的认识往往局限于“点”，难以拓展到“面”。为加快智能变电站实用技术的推广，有必要编写一套综合性强且便于不同专业人员理解的《智能变电站实用技术丛书》，以提高智能变电站的实用化水平。

该丛书对智能变电站一、二次设备的基本原理、关键技术、工程应用、试验调试、运维检修等内容进行了系统性阐述与经验总结，凝聚了国网经研院与各协作单位在智能变电站实用技术研究与实践方面的成果与心得，以期对智能变电站推广建设起到一定的促进作用。最后，对关心、支持本丛书编写与出版的相关单位、有关领导和编写组成员表示衷心的感谢！

2018 年 12 月

于未来科学城

前　言

智能电网是传统电网与现代传感测量技术、通信技术、计算机技术、控制技术、新材料技术高度融合而形成的新一代电力系统。变电站是电网的基础节点，是重要的参量采集点和管控执行点，因此变电站智能化是建设智能电网的重要环节。近年来，我国智能变电站的建设稳步推进，相应技术不断发展，智能变电站采用可靠、经济、集成、环保的设计理念，以全站信息数字化、通信平台网络化、信息共享标准化、系统功能集成化、结构设计紧凑化、高压设备智能化和运行状态可视化等技术特征为基础，支持电网实时在线分析和控制决策，进而提高电网整体的运行可靠性与经济性。2009 年开始，国家电网有限公司先后启动了两批智能变电站的试点工程建设，覆盖 66～750kV 电压等级，2011 年国家电网有限公司新建智能变电站由试点建设转入全面建设阶段，2013 年开始又先后启动了三批新一代智能变电站示范工程建设，标志着我国智能变电站发展进入高速阶段。截至 2017 年底，共建成投运新建智能变电站 4900 座，预计到 2020 年，国家电网有限公司新建智能变电站将达到 8000 余座。智能变电站的设计与建设提高了大电网运行稳定性及控制灵活性，增强了变电站与电网协同互动能力，进一步提升了我国变电站建设与装备研制水平。

变电站的基本构成包括一次系统、二次系统、辅助系统。一次系统包括电气主接线、配电装置、主设备，其中主设备包括电力变压器、断路器、隔离开关、互感器、无功补偿设备、避雷器、气体绝缘金属封闭开关设备（Gas Insulated Switchgear，GIS）组合电器、开关柜等，主接线是主设备的功能组合，配电装置是主设备在场地的空间布置。二次系统包括继电保护系统、变电站计算机监控系统、故障记录分析系统、时钟同步系统、计量系统等。辅助系统包括站用交直流电源系统、视频监控系统、火灾报警及消防系统、防盗保卫系统、环境监测系统等。为总结、梳理、深化、推介智能变电站中各类智能设备/系统的选型、设计、运维、调试等实用化技术知识，本套丛书选择了智能变电站内具有代表性的集成式隔离断路器、智能气体绝缘金属封闭开关设备（智能 GIS）、电子式互感器、层次化保护控制系统、过程层合并单元智能终端、变电站时钟同步对时系统、智能变压器、智能中压开关柜、预制舱式组合设备等典型智能设备/系统，分别阐述了各个设备/系统的原理结构、关键技术、工程应用、试验调试、运维检修，供读者有针对性的使用。

本书为《智能变电站实用技术丛书　保护控制分册》。随着信息技术、计算机技术的不断进步，变电站的保护控制水平不断提升，故障隔离的选择性、快速性、可靠性、灵敏性不断提高。层次化保护控制系统、合并单元与智能终端、时间同步系统是构成智能变电站保护控制的重要元素，其中层次化保护控制系统将继电保护与安全自动装置的有机结合，实现了多装置在时间、空间和功能上的协调统一，代表着站内保护控制技术的发展趋势；合并单元和智能终端将常规变电站复杂二次电缆接线替换为光纤以太网通信系统，实现了变电站信息采集数字化；时间同步系统通过接收授时系统所播发的标准时间信号与信息，实现设备内数据信息的时间同步及区域时间同步。本书以智能变电站研究、设计、建设、运维阶段的工作成果为基础，对层次化保护控制系统、合并单元及智能终端、时间同步系统的功能结构、关键技术、工程方案、检测调试、运行维护等内容进行较为详细的阐述和分析，并通过给出全面的设备信息及典型应用实例，为读者提供有益参考。

全书共分5章，第1章介绍了智能变电站二次系统的架构组成、应用特征、发展需求、技术特点等，阐述了智能电网新形势下对二次系统的发展要求；第2章详细介绍了层次化保护控制系统的概念定义、结构特点、应用现状、关键技术、工程方案、检测调试、运维检修等，通过与传统电网继电保护、安全自动装置的对比分析，说明了层次化保护控制系统的结构设计特点，阐述了其在保护控制方面的优势，以及在试验调试、运维检修等方面的特殊要求；第3章介绍了合并单元及智能终端的概念定义、结构特点、应用现状、关键技术、工程方案、检测调试、运维检修等，突出其在信息采集、信息处理、信息共享方面的技术革新，并对合并单元、智能终端的调试、运维和检修方面的技术要求进行详细说明；第4章介绍了时间同步系统的概念定义、结构特点、关键技术、应用需求、应用方案、检测调试、运维检修等，突出了站内不同设备对时间同步系统的需求，并对时间同步系统的调试、运维和检修方面的技术要求进行详细说明；第5章展望了未来保护控制系统、合并单元及智能终端以及时间同步系统的技术发展路线，指出光子保护、保护就地化、芯片保护、合并单元及智能终端模块化、全网时间同步系统等未来技术发展。

本书突出实用技术，编写过程中力求由浅入深、简明扼要地介绍智能变电站中保护控制的原理及现场应用的相关知识。本书主要为从事智能变电站研究、设计、调试、运行的人员提供实用技术知识，也可为广大高校和科研人员提供参考。

本书由国网经济技术研究院有限公司组织编写，南瑞继保电气有限公司、北京四方继保自动化股份有限公司、南瑞科技股份有限公司、中国电建集团河北省电力勘测设计研究院有限公司、中国能建集团辽宁电力勘测设计院有限公司、成都引众数字设备有限公司、许昌开普检测研究院股份有限公司、国网冀北电力有限公司、国网重庆电力公司电力科学研究院等单位参与编写，并得到了国家电网有限公司科技部、国家电力调度控制中心的大力支撑，在此表示由衷的感谢。

由于编者水平有限，书中难免存在不妥之处，敬请读者谅解并提出宝贵意见。

编　者
2018年12月

目 录

第 1 章 概 述

1.1 智能变电站简述

我国变电站的发展大体上可分为三个阶段，尽管每个阶段变电站的基本功能都是电压变换、电能汇集和传递，但以变电站技术发展为着眼点，各阶段具有不同的技术特征，存在明显的差异和代际传承。我国变电站发展历程如图 1–1 所示。

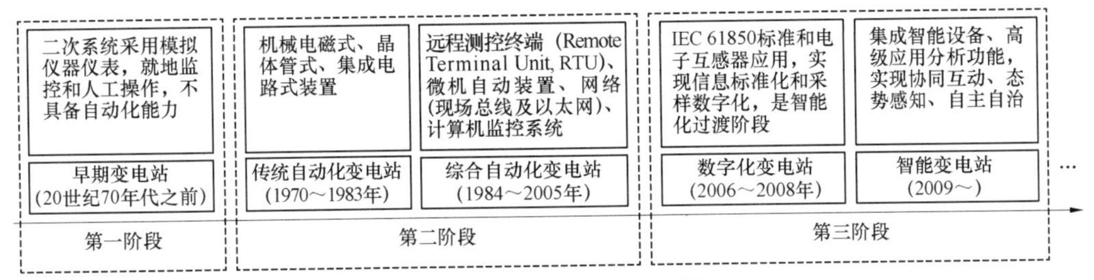

图 1–1　我国变电站发展历程

20 世纪 70 年代之前为早期传统人工操作变电站，以低电压、小容量、弱联系、人工运维为技术特征，变电站二次系统采用模拟仪器仪表，实行就地监控和人工操作，基本不具备自动化能力。20 世纪 70 年代后进入自动化阶段，以超高电压、大容量、强联系、自动化运维为特征。以 330–500–750kV 级超高压变电站为代表，主变压器容量大幅提升，远动技术开始大规模应用，调度实现了实时监控电网运行，微机保护及自动装置大量应用，利用网络实现了计算机监控和自动化操作，运维模式为定期停电检修，降低了故障停电概率，减少了停电时间。自 2006 年，以应用 IEC 61850 标准和电子式互感器的“数字化变电站”为起点，进入变电站发展的智能化过渡阶段。该阶段以智能化、集成化、协同互动、自主自治为特征，是变电站发展的高级阶段。该阶段变电站实现一、二次设备融合，应用集成化智能设备，基于网络实现高度自动化和智能化运行监控，运维方式向设备状态检修转变，站内设备除了满足自身功能的优化集成，还将实现与智能电网的协同互动。自 2009 年起，以两批智能变电站试点工程为标志，我国正式进入智能变电站阶段。2009～2012 年投运的智能变电站以一次设备智能化、设备状态监测、高级应用分析功能为特征，处于智能变电站的初级阶段。自 2013 年开始，以能源消费方式变革为契机的电网发展方式的转变，要求变电站实现协同互动、态势感知、自主自治，适应接纳新能源、分布式电源、电动汽车等多元化用户，进入智能变电站的更高级阶段。

1.1.1 智能变电站技术特征

在 Q/GDW 383—2009《智能变电站技术导则》中，明确提出智能变电站是由先进、可靠、节能、环保、集成的设备组合而成，以高速网络通信平台为信息传输基础，自动完成信息采集、测量、控制、保护、计量和监测等基本功能，并可根据需要支持电网实时自动控制、智能调节、在线分析决策、协同互动等高级应用功能。

以上智能变电站的定义中提出采用先进、可靠、节能、环保、集成的设备，指明一体化、集成化、节能环保是设备发展趋势；强调高速网络通信平台为信息传输基础，不仅局限于变电站内，还包括变电站之间、变电站与调度端之间；指出信息采集、测量、控制、保护、计量和监测等变电站基本功能的自动化程度需要进一步提升；提出变电站需要具备实时自动控制、智能调节、在线分析决策、协同互动等高级应用功能。

智能变电站能够完成比常规变电站范围更宽、层次更深、结构更复杂的信息采集和信息处理，变电站内、站与调度、站与站之间、站与大用户和分布式能源的互动能力更强，信息的交换和融合更方便快捷，控制手段更灵活可靠。智能变电站具有全站信息数字化、通信平台网络化、信息共享标准化和高级应用互动化等主要技术特征。

（1）全站信息数字化。全站信息数字化指实现一次、二次设备的灵活控制，且具备双向通信功能，能够通过信息网进行管理，满足全站信息采集、传输、处理、输出过程完全数字化。主要体现在信息的就地数字化，通过采用电子式互感器，或采用常规互感器就地配置合并单元，实现了采样值信息的就地数字化；通过一次设备配置智能终端，实现设备本体信息就地采集与控制命令就地执行。其直接效果体现为缩短电缆，延长光缆。

（2）通信平台网络化。通信平台网络化指采用基于 IEC 61850 的标准化网络通信体系。具体体现为全站信息的网络化传输。变电站可根据实际需要灵活选择网络拓扑结构，利用冗余技术提高系统可靠性；互感器的采样数据可通过过程层网络同时发送至测控、保护、故障录波及相角测量等装置，进而实现了数据共享；利用光缆代替电缆可大大减少变电站内二次回路的连接线数量，也提高了系统的可靠性。

（3）信息共享标准化。信息共享标准化指形成基于同一断面的唯一性、一致性基础信息，统一标准化信息模型，通过统一标准、统一建模来实现变电站内外的信息交互和信息共享。具体体现在信息一体化系统下，将全站的数据按照统一格式、统一编号存放在一起，应用时按照统一检索方式、统一存取机制进行，避免了不同功能应用时对相同信息的重复建设。

（4）高级应用互动化。高级应用互动化指实现各种变电站内外高级应用系统相关对象间的互动，全面满足智能电网运行、控制要求。具体而言，指建立变电站内全景数据的信息一体化系统，供各子系统统一数据标准化、规范化存取访问以及和调度等其他系统进行标准化交互；满足变电站集约化管理、顺序控制等要求，并可与相邻变电站、电源（包括可再生能源）、用户之间的协同互动，支撑各级电网的安全稳定经济运行。

智能变电站的技术需求，决定了其设备信息数字化、功能集成化、结构紧凑化的重要特征。智能变电站二次系统设备整合符合 IEC 61850 功能自由分配的理念。同时二次系统优化整合、合理压缩二次功能房间面积，符合变电站可靠、高效、节能、环保的要求。

1.1.2 智能变电站发展需求

变电站作为发电、输电、变电、配电、用电、调度六大环节的衔接点，是智能电网建设的关键环节，是智能电网信息化、自动化、互动化的集中体现，是“电力流、信息流、业务流”一体化融合的重要节点，是接纳风能、太阳能、电动汽车等多元化用户的核心平台，将被赋予更加广泛和强大的功能，从而对变电站未来发展趋势提出了新的要求。

（1）清洁能源和可再生能源的高速扩张要求变电站更加灵活可控。核电可调节性差，风能、太阳能发电具有随机性和间歇性，若大规模接入电网必将对电网产生重大冲击，安全、稳定、谐波等问题亟待解决，这就要求变电站作为各种电源的汇集点与接入点，具有及时有效的功率监测和能量调节措施，能够实时控制、平衡电能的接入，确保电网系统稳定。

（2）多元化用户和优质服务的目标要求变电站更加友好互动。市场化改革的推进和用户身份的重新定位，使电力流和信息流由传统的单向流动模式向双向互动模式转变。分布式电源、电动汽车等多元化用户的出现，要求电网具有良好的兼容性；微网以及储能装置等这类既作为电力消费者又作为电力生产者的新用户，要求电网具有良好的互动性。因此作为能量调节的核心环节，变电站的互动水平亟待提高。

（3）经济社会发展要求变电站提供更安全、更可靠、更优质的电力服务。随着能源结构的优化调整和清洁能源的快速发展，电能在终端能源消费中的比例日益提高，经济社会发展对电力供应依赖程度日益增强，停电事故对社会生产和人民生活的危害也越来越大。而随着电网运行与控制的复杂程度越来越高，发生连锁性事故和大面积停电的风险也日益加大，实现电能的安全传输和可靠供应面临重大挑战。

（4）资源与环境约束要求变电站更高效、更节约、更环保。资源节约型、环境友好型社会要求不断提高资源利用效率，尽可能减少资源消耗和环境代价。变电站发展既要实现低损耗、高效率转化和传输能量，还要节材、节地、节能、免维护，提高建设效率、节约工程造价和运维成本，最大限度节约土地资源、物质资源和人力资源。

（5）企业发展方式转变和集约创新要求变电站支撑电力流、信息流、业务流的高度融合。为改变传统供电企业生产分工方式松散、管理链条长、生产机构设置复杂的局面，电网企业需要转变发展方式，实施人、财、物核心资源的集约化管理。智能电网对企业管理模式优化的支撑作用越来越重要。运行、检修业务纵向贯穿管理模式要求变电站信息一体化、功能集成化、支撑电力流、信息流、业务流的高度融合。变电站将更好地支撑调度运行业务一体化需要，实现变电站设备监控的统一管理，通过信息流优化整合，与调度系统全景数据共享，提升决策控制能力，提高运行效率。变电站将更好地支撑专业化检修、维护需要，实现设备运维、检修一体化，通过在线监测、设备状态可视化技术，为检修管理提供优化和决策依据，提高设备利用效率和设备管理水平。

1.2 智能变电站二次系统

随着变电站三个阶段的发展历程，变电站二次设备也经历了三个阶段的发展，各阶段的主要特征如表 1–1 所示。

表 1–1　　　　　　　我国变电站主要二次设备各阶段的主要特征

<table>
<tr><th rowspan="2">类别</th><th rowspan="2">第一阶段
20 世纪
70 年代以前</th><th colspan="2">第二阶段（20 世纪 70 年代～2005 年左右）</th><th colspan="2">第三阶段（2006～）</th></tr>
<tr><th>传统自动化阶段</th><th>综合自动化阶段</th><th>数字化变电站
（2006～2009 年）</th><th>智能变电站
初级阶段
（2009～2012 年）</th></tr>
<tr><td rowspan="2">保护</td><td rowspan="2">机电式保护，基本实现一次设备保护功能，调试运维工作量很大</td><td colspan="2">保护性能、可靠性、运维便利性不断提高</td><td colspan="2">向就地化保护、网络化保护发展</td></tr>
<tr><td>晶体管/集成电路保护应用，保护性能提升，调试运维工作量较大</td><td>微机保护应用，保护可靠性较高，调试运维方便</td><td>基于数字测量值的微机保护应用</td><td>微机保护就地化推广应用</td></tr>
<tr><td rowspan="2">监控</td><td rowspan="2">不具备自动化能力</td><td colspan="2">具备自动化、网络化能力</td><td colspan="2">全站自动化、网络化、标准化程度更高，信息综合应用能力更强，逐渐具备智能化、互动化能力</td></tr>
<tr><td>“二遥”或“四遥”</td><td>① 除监测量“四遥”，还有计量、同步相量测量装置（Phasor Measurement Unit，PMU）等；
② 脉冲对时或串行对时；
③ 远动支持“四遥”上送</td><td>① 监测量统一建模、统一监测；
② 脉冲对时、简单网络时间协议（Simple Network Time Protocol，SNTP）对时；
③ 远动能力更强</td><td>① 监测量除了“四遥”，还有计量、PMU；
② 1588 网络对时试点；
③ 远动支持告警直传、远程浏览</td></tr>
<tr><td>计量</td><td>广泛采用机械感应式电能表，单向计费，精度低、非线性负荷计量误差大，无通信</td><td colspan="2">① 广泛采用电子式多功能电能表；
② 双向计费，功能简单；
③ 精度较高，非线性负荷计量误差较小；
④ 具有一定的通信功能，串口通信</td><td colspan="2">① 智能电能表逐步推广和应用；
② 双向互动，功能强大；
③ 更高精度，各种负荷计量误差更小；
④ 强大的通信功能，以太网通信；
⑤ 全面支持新能源接入</td></tr>
</table>

1.2.1 智能变电站二次系统架构及组成

依据 IEC 61850 系列标准，如图 1–2 所示，智能变电站二次系统分为站控层、间隔层和过程层三层，在逻辑上由三层设备及站控层网络、过程层网络组成。站控层网络、过程层网络物理上相互独立。

（1）过程层设备。

过程层设备包括变压器、高压开关设备、电流/电压互感器等一次设备及其所属的智能组件以及独立的 IED 等，支持或实现电测量信息和设备状态信息的实时采集和传送，实现所有与一次设备接口相关的功能。

（2）间隔层设备。

间隔层设备包括继电保护装置、测控装置、安全自动装置、一次设备的主 IED 装置等，实现或支持实现测量、控制、保护、计量、监测等功能。

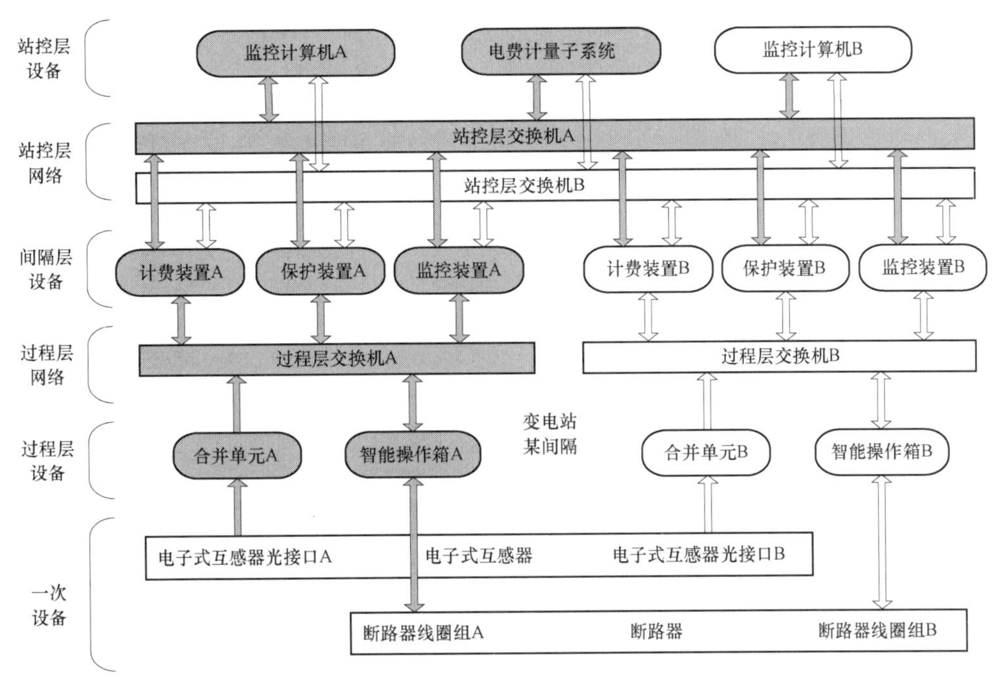

图 1–2　智能变电站二次系统架构图

（3）站控层设备。

站控层设备包括监控主机、综合应用服务器、数据通信网关机等，完成数据采集、数据处理、状态监视、设备控制和运行管理等功能。

变电站网络由站控层网络、过程层网络组成。站控层网络是间隔层设备和站控层设备之间的网络，实现站控层内部以及站控层与间隔层之间的数据传输。过程层网络是间隔层设备和过程层设备之间的网络，实现间隔层设备与过程层设备之间的数据传输。间隔层设备之间的通信，物理上可以映射到站控层网络，也可以映射到过程层网络。全站的通信网络应采用高速工业以太网组成。

（1）站控层网络。

站控层网络采用星形结构的 100Mbit/s 或更高速度的工业以太网，网络设备包括站控层中心交换机和间隔交换机。站控层中心交换机连接数据通信网关机、监控主机、综合应用服务器、数据服务器等设备。间隔交换机连接间隔内的保护、测控和其他智能电子设备。间隔交换机与站控层中心交换机通过光纤连成同一物理网络。站控层和间隔层之间的网络通信协议采用 MMS，故也称为 MMS 网；网络可通过划分虚拟局域网（VLAN）分割成不同的逻辑网段。

（2）过程层网络。

过程层网络包括用于间隔层和过程层设备之间的状态与控制数据交换的 GOOSE 网和用于间隔层与过程层设备之间采样值传输的 SV 网。GOOSE 网一般按电压等级配置，采用星形结构，220kV 以上电压等级采用双网；采用 100Mbit/s 或更高通信速率的工业以太网；保护装置与本间隔的智能终端设备之间采用 GOOSE 点对点通信方式。SV 网一般也按电压等级配置，同样采用星形结构；采用 100Mbit/s 或 1000Mbit/s 通信速率的工业以太网；保护装置以点对点方式接入 SV 数据网。

在此基础上，根据功能，我们又对二次系统进行了分类，主要包括层次化保护控制系统、一体化监控系统、合并单元与智能终端、时间同步系统、智能辅助控制系统、一次设备在线监测系统等主要子系统和设备，通过以交换机为核心的通信网络进行互联。

1.2.2 智能变电站二次系统应用特征

相比较常规变电站，智能变电站二次系统存在以下应用特征：

（1）采样方式。

常规保护装置采样方式是通过电缆直接接入常规互感器的二次侧电流和电压，保护装置自身完成对模拟量的采样和 A/D 转换。智能变电站下的保护装置采样方式变为经过通信接口接收互感器的合并单元送来的采样值数字量，采样和 A/D 转换过程实际上是在电子式互感器的二次转换器或合并单元中完成。也就是说，保护装置的采样过程变为通信过程，重点是采样数据的同步问题。

（2）跳闸方式。

断路器智能终端的出现，改变了断路器的操作方式。断路器的常规操作回路、操作继电器被数字化、智能化，除输入、输出触点外，操作回路功能全部通过软件逻辑实现，接线大为简化。常规保护装置采样电路板上的出口继电器经电缆直接连接到断路器操作回路实现跳合闸，智能变的保护装置则通过光纤接口接入到断路器智能终端实现跳合闸。

（3）二次回路。

电子式互感器及合并单元、智能终端的应用实现了采样与跳闸的数字化，并从整体上促进了变电站二次回路的光纤化、数字化、网络化及智能化。保护装置之间的闭锁或启动信号也由常规的硬触点、电缆连接改变为通过光纤和以太网交换机连接。智能变电站二次回路克服了常规变电站电缆二次回路接线复杂、抗干扰能力差等缺点，还通过网络通信方式方便地实现了数据共享、硬件资源共享，并为二次回路状态在线监测提供了条件。

（4）装置构成。

保护装置电流、电压量输入通过 SV 通信接口实现，开关量输出和开关量输入通过 GOOSE 接口实现，因此装置通信接口数量比常规保护大大增加，且多为光纤接口。开入光耦、输出继电器、输入模拟量互感器相应减少。

1.2.3 智能变电站二次系统发展需求

作为智能电网变电环节的重要节点，智能变电站应实现一次设备的智能化和二次设备的网络化。智能化的一次设备应具备设备状态的可视化操作和控制自适应，如具备在线监测功能、具备断路器自动过零点分合闸等。站内二次系统由于其控制保护以软件为主，更多地体现在各种保护装置、监控系统等的相互配合和整体功能的实现。传统变电站虽然实现了分层分布式的自动化系统，但站内信息平台重复，同时为满足传统的运行管理模式，存在多种功能系统，不能适应智能变电站的要求。

（1）二次系统需要全面优化整合。

变电站内各保护装置和监控系统的规约不统一，继电保护和自动化系统的运行管理各自独立，因此目前 220kV 及以上保护装置和测控装置都是分开的，监控系统和故障信息远传系统等也是相互独立的。随着智能电网的逐步建设、变电站自动化技术的发展和 IEC 61850 规约的实施，信息共享成为可能，将保护、测控、故障录波等功能综合在一个装置内已经成为趋势；一次系统的智能化发展，要求各二次子系统之间的信息能够共享和协作；配合“大运行”方式的推行，弱化专业界限，实现站内全景信息的采集和共享，二次系统综合性能的需求越来越高。

（2）二次设备应支撑系统高级应用功能。

目前保护装置都是面向对象设计，只考虑被保护对象的状况，这就造成在系统发生复杂的发展性故障时，多种保护装置不能相互配合，易造成孤立系统或连锁跳闸，导致系统故障范围的扩大，不利于系统的整体恢复。在复杂的一次网络下，越来越要求区域安全稳定控制系统能够在对一次系统实施紧急控制的基础上，综合广域相角测量系统、电能质量在线监测系统、地理信息系统等的全景信息，做到事故前的在线预警控制。作为调度运行控制的基本节点，变电站二次设备应能够基于统一的信息平台，对事故进行综合分析和判断，支撑专家系统、站域控制保护等高级应用功能。

（3）系统功能应支持不断发展的运行管理模式。

为实现运行管理的精益化，变电站运维将逐步转向状态检修模式，站内设备应具备可视化的状态在线监测和管理，而目前变电站内的一次设备多基于离线检测，不能做到实时发现问题、解决问题；为适应变电站无人值班和调控一体化，变电站需要实现顺序控制、故障分析决策等功能。

1.3 智能变电站保护控制设备

1.3.1 保护控制相关二次设备特征

保护控制相关二次设备是智能变电站的核心设备之一，包括层次化保护控制系统、合智设备及时间同步系统。层次化保护控制系统是智能变电站应对电网和设备故障的第一道防线；合智设备是智能变电站区别于常规变电站的典型差异设备，为全站二次设备提供基础的运行数据采集；时间同步系统为全站二次设备提供时间基准，是统一数据时间断面的基础。

（1）层次化保护控制系统特点。

层次化保护控制系统在就地级、站域级、广域级配置多重保护和自动控制功能，时间维、空间维、功能维协调配合，提升了面向系统的保护整体性能，改善了后备保护的选择性、速动性和可靠性，提高了保护动作的协调性，形成面向区域电网安全稳定的立体防护体系。层次化保护控制系统具备以下主要特点：

1）就地级保护实现设备的贴身防护。

就地级保护基于现有保护配置，以快速、可靠地隔离故障元件为目的，利用元件的就地信息独立决策，实现快速、可靠的元件保护，实现对单个对象的“贴身防卫”，其功能实现不依赖于站域级和广域级保护控制。条件允许时，可将就地级保护靠近一次设备布置，简化二次接线，一、二次设备针对性强，便于维护、检修和巡视，有利于模块化设计和安装。另外，对于低压等级元件（如 35kV 系统），可将保护横向功能集成，一台装置实现多个间隔的保护，简化站内网络结构，减少运维工作。

目前保护均是以被保护对象为单位，并按照功能进行设备的独立配置。由于变电站内的设备数量繁多，且为了保证装置的运行环境，保护装置一般都远离一次设备进行安装。层次化保护控制系统中，就地级保护与一次设备尽量近距离安装，一方面减少一、二次设备之间的连接距离，降低损耗和故障几率；另一方面当站域保护和广域保护的功能完备时，可以尽可能地简化就地后备保护的配置，真正做到“贴身防护”和免整定，提高就地保护的快速性和可靠性。

2）站域级保护控制提升单个变电站的整体运行性能。

站域级保护控制利用站内多间隔信息实现站内的综合防御，以优化保护控制配置、提升保护控制性能为目的，在不增加或少量增加设备的前提下，利用全站信息集中决策，实现灵活、自适应的母线保护、失灵保护、元件后备保护，并实现备自投、低周/低压减载等控制功能，可以提升保护控制的可靠性和速动性，还能开发和优化多判据决策的策略。

母线保护和失灵保护一般是用于确保电网安全稳定运行水平的，多配置在 220kV 及以上电压等级中。但在实际电网中，35kV 及以下的低压母线故障，由于只能依靠主变压器后备保护隔离故障，经常会出现保护动作时间过长导致主变压器过载的现象，不利于设备的运行维护；而站域保护控制就是由一套装置来实现主变低压侧母线的母差保护，无论变电站电压等级高低，均可快速切断母线故障，避免了上述主变压器过载的现象。常规的备用电源自投是面向单个分段开关或者母联开关进行配置的，主变压器高低压侧的备自投无法实现相互协调，不利于负荷的转供和可靠供电；站域保护控制可以实现基于全站信息的备自投功能，提高负荷的供电可靠性。

3）广域级保护控制提升区域电网的协调控制性能。

广域级保护控制以提高系统安稳控制自动化、智能化水平为目的，一般设置在区域内枢纽变电站（500kV），通过广域通信网络利用区域内各变电站的全景数据信息，实现广域后备保护、保护定值调整、优化安稳控制策略等，实现区域内保护与控制的协调配合。基于广域信息的后备保护，可实现区域电网范围内的线路后备保护，提高后备保护动作的速动性和选择性。利用区域内各变电站全景数据信息对电网运行状态进行分析评估，分析故障切除对系统安全稳定运行的影响，并采取相应控制措施，实现继电保护与自动控制功能的协调优化。

广域保护要实现故障的快速隔离，需要大量的实时信息，这些信息不仅容量大，而且对延时的要求高，同时对广域主站的数据处理能力也要求很高。目前对于广域保护，还基本处于理论研究状态，尚未进入实用化阶段。而广域安全控制功能目前大都是基于区域的安全自动装置功能来实现的，一方面实时性要求不高，另一方面只需要开关量信息而不需要模拟量信息，具备了实用化的基础。因此，目前广域保护控制尚停留在理论算法研究和试点应用阶段。

（2）合并单元及智能终端的功能及特点。

合并单元及智能终端装置是实现智能一次设备的重要组成部分，是多功能实现载体的有机结合体，具有接口标准化、配置灵活化、采集数字化、控制网络化等特征。与传统的二次设备相比，合并单元及智能终端装置就地安装，结构体系和网络架构更为紧凑，功能模块之间的信息共享更为快捷可靠。

合并单元及智能终端装置作为智能变电站过程层中的重要设备，是体现智能化水平的主要标志。合并单元实现了将不同的电压电流信号合并、同步以及进行协议转换的功能，智能终端则通过快速通信功能（GOOSE）实现了对开关整间隔的完整控制，包括对断路器、隔离闸刀和地刀等的控制与相关的状态信号采集。合并单元及智能终端装置的出现，大大改变了传统变电站大量电缆硬接线的局面，转而采用光纤替代传统电缆，并采用数据共享的方式减少了布线的复杂程度，减少了人工维护的工作量，充分体现了数字化变电站的巨大优势。

（3）时间同步系统。

时间同步系统是变电站运行的重要辅助系统之一。无论是事件报文上送还是事故报文分析，都需要基本的时间同步信号才能采用基于统一时间基准的电气量信息，从而得到准确的结论。在常规变电站中，时间同步系统的主要作用是接收卫星对时信号，转发给站内二次系统的各设备进行时标校准。在智能变电站中，尤其应用了层次化保护控制系统以后，应用多间隔的信息完成保护控制功能的关键，在于各间隔信息的时间基准精度满足计算步长的需要，此时时间同步系统已经不仅仅是提供时间基准了，在网络采样时还将作为保护控制功能实现的基础之一。

1.3.2 保护控制相关二次设备通用技术

保护控制相关二次设备包括层次化保护控制、合智设备和时间同步系统，各种设备有着共性的软硬件设计技术，包括装置本体的硬件设计、基础软件算法、通用的IEC 61850建模等。

（1）硬件平台技术。

1）嵌入式硬件平台系统结构。

嵌入式硬件平台采用模块化架构设计，各智能模块之间采用同步高速串行接口传输技术进行大容量实时数据的传输，高速串行工业实时通信总线技术进行管理、配置相关数据的传输，既保证了内部大容量数据的实时传输，又保证了主要功能模块的相对独立。

嵌入式硬件平台采用多处理单元（CPU单元、DSP单元、SV单元等）和智能IO单元（开入单元、开出单元、GOOSE 单元等）架构。在嵌入式硬件平台中，各处理单元间需要在采样间隔中传输采样值、中间计算量、中间标志等信号。这些信号需要采用高带宽通道，主流采用高速串行总线技术。

典型的嵌入式硬件平台的主要功能模块包括多功能主控管理模块、电源模块、交流采样模块、直流采样模块、电子式互感器接口模块、ADC 转换模块、智能 IO 模块、SV 通信模块、GOOSE 通信模块等板件。

其中，主控管理模块实现装置配置管理、人机界面、SCADA 网络；SV 通信模块实现 SV 数据接收、合并发送、IEC 61588 对时和故障录波功能等功能（有些厂家的录波功能在主处理单元里实现）；GOOSE 通信模块实现 GOOSE 信号处理的相关功能；交直流采样模块实现交流量采集；ADC 转换模块实现模拟量转换功能；电子式互感器接口模块实现包括光纤互感器、罗氏线圈等电子式互感器采样值接收接口；IO 模块实现智能开入/开出功能。

图 1–3 为主控 CPU 模块的硬件原理框图，包括一个由 FPGA 实现的对时及守时模块、同步模块、由 DSP 实现的实时测控模块、由 PowerPC 实现的站控层以太网通信管理模块、负责高速数据处理和交换的模块、液晶显示通信。

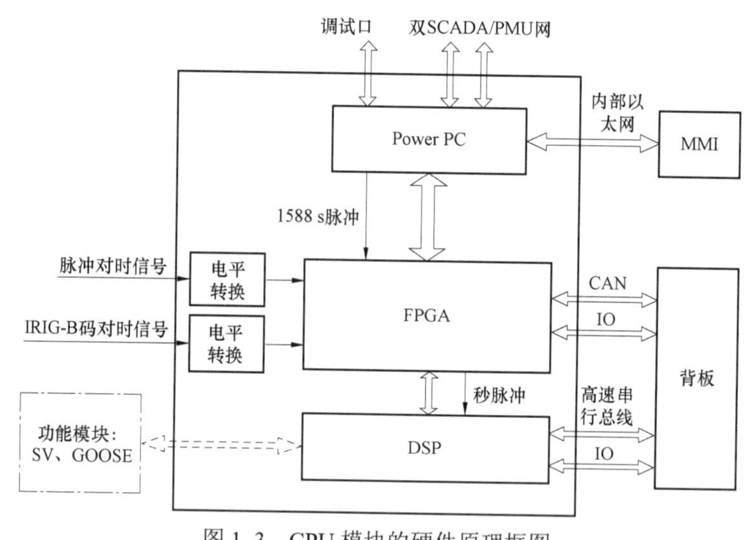

图 1–3　CPU 模块的硬件原理框图

嵌入式硬件平台插件可灵活配置。嵌入式平台在装置内部各单元间通信实时性的基础上，保证采样值以及控制命令的快速实时响应。

2）总线背板技术。

总线背板的主要功能是为各单元提供电源，实现各单元信号互联。背板中主要信号有：高速串行总线、1PPS、闭锁、启动出口正电源信号。

a）高速串行总线。用于连接各处理单元的保护模块或启动模块，实现模拟采样值、中间计算值、中间标志等数据的高带宽实时通信。

b）1PPS。1PPS 差分信号是装置内部系统时钟，主处理（CPU）单元（差分及光纤 IRIG–B）、开入单元（空接点）、SV 单元（IEEE1588）均可以作为时钟源，默认时钟源为 CPU 单元的 IRIG–B 码输入信号，主要用于合并单元的守时，以及锁定开入信号的 SOE 时标。

c）闭锁、启动出口正电源信号。各单元均包含硬件看门狗电路，在任意单元自检发现严重错误时，其硬件看门狗均输出“闭锁”信号，闭锁装置；主处理单元的启动模块可输出“启动”信号，启动出口正电源。

3）FPGA 处理技术。

FPGA 是 20 世纪 80 年代中期出现的高密度可编程逻辑器件，它以编程方便、集成度高、速度快、价格低等特点受到广大电子设计人员的青睐。同以往的 PAL、GAL 比较，FPGA 的规模比较大，适合于时序、组合等逻辑电路应用场合，它可以替代几十甚至上百块通用 IC 芯片。因此，FPGA 实际上就是一个子系统部件。

用 FPGA 设计的电路完全由硬件实现，所以它的工作速度非常快，可以从容地处理高速采样下的各个采样数据。另外，FPGA 还可以方便、灵活地实现一些网络数据通信的底层协议，例如 IEC 60044–7/8，能够达到很高的数据通信速率，而且修改协议也很方便，不需要修改硬件电路板。

FPGA 实现网络控制，可以精准地控制采样报文的发送时刻，尤其对于点对点合并单元的应用场景，可以保证 SV 发送的离散值不大于 10μs。

FPGA 还负责板内 CPU 与 DSP 之间的数据交互，实现整个装置的对时同步以及中断同步，同时通过高速串行总线技术实现智能 IO 单元与 CPU 单元间的高速实时数据交换。

4）智能 IO 技术。

智能 IO 单元的主要功能是实现开入、开出功能，以单片机为控制芯片，可与 CPU 单元保护模块实现冗余 IO 通信，与 CPU 单元实现配置管理通信。

智能 IO 技术有利于设备的灵活性，并且采用 FPGA 和智能 IO 技术，可以快速灵活地控制智能终端收到 GOOSE 跳闸命令到跳闸出口时间，目前规范要求小于 5ms。

智能 IO 技术可以在开入板上，直接读取开入的变位时间，使得开入的 SOE 变位时间很容易满足 1ms 分辨率的要求。

5）环境适应技术。

为了使平台硬件环境适应性满足就地安装条件要求，从以下几个方面来设计和开发：

a）降低系统功耗与减小散热回路的热阻。从电子产品可靠性的角度而言，温度每升高 10℃，它的可靠性就要下降一半。而元器件本身寿命也和温度密切相关，例如，电解电容的温度每增加 10℃，其寿命缩短一半。而电子设备的环境温度=外界大气环境温度+电子设备自身功耗引起的温升，因此，要尽可能降低电子设备工作时所引起的温升，也就是要降低电子设备的功耗。

同理，装置要能工作在 70～80℃的大气环境中，必须要降低设备运行的功耗。例如，大多数芯片的额定温度为 105℃，如果外部温度为 80℃，则设备运行的功耗所引起的温升不能超过20℃。降低功耗的方法有：提高设备开关电源的效率，例如，采用软开关和同步整流技术；选用低功耗器件，例如，低导通电阻的MOS管、低功耗的光模块等；减小电路的静态功耗，例如优化电路的上下拉电阻，在保证足够的上下拉能力下，增大上下拉电阻的阻值。

另一方面，在相同的功耗下，设备的散热回路热阻小的温升小，因此要尽可能降低装置内部和外部散热回路的热阻，提高散热效率。装置的散热方式有自然对流、热传导和热辐射。当外部温度偏高时，自然对流和热辐射的作用不明显，只能靠热传导来传递热量。采取的方法是，可以用热阻很低的材料将设备内电路的热量导到设备的外壳，设备的外壳再安装在外部一个很大的金属板上或接地的铜排上，这样可以方便地将设备内部的热量导出。

b）选用宽温度范围的器件。元器件按温度适应能力及可靠性分为四类：商业级（0～70℃）、工业级（–40～85℃）、汽车级（–40～120℃）、军工级（–55～150℃）。在成本允许的情况下，可以考虑采用汽车级的元器件，其工作温度在–40～120℃，比目前采用的工业级元器件的温度范围宽。

c）进行“三防”设计和“三防”处理。电子产品长期处于潮湿、盐雾、霉菌的环境中，会出现材料构件由于受潮将增加重量、膨胀、变形，金属结构件腐蚀也会加速；如果绝缘材料选用及工艺处理不当，则绝缘电阻会迅速下降，绝缘性能遭到破坏；菌丝还可能改变有效电容，而使设备的谐振电路不协调。因此，必须采取防止发生氧化反应的措施，防止环境因素使电气产品的性能发生变化并对其造成破坏。“三防”设计就是调查产品在贮存、运输和工作过程中可能遇到潮湿、盐雾、霉菌等环境影响因素，以便研究对策，采取有效措施，设计和制造耐受环境的电气产品，提高产品的可靠性，这也是“三防”设计基本出发点。

（2）通用算法技术。

微机保护装置中采用的算法分为以下两类。

第一类算法：特征量算法，用来计算保护所需的各种电气量的特征参数，如交流电流和电压的幅值及相位、功率、阻抗、序分量等。

第二类算法：保护动作判据或动作方程的算法，与具体的保护功能密切相关，并需要利用特征量算法的结果。

微机保护算法的目的是从数字滤波器的输出采样序列或直接从输出采样序列中求取电气信号的特征参数，并且进而实现保护动作判据或动作方程。下面分别介绍微机保护中常用的基于精确模型与随机模型的算法。

1）正弦信号的特征量算法。

正弦信号的特征量算法是指基于正弦函数模型的特征量算法，即假设提供给算法的电流、电压采样数据为纯正弦函数序列。直接计算正弦信号幅值时，有两种方法：① 半周绝对值积分算法。在半个周期内对绝对值进行积分，再经过离散化，则可得到幅值的估值。由于积分运算对高频噪声有较强的抑制能力，因而此算法具有一定的抗干扰和抑制高次谐波的能力。② 采样值积算法。一个正弦函数可以由三个基本特征量（幅值、初相、频率）完全刻画，因而可通过取三个采样值求解三个方程得到。若正弦函数频率已知（一般为 50Hz），则取两个采样值即可，因而又可分为两采样值积算法和三采样值积算法。由于避免了三角函数和反三角函数的运算，采样值积算法大大加快了运算速度，可满足实时计算的要求。不直接计算幅值而采用复相量时，可先用两采样值算法计算复相量的实部和虚部，再求取其模值和相位。

2）非正弦信号的特征量算法。

系统发生故障时，输入信号并非纯正弦信号，其中除了含有基波分量外，还含有各种整次谐波、非整次谐波和衰减直流分量。依据对非正弦交流信号不同的假设模型和不同的滤波理论，有多种不同的算法，如傅氏算法、最小二乘算法、卡尔曼滤波算法等，其中应用最为普遍的是全周傅氏算法和半周傅氏算法。

全周傅氏算法的基本思想源于傅里叶级数，这种方法可保留基波并完全滤除恒定直流分量及所有整次谐波分量；虽不能完全滤除非整次谐波分量，但有很好的抑制作用，尤其对高频分量的滤波能力相当强。全周傅氏算法的主要缺点是易受衰减的非周期分量的影响。总的来看，全周傅氏算法原理清晰，计算精度高，因此在数字保护装置中得到了广泛应用。

半周傅氏算法仅用半周波的数据计算信号的幅值和相角，在故障后 10ms 开始进行计算，故使保护的动作速度加快。其缺点是不能滤除恒定直流分量和偶次谐波分量，因而适合于只含基波及奇次谐波的情况。

由于半周傅氏算法的计算误差较大，为防止保护误动可将保护范围减小 10%。当故障在保护范围的 90%以内时，用半周算法计算很快就趋于真值，精度虽然不高，但足以正确判断是区内故障，当故障在保护范围的 90%以外时，仍以全周傅氏算法的计算结果为准，保证精度。

3）最小二乘算法。

最小二乘算法的出发点是假定输入信号中的有效信息符合某一确定的模型，将输入信息最大限度地拟合于这一模型，并将拟合过程中剩余的部分作为误差量，使其均方值减小到最小，从而可求出输入信号中的基频及各种暂态分量的幅值和相角。这时候得到的结果称为最小二乘意义下的最优估计值。

最小二乘算法可以任意选择拟合预设函数的模型，因此，可以消除输入信号中任意需要消除的暂态分量，只需在预设模型中包括这些分量即可。因而，该算法可获得很好的滤波性能和很高的精度。但预设的模型越复杂，精度越高，计算时间也越长。该算法的另一优点是能同时计算出输入信号中各种所需计算的分量。

最小二乘算法每增加一个新采样值，就要做一次矩阵运算，运算量相当大，因而有学者提出递推最小二乘算法。通过改变数据窗，当算法的数据窗长度大于拟合模型中的状态分量数时，算法的估计精度将随着数据窗的长度增加而得到改善。

4）卡尔曼滤波算法。

卡尔曼滤波算法，也称卡尔曼最佳线性估计，是从另一种最小均方估计误差的角度出发，以递推的形式实现。它是从短路的暂态信号中，通过不断的“预测–修正”递推运算最优地估计出基频相量。

傅氏算法对高次谐波有很好的抑制能力，卡尔曼滤波算法对高频随机信号的抑制能力更强，因此在故障后的暂态过程中，卡尔曼滤波算法能够从随机噪声信号中得到基频分量的最佳估计。

高速继电保护装置不可避免地工作在输电线路故障后的暂态过程中，输入保护的电压信号和电流信号大都混有频谱复杂的高次谐波和非周期分量，卡尔曼滤波因其较高的收敛精度和较快的收敛速度，在电力系统微机保护中得到了越来越广泛的重视和应用。

此外，微机保护还包括一类直接从输电线路物理模型出发建立数学模型的算法——R–L 串联模型的微分方程算法，本书限于篇幅，不再赘述，读者可查阅相关文献。

（3）数据重采样技术。

智能变电站保护装置的数据采集来自于电子式互感器，数据采样频率高且恒定，一般为 4000Hz，而传统的保护装置算法要求采样率一般为 1200～2400Hz，因此智能变电站的保护装置采样数据量比传统保护大很多，必须对其进行预处理。电子式互感器的输出数据若不进行频率跟踪，则无法实现每周期采样点相对固定来适应传统的保护算法。当采样数据按 IEC 61850—9—2 协议进行传输时，通信回路延时不固定，最大可达 4ms，给保护装置采样数据接收、处理带来了困难。由于数据采样率高，当保护装置的数据源来自不同合并单元时，存在多路采样数据同步问题。合并单元的采样时间序列往往与保护装置接收到的数字量采样不在一个节拍上，如图 1–4 所示，装置按照固定的采样时间序列采样（如图中竖虚线所示），但接收到的离散数据并不与该序列重合。此时就需要用插值算法对数据进行重采样，使其每个采样点都落在装置的采样序列上。因此，智能变电站的二次设备需要对合并单元上送的采样数据进行进一步的处理。

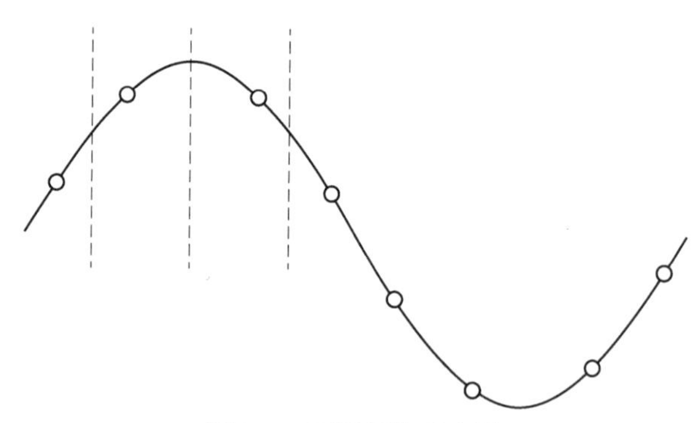

图 1–4　采样插值示意图

传统保护算法以离散傅里叶变换（DFT）或快速傅里叶变换（FFT）算法为主，在这两种算法下，针对合并单元输出数据高采样率和不定点数的问题，可通过等间隔采样数据处理和每周期定点数采样数据处理的方法解决。前者各采样点的时间间隔保持不变，但为实现信号在不同频率下精确的 DFT/FFT 计算，需实时调整每周期内的采样点数，很少采用；后者为实现不同频率下每周期采样点数相对恒定，需在频率跟踪的基础上对原始数据进行二次采样，即插值。

插值是根据数据接收方的时间序列，利用插值算法，重构出新的采样序列，实现采样值的同步。具体实现上，装置在接收到合并单元的数字量采样后，首先读取其额定延时，根据额定延时回推数据，例如额定延时为500μs，则将采样向前回推500μs，再根据自身的采样时间序列进行插值。

目前最常用的插值算法为线性插值，其示意如图1–5所示。

图 1–5 中，y 轴表示某一时刻采样值的大小，t 轴表示具体采样时刻，A、B 为已知时刻的采样值，C 为插值处的 t 时刻的采样值，D 为 t 时刻原来的采样值。可见 C 点和 D 点存在着一定的偏差 Δy。

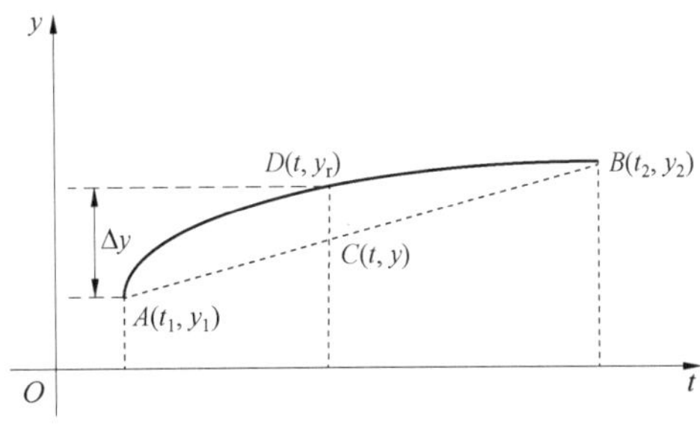

图1–5　线性插值算法示意图

第 2 章

层次化保护控制系统

2.1 层次化保护控制系统简述

层次化保护控制系统是综合了继电保护和安全自动装置的一体化系统。传统意义上，继电保护和安全自动装置分别作为电网安全稳定运行的第一和第二、三道防线，彼此独立，面对电网故障时，各种装置的动作时序、动作范围等相对固定。而层次化保护控制系统是将继电保护与安全自动装置进行有机地结合，实现多装置在时间、空间和功能上的协调一致，提高电网的运行稳定性。

本章在分析传统继电保护和安全自动装置局限性的基础上，对层次化保护控制系统的定义、特点及其功能分别进行了阐述，简述了各项功能的基础原理和关键技术，特别指出了各项功能的实现目标与现有目标的差异，列出了层次化保护控制系统的几种典型设计方案，及其系统调试和运维的主要内容。

2.1.1 层次化保护控制系统定义

基于智能变电站的建设，合并单元、智能终端等设备广泛应用，设备日常运行和保护动作过程中产生的冗余信息可被获取利用。通信技术的发展，尤其是 IEC 61850 标准的颁布，使得利用全站、相邻站甚至全系统信息来作为保护的判据成为可能。在此背景下，层次化保护控制系统的概念被提出。

层次化保护控制系统是指综合应用电网全网数据信息，通过多原理、自适应的故障判别方法，实现时间维、空间维和功能维的协调配合，提升继电保护性能和系统安全稳定运行能力的保护控制系统。层次化保护控制系统由面向被保护对象的就地级保护、面向变电站的站域级保护控制和面向区域多个变电站的广域级保护控制组成。

1）就地级保护：面向单间隔被保护对象，利用被保护对象自身信息独立决策，可靠、快速地切除故障；

2）站域级保护控制：面向变电站，利用站内多个对象或跨间隔的电压、电流、开关位置和就地级保护设备状态等信息，集中决策，实现保护的冗余和优化，完成并提升变电站层面的保护及安全自动控制功能，同时作为广域级保护控制系统的子站；

3）广域级保护控制：面向区域电网内的多个变电站，利用各站的综合信息，统一判别决策，实现后备保护及安全稳定控制等功能。

层次化保护控制系统可形成面向区域电网安全稳定的立体防护体系，其系统架构如

图 2-1 所示。

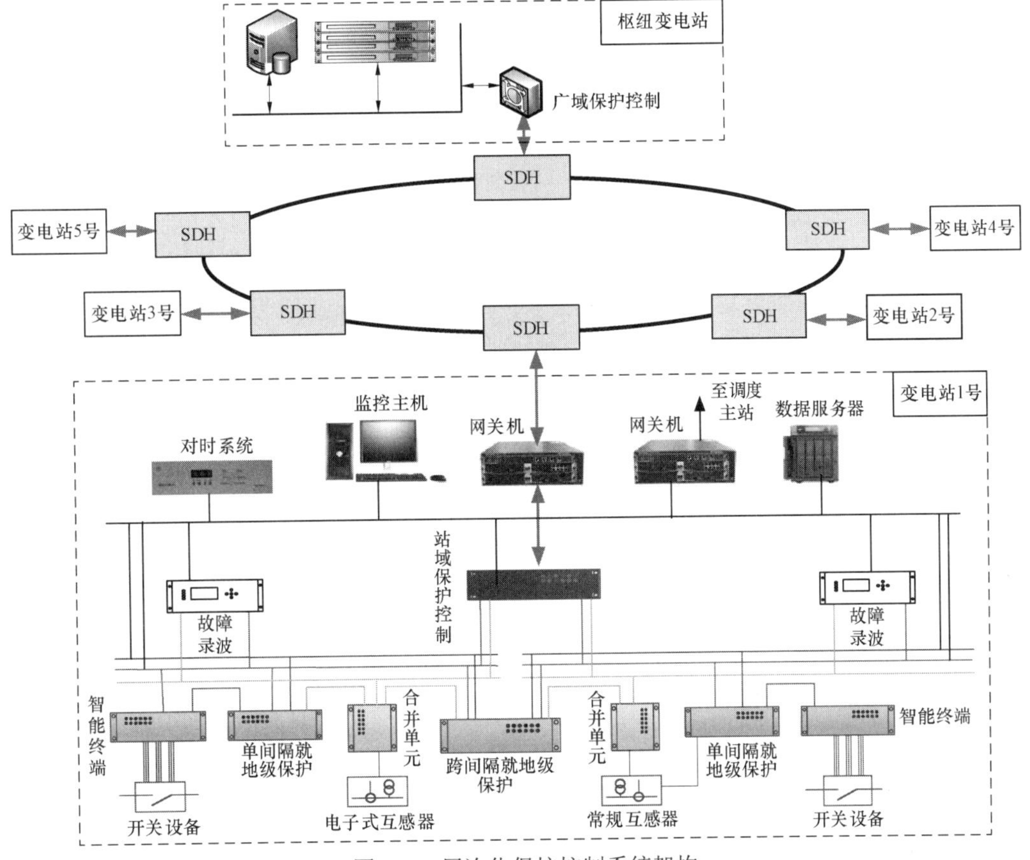

图 2-1　层次化保护控制系统架构

就地级保护和站域级保护控制不依赖于外部通信通道，即使通信通道中断，也能实现保护功能。广域级保护控制依赖于光纤通信实现站间数据交换，其可靠性往往会受制于光纤通信网的可靠性，在极端情况下，会丧失部分甚至全部控制功能，但作为整个保护系统性能提升的有效补充，广域级保护控制的失效不影响就地级保护和站域级保护控制功能的实现。

2.1.2　层次化保护控制系统特点

层次化保护控制系统在就地级、站域级、广域级配置多重保护和自动控制功能，时间维、空间维、功能维协调配合，提升了面向系统的保护整体性能，改善了后备保护的选择性、速动性和可靠性，提高了保护动作的协调性，形成面向区域电网安全稳定的立体防护体系。层次化保护控制系统具备以下主要特点。

1. 就地级保护实现设备的贴身防护

就地级保护基于现有保护配置，以快速、可靠隔离故障元件为目的，利用元件的就地信息独立决策，实现快速、可靠的元件保护，实现对单个对象的“贴身防卫”，其功能实现不依赖于站域级和广域级保护控制。条件允许时，可将就地级保护靠近一次设备布置，简化二次接线，一、二次设备针对性强，便于维护、检修和巡视，有利于模块化设计和安装。另一方面，对于低压等级元件（如35kV系统），可将保护横向功能集成，一台装置实现多个间隔的保护，简化站内网络结构，减少运维工作。

目前保护均是以被保护对象为单位，并按照功能进行设备的独立配置。由于变电站内的设备数量繁多，且为了保证装置的运行环境，保护装置一般都远离一次设备进行安装。层次化保护控制系统中，就地级保护与一次设备尽量近距离安装，一方面减少一、二次设备之间的连接距离，降低损耗和故障几率；一方面当站域级保护和广域级保护的功能完备时，可以尽可能地简化就地后备保护的配置，真正做到“贴身防护”和免整定，提高就地级保护的快速性和可靠性。

2. 站域级保护控制提升单个变电站的整体运行性能

站域级保护控制利用站内多间隔信息实现站内的综合防御，以优化保护控制配置、提升保护控制性能为目的，在不增加或少量增加设备的前提下，利用全站信息集中决策，实现灵活、自适应的母线保护、失灵保护、元件后备保护等，并可实现备自投、低周/低压减载等控制功能，可以提升保护控制的可靠性和速动性，还能开发和优化多判据决策的策略。

母线保护和失灵保护一般是用于确保电网安全稳定运行水平的，多配置在220kV及以上电压等级中。但在实际电网中，35kV及以下的低压母线故障，由于只能依靠主变压器后备保护隔离故障，经常会出现保护动作时间过长导致主变过载的现象，不利于设备的运行维护；而站域级保护控制在一套装置中实现主变低压侧母线的母差保护，无论变电站电压等级高低，均可快速切断母线故障，避免了上述主变过载的现象。常规的备用电源自投是面向单个分段开关或者母联开关进行配置的，主变高低压侧的备自投无法实现相互协调，不利于负荷的转供和可靠供电；站域级保护控制可以实现基于全站信息的备自投功能，提高负荷的供电可靠性。

3. 广域级保护控制提升区域电网的协调控制性能

广域级保护控制以提高系统安稳控制自动化、智能化水平为目的，一般设置在区域内枢纽变电站（500kV），通过广域通信网络利用区域内各变电站的全景数据信息，实现广域后备保护、保护定值调整、优化安稳控制策略等，实现区域内保护与控制的协调配合。基于广域信息的后备保护，可实现区域电网范围内的线路后备保护，提高后备保护动作的速动性和选择性，并采取相应控制措施，实现继电保护与自动控制功能的协调优化。

广域级保护要实现故障的快速隔离，需要大量的实时信息，这些信息不仅容量大，而且对延时的要求高，同时对广域主站的数据处理能力也要求很高。目前对于广域级保护，还基本处于理论研究状态，尚未进入实用化阶段。而广域安全控制功能目前大都是基于区域的安全自动装置功能来实现的，一方面实时性要求不高，另一方面只需要开关量信息而不需要模拟量信息，具备了实用化的基础。因此，目前广域级保护控制总体上处在理论算法研究和试点应用阶段。

2.1.3 国内外应用现状

1. 国内应用现状

目前，层次化保护控制系统在部分智能变电站建设中已得到了应用，主要包括就地级保护装置、220kV 及以下智能站的站域级保护控制装置，广域级保护控制装置暂时没有应用。就地级保护的配置原则与现有保护配置原则相同，但采用了就地下放布置方式，其中户外站采用就地智能控制柜安装和预制舱安装两种方式；站域级保护控制装置全部采用集中式模式，按站配置。广域级保护控制目前尚在理论研究和试点建设阶段，没有批量投运，但已有试点实施项目。

2007 年的广东花都广域级保护是全国首套投入运行的广域级保护项目，该项目 4 个变电站规模（1 个主站兼子站、3 个独立子站），研究了基于广域同步数据实现广域级保护的可行性、基于 GPS 对时的同步相量数据的可靠性、基于网络跳闸的可行性和可靠性等三方面内容；2010 年贵州都匀项目首次实现了广域级控制（广域备自投和过载联切），将广域级保护和广域级控制结合，解决了串供电网模式、中间开口运行的情况下，有大量站点接入小水电上网时，保护整定、动作配合比较困难，原分散布置的备自投无法协调、无法实现典型串供电网的远方恢复供电，以及和不同保护装置、安全稳定控制装置配合等问题；2012 年的贵州六盘水项目首次实现了常规变电站和数字化变电站混合的广域级保护系统。由于是城市供电区域，供电可靠性要求很高，常规的变电站备自投基本上无法实现多电源备投。广域级保护控制系统解决了城市供电网线路短、保护整定困难，分散式备自投不能有效实现远方恢复供电等问题；2015 年广西来宾环网站点存在大量 T 接线路，且供电线路较短、保护整定配合困难、分散布置的备自投不能完全实现远方恢复供电的功能等，因此也进行了广域级保护控制系统的试点建设。

2. 国外应用现状

2001 年开始，ABB 公司与 SIEMENS 公司开展合作，在德国进行采用 IEC 61850 标准的设备互操作试验，站控层设备由 ABB 公司生产，间隔层设备由 SIEMENS 公司生产。2007 年，SIEMENS 公司在瑞士成功建造了世界上第一座采用 IEC 61850 标准的数字化变电站。目前，基于 IEC 61850 系统的变电站站控层和间隔层的结构已经较为成熟，在国外得到较快推广，国外主要电力设备制造企业的二次产品基本都支持 IEC 61850 协议。

在利用广域信息实现电网安全稳定控制方面，西班牙 Sevillana de Electricidad 电力公司第一个利用相角测量来进行状态估计，修改了传统的状态估计算法，利用相角测量的电压正序相量来改善状态估计的迭代过程，其状态估计值比测量值更加接近真实值，但相角测量的同步精度不能低于 20μs，否则状态估计值没有明显的改善，因此相角测量也不能完全取代常量测量。

法国 EDF（Electricite' de France）电力公司将电网划分为 20 个稳定控制区，采用各区的相角测量值来判别稳定。EDF 建立了一个广域级保护中心计算机系统，在检测到电网失去暂态稳定时，解列电网并进行减负荷。从监测到系统失稳到广域级保护动作完成，必须在 1.3s 内完成。

瑞典也在利用广域级保护系统抵御电压崩溃事故方面做了实践性研究。瑞典的电力研究人员在瑞典南部现存的SCADA 系统基础上设计了一套能够进行电压稳定控制的广域级保护系统，并进行了相关的实验，广域级保护系统成功动作，取得了较好的控制效果。

各国电力工作者都在进行广域级保护系统的研究，已经运行的系统有可编程减负荷系统（Programmable Load Subtract System，PLSS）、安全稳定和电压控制系统（Wide-Area Stability and Voltage Control System，WACS）、DRS 系统、Syclopes 系统。现有的广域级保护系统一般是采集系统实时数据与预先计算好的方案进行对比，若两者相符则执行某种设定好的控制，因而存在配置不灵活等特点。未来的广域级保护系统应克服这一点，通过计算实时数据得到控制策略。

总体来说，广域测量技术和通信技术的发展为广域级保护的可行性提供了支撑，广域级保护的应用前景较为明朗。

2.2 层次化保护控制系统原理与关键技术

2.2.1 基本原理

层次化保护控制系统在就地级、站域级、广域级配置多重保护，在时间维、空间维、功能维协调配合，形成面向区域电网安全稳定的立体防护体系。

三个层级的保护控制功能既独立又相互配合。就地级保护是一次设备元件的贴身管家，在第一时间完成对故障元件的隔离，因此其功能以最少的输入量、最可靠的动作判据和最快的动作时间为基本要求，着眼点在于单个的电气元件，因此可以配置目前的常规元件保护，远景将随着保护原理的进一步提升，一、二次设备的进一步集成，真正做到就地级保护免整定、免维护；站域级保护控制主要处理涉及到同一变电站内多个元件的故障，重点在于后备保护及站域的部分紧急控制功能，对动作时间要求略低于就地级保护，其后备保护需要与就地级保护相互配合，弥补就地级保护快速动作造成的无选择性问题，同时可以优化紧急控制功能的动作时序，远景站域级保护控制将在保证可靠性的基础上集成全站的跨间隔保护控制；广域级保护控制面向区域的电力系统，目前还有很多有待解决的信息采集、传输、算法等实用化问题，远景将实现更大范围的广域后备保护以避免故障转移引起大范围停电事故，并实现对电网的智能化紧急预防控制。

现阶段层次化保护控制系统各层功能配置建议如表 2-1 所示。

表 2-1　　　　　　　　层次化保护控制系统功能配置

	方案	对象	信息采集	动作时限	功能
就地级保护	线路保护	线路	本间隔的电流、电压等模拟量，开关位置等状态量	主保护：无整定时间 后备保护：0.01～10s	实现线路的就地主后备保护
	主变压器保护	主变压器	本间隔的电流、电压等模拟量，开关位置等状态量	主保护：无整定时间 后备保护：0.01～10s	实现主变压器的主后备保护
	母差保护	母线	相关间隔的电流、电压等模拟量，开关位置等状态量	主保护：无整定时间	实现母线的主后备保护
	高压电抗器保护	电抗器	本间隔的电流、电压等模拟量，开关位置等状态量	主保护：0.1～100s 后备保护：0～100s	实现电抗器的主后备保护
	电容器保护	电容器	本间隔的电流、电压等模拟量，开关位置等状态量	主保护：0～100s 后备保护：0.1～100s	实现电容器的主后备保护
站域级保护控制	元件后备保护	变压器、母线	各间隔电流、电压信息，开关位置、动作等状态量	主保护的后备：0.1～0.3s 加速后备：0.3～0.5s	加速元件后备保护动作
	断路器失灵保护	多个元件断路器	各间隔电流、电压等模拟量，开关位置等状态量	0.3～0.6s	实现断路器近后备保护
	站内备自投	多个元件断路器	各间隔电流、电压等模拟量，开关位置等状态量	秒级	实现电源自动切换
	广域保护控制子站	本站及供电区域多个元件断路器	各间隔电流、电压等模拟量，开关位置等状态量	保护：0.1～0.5s 稳控：秒级	低频/低压切负荷、保护定制组调整等
广域级保护控制	广域备自投	区域电网	相关间隔的电流、电压等模拟量、开关位置等状态量，继电保护配合信号	秒级	广域紧急控制
	电网安稳状态及预防控制	区域电网	相关间隔的电流、电压等模拟量、开关位置等状态量，继电保护配合信号	10～100s	电网安稳状态及预防控制

1. 就地级保护

根据就地级保护的定位，其范围主要是站内的元件保护。由于当前站域级保护和广域级保护尚不能实现完整的后备保护功能，因此现阶段就地级保护的功能配置仍然保留完整的主保护加后备保护的方式。

线路保护。按照线路保护依据的原理及物理量不同，分为电流保护、距离保护、方向保护和差动保护等，如表 2-2 所示。电流保护是利用故障或过载后电流增大的特征构成的，常用的有瞬时电流速断保护、限时电流速断保护、定时限过电流保护等；距离保护通过计算本线路短路时的电压和电流的比值，反应故障点到保护安装处的短路距离，常用的有相间距离保护、接地距离保护等；方向保护通过功率方向元件实现故障方向的判别，是反应功率方向的保护，一般不单独使用，需与其他保护配合使用，如方向电流保护；差动保护是通过比较被保护元件各端的电流矢量来识别故障范围，其基本原理是建立在基尔霍夫电流定律（即流入一个节点的电流向量矢量和为零）的基础上，如果发生内部故障，各端保护安装处的电流矢量和为故障电流，若无故障或区外故障时，该电流矢量和为零，常用的为分相电流差动保护。

表 2–2　　保护动作原理分类及特点

类型项目	电流保护	方向保护	距离保护	差动保护
保护原理	反映故障或过载后电流增大的保护	反应保护安装处故障前后的零序、负序或突变量的电流与电压相角差变化的保护	反映保护安装处与故障点的阻抗值的保护	采用基尔霍夫电流定律，反应故障前后关联侧保护安装处电流矢量和变化的保护
常用保护	三段式过电流保护，零序电流保护	零序方向保护、负序方向保护、突变量方向保护、功率方向保护	三段式距离保护	相差保护、电流差动保护
优点	实现简单，投资少	具有方向性，保证了动作的选择性	受系统运行方式变化的影响较小，同时阻抗元件具有方向性	具有绝对选择性和快速动作性能
缺点	易受系统运行方式变化影响，切除故障时间长	接线复杂，投资增加；存在电压死区，易受系统运行方式变化影响	需要采集电压信号	需要提供通信通道
备注	在双侧电源时一般需加方向元件，灵敏度不足时可加电压闭锁	一般不单独使用，需与其他保护组合使用	针对不同类型故障需采用不同形式，如相间距离保护和接地距离保护等	通信及智能化水平均较高时，可以实现广域级保护，来应对多电源、多运行方式的复杂情况

下面介绍目前主要应用的差动保护与距离保护的基本原理。

1）光纤分相电流差动保护。

光纤分相电流差动保护是目前应用最为广泛的线路主保护。借助于光纤通道，一侧保护装置实时地向对侧传递采样数据，同时接收对侧的采样数据，各侧保护利用本地和对侧电流数据按相进行差动电流计算。根据电流差动保护的制动特性方程进行判别，区内故障时动作跳闸，区外故障时保护不动作。光纤电流差动保护系统的典型构成如图 2–2 所示。

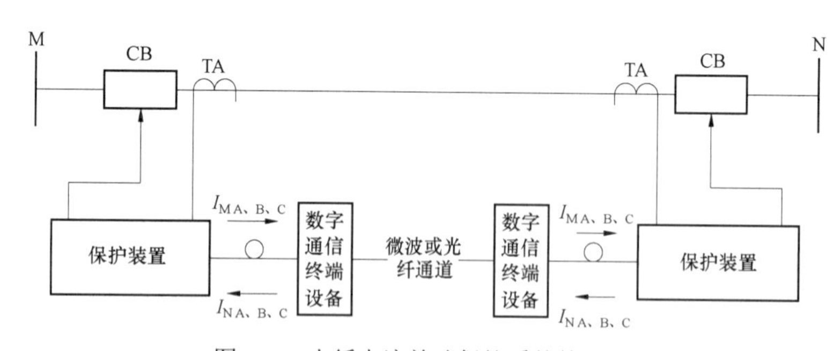

图 2–2　光纤电流差动保护系统构成图

假设 M 侧为送电端，N 侧为受电端，当线路在正常运行或区外故障时，M 侧电流为母线流向线路，N 侧电流为线路流向母线，两侧电流大小相等方向相反，此时线路两侧的差电流为零；当线路发生区内故障时，故障电流都是由母线流向线路，方向相同，线路两侧电流的差电流不再为零，当其满足电流差动保护的动作特性方程时，保护装置发出跳闸命令快速将故障相切除。

对于光纤分相电流差动保护而言，一般采用如图 2–3 所示的双斜率制动特性，以保证发生穿越故障时的稳定性。图 2–3 中，I_d 表示差动电流，I_r 表示制动电流，K_1、K_2 分别表示不同的制动斜率。

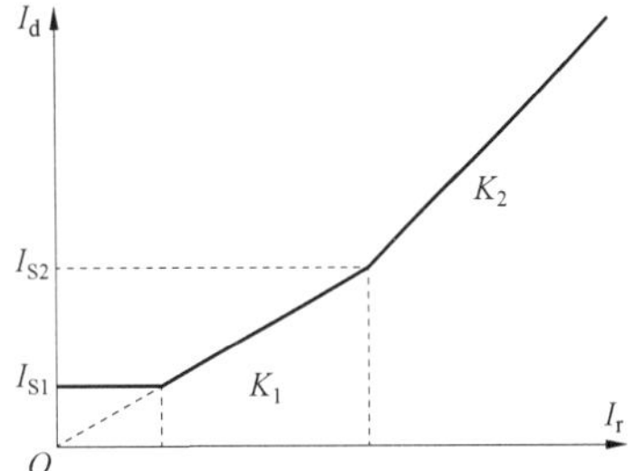

图 2–3　光纤分相电流差动保护的制动特性

采用这样的制动特性曲线，可以保证在小电流时有较高的灵敏度，而在电流大时具有较高的可靠性，即当线路发生区外故障时，因电流互感器发生饱和产生传变误差，此时采用较高斜率的制动特性更为可靠。

由于线路两侧电流互感器的测量误差和超/特高压线路运行时产生的充电电容电流等因素的影响，差动保护在利用本地和对侧电流数据按相进行实时差电流计算时，其值并不为零，即存在一定的不平衡电流。光纤差动保护必须按躲过此电流值进行整定，这也是图 2–3 中最小差电流整定值 I_{s1} 不为零的原因所在。如何躲过该不平衡电流对差动保护的影响，不同类型的保护装置采用的整定方法也不尽相同，一般采用固定门槛法进行整定，即将在正常运行中保护装置测量到的差电流作为被保护线路的纯电容电流，并将该电流值乘以一系数（一般为 2～3）作为差动电流的动作门槛。

一种典型的分相电流差动保护动作方程如式（2–1）所示：

$$
\begin{aligned}
&I_d > 2I_c \\
&I_d > K_1 \times I_f \ (0 < I_d < 6I_c) \\
&I_d > K_2 \times I_f + (K_1 - K_2)\ 6I_c \ (I_d \geqslant 6I_c)
\end{aligned}
\qquad (2\text{–}1)
$$

式中：I_d 为经电容电流补偿后的差动电流；I_f 为经电容电流补偿后的制动电流；I_c 为正常运行时的实测电容电流。

当差动元件判为区内故障发出跳闸命令时，除跳开线路本侧断路器外，还借助于光纤通道向线路对侧发出联跳信号，使得对侧断路器快速跳闸。

2）线路距离保护。

距离保护在线路保护中应用较为广泛，其基本原理是反应保护安装处至故障点的距离，并根据距离的远近确定动作时限的一种保护装置。测量保护安装处至故障点的距离，实际上是测量保护安装处至故障点之间的阻抗大小，故有时又称之为阻抗保护。

正常运行时保护安装处测量到的线路阻抗为负荷阻抗，线路任一点发生故障时，测量阻抗为保护安装处到短路点的短路阻抗。现阶段为了使测量阻抗在不同故障类型下能准确反映保护安装处与短路点的距离，常用相间距离 0° 接线方式与带零序补偿的接地距离 0° 接线方式。

距离保护利用了电压、电流两种电气量，比反应单一物理量的电流保护灵敏度高。距离保护的实质是比较整定阻抗与测量阻抗的大小。但测量阻抗受 TA、TV 传变特性及过渡电阻等影响，通常将距离保护的保护范围整定为一个面或者圆的形式，当测量阻抗落在保护范围以内时，保护可靠动作，否则保护不动作。下面介绍常见的六边形动作特性与方向圆动作特性。

六边形动作特性的阻抗继电器均由直线构成，将测量阻抗 Z_m 的电抗分量与电阻分量分别与整定值 X_{set}、R_{set} 比较确定保护是否动作，如图 2–4 所示。X_{set} 可以由 Z_{set} 确定，也可以按照灵敏度独立整定，R_{set} 按照最小负荷阻抗独立整定。选择的多边形上边下倾角，可提高躲区外故障情况下的防超越能力，一般 $\alpha_1=\alpha_2=14°$，$\alpha_3=60°$，α_4 一般设置为 7～10°。通过对上述参数的整定，六边形特性容易满足长线路与短线路的不同要求。

方向圆特性是最常用的阻抗特性之一，主要特点是具有明确的方向性，能确保反方向不误动，保护范围由 Z_{set} 确定，如图 2–5 所示。但在保护出口故障时存在保护死区的问题，需要利用记忆电压作为参考相量，与短路电流进行方向比较，消除保护死区。

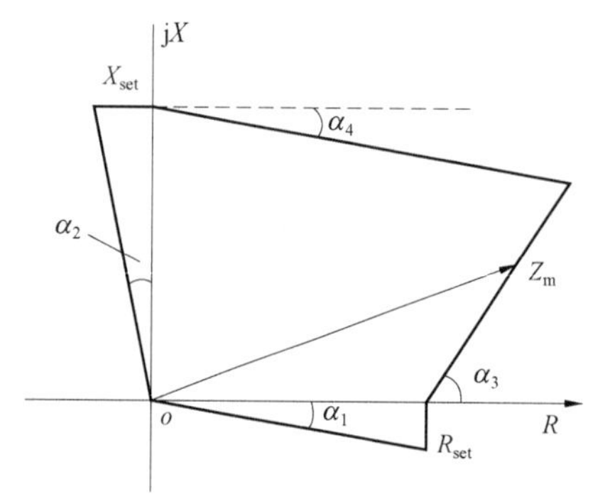

图 2–4　六边形动作特性的阻抗继电器

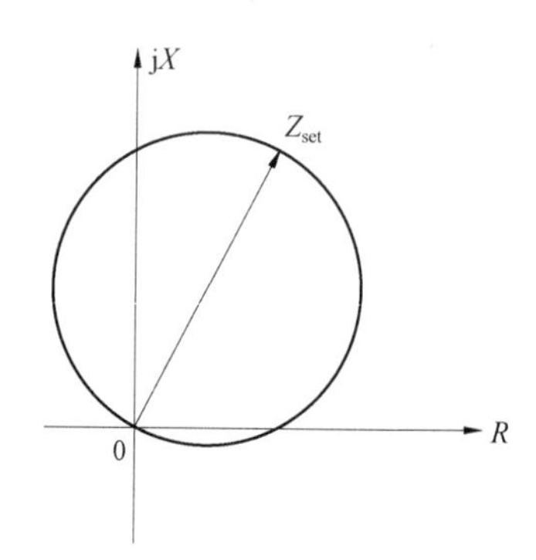

图 2–5　方向圆特性阻抗继电器

为了满足保护的选择性，目前距离保护广泛采用具有三段动作范围的阶梯时限特性，如图 2–6 所示。但对于距离 III 段而言，在双电源系统中，由于距离Ⅲ段不需要考虑系统振荡的影响，因此其整定时间不应小于最大的振荡周期 1.5～2s。对于振荡周期较长的情形，需要另作特殊考虑。

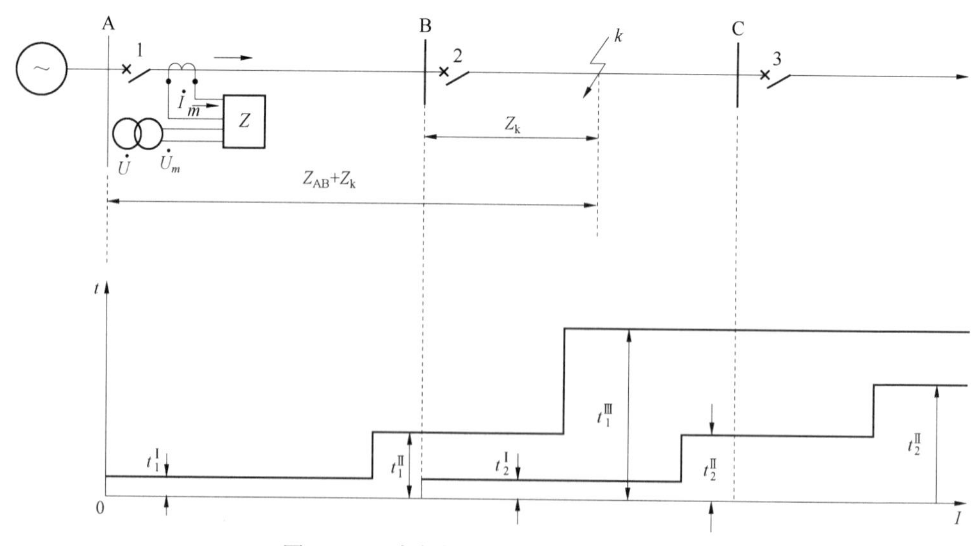

图 2–6　距离保护的三段阶梯配合特性图

3）变压器差动保护。

变压器差动保护主要是用来反应变压器绕组、引出线及套管上的各种短路故障，是变压器的主保护。差动保护装置可用来保护变压器线圈内部及其引出线上发生的相间短路和接在大电流接地电网上变压器的单相接地故障。

差动保护是利用比较被保护元件各端电流的幅值和相位的原理构成的，根据 KCL 基本定理，即当被保护设备无故障时：恒有 $\sum_{i=1}^{n}\dot{I}_i=0$，即各流入电流之和必等于各流出电流之和，其中 $\dot{I}_i$ 为流向被保护设备各端子的电流；当被保护设备内部发生故障时，短路点成为一个新的端子，此时有 $\sum_{i=1}^{n}\dot{I}_i>0$，考虑到电流互感器变比差异、传变误差、调压分接头等因素的影响，变压器在正常运行和外部故障时仍然存在不平衡电流，所以差动保护的动作判据应改写为：

$$\sum_{i=1}^{n}\dot{I}_i=I_{\mathrm{J.cd}}>I_{\mathrm{jbp.max}} \tag{2-2}$$

式中：$I_{\mathrm{J.cd}}$ 为差动回路的差动电流；$I_{\mathrm{jbp.max}}$ 为差动保护的最大不平衡电流。

图 2–7、图 2–8 是双绕组、三绕组变压器差动保护的原理接线图。

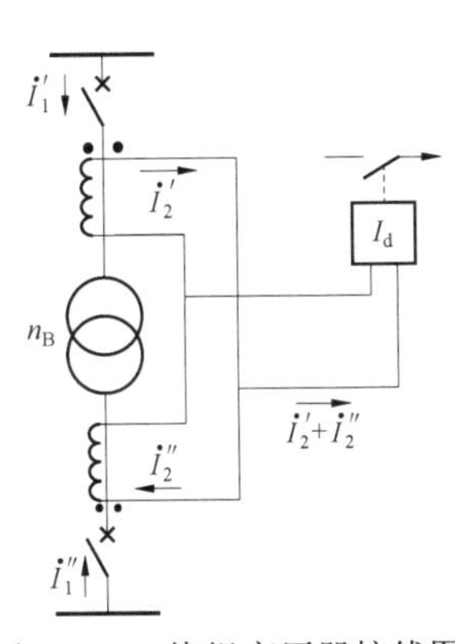

图 2–7　双绕组变压器接线图

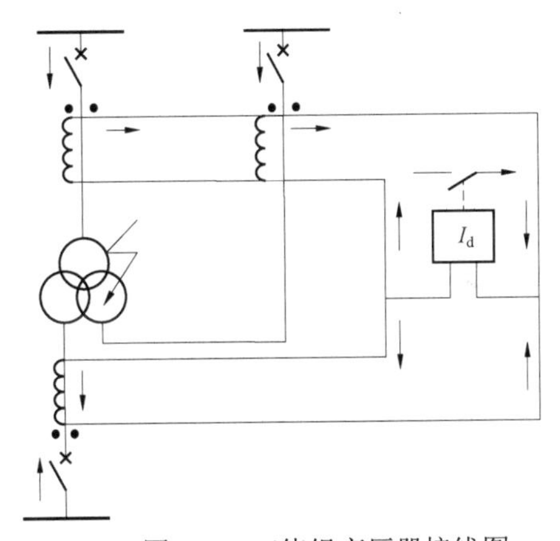

图 2–8　三绕组变压器接线图

以双绕组变压器为例说明差动保护原理。由于变压器高压侧和低压侧的额定电流不同，因此为了保证差动保护的正确动作，就必须适当选择两侧电流互感器的变比，使得在变压器正常运行或外部故障时两个电流相等。

差动电流与制动电流的相关计算，都是在各侧电流幅值补偿和相位校正后的基础上进行。幅值补偿时以高压侧电流幅值为基准，计算变压器中、低压侧平衡系数，再将中、低压侧各相电流与相应的平衡系数相乘，即得幅值补偿后的电流。相位补偿一般是变压器各侧电流互感器二次电流相位由软件自动校正，采用在 Y 侧或△侧进行校正相位的方式。

正常运行或外部故障时，差动继电器中的电流等于两侧电流互感器的二次电流之差，欲使这种情况下流过继电器的电流基本为零，则应恰当选择两侧电流互感器的变比。在

图 2–7 中应当满足条件：

$$\frac{n_{l2}}{n_{l1}}=\frac{\dot{I}_1''}{\dot{I}_1'}=n_B \tag{2–3}$$

式中：$\dot{I}_1'$ 为变压器高压侧一次电流；$\dot{I}_1''$ 为变压器低压侧一次电流；n_{l1} 为高压侧电流互感器的变比；n_{l2} 为低压侧电流互感器的变比；n_B 为变压器的变比。

差动保护动作判据用下式表示：

$$\left|\dot{I}_2'+\dot{I}_2''\right|\geqslant I_0 \tag{2–4}$$

式中：I_0 为差动保护动作整定电流；$\dot{I}_2'$ 为高压侧电流互感器的二次电流，A；$\dot{I}_2''$ 为低压侧电流互感器的二次电流，A。

保护动作对于差动保护动作判据中的 I_0，要按躲过外部短路时最大短路电流对应的最大不平衡电流 $I_{\mathrm{jbp\,max}}$ 整定，这时 I_0 数值较大，如图 2–9 中直线 1 所示，直线以下为制动区，直线以上为动作区。如果内部短路电流较小，则差动电流的值小于最大不平衡电流 $I_{\mathrm{jbp\,max}}$，该点处于直线 1 以下（制动区），保护不动作，这时保护的灵敏度不能满足要求。由于变压器差动保护的不平衡电流随一次穿越电流的增大而增大，因此，利用该穿越电流产生制动作用使动作电流随制动电流而变化，这样在任何内部短路情况下动作电流都大于相应的不平衡电流，同时又具有较高的灵敏度。基于此，人们提出带有制动特性的差动保护，如图 2–9 中曲线 2 所示。曲线 2 以上为动作区，曲线以下为制动区。动作特性曲线 2 与直线 1 相比，图中阴影部分能够正确动作。

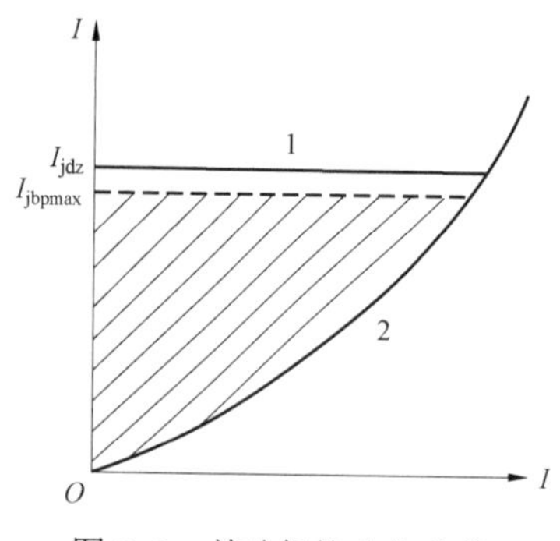

图 2–9　差动保护动作曲线

事实上，变压器外部故障时，如果外部短路电流含有的非周期分量过大，将严重影响变压器两侧电流互感器的传变特性，甚至出现电流互感器饱和现象，进而导致变压器出现较大的差动电流。因此采用带制动特性的原理，外部短路电流较大，制动电流也越大，继电器能够可靠制动。

4）母线保护。

由于母线长度较短，通常将单母线看作基尔霍夫电流定律的一个“点”，母线在正常工作或其保护范围外部故障时所有流入及流出母线的电流之和为零（差动电流为零），而在内部故障情况下所有流入及流出母线的电流之和不再为零（差动电流不为零）。基于这个前提，差动保护可以正确地区分母线内部和外部故障。

母线保护常用的比率制动式电流差动保护的基本判据为：

$$\left|\dot{I}_1+\dot{I}_2+\cdots+\dot{I}_n\right|\geqslant I_0 \tag{2–5}$$

$$\left|\dot{I}_1+\dot{I}_2+\cdots+\dot{I}_n\right|\geqslant K\left(\left|\dot{I}_1\right|+\left|\dot{I}_2\right|+\cdots+\left|\dot{I}_n\right|\right) \tag{2–6}$$

式中：$\dot{I}_1$、$\dot{I}_2$、…、$\dot{I}_n$ 为支路电流；K 为制动系数；I_0 为差动电流门槛值。

式（2–5）的动作条件是由不平衡差动电流决定的，而式（2–6）的动作条件是由母线所有元件的差动电流和制动电流的比率决定的。当外部故障短路电流较大时，制动电流增长远大于差动电流，式（2–6）式不满足，使得保护不误动；而内部故障时，式（2–6）式易于满足，只要同时满足式（2–5）提供的差动电流动作门槛，保护就能正确动作，这样提高了差动保护的可靠性。比率制动式电流差动保护动作曲线如图 2–10 所示。图中 I_d 为差动电流，I_f 为制动电流，K 为制动系数。

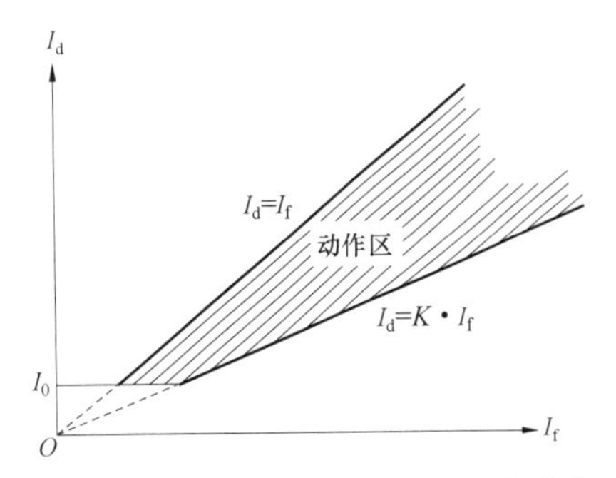

图 2–10　比率制动式差动保护动作曲线

就地级母线保护除了采用常规的集中式保护外，还可使用分布式就地化安置的方式。和常规母线保护相比，就地化分布式保护具有以下特性：

a）母线保护采用标准接口与电子式互感器连接，数字化采样、电缆直接跳闸；对于采用常规互感器的变电站，电缆直接采样、电缆直接跳闸。

b）母线保护采用积木式设计，由一个或多个母差保护单元构成，各保护单元间通过专用的双环网连接，每个保护单元独立完成所有的保护功能。

c）每个母差保护单元能够接入多个间隔，负责各间隔的模拟量和开关量的采集和对应间隔的分相跳闸出口，采集数据通过专用环网传递给其他保护单元，用于保护计算。

d）每个母差保护单元具备 SV 和 GOOSE 过程层共口输出功能，配置对时接口，支持 IRIG–B 码对时，输出 SV 供站域保护和录波器使用，采样率为 4kHz。

e）联闭锁信息（失灵启动、远跳闭重、失灵联跳等）采用 GOOSE 网络传输方式。

就地化分布式母线保护装置连接示意图如图 2–11 所示。

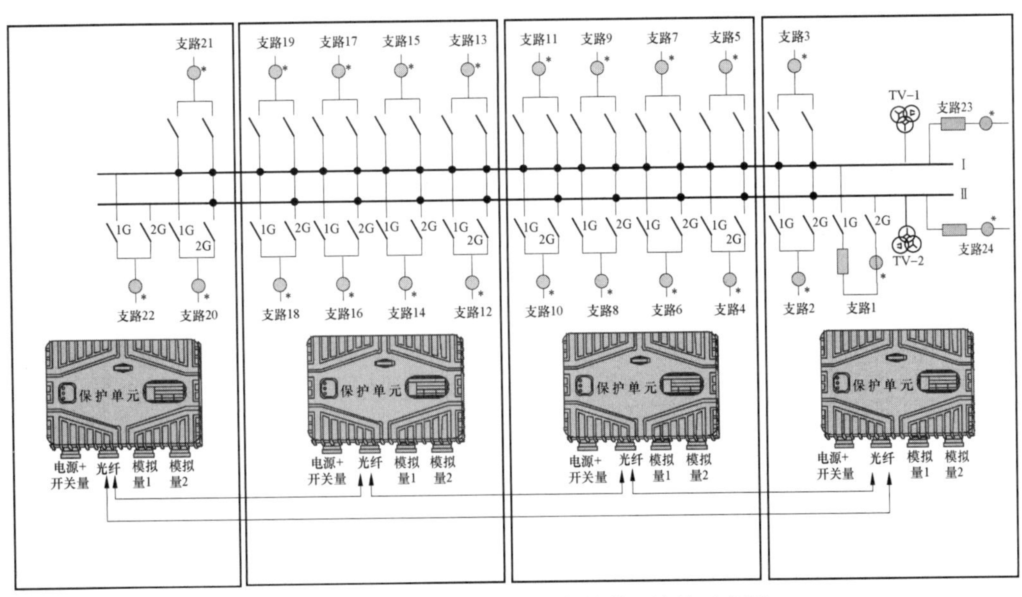

图 2–11　就地化分布式母差保护单元连接示意图

实现母线保护的分布式就地化安置，对装置软硬件提出了更高的要求：

a）母差保护单元间通信数据量较大，需使用千兆环网连接，为保证数据可靠性，可使用双向双环网的技术。

b）母线保护要求采用数据同步，可采用环内同步采样，1588 对时同步，延时可测等同步方式。

c）环网内传输协议非标准格式，而且使用定制的专有格式。

d）各保护单元需要采用实时定值校验技术，保证定值的可靠同步。

5）断路器失灵保护。

当输电线路、变压器、母线或其他主设备发生短路，保护装置动作并发出跳闸指令，但断路器拒绝动作，称之为断路器失灵。为防止由于断路器失灵造成严重后果，必须装设断路器失灵保护。

保护装置动作后，其出口继电器接点闭合，断路器仍在闭合状态且仍有电流流过断路器，则可判为断路器失灵。断路器失灵保护启动元件就是基于上述原理构成的。断路器失灵保护应由故障设备的继电保护启动，手动跳断路器时不能启动失灵保护；在断路器失灵保护的启动回路中，除有故障设备的继电保护出口接点之外，还应有断路器失灵判别元件的出口接点（或动作条件）；失灵保护应有动作延时，且最短的动作延时应大于故障设备断路器的跳闸时间与保护继电器返回时间之和；正常工况下，失灵保护回路中任一对触点闭合，失灵保护不应被误启动或误跳断路器。

断路器失灵保护由 4 部分构成：启动回路、失灵判别元件、动作延时元件及复合电压闭锁元件。一种双母线双分段断路器失灵保护的逻辑框图如图 2–12 所示。

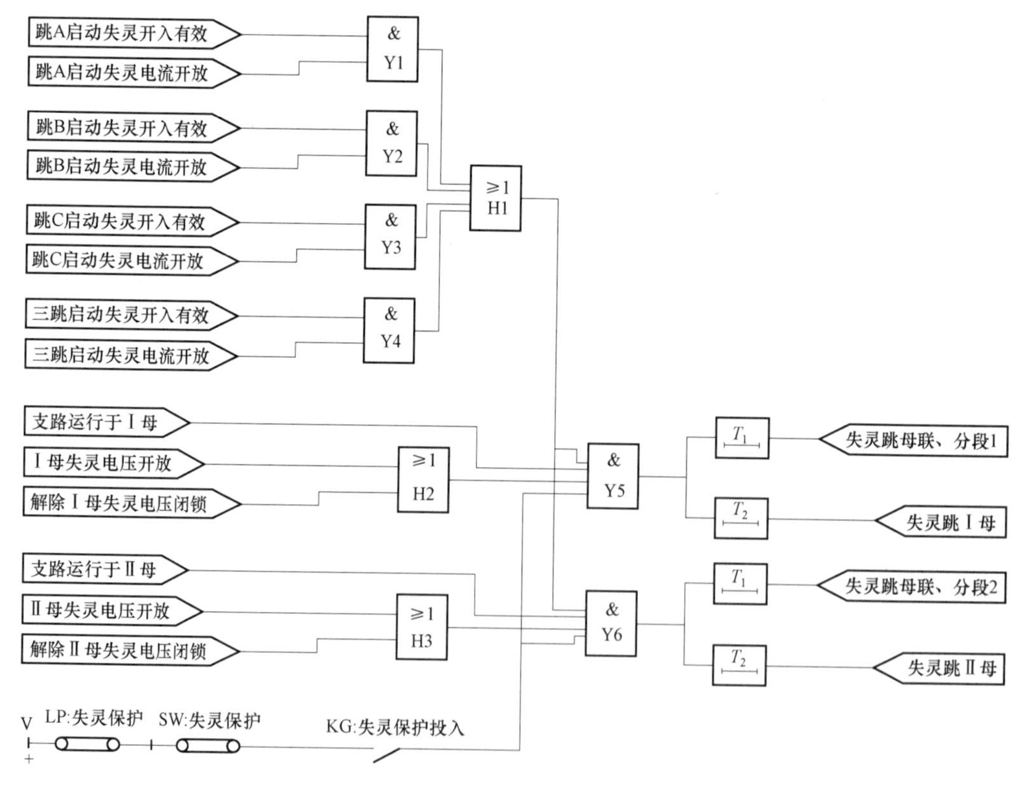

图 2–12　双母线双分段断路器失灵保护逻辑框图

注：LP 为硬压板，SW 为软压板，KG 为控制字。T_1—失灵保护 1 时限定值；T_2—失灵保护 2 时限定值。

2. 站域级保护控制

站域级保护控制是层次化保护控制系统的中间环节，起到承上启下的作用，也是与常规变电站的最大区别所在。除了冗余类保护和广域控制子站的功能以外，最重要的就是站端综合保护控制功能。由于智能变电站的过程层网络和站控层网络各自独立，SV 和实时 GOOSE 信息无法从过程层设备直接上传到站控层设备，且当前站控层设备的实时操作性不足，因此采取了在间隔层增加一套独立的站域保护控制装置的方式，通过最少的硬件成本获得站端保护性能的优化和提升。

（1）低压简易母线保护。

一般来说，35kV 及以下电压等级通常不配置完整的母差保护，低压母线故障只能由主变压器后备保护切除。但在实际应用中，若故障电流过大而切除时间过长则易造成主变压器本体损坏，因此可考虑配置低压母线保护加快故障隔离。采用常规的差流原理可实现完整的母线差动保护，但一般低压侧不组建过程层网络，各间隔也不配置合并单元、智能终端等设备，完整的母差保护实现起来较为烦琐，因此提出了低压简易母线保护的方案。

简易母线保护可以理解为是一种带闭锁判据及一定延时的过流保护。电流定值和时间定值通常均可独立整定。简易母线保护的目标是区分故障是否在本母线上，当出线上有故障，简易母线保护不能动作，因此简易母线保护以 GOOSE 输入的方式引入了出线的过流启动信号作为简易母线的闭锁信号，收到闭锁信号时，简易母线闭锁，未收到闭锁信号且延时达到时，简易母线保护动作。下面以最简单的单母接线为例对其基本原理进行说明，如图 2-13 所示。

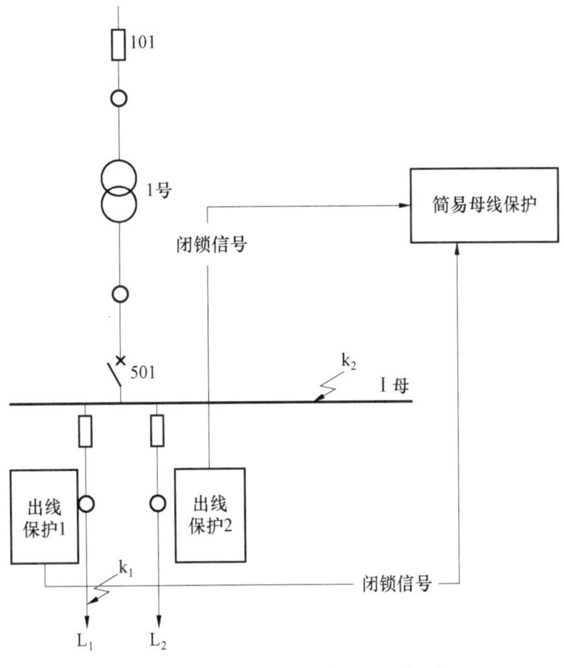

图 2-13　简易母线保护示意图

如图 2-13 所示，1 号主变压器带Ⅰ母运行，Ⅰ母上带两条出线。简易母线保护装置采集变压器低压侧电流作为动作判据，当电流定值满足，无闭锁信号，经设定的延时跳开母线上相关继电器。

当 k_1 点发生故障时，简易母线电流判据满足，但同时出线保护 1 启动，发闭锁信号给简易母线保护，简易母线保护不会动作。如由于开关拒动等原因故障未隔离，经一段延时后出线保护 1 的闭锁信号收回，简易母线保护动作跳变低隔离故障。

当 k_2 发生故障时，简易母线电流判据满足，同时所有出线均不发闭锁信号，简易母线保护可以快速动作。

当本母线带小电源时（假设 L_2 为小电源），k_2 发生故障，简易母线电流判据满足，

但由于 L_2 为小电源，母线故障时 L_2 的保护也会启动并发闭锁信号给简易母线保护。此时保护需要通过短延时先切除本母线上的小电源 L_2，开关跳开后 L_2 出线保护的闭锁信号收回，此后简易母线保护可动作。

简易母线的基本原理并不复杂，但由于实际存在多种接线方式，当多段母线通过分段并列运行时，其他母线或其出线上发生故障，本段简易母线电流判据也会满足，针对这种情况需要有专门的处理措施。目前主流的处理措施有以下几种，下面对其基本原理和优缺点进行简要说明。

方法 1：判断本母线相关分段在合位时，直接退出简易母线保护，发生区内故障靠传统变低保护切除。此种方法最为简单，逻辑清晰，仅采集分段位置即可实现，但分段合位时无法体现简易母线保护加速跳闸的作用。

方法 2：判断本母线相关分段在合位，且简易母线动作判据满足，则先跳开分段开关，使母线恢复到分列运行状态。此种方法逻辑也比较简单，但对于部分情况（如一台变压器带两段母线运行，变压器所在母线发生区内故障），先跳分段可能会增加额外延时。

方法 3：以分段、变低为基本单元，各自进行过流判别，分段过流时先对变低提供相应的闭锁信号，如分段连接的两段母线均无闭锁信号则分段跳开并收回对变低的闭锁。此种方式通过分段的开关量信号作为两段母线间的联系，分段对变低的闭锁可以优化动作时间，但配合逻辑较为复杂。

方法 4：以母线为基本单元，判断本母线上变低和分段的过流情况。如果仅一个过流，则为区内故障，跳闸的同时闭锁其他简易母线保护。如果所有母线中未找到单一过流的，则对于有分段过流的母线先跳分段。此种方法以母线为单元，综合考虑分段和变低的过流情况，通过判断各母线上过流是否为穿越性质来区分区内外故障。逻辑也较为复杂，但各母线之间无需传递闭锁信号，对多段母线并列的复杂运行方式有较好的适应性。

方法 5：不完全差动保护。采集分段电流和变低电流构成不完全差动。正常时差流为负荷电流，因此差动启动值需要躲过最大负荷。发生故障时，先切除小电源。如果是穿越故障，则差流仍然为故障时的出线负荷电流，但制动电流很大，简易母线保护不会动作。如果故障是区内故障，差流很大，可以满足动作特性曲线，简易母线保护可快速动作。此种方法中各母线间无复杂的配合关系，动作速度快。但此种方法由于是基于差动原理，站域级保护的所有模拟量又都是通过组网方式接入的，因此要使用组网方式下的数据同步技术，该同步方式要求所有合并单元同步采样，对站内同步时钟源依赖较高，同时接入分段电流，需保证分段电流极性的可靠性。

（2）加速主变压器后备保护。

加速后备保护主要是指加速主变压器低压侧过流保护。在低压母线充电时，可有效缩短后备保护切除故障的时间。加速过流保护按母线配置，有几段母线就配置几个加速过流保护。当变低开关由跳位变为合位时，加速过流保护投入 10s，过流元件满足后经延时跳闸。为防止开关位置异常造成误动，可增加低电压判据。加速过流保护逻辑框图如图 2–14 所示。

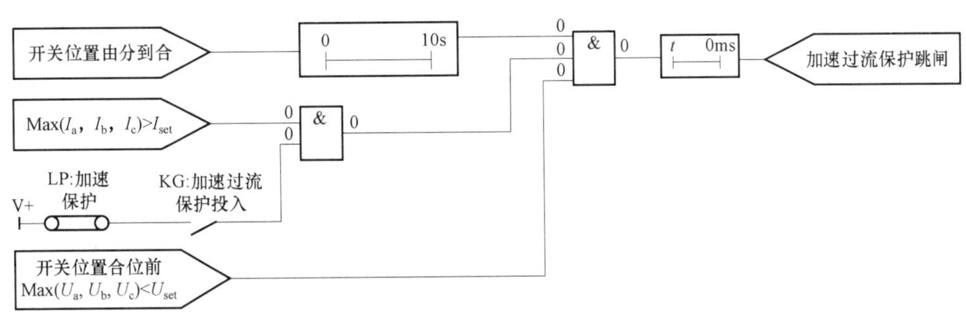

图 2–14　加速过流保护逻辑框图

（3）站域备用电源自投。

传统的就地备自投方案是高压侧一台备自投装置、低压侧一台备自投装置。站域备自投是把全站备自投集成在同一装置中，实现传统多台备自投的功能。若变电站中同时存在站域备自投和普通备自投，两者同时使用会相互影响，建议只投其中一套。单独从某一侧功能来说，站域备自投与传统就地备自投装置功能逻辑基本一致（如图 2–15 所示），这里不做过多论述，但由于站域备自投同时采集全站信息，可以从全站角度上对备自投功能进行优化，主要体现在下面两个方面。

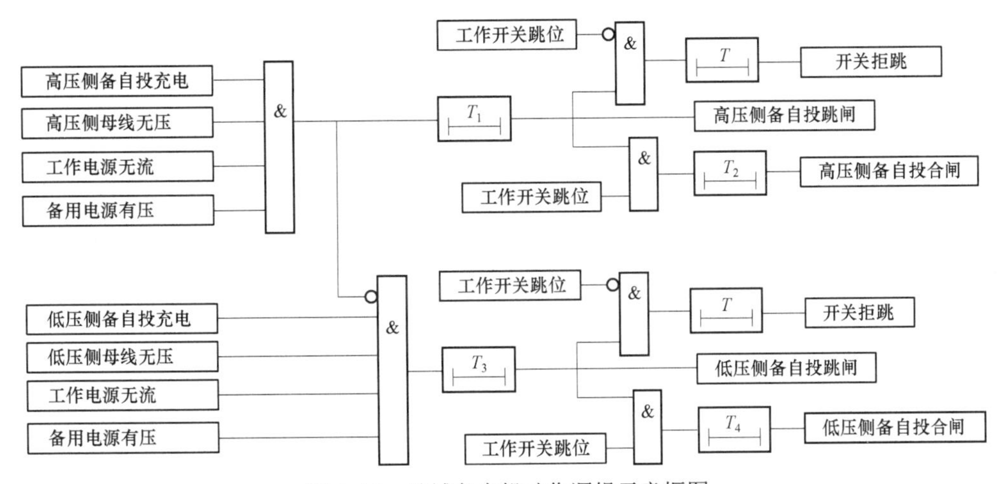

图 2–15　站域备自投动作逻辑示意框图

1）协调控制不同电压等级的备自投功能。

传统各电压等级备自投装置相互独立，缺乏联系。当高低压侧备自投装置由不同厂家生产时，可能存在低压侧备自投抢先于高压侧备自投动作的情况。

站域备自投统筹考虑全站高低压侧上下级备自投之间的关系，完全可以避免上述低压侧备自投抢先动作的情况。具体方案是高压侧备自投启动同时暂停低压侧备自投，如果高压侧备自投动作成功，电压恢复，低压侧备自投自然不会动作；如果高压侧备自投动作失败，则可以加速低压侧备自投动作，这样低压侧备自投的时间定值就无需跟高压侧备自投的时间定值进行配合了，可以加快故障时的恢复供电时间。这也是站域备自投相对于就地级备自投的最大优点。

2）优化进线开关拒动时的逻辑。

以 110kV 典型内桥接线变电站为例进行说明，如图 2–16 所示，当该变电站采取 161 线路主供、162 线路备用时，全站通过合 112、901、902 断路器，分 912 断路器带 2 台主变压器运行。当前运行方式下，110kV 部分采用进线备自投模式，10kV 部分采用分段备自投模式。此时，如果发生如图 2–16 所示的 k_1 故障，传统备自投和站域备自投的动作逻辑有所不同。

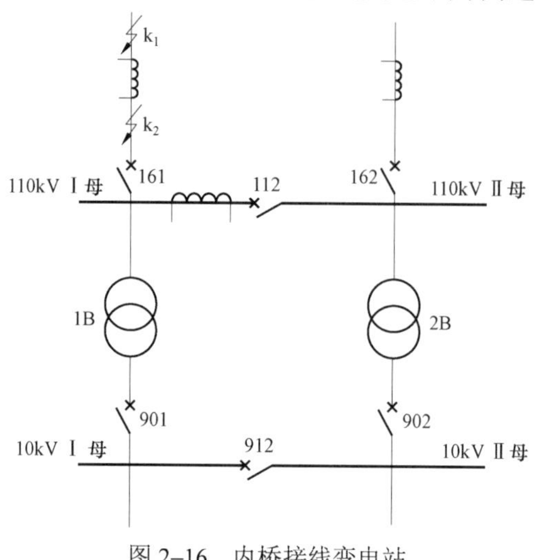

图 2–16　内桥接线变电站

传统备自投逻辑动作情况和问题如下：故障 k1 发生于主供线路上，线路保护动作跳 161 断路器，161 断路器如果拒动或 161 断路器机构的跳闸位置由于辅助接点失灵等原因未能及时上送。在此情况下，常规的备自投装置由于主供线路断路器位置的不明确而不能继续动作，备自投逻辑就此终止，最终造成全站失压。因此，传统备自投装置只能针对主供线路可靠跳开，且进线断路器跳闸位置明确有效的情况；而当主供线路侧断路器位置未知或者开关拒动时，传统备自投装置无法启动。这主要受备自投装置对全站的相关运行情况无法获知、高低压两级分段 112 和 912 断路器无法实现相互配合动作在内的诸多因素制约。

站域备自投可以采用如下逻辑：当故障 k_1 发生，并且 161 断路器拒动时，由线路对侧保护隔离故障后，110kV 母线无压，161 断路器无流，110kV 备自投逻辑启动，经跳闸延时后跟跳 161 断路器，若开关拒跳延时内仍不能收到 161 断路器的跳闸位置，则报 161 断路器拒跳，并且跟跳 112、901 断路器，通过切除主变压器 1B 来隔离故障点。然后在确认 112 断路器跳开之后，并且 901 或者 902 跳位无流，则已确认与故障隔离，继续合上备用线路 162 断路器来恢复 110kVⅡ母电压，并带动主变压器 2B 恢复 10kVⅡ段供电。此时，10kVⅠ段仍失压，而 10kV 备自投仍在充电状态，当 10kV 的 II 段恢复电压后，则 10kV 备自投逻辑启动，经跳闸延时后跳开 901 开关，确认 901 开关跳开后合上分段开关 912，为 10kV 的Ⅰ母恢复供电。若需要进一步考虑由于主变压器 1B 已退出运行，站域备自投已涉及在变电容量损失的状态下进行自动投切，可能出现主变压器过载的情况，则可以加入 10kV 的过负荷减载逻辑或者过负荷闭锁逻辑。过负荷减载逻辑可以在备自投动作后，若主变压器过载，则切除部分负荷；过负荷闭锁逻辑在预判若备自投动作后会出现主变压器过载的情况，则直接闭锁 10kV 备自投。

该方案通过高低压侧的相互配合，可以解决 110kV 主供电源开关拒跳的问题，防止出现全站失压的情况，最大限度地减小负荷损失，提高供电可靠性。对于其他接线情况的变电站，该方案同样适用，根据接线情况不同，具体动作逻辑略有不同。

（4）站域低周低压减载。

常规的低周低压减载主要有分布式与集中式两种方式。对于站域保护控制装置来说，可以方便地集成该项功能而不用增加单独的设备。站域保护中的低压低周减载功能可采用离线策略结合在线测量进行综合决策：首先判断系统是否发生低频低压等异常情况，若频率或电压超出正常范围且需要采取控制措施，则计算切负荷量，并根据实时的负荷容量与负荷优先级匹配出可切负荷对象，按照最小过切的原则切负荷，使系统的电源与负荷重新平衡。

站域保护中低频低压减载功能按母线配置，每个低频低压减载模块根据所测量的母线电压的频率和幅值集中决策完成该段母线上减载功能。当电气接线为并列运行的双母线时，同时接入两段母线三相电压，须两段母线都符合动作条件时，低压、低频才能动作；当其中一段母线异常时，自动按正常的那一段母线进行判断。

低周低压减载功能可以自动根据频率和电压幅值的降低只切除部分电力用户负荷，同时也具有根据频率与电压变化率 $\mathrm{d}f/\mathrm{d}t$、$\mathrm{d}u/\mathrm{d}t$ 闭锁功能，以防止由于短路故障、负荷反馈、频率或电压的异常引起的误动作。为了防止电压互感器断线导致的误动作，应具有电压互感器断线闭锁功能。低频减载出口和低压减负荷出口信号宜独立整定，切负荷跳闸出口 GOOSE 信号可以通过配置方式满足现场实际需要。

低压减载至少设置五个基本轮，用于完成电网在不同电压定值时经不同延时来切除相应负荷；同时设有三个特殊轮，防止基本轮动作后，电压长期低于正常水平，没有两个加速轮，用于电压快速下降时加速切除负荷，防止系统崩溃。加速轮须在基本第一轮投入时才可动作，否则自动退出。

3. 广域级保护控制

广域级保护控制包括保护和控制两部分功能，其中广域级保护功能由于对实时性要求相对较高，目前尚在研究阶段，还未达到实用化阶段；广域级控制是针对区域电网的安全稳定控制，目前在广域备自投等方向得到了一定的应用，着重解决区域内部单站备自投时间和顺序不能满足系统运行要求的问题。

以下对目前广域级保护的主要研究方向及广域级控制的主要实现逻辑进行说明。

（1）广域差动保护。

通过采集广域信息，将电流差动的保护范围扩大至保护元件的相邻区域，不仅能为元件提供快速的差动主保护，还可为相邻区域提供动作延时小、选择性好的差动后备保护，提高保护系统的性能，这样的差动保护称为广域电流差动保护。

1）保护区域构建。

把每个变电站（或发电厂）和每条线路当作一个节点，每条线路上的电流互感器（或断路器）当作一条边。根据整个电网拓扑结构，给每个节点与边编号，选择 n_1 为对象，建立保护节点子图。电力系统与其节点如图 2-17 所示。

利用形成的子图节点建立完全关联矩阵 $\boldsymbol{M}$，完全关联矩阵反映了各边与节点的拓扑关系。将完全关联矩阵存入中央处理单元中，可以利用完全关联矩阵形成该 IED 的关联域。

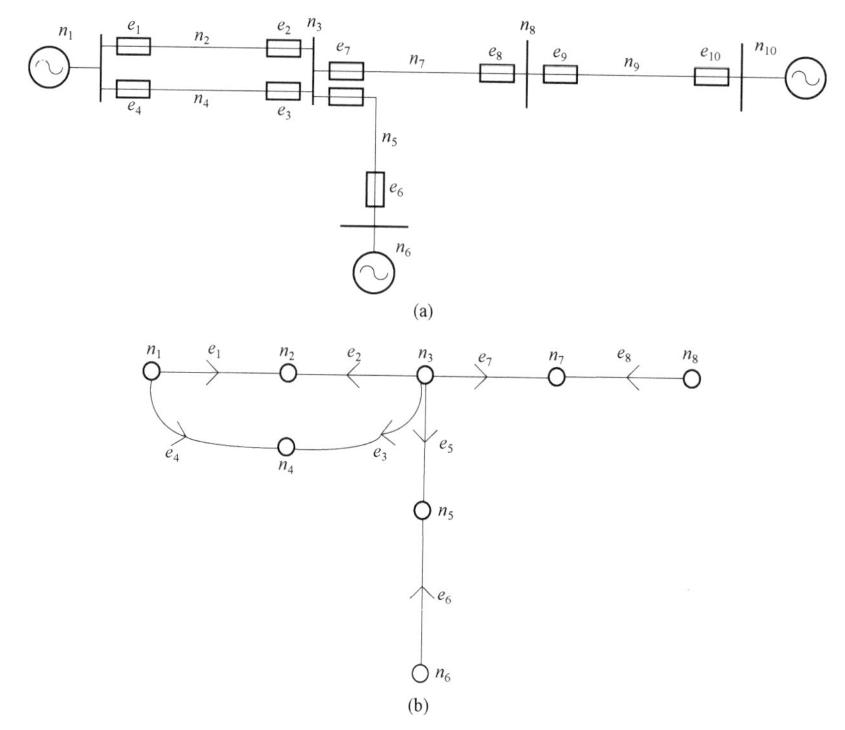

图 2–17　各电力系统与其节点

（a）电力系统拓扑结构；（b）保护节点子图

2）差动保护电流计算。

当某一节点的任一条边启动（即相对应的启动元件动作）后，首先根据子图的完全关联矩阵确定与该边相关联的单个线路元件的节点编号（即该边保护的单个元件），也就是找出该边一列另一个不为零的节点，找到该节点后，把该节点相关的边（该节点一行所有不为零的元素）所对应的电流乘以该元素的值，再相加即得到该区域的差动电流。

基于电流差动原理的广域故障元件识别算法对电网多点量测数据的同步性要求较高，且电网内多点电流的测量误差累积将产生较大的不平衡电流，继而影响其灵敏度和可靠性，这些问题都给工程实现带来难度。

（2）广域方向保护。

基于方向比较原理的广域继电保护通过分析不同节点故障的方向确定故障的实际发生地点。由站域保护装置通过距离元件测量各节点的故障方向，广域保护装置综合各节点信息，综合诊断确定故障位置，实现故障隔离。

实现的基本流程如下：

a）在被保护系统的每一个断路器或电流互感器处，都配置一个能够测量故障方向的装置（由站域装置实现，可通过距离元件、综合阻抗元件测量故障方向，与传统方向保护有区别）。

b）对每台装置，都事先划定好各自的保护区域，以便与广域级保护进行有目的的信息交换。

c）对广域级保护都列出其最大保护区域内所包含的被保护设备（线路、母线、变压器等）与各就地级保护的对应关系。

d）由广域级保护将就地级保护发送的故障方向信息按对应的关系进行计算、比较，确定出故障发生的区段。

以图 2–18 所示广域系统来说明基于故障方向的广域继电保护原理。

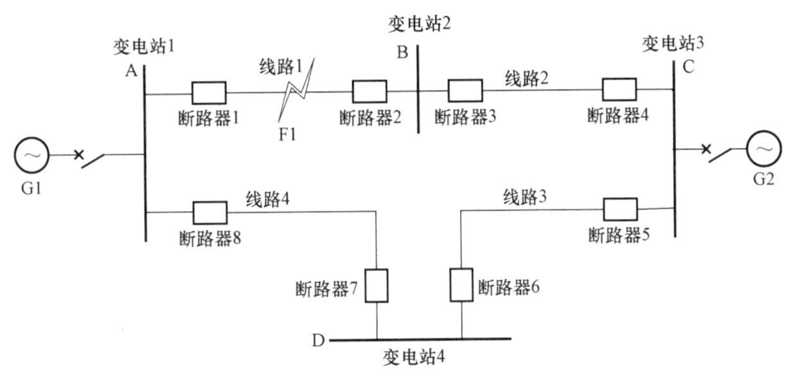

图 2–18　广域系统结构图

根据线路和母线的连接关系与实时故障方向信息确定关联方向信息表，假定在方向元件判断全部正确的情况下可能得到 F1 点故障下的方向元件结果如表 2–3 所示，每条线路对应的列左侧记录方向性，右侧记录关联性（“1”代表方向元件的正向结果，“–1”代表方向元件的反向结果，“0”表示无关联）。

表 2–3　　　　**关 联 方 向 信 息**

	L1	L2	L3	L4
变电站 1	1	0	0	–1
变电站 2	1	–1	0	0
变电站 3	0	1	–1	0
变电站 4	0	0	1	1

利用关联信息结果可构造系统故障方向关联矩阵，根据关联矩阵可判断线路 L1 发生故障。

（3）广域备用电源自投。

相比较变电站内的备自投装置，广域备自投能够在线识别电网拓扑结构，电网发生故障的情况下通过开关的快速分合操作，实现网络的重构，恢复输电能力和负荷快速转供。

如图 2–19 所示的链式结构串供的多个 110kV 变电站，当串供回路发生故障时，广域备自投能够根据实时获取的广域电网全景信息进行自动识别判断，跳开紧邻故障点的变电站的原主供电源开关，合上串供回路原处于开环点的开关，由另一侧电源恢复对所有失电站的供电。

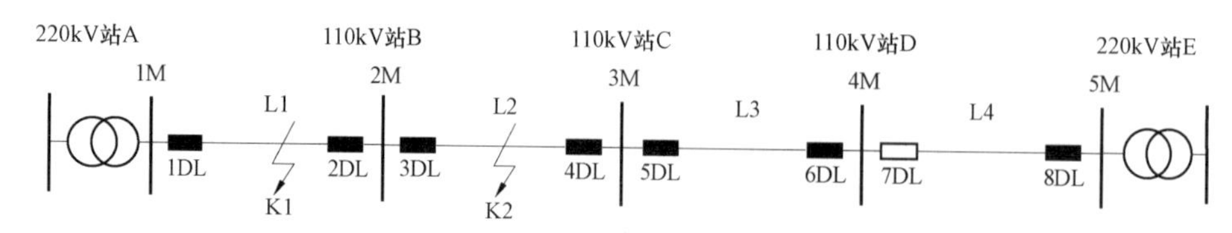

图 2–19　链式结构串供变电站

例如，正常运行时开环点为 7DL 开关，由 220kV 站 A 给 110kV 站 B、C、D 供电。当发生 K1 故障时，广域备自投能够跳开 2DL 开关，合上 7DL 开关，变成由 220kV 站 E 给 110kV 站 B、C、D 恢复供电；当发生 K2 故障时，广域备自投能够跳开 4DL 开关，合上 7DL 开关，变成由 220kV 站 E 给 110kV 站 C、D 恢复供电。

广域备自投的原理实现过程如下：

a）根据链式结构串供变电站系统的正常运行方式，自动识别出处于开环点的开关。

b）以开环点的开关为基本点，设置对应于该种运行方式下发生不同故障点时的广域备自投动作逻辑。随着正常运行方式的变化，若开环点不同，相应的广域备自投动作逻辑也不同。

c）在当前正常运行方式下，若链式结构串供变电站系统的某处发生故障导致后级站失电时，广域备自投首先识别出该故障发生的位置，然后跳开紧邻故障点失电站的原主供电源开关，若由于小电源的存在而导致失电站母线未达到无压条件时可以切除小电源（小电源可能在 35kV 侧或 10kV 侧，多个站的小电源或一个站有多个小电源均可同时切除）。在确认紧邻故障点失电站母线无压后，合上串供回路原处于开环点的开关，由另一侧电源恢复对所有失电站的供电。

（4）广域低周低压减载。

若一个地区的低频减载、低压减载功能由一个广域主站统一实现，则宜考虑该地区各站负荷的重要程度，采用按容量切负荷的方法，低频低压每轮都设置一个要切除的负荷容量；每个执行站根据本站负荷的重要程度将本站负荷分成 16 轮，并上送切负荷执行站，主站对执行站设定切除优先级别，在策略动作计算出要切负荷量后，主站按轮次切除各个执行站的负荷，在同一轮次内，优先级高的站点的负荷优先切除，直到所切负荷量满足要切负荷量为止。

具体分配方法如下：主站低频或低压策略动作后，设需切负荷量为 P_{yq}，将切负荷量 P_{yq} 分配给所属的各个切负荷执行站。

主站下属各个执行站的可切量排列如表 2–4 所示。

表 2–4　　主站下属执行站可切量排序表

轮次	优先级 1 执行站	优先级 2 执行站	优先级 3 执行站	…	优先级 n 执行站
第 1 轮可切负荷	S1L1	S2L1	S3L1	…	SnL1
第 2 轮可切负荷	S1L2	S2L2	S3L2	…	SnL2

续表

轮次	优先级 1 执行站	优先级 2 执行站	优先级 3 执行站	…	优先级 n 执行站
第 3 轮可切负荷	S1L3	S2L3	S3L3	…	SnL3
…	…	…	…	…	
第 m 轮可切负荷	S1Lm	S2Lm	S3Lm	…	SnLm

表 2–4 中，每一列为某优先级别切负荷执行站所下属的各轮的可切负荷量，负荷切除方法为根据要切负荷 P_{yq}，从第 1 轮可切负荷开始，按照优先级别从高到低（表中从左到右），轮次从低到高的顺序（表中从上到下），依次切除负荷，并对已经切除的所有负荷进行累加得出 P_{cutted}，直到找到 $P_{cutted}>P_{yq}$ 为止的负荷。

低频低压动作的判据与站域保护控制功能中的低频低压减载判断方法相同。

2.2.2 数据处理与通信技术

1. 采样数据同步技术

（1）线路双端数据同步。

对于分相电流差动保护而言，由于线路两端的两套装置是独立采样的，它们的采样时刻如果不加调整一般情况下是不同步的，因此在区外短路时，将产生不平衡电流。为消除不平衡电流影响必须做到采样同步。常规线路保护一般采用采样时刻调整法实现两侧装置采样同步。

1）采样时刻调整法实现采样同步。

为消除不平衡电流影响应该做到采样同步。同步采样的方法有基于数据通道的同步方法、基于相量的同步方法和基于 GPS 的同步方法等几种。基于数据通道的同步方法中有采样时刻调整法、采样数据修正法、时钟矫正法等，其中采样时刻调整法比较常用。采样时刻调整法原理如下。

在以下两种情形中启动一次同步过程：装置刚上电时，或测得的两端采样时间差 ΔT_s 超过规定值时。在同步过程中先要测定通道传输延时 T_d。在图 2–20 中小虚线处是主机端（参考端）和从机端（调整端）的采样时刻，从机以本端装置的相对时钟为基准记录到该报文的接收时刻 t_{mr}，随后在下一个采样时刻 t_{ms} 向从机回应一帧通道延时测试报文，同时将时间差 $t_{ms}-t_{mr}$ 作为报文内容传送给从机。从机再记录下收到主机回应报文的时刻 t_{sr}，在认为通道往返传输延时相等的前提下从机侧可按下式求得通道传输延时：$T_d=\dfrac{(t_{sr}-t_{ss})-(t_{ms}-t_{mr})}{2}$。

测得通道传输延时 T_d 后，从机端可根据收到的主机报文时刻 t_{sr} 求得两端采样时间差 ΔT_s，如图 2–20 所示。随后从机端从下一采样时刻起对采样时刻做多次小步幅的调整，而主机侧的采样时刻保持不变。经过一段时间调整直到采样时间差 ΔT_s 至零，两端采样同步。

由于在启动同步过程中两端采样时间差比较大，所以在同步过程中两端纵联电流差动保护自动退出。但由于从机端每次仅做小步幅调整，对从机端装置内的其他保护（反应一端电气量的保护）影响甚微，所以其他保护仍旧能正常工作，不必退出。

在正常运行过程中从机端一直在测量两端采样时间差 ΔT_s，当测得的 ΔT_s 大于调整的步幅时，从机端立即将采样时刻做小步幅调整，这个工作一直进行。由于此时的值很小，对保护没有影响，所以做此调整时纵联电流差动保护仍然是投入的。

采用这种方法的前提是主机和从机收发通道的传输延时相等，这要求通道收发路由完全相同。如果路由不同，采样时刻调整法就无法调整到采样同步。

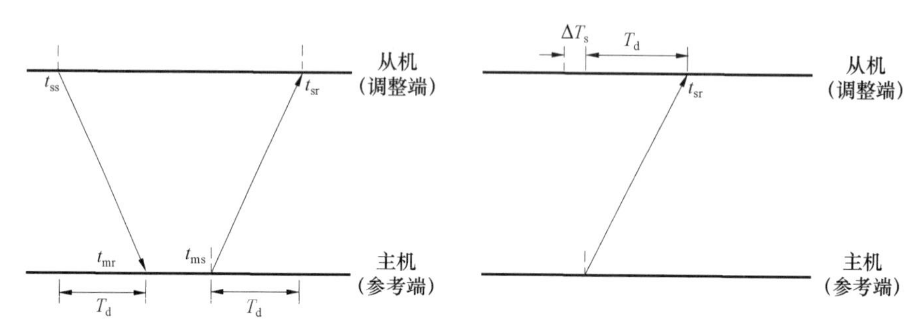

图 2–20 采样时刻调整法示意图

为保证两侧保护采样同步，从机（同步端）发一帧同步请求命令，其中包括采样标号，主机（参考端）在收到从机发来的命令后返回一帧数据，其中包括主机的采样标号及该采样相对应的时间等信息，从机收到主机的相应数据报文后，计算出通信传输延时和两侧采样时间差，从机根据这个采样时刻的偏差，确定调整次数，经过保护对采样时间的数次微调，直到两侧装置的采样完全同步。完成差动保护算法时，仅需对齐两侧装置的采样标号即可。

这种同步方法的优点是两侧装置采样同步后，完成差动保护算法时，仅需对齐两侧装置的采样标号即可保证算法的正确性，无须为通信的延时进行额外的补偿计算。这不仅简单，更为可贵的是，在完成差动保护算法的计算过程中，与通信传输延时无关。这就意味着用这种方法实现采样同步的差动保护装置可适应通信路由发生变化的通信系统。这种保护装置可适应于由于通信路由发生变化而造成传输延迟小于等于 18ms，其同步误差不超过 1°。

2）改进插值法实现采样同步。

采样时刻调整法需要由保护 CPU 向 AD 采样电路发送不断调整的采样命令，而智能站保护装置在应用场景下，AD 采样电路或光路不在保护装置中，而在 MU 的二次转换部分。但是 MU 并不具备接收从保护装置到 MU 方向的控制命令（如采样时刻调整）的接口，这样一来导致通过调整采样时刻实现两侧数据同步的方法在智能站的光纤差动保护装置中不能适用。智能站线路保护一般采用改进插值法实现数据同步。改进插值法是一种不依赖于 GPS 同步，而通过插值实现数据同步的新方法。该方法可以在不调整采样时刻的情况下通过插值得到“虚拟”的同步采样值。

现有的各种不依赖于 GPS 的数据同步方法，包括改进插值法，应用的立足点都是基于两侧接入相同类型的互感器。因而，两侧装置在二次侧某时刻得到的采样值，就代表了同一时刻（差别极小以致可以忽略差别）的一次侧的量值，在装置（二次侧）实施数据在时间维度上的同步处理，与在一次侧的处理是等效的。两侧均为常规互感器+合并单元情况下的改进插值法实现数据同步的原理如下：每侧保护在各自晶振控制下以相同的采样频率独立采样。每一帧发送数据包含发送相应帧号、电流采样值及其他信息，电流采样值是对应某一采样时刻未经同步处理的生数据。在假设两侧接收数据通道延时相等的前提下，接收侧采用等腰梯形算法计算出通道延时 t_d，进而求出两侧采样偏差时间 Δt。保护装置根据对侧采样点时刻在本侧找到紧邻同一时刻前后的两个采样点，对此两点做线性插值得到同步采样数据，整个过程如图 2–21 所示。图中两条横线皆为时间轴，上方轴上小圆圈点表示对侧采样时刻点，下方轴上小圆圈点表示对侧采样时刻点，下方轴上叉形点表示本侧采样时刻，t_a、t_c 标示出了其中的两个时刻，t_m 为对侧回送延时，Δt 为两侧采样偏差时间，t_b 为插值时刻点。

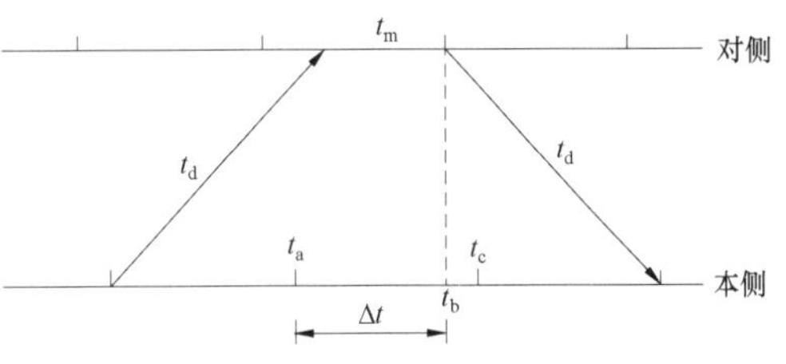

图 2–21　插值法数据同步过程

以两侧均为电子式互感器+合并单元情况下的改进插值法实现数据同步的原理如下：

电子式电流互感器（Electronic Current Transformer，ECT）接入的光纤差动保护，两侧一次电流变送到二次侧会有延时，首先考虑两侧二次变送延时都是稳定的情况。如图 2–22 所示，图中 4 条横线皆为时间轴，轴上各点皆为时刻点。M1、M2、M3（N1、N2、N3）代表本侧（对侧）ECT 的采样时刻，由于 t_e 部分采样晶振的相对稳定性，在较长时间内是等间隔的（M1 与 M2 之间的间隔时间与 N1 与 N2 之间的间隔时间肯定存在微小的差别，但是对分析没有影响，可忽略）。设本侧电流经过 ECT 变送延时 t_{e1} 到达二次侧保护装置，对侧电流经过 ECT 变送延时 t_{e2} 到达二次侧保护装置，两侧测量值的变换与

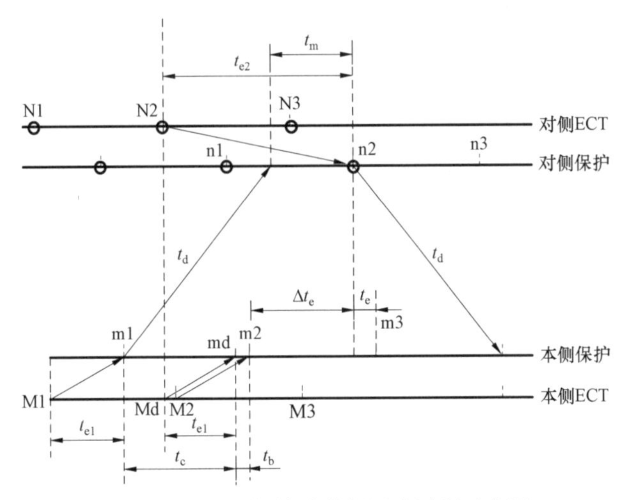

图 2–22　改进插值法数据同步过程示意图

同步过程在二次侧及保护装置之间完成。若按照前文插值法的处理过程，在本侧 m1 点（m1 时刻）发送一帧数据报文给对侧，对侧在收到报文之后于 n2 点回送一帧数据报文，该报文中包含回送延时 t_m，本侧装置由于 mr 时刻收到对侧回送报文，在假设通信通道双向延时相等的条件下，本侧装置可以根据式 $t_d=(t_{mr}-t_{m1}-t_m)/2$ 算得通道延时 t_d，进而推断对侧 n2 时刻对应本侧的 mr 点之前 t_d 时间的 mc 点时刻。

传统插值法 m2 和 m3 点之间通过插值求得虚拟的 mc 点采样值，mc 点与对侧 n2 点同步。但是在 ECT 接入的情况下，需要对上述方法进行修正。修正原则是保证在二次侧实施的同步过程中可使得参加差动计算的两侧一次电流是同一时刻的，即同步的。图 2–22 中的对侧二次 n2 点对应到一次侧为 N2 点，两者间隔 t_{e2}，N2 点对应本侧一次侧为 Md 点，再对应到本侧二次侧为 md 点，md 与 Md 点之间的间隔时间为 t_{e1}，由图可知，md 与 mc 之间的间隔 $\Delta t_e=t_{e2}-t_{e1}$。要使两侧一次电量在二次侧处理成同步，插值点应由 mc 点前推 Δt_e 时间至 md 点。本侧保护装置在存储的本侧采样数据中找到紧邻 md 点前后的两个采样点，对此两点做线性插值后即得到同步采样数据。

两侧保护装置的处理机制是对等的，对侧使用本侧相同的方法一样可通过插值计算得到同步采样数据。

以上过程有两个前提条件：① 保护装置之间的通信通道是双向延时相等，这与传统光纤差动保护的数据同步方法的前提是一样的，在工程中也是完全能保证的；② 两侧的二次变送延时是稳定的，这一条件在 MU 输出接口采用 IEC 60044—8 标准的点对点串行接口或 IEC 61850—9—2 标准的点对点以太网接口时是完全可以满足的。因此可以说，只要 MU 输出时使用点对点直连口，保护装置采用这种改进插值方法进行数据同步即可解决。

MU 使用点对点直连口向保护装置输出数据时，整个系统二次传变延时是可计算的，也是可实测出来的，由于该延时稳定，可在事先测出后，以整定值形式通知保护装置。二次传变延时由以下 4 个部分组成：

1）从 ECT 的 AD 采样启动开始到 MU 收到采样数据的延时。该延时在 IEC 60044—8 中有规定，额定为 2 或 3 个采样时间。如某型电流互感器采样周期为 250μs（采样速率为 80 点/20ms 时），额定延时为 2 个采样周期，共 500μs。

2）从 MU 处理器接收到 AD 数据然后进行处理，打包成帧开始，到处理器开始从串行口发送第一帧数据的时间，该时间不好直接计算，但可实测得到。

3）MU 处理器通过串行口向保护装置发送一帧完整的数据报文的时间。该时间可由数据速率的倒数和传送字节总数相乘得到。IEC 60044—8 扩展协议帧格式规定 MU 数字输出接口速率为 10Mbit/s，每帧报文长度为 74 字节，共 592bit，总计耗时可计算得到为 59.2μs。

4）从保护装置处理器接收到 MU 传来的数据后进行处理将数据用于同步过程的时间也可通过实际测算得到。

以上 4 个部分的总和即为整个二次传变延时。

对于一侧为 ECT 接入，一侧为传感器接入的情况，只要将传统互感器的二次传变延时视为零值，问题也解决了。

（2）站内多间隔数据同步。

保护采用插值方式对各间隔合并单元采样数据进行同步，同时实现改变数据的采样频率来适合保护的算法。这种方式不依赖外部时钟，可靠性高。

根据已采样的众多 x（时间）、y（瞬时值）构成的点集，利用插值算法构建 x–y 曲线，然后在曲线上重新采样。因此，采样频率可自行选择，各间隔合并单元时标也可对齐。核心技术就是需要把所有被用于同步的数据的 x 必须在统一的时间体系内，以实际采样点的采集时间为准对数据进行处理。为了获得实际的采样点的采集时刻，保护给数据贴上接收的时标，然后减去数据的发送延时，就可以得到原始的数据采集时刻，这种情况下要求数据发送延时是固定值，特别适合在点对点的直采方式下使用。插值采样同步示意图如图 2–23 所示。

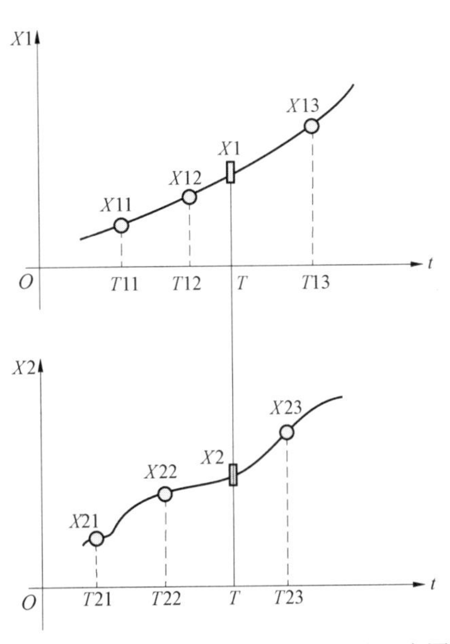

图 2–23　多 MU 采样数据同步插值示意图

（3）站域保护数据同步。

合并单元到站域保护装置之间采用组网模式传输采样值报文，合并单元输出的数字量采样值信号经以太网交换机共享至过程层总线，传输延时不稳定，所以应由过程层合并单元实现全站采样数据时间同步，间隔层保护装置仅需要对齐采样序号即可完成采样的同步。由于全站的过程层 MU 均基于同一时钟进行重采样，所以不同 MU 发送相同样本计数的数字量采样值是同步的。间隔层 IED 设备依据 MU 的样本计数对各 MU 的采样值报文进行同步。间隔层 IED 设备仅需将接收到的各 MU 采样值报文按照样本计数进行对齐即可完成采样同步。当检测到某个 MU 失去同步后，此 MU 采样值报文不再与其他 MU 进行序号对齐，按其采样值报文中的样本计数依次存储，仍可保证单间隔采样数据的同步。

对于站域保护控制装置来说，还可采用“网络直采”的数据同步模式。报文交换延时由过程层交换机测量，交换机在接收和发送采样值报文时标注采样时刻，从而可计算出相对固定的网络延时，并将延时测量结果写入报文相应位置，由间隔层设备读取后采用插值法对采样值进行同步处理。固定延时交换机报文交互的路由表由变电站的 SCD 文件生成，所有报文按应用进行确定性交换，不需要划分 VLAN。该同步方式不依赖于外部时钟，当某个 MU 失去同步后，仍可保证各间隔的同步。

2. 数据异常处理技术

除数据同步外，装置还需考虑对异常数据的处理。装置在丢帧或无效帧导致当前帧采样值丢失的情况下，若采取简单的回避措施，即将保护功能闭锁一段时间，待无效数据移出计算数据窗后开放，若此时同时发生区内故障，将导致保护装置动作延迟或拒动，不利于系统安全稳定运行。在此情况下，应按如下方法处理无效数据和保护逻辑：

（1）当采样数据点丢失较少，用数据拟合方法求得的近似值可满足保护计算精度要求时，则用拟合值参与保护运算，不需采取附加措施。

（2）当采样数据点丢失较多，采样数据的拟合精度无法满足计算精度要求时，则在措施（1）的基础上，通过增加保护动作延时或闭锁保护的方法增加保护的可靠性，待无效数据全部移出计算数据窗后再恢复保护正常逻辑功能。

拟合修补无效数据可采用基于三阶样条插值法的损失采样数据处理方法。仿真研究结果表明，在以 4kHz 的采样率对正弦波采样后获得的若干周期原始数据中，用此方法对任意单点数据进行拟合时，拟合结果相对误差小于 2.4×10^{-5}，对连续 8 点数据的拟合结果相对误差小于 1.0×10^{-3}，满足保护计算的精度需求。

当保护装置采用了基于三阶样条插值法对二次采样数据处理时，在无效采样点较少的情况下，保护不需采取额外闭锁处理措施，保护逻辑可正常执行。

采用上述方案后，可使保护装置在系统故障并同时发生少量二次采样数据丢失的情况下，最大限度地使保护动作不受影响，从而充分发挥保护功能，实现系统故障损失最小化。

3. IEC 61850 信息建模

IEC 61850 技术应用于层次化保护控制系统，可从 3 个方面提供支持：数据模型；通信服务；工程配置与系统集成。

（1）数据模型。

层次化保护包括就地级保护装置、站域级保护控制装置和广域级保护控制装置，种类繁多，实现方式各异。这些设备有各种各样的信息需要与外界进行交互。IEC 61850 Ed2.0 定义了 170 多个逻辑节点，可通过这些逻辑节点对层次化保护装置进行信息建模，能够满足从广域保护到就地保护的信息建模需要。信息模型通过标准的 SCL 语言描述，形成标准的模型描述文件。数据模型的标准化可使各设备之间实现信息的互通。

（2）通信服务。

IEC 61850 定义了 60 多种抽象通信服务接口（ACSI），通过具体的特定通信映射（SCSM）在具体的物理网络和底层通信协议上实现。IEC 61850 所定义的 ACSI 种类丰富，可以满足层次化保护装置通信的各种需求。例如，使用报告、控制和日志等通信服务对“四遥”功能的支持，使用 SV 通信服务对模拟量采样值传输的支持，使用 GOOSE 通信服务对状态量信息及跳闸命令传输的支持。采用 IEC 61850 所定义的通信服务后，可使各种层次化保护装置之间实现通信层次的互联。

（3）工程配置与系统集成。

IEC 61850 对变电站自动化系统的工程配置与系统集成过程进行了规范。IEC 61850—6 制订了变电站配置语言（SCL），给出了系统集成的架构和步骤。通过这些规定，可实现不同厂家的工程配置工具之间实现互操作，使系统集成过程优化。使用 IEC 61850 技术后，层次化保护的工程配置与系统集成可完全按照 IEC 61850 所规范的系统集成过程进行，减少人工干预，提高工作效率和准确度，缩短工程调试时间。

IEC 61850 标准的核心是模型，因为它不随通信协议的改变而改变。IEC 61850 建模技术将智能电子设备 IED 分为服务器与应用，定义了服务器、逻辑设备、逻辑节点、数据对象、数据属性等元素。一个 IED 包含一个或多个服务器，一个逻辑设备包含一个或多个逻辑节点，一个逻辑节点包含多个数据对象，一个数据对象具有多个数据属性。逻辑节点是交换数据功能的最小部分，逻辑节点和包含在逻辑节点内的数据是描述实际系统和功能的基础。IEC 61850 把所有的功能分解成逻辑节点以满足功能的自由分布和分配，这些节点可分布在一个或多个物理装置上，逻辑节点之间可以进行信息交互，并执行特定的操作。逻辑设备里仅直接定义相应的逻辑节点类型，而逻辑节点类型则描述其所包含的数据对象；而数据对象也同样没有直接描述其所包含的数据属性，而是通过调用相应的数据对象类型模块来实现，这种模块化的设计可以减少相同数据的重复描述，提高使用效率，同时也可以大大减少代码量。IEC 61850 模型的整体结构如图 2–24 所示。

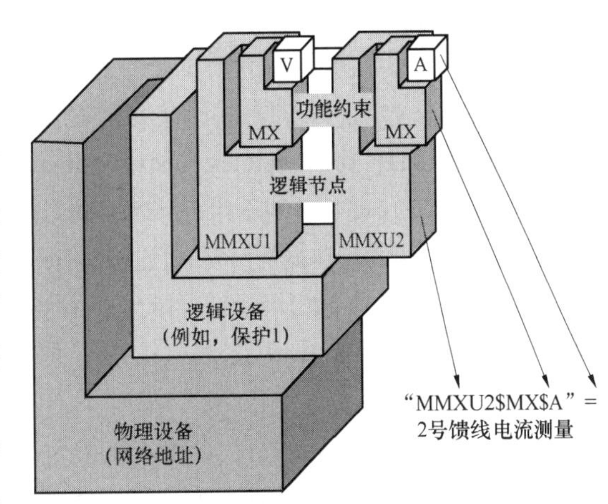

图 2–24　模型的整体结构

基于 IEC 61850 的建模包括三个步骤：① 抽象逻辑节点和相应的数据属性。结合层次化保护智能电子设备（Intelligent Electronic Device，IED）的功能与特性，分解、抽象出若干个能够完成其功能的逻辑节点（Logical Node，LN），逻辑节点可发挥数据容器的功能，接纳并传递数据。② 抽象逻辑设备（Logical Device，LD）。在上一步的基础上，由若干逻辑节点和附加服务生成特定的应用实例，从而构成逻辑设备。③ 确定通信服务。将上一步的实例按照“类”的形式，构成具有一致性和确定性的信息交换服务模型，即服务器（SERVER）。除逻辑设备外，服务器还包括应用关联、时间同步、文件传输等，它包含的所有内容从通信网络看都是可视的、可访问的。

以线路保护 IED 建模为例，根据功能的不同将其分为 6 个逻辑设备：LD0（公用 LD）、MEAS（测量 LD）、PROT（保护 LD）、CTRL（控制 LD）、RCD（录波 LD）、GOLD（GOOSE 逻辑设备）。其中 LD0 为装置的公共信息、MEAS 为测量功能模块；PROT 为保护功能模块，是 IED 的主要部分，包含了线路保护 IED 的各种保护功能；CTRL 为监视告警功能模块；RCD 为录波功能模块；GOLD 为 GOOSE 的专用服务。至此，完成了建模步骤的第 1、2 步。然后整体抽象出两个服务访问点，S1（普通 MMS 服务）和 G1（GOOSE 专用服务）。在 S1 访问点，建模为一个 SERVER 类，通信方式采用服务器/客户端模式。在 G1 访问点，建模为一个 SERVER 类，通信方式采用订阅者/发布者信息。至此，完成了保护 IED 的全部建模工作。

4. 站域信息传输技术

目前的智能变电站广泛应用百兆以太网作为过程层和站控层网络，带宽延时及通信质量均能满足保护、测控、计量等装置的要求。但站域级保护控制装置接入间隔数目多，数据流量大，百兆光纤以太网不能满足实时性要求，以某 220kV 变电站为例对接入站域级保护控制主机的数据流量进行分析：

SV 报文：采用 IEC 61850—9—2 规约，按照每个间隔的合并单元发送的 SV 报文包含 12 个数据通道，可算出合并单元每帧发出的最大报文长度为 159 字节，加上 12 字节帧间隔，每帧一共是 171 字节。按照 4k 的频率发送数据，每周波 80 点，一个间隔每秒钟的数据流量为：S=171 字节×8bit/字节×50 周波/s×80 帧/周波=5.472Mbit/s。

GOOSE 报文：基于 IEC 61850 GOOSE 规约的智能设备的流量分析，按照 T_O=10s 计算，一个智能设备每秒钟的数据流量：S=6016 字节×8bit/字节×（1 秒/10）帧=0.048Mbps。

IEEE1588 报文：按照最严重的情况下分析，此种模式下，有 announce，sync，follow_up，pdelay_req，pdelay_resp，pdelay_resp_follow_up 报文，最大报文流量为：（64+44+44+54+54+54）×8=314×8=2512bps。

可见，单间隔的数据流量不超过 6Mbit/s，站域级保护控制接入合并单元数按 40 台计算，总数据流量为 240Mbit/s，因此，按百兆设计组网口流量无法满足站域级保护要求，采用千兆中心交换机，同时装置侧支持千兆口通信可以更好地满足站域级保护控制通信要求。

从报文延时方面看，对于 GOOSE 和 SV 共网，按照合并器每帧 1 点（12 个模拟量通道）、交换机固有延时 7μs 计算，交换机端口数 24 个，不考虑交换机的级联，百兆交换机报文最大延时计算公式如下：T_{md}=（每字节传输时间×报文长度×交换机端口数+交换机固有延时）。T_{md}=（80ns×171×24+7μs）=335μs。无阻塞情况下的计算公式如下：T_{ad}=（每字节传输时间×报文长度+交换机固有延时）。T_{ad}=（80ns×171+7μs）=21μs。若按千兆交换机固有延时 1μs 计算，交换机端口数 24 个，不考虑交换机的级联，千兆交换机的报文最大延时计算公式如下：T_{md}=（8ns×171×24+1μs）=34μs。无阻塞情况下的计算公式如下：T_{ad}=（8ns×171+1μs）=2.4μs。

从传输延时来看，千兆网口具有更小的报文传输延时，在无阻塞情况下，百兆交换机传输延时为千兆交换机传输延时的 9 倍左右。当发生阻塞时，百兆交换机的传输延时加为千兆交换机传输延时的 10 倍左右。因此，选择千兆以太网接口可以实现站域级保护控制信息的可靠采集。

5. 广域信息传输技术

为适应智能电网发展，满足不断增加的广域通信业务需求，我国电力通信网已向新一代 SDH 技术的多业务传输平台（Multi–Service Transport Platform，MSTP）发展。MSTP 平台提供了 PDH 接口、异步传输模式（Asynchronous Transfer Mode，ATM）接口和以太网接口等三种接入方式和对应的 IP over SDH（POS）、IP over ATM over SDH（AOS）和 EOS 三种传输模式。

以下结合广域保护的应用特点，从通道的配置灵活性、带宽利用率和传输实时性等 3 个方面对 PDH 接口、ATM 接口和以太网接口等三种接入方式进行比较分析。

（1）通道的配置灵活性。目前广域保护正处于理论研究阶段，广域通信流量随着广域保护算法的更新或改进会有所不同；同时变电站扩建或广域保护业务类型扩展时，需要扩容升级接口带宽。因此，广域保护的接入方式应具备广域通道带宽配置灵活性的特点。在我国 PDH/SDH 标准接口只有 2.048Mbit/s、34.368Mbit/s、139.264Mbit/s 三种，如要改变接口带宽，将导致配置烦琐并牵涉到现场的硬件改动，通道的带宽配置灵活性较差。而以太网接口和 ATM 接口需要改变接口带宽时，只需再进行相应的软件配置，通过 VC 的级联技术可实现业务带宽的改变，配置灵活而且便于管理。

（2）带宽利用率。广域网带宽有限，为最大利用广域带宽资源应使用带宽利用率高的广域接入方式和传输模式。由于 PDH 只有三种接口，可能导致其带宽利用率低，如一个 5 兆的带宽需求，PDH 接口至少需配置 E3（34.368Mbit/s）接口，通道带宽利用率只有 14.5%左右；而 ATM 接口和以太网接口方式均可配置 3 个 VC12 级联得到相应的带宽，广域保护的带宽利用率分别为 65%和 76.8%左右，明显优于 PDH 接入方式，可有效地节约广域有限的带宽资源，而且以太网传输模式，报文长度越长，通道带宽利用率越高。广域保护各类业务的报文通常大于 256 字节（带宽利用率为 84.4%），特别是通信流量大的周期性业务的报文长度通常大于 512 字节（带宽利用率为 92.2%），可见以太网接口传输模式具有较高的带宽利用率。

（3）传输实时性。网络时延为报文的发送时延、传播时延和交换时延之和。以上三种接口的时延差别在于报文的交换时延，交换时延包括处理时延和排队时延，具体如图 2–25 所示。

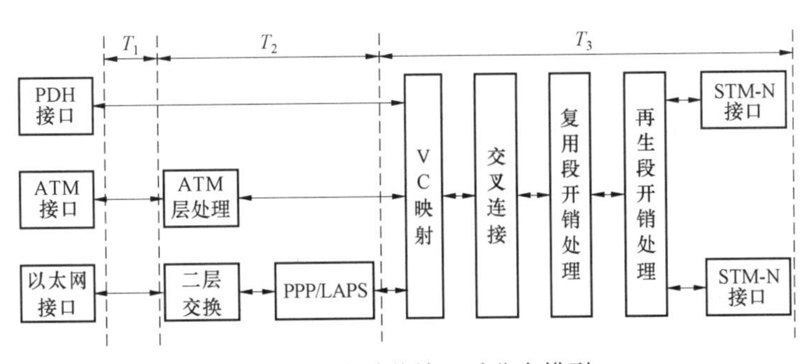

图 2–25　广域传输延时分布模型

图 2–25 中 T_3 时间为 SDH 网元处理时延，一般在 50～125μs，当设备配置完成后，T_3 是固定的。以太网接口或 ATM 接口的处理时延比 PDH 接口的增加了以太网板或 ATM 板的处理时延 T_2，一般小于 10μs，基本可忽略不计。排队时延 T_1 与接入的业务流量、调度机制和包转发速率等因素有关，具有不确定性。因此，三种接入方式的实时性主要差别在于 T_1。

广域保护子站与主站之间传输着多种业务，且具有不同的实时性要求。ATM 接口和以太网接口传输方式具有良好的 Qos，如 802.1p 优先级协议、MPLS 协议、PQ 队列调度等；相对 PDH 接口采用无优先级区分的 FIFO 发送方式，前二者更适合于广域保护多业务的网络传输，有利于保证实时性要求较高的广域保护业务。

通过以上分析可见，选择以太网传输模式更适合于广域保护的业务传输。将广域保护设备接入一个以太网接口，通过 VC 级联技术，根据变电站广域保护通信量大小分配适当的独立带宽，使其独享广域通信带宽，不受电力通信网其他业务的影响，并采用提高 Qos 措施，保障广域保护各类业务端到端时延满足其网络时延约束。广域设备单独接入一个以太网口的方式也符合电力行业将继保业务的网络传输和其他业务分离的要求。

2.2.3　装置设计实现技术

1. 软硬件平台设计技术

保护装置通常由平台硬件、平台软件和应用软件三部分组成。平台硬件是装置运行的基础，由机箱和不同类型及功能的板卡共同组成；平台软件提供装置的各种基础功能，如硬件驱动、数据交换、定值管理、后台通信、人机接口等；而应用软件主要是针对不同需求而设计的保护功能。

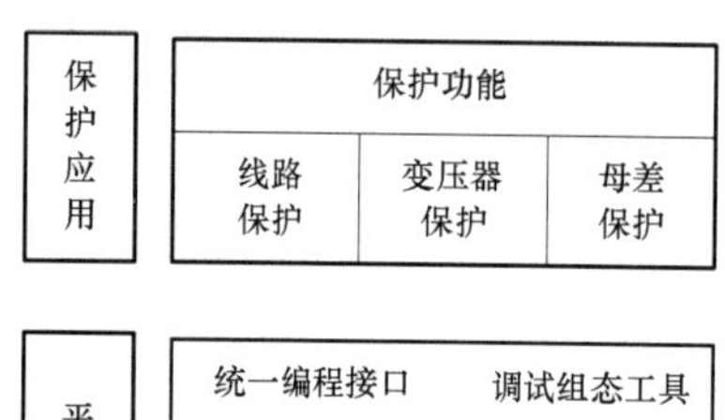

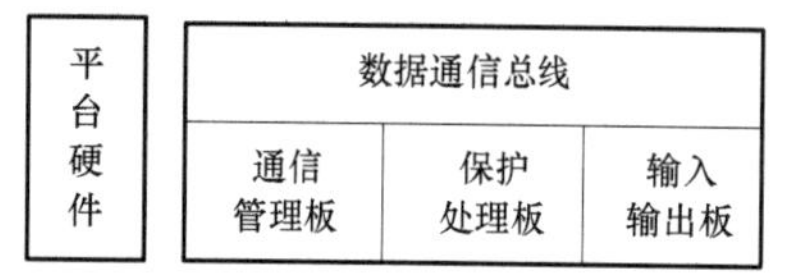

图 2–26　数字化保护装置通用平台架构

数字化保护装置总体架构采用平台化设计方案，通用硬件平台架构如图 2–26 所示，包括硬件、支撑软件、保护应用软件。该平台结构上分层，功能上分块，每层功能又划分为相对独立的不同模块，可通过不同的插件、软件功能模块的组合，构建出多种不同类型的保护装置。这种结构实现了各层功能之间的解耦。保护应用与硬件配置通过支撑软件隔离，支撑程序提供统一编程接口，保护应用与支撑程序独立。平台结构清晰，扩展性好，适应性强。

保护装置硬件从功能上划分，主要分为电源板、通信及管理 CPU 板、过程层收发板、保护逻辑 CPU 板、IO 板、总线通信板、液晶板等几大类。电源板负责整个装置的可靠供电；通信及管理 CPU 板负责对外通信、事件记录、录波、打印等人机接口，是平台软件的主要载体；过程层收发板负责 SV 和 GOOSE 信号的收发和基本数据处理；保护逻辑 CPU 板包括保护和启动功能，是应用软件的主要载体，来自于合并单元和智能终端的 SV 和 GOOSE 信号被分别送到保护 CPU 和启动 CPU，用于保护计算和故障检测；IO 板提供基本的常规输入输出；总线通讯板完成各板卡间的数据交互；液晶板完成人机接口显示及操作。

平台通过配置不同的板卡插件即可实现各种类型的保护装置，如图 2–27、图 2–28 所示。装置可以方便地实现传统互感器采样、电子式互感器采样、光耦开入、继电器输出、GOOSE 插件任意混合模式。电子式互感器可支持 IEC 61850—9—2 接口，也支持 IEC 60044—8 串行接口。IEC 61850—9—2 接口支持组网和点对点方式。GOOSE 接口和 SV 接口的数量可灵活配置，大量扩充。

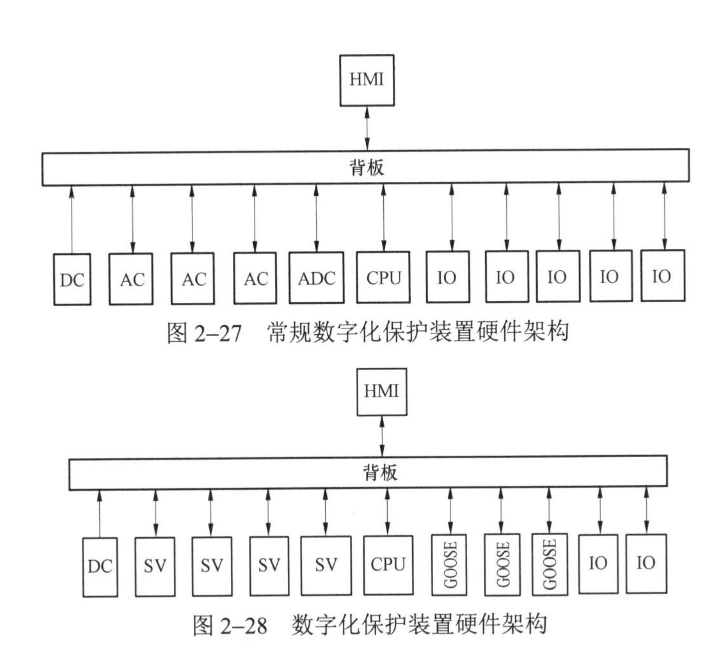

图 2–27　常规数字化保护装置硬件架构

图 2–28　数字化保护装置硬件架构

装置的核心是一块 CPU 和一块 DSP（数字信号处理器）。CPU 负责总启动、人机界面及后台通信功能，只有总启动组件动作才能开放出口继电器正电源。DSP 负责保护功能。在每个采样间隔时间内对所有保护算法和逻辑进行实时计算。CPU 和 DSP 同时发出命令装置才会出口，使得装置具有很高的可靠性及安全性。ADC 芯片选用 8 通道并行同步采样 16 位高精度 ADC。CPU 与 DSP 的数据采样系统在电路上完全独立。

为提供足够的实时处理能力，装置采用了基于多个 FPGA 的高速多通道同步串行数据硬实时交换技术。其中主 CPU 板为主处理单元，SV 板、GOOSE 板又称 CPU 子板。SV 板、GOOSE 板与主 CPU 板之间的数据通过高速同步串行接口通信。

数字化保护装置的外围插件有 HMI（人机接口）面板，电源插件、交流输入插件、低通滤波及 ADC 插件、光耦开入插件、信号插件、跳闸出口插件、SV 接口插件和 GOOSE 插件等。线路纵联保护装置还包括纵联光纤接口插件等。除 GOOSE、SV 插件外，其他插件与常规保护装置差别不大，需要说明的是，外围光耦开入插件、信号插件、跳闸出口插件也采用了智能 I/O 技术，即插件上引入了 MCU。MCU 统一管理开入、开出，通过通信总线与主 CPU 板接口。不少常规保护也已经采用了此项技术，以下主要介绍 GOOSE 和 SV 接口插件。

GOOSE 插件采用 32 位高性能 CPU，利用大容量 FPGA 技术设计，其功能框图如图 2–29 所示，图中 CPU 支持 3 路以太网 MAC，这 3 路 MAC 通过 PHY 实现以太网物理层接口。FPGA 与 CPU 通过 localBUS 接口相连。主要作用是：扩展以太网 MAC 接口数量；扩展 2 路 CAN 接口及对时管理功能；将来自 GOOSE 网络口的 IEEE 1588 对时信号解码。

SV 接口插件采用低功耗 32 位高性能 DSP，利用大容量 FPGA 技术及 SPORT 总线技术设计。单个插件功能框图与图 2–29 基本相同，不同之处在于还可以扩展 FT3 帧格式的同步串行接口。对于外接 SV 端口较多的情形，装置可以配置多个 SV 接口插件。

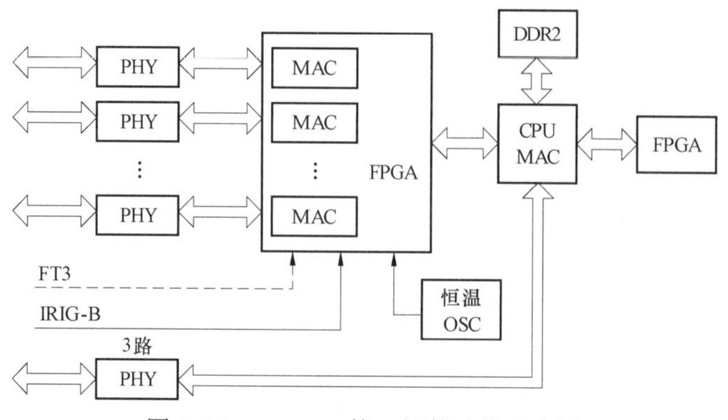

图 2–29 GOOSE 接口插件功能示意图

SV 接口插件中 FPGA 主要完成外围器件控制；对接入的 IEC 60044—8、IEC 61850—9—2 和 IEEE 1588 报文进行硬件解码，在对 IEEE1588 报文解码的同时锁存当前系统时钟，FPGA 总线接口用于各采样值模块之间信息交互；SPORT 总线用于 SV 接口插件向主 CPU 板传送采样数据，供保护使用。

平台支撑软件的设计思路是通过支撑软件来保证应用与硬件解耦，如图 2–30 所示。各种保护装置采用统一的支撑程序，包括录波、事件记录、显示打印、通信功能、定值管理程序等，目的是要达到硬件板卡的升级或扩充不会带来应用软件的变更，同时各种保护装置风格统一。操作平台支撑软件包括板级支持包、支撑系统程序及通用功能三部分，板级支持包包括各种外设驱动，中断管理等功能；支撑系统程序包括任务调度及管理、定值管理、系统监视、板卡间数据通信、调试下载等；通用功能包括事件记录、故障录波、人机界面、通信、（网络）打印、定值管理。

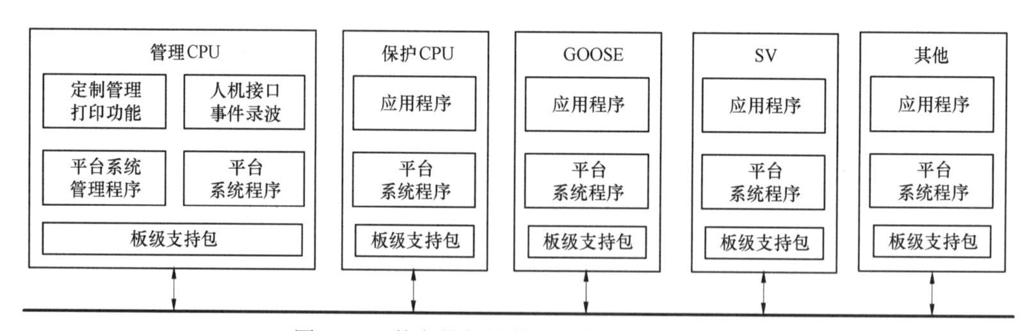

图 2–30 数字化保护装置平台支撑软件结构

SV 接口插件的软件结构框架如图 2–31 所示。其中装置同步模块读取 IEEE1588 报文和时钟进行逻辑处理，对装置时钟进行同步。低通模块对采集的原始信号进行低通滤波。板件调度模块负责各个采样值接口模块调度，如主从时钟、异常情况下重采样时间计算等。重采样模块完成信号窗的选取、插值及品质异常等处理。输出模块传送实时采集信息到保护模块。信息交互模块完成各个采样值接口模块之间的信息交互，如插件的异常信息等。

采用以上方案的 SV 接口插件，将传统保护的采样独立出来，不影响成熟的保护算法，减少了保护模块修改时间及修改带来的不确定性，缩短了固定设置重采样时间带来的数据滞后，例如对于保护装置每工频周期 24 点中断，外部信号每工频周期 80 点输入。重采样时间选在中断时刻情形下，采用该种方案设计，将使得保护获取到的数据提前约 500μs。

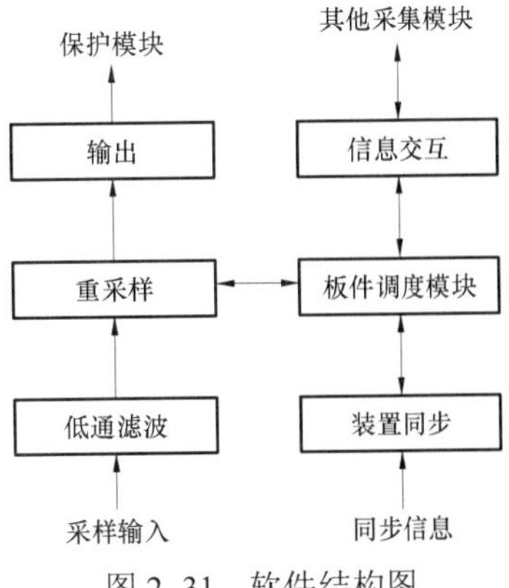

图 2–31　软件结构图

2. 就地化安装防护技术

随着层次化保护控制系统的逐步推进，就地级继电保护装置以紧凑型、小型化的就地化运行方式为主。继电保护装置就地化布置有利于简化二次回路、促进一次设备智能化、降低占地及建筑面积。继电保护就地化应用方式大致存在以下几种形式：预制集成舱模式、室内 GIS 汇控柜模式、就地控制柜模式、室外无防护安装模式。就地化的不同方式对继电保护装置的要求也有差异。

将继电保护等二次设备布置在继保小室，为小室内的二次设备提供了一个可以安全正常工作的电磁环境，再按间隔划分原则将二次设备安放于继保小室内。这种形式特别适合变电站出线规模较多的敞开布置式户外变电站。

预制集成舱靠近一次设备间隔分散布置。间隔内相关继电保护装置在预制集成舱内集中组屏。预制集成舱按照继保小室的屏蔽要求制作，预留电缆出口，整体安装于开关场；保证其中的各类继电保护及安全自动装置正常运行，并适应复杂多变的外部环境；预制集成舱需要解决防护、温度控制、湿度控制、电磁屏蔽、防外部破坏等各方面问题，保护装置运行的电磁与气候条件与变电站控制室基本一致。

室内 GIS 汇控柜由断路器智能控制柜、保护柜多面柜组成。GIS 汇控柜室内安装、紧靠一次设备布置，继电保护装置、智能控制单元、智能一次设备组屏。汇控柜可与 GIS 本体一起放置在 GIS 底架上，也可以分开放置。典型情况下 GIS 小室内不配置通风设备并且 GIS 汇控柜与一次设备距离近，承受一次设备的电磁干扰较严重；GIS 汇控柜的应用模式与变电站控制室内继电保护装置运行环境相比，气候环境及电磁环境均更严酷些。

就地控制柜紧靠一次设备布置，要保证控制柜中的各类继电保护及安全自动装置正常运行，并适应各种复杂多变的外部环境。就地控制柜户外安装，一般不配置通风设备并且紧靠一次设备，其承受外部环境及一次设备的电磁干扰很严重；就地控制柜的应用模式与变电站控制室及室内 GIS 汇控柜内的继电保护装置运行环境相比，气候环境及电磁环境均更加严酷。

就地化继电保护装置的应用区域广，环境的温度范围、湿度范围差异大，需适应各类极端、特殊的气候条件。运行经验及研究结果表明，变电站内线路开关间隔是变电站内电磁场强度最高的部位，其次是变压器，而处于变电站内的集控值班室工频电场、磁场强度最低，开关场的电磁辐射强度是控制室内的几十倍。同时，就地化继电保护装置及屏柜工作环境的温度范围、湿度范围更大，并存在盐雾成分高、霉菌污染严重等极端情况或特殊情况，同时普遍存在较强的机械振动等。就地化继电保护装置或屏柜需满足完全裸露户外运行的技术要求，能在高温 85℃、高湿 95%、高盐碱等极限条件下长期正常工作，一般能正常工作 10 年，故障率应处在每年 0.2%的范围内。因此，就地化继电保护装置及屏柜应具满足抗恶劣自然环境，抗恶劣电磁环境，高可靠、长寿命，安装调试、运行维护方便的要求，装置设计应重点从散热、电磁兼容、功耗、结构、在线监测等几方面改进，以提高就地化保护设备的适应性。

（1）温度适应性技术。

就地化继电保护装置应用环境大致的气温范围为–40～50℃，需适应 90℃的温差。不同的就地化应用方式的保护装置与变电站控制室内运行的保护装置需适应的环境温度及特点如表 2–5 所示。

表 2–5　　气候温度环境的适应性要求技术指标

应用方式		大气温度范围 T_1（℃）	长期工作温度范围 T_2（℃）	装置内部温度范围 T_3（℃）	试验建议温度 T_4（℃）	备注
变电站控制室		–40～50	10～40	10～55	—	T_3 为估算
就地化	无通风的 GIS 室	–40～50	–40～50	–40～65	–40～70	T_3 为估算
	有通风的户外预制舱	–40～50	10～40	10～55	–40～70	T_3 为估算
	无通风设备的户外柜	–40～50	–40～70	–40～85	–40～85	T_3 为估算
	柜外支架无防护安装	–40～50	–40～50	–40～65	–40～70	T_3 为估算

由表 2–5 中可见，无通风设备的户外柜的温度条件最恶劣，对保护装置的要求最高；而且柜容积小，内部保护装置等设备的发热不易扩散；同时，户外柜的金属材质的比热值低，强太阳光照射下户外柜温度远高于大气温度。

就地化应用的恶劣温度条件要求就地化保护装置设计简洁、选用工业级或更高等级器件，至少保证–40～85℃的温度范围、适当降额使用元器件（远低于器件极限参数）并考虑宽温应用。

对就地化保护装置进行高温试验时，试验设定温度值应高于装置长期工作的最高温度，对于无通风设备的户外柜的应用方式，试验时温度建议设定为 85℃。在此运行温度下，采用工业芯片的保护装置无法可靠和经济运行。为了适应在无通风设备的户外柜的安装，需改善就地化装置的运行环境。实际采用如下两种解决方案，保证装置的运行环境温度在 70℃以下：

1）在户外柜内安装温度调节设备（空调、热交换器、风扇）将就地化保护装置的温度控制在 70℃以下，但是这些温度调节设备会导致维护压力大、工作不可靠、耗能高、不环保等问题。

2）将高防护等级的即插即用的就地化保护装置，从户外柜中安装改为户外柜外支架安装，柜外安装方式下装置散热效果更好，在避免阳光直射条件下能保证 70℃以下的温度环境，如图 2–32 所示。在此基础上，保护装置采用优化散热设计、低功耗设计，可进一步提升温度环境适应性。装置的散热设计措施是将电源板、CPU 板散热量大的芯片敷设散热铜皮、导热垫、导热硅胶，并与装置外壳接触，保证良好的导热性能；装置外壳增加隔热层，减少传导引起的装置内部温升；散热量大的回路匹配电阻采用精密电阻，从源头上降低散热问题。

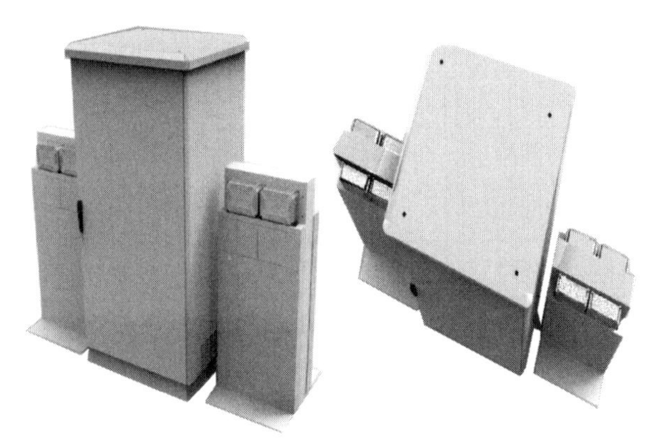

图 2–32　户外柜外支架安装的就地化保护装置

（2）湿度适应性技术。

就地化继电保护装置应用环境的相对湿度范围远大于变电站控制室内的相对湿度范围，需适应高湿、甚至凝露的恶劣环境。不同的就地化应用方式的保护装置与变电站控制室内运行的保护装置需适应的环境湿度及特点如表 2–6 所示。

表 2–6　　气候湿度环境的适应性要求技术指标

应用方式		长期工作湿度范围 Φ_1（%RH）	试验建议湿度 Φ_2（%RH）	备注
非就地化	控制室内	35～75	—	参考空调场所空气质量标准
就地化	无通风的 GIS 室	10～75	5～95	—
	有通风的户外预制舱	35～75	5～93	—
	无通风设备的户外柜	5～100（包括凝露）	5～100	包含凝露情况
	柜外支架无防护安装	10～100	5～100	—

实际采用如下两种解决方案：

1）在户外柜内安装湿度调节设备（加热器）控制湿度，但是这些湿度调节设备会导致维护压力大、工作不可靠、耗能高、不环保等问题。

2）将高防护等级的即插即用的就地化保护装置，从户外柜中安装改为户外柜外支架安装，避免了户外柜内湿度高时的空气凝露问题。在此基础上，保护装置采用 IP67 防护等级，可在 100%的湿度环境下正常运行。

（3）振动适应性技术。

靠近一次设备，就地化安装后继电保护装置运行环境中的振动因素明显多于变电站控制室内部。正常运行情况下，就地化保护装置增加的振动因素主要为：一次设备操作引起的振动和变电站安装施工引起的振动（如间隔扩建等）。这两种振动的强度较大，不同的就地化应用方式的保护装置建议的振动试验等级如表 2–7 所示。

表 2–7　　　　　　　　　　　　振动试验等级指标

应用方式		试验建议等级	备　注
非就地化	控制室内	Ⅰ	
就地化	无通风的 GIS 室	Ⅱ	考虑装置正常运行时对振动的抵抗能力
	有通风的户外预制舱	Ⅱ	考虑装置正常运行时对振动的抵抗能力
	无通风设备的户外柜	Ⅱ	考虑装置正常运行时对振动的抵抗能力
	柜外支架无防护安装	Ⅱ	考虑装置正常运行时对振动的抵抗能力

实际采用以下几种解决方案：

1）单个板件不采用插件插接方式，采用紧贴装置一体化机壳进行固定，并和机壳之间增加绝缘软垫。

2）光接口模块采用一体焊接式的光接口模块，非插拔结构。

（4）抗电磁干扰技术。

运行经验及研究结果表明，变电站内线路开关间隔是变电站内电磁场强度最高的部位，其次是变压器，而处于变电站内的集控值班室工频电场、磁场强度最低，开关场的电磁辐射强度是控制室内的几十倍。目前缺乏对这种特有工况的研究和试验，工业标准中，至今没有针对性条款。例如就地化柜/汇控柜安装的就地化保护装置，IEC、GB/T 标准都未涉及与现场等效的开关拉弧操作和强电流冲击试验内容和评判标准，现有的 EMC 试验主要是针对户内电子设备，不能代替变电站电磁干扰的物理机制和烈度等级。例如：

1）对于空间辐射干扰，GB/T 17626.x 的试验标准最大为电场强度 10V/m，工频磁场或脉冲磁场最大规定为 1000A/m。但实际电站上敞开式隔离刀操作时，断口拉弧在附近产生的电场强度峰值高达 3000V/m 以上；其附近就地柜电子装置将承受高达 10～40kA/m 量级的磁场冲击干扰，强度约为 GB/T 17626.x 试验标准规定值的数十倍以上，电磁干扰烈度大大超出人们的习惯思维，必须采取超常措施，防护方法显然是个全新的课题。

2）对于信号、电源线引入的干扰，GB/T 17626.x 标准中，主要涉及导线由空间接收的射频电磁干扰，其试验强度远不及变电站上的真实强度。GIS 类全封闭组合电器，由 VFTO（快速暂态过电压）现象引起的壳体（地）电位暂态突变——它的干扰峰值强度约在 10～30kV，频率约在 10～30MHz，这一高压开关类电器特有的干扰现象未能包含在国标试验内容中，它是电子式互感器和 GIS 汇控柜应用中目前面临的最重要的电磁兼容性课题，正是这一现象导致很多组合在一次电器上的互感器故障频发。一般性干扰会导致互感器发出失真数据或通信错误，引起保护设备误判或误动，更严重的会损坏电子器件，使采集电路设备永久失效。

即插即用的就地化保护装置可有效解决这种问题。装置采用一体成型全封闭的金属外壳结构设计，有效屏蔽外界强电磁干扰，同时减少对外的电磁辐射。装置电源接口采用航空插头，光纤接口采用定制法兰，提高连接的可靠性，解决产品的密封性。装置外壳预留接地铜柱，用于实现机壳地与大地的可靠连接。电源入口增加气体放电管和压敏电阻，完成浪涌防护，使用电容搭配共模扼流圈实现电源的滤波。

（5）抗腐蚀等防护技术。

就地化继电保护装置应用环境的盐雾成分、霉菌、硫化污染程度远高于变电站控制室内部环境，为此，对即插即用的就地化保护装置内装焊完器件的单板进行涂覆，可有效防霉、防潮、防盐雾和腐蚀性气体。

就地化继电保护装置对防水、防尘、防火、防盗、防小动物的要求体现在保护屏柜、户外柜或预制舱的设计要求中。用就地化工程安装的保护屏柜、户外柜或预制舱的结构设计应充分考虑上述基本要求，并保证在恶劣的气候条件下（如下雨、下雪等）保护屏柜、户外柜或预制舱有切实的检修方案。

3. 装置接口标准化技术

就地化二次设备要求实现更换式检修，实现各个厂家同种类型设备的互换，因此必须解决接口标准化的问题，一方面需要实现设计接口定义的标准化，另一方面需要实现接口形式的标准化（即不同厂家设备间可支持即插即用）。目前变电站施工现场需要大量熔纤、配线，易出错，效率低，调试的大部分工作都是在排查接线正确性。如装置接线采用航空插头预制，安装简单，整站二次设备安装时间大幅缩短。标准化的接口同时可以使专业化检修中心利用自动测试技术等提高测试效率，全站保护配置、调试完毕后发往现场，现场经整组传动后即可投运，调试时间大幅缩短。

（1）电连接器技术。

就地化保护装置通过小型化处理后可直接无防护安装或与一次设备集成安装，其特征是能适应严酷的工作环境，因此要求对外接口防护等级达到 IP67，并且具有防盐雾能力；现场安装尤其是安装在断路器机构箱附近时，需要具备高性能的抗振动和抗冲击的能力。

电连接器包括相应的插头/座、防尘盖、电缆附件等。电连接器应选用圆形结构，金属外壳；插头接电缆，可以选配弯式或直式附件，接触件为后装后取式，插座为固定安装，接导线，也可以接电缆，需选配附件。电连接器结构示意图如图 2–33 所示。

电连接器的连接方式推荐为三曲槽卡口连接。航空插座应采用方盘安装形式，安装后应具有防松功能，防护等级应满足 IP67。航空插头座壳体应满足就地化保护运行环境的要求，耐盐雾等级不低于 500 小时。电连接器接触件材料为铜质材料，表面处理宜为镀金，镀金层不低于 0.1μm。

（2）光连接器技术。

光纤连接器用于稳定但非永久性地连接两根或多根光纤的无源组件，将光纤的两个断面紧密地对接起来，使发射光纤（设备）的光能量最大限度地耦合到接收光纤（设备）中，最小化对系统造成的影响。

现在的光纤连接器主要分圆形和矩形两种，就地化保护适合采用圆形连接器，如图 2–34 所示。

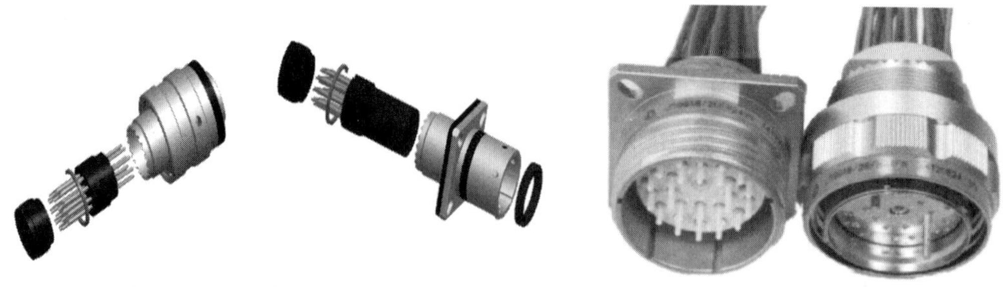

图 2–33　电连接器结构示意　　图 2–34　圆形连接器

多芯连接器用于连接器型预制光缆组件的连接，分为插头和插座两部分。如果多芯连接器用于户外环境，应满足 IP67 防护等级；如果多芯连接器用于户内环境，应满足 IP55 防护等级。多芯连接器推荐选用 12 芯和 24 芯两种。

单芯活动连接器用于设备内的光口连接，应满足设备厂家 ST、LC 等类型光口的连接需要。单芯连接器应满足 IEC 61754 的相关技术要求。

4. 装置小型化技术

即插即用的就地化保护装置是一个小型化的一体化整体结构，设计精简，采用非插件式的板件设计，尽量减少航插端子连接，不采用总线式信号排布，尽量减少 CPU 引出信号，保护软件沿用成熟组件。

整个就地化保护装置采用无防护安装一体化机壳设计，对外接口全部采用航插，防护等级达到 IP67，对外航插分为 4 个接口：电源及开入接口、开出接口、电流电压接口、光纤通信接口。装置内部的硬件架构如图 2–35 所示，装置硬件包括 4 块板：交流采集板、CPU 板、开入开出板、电源板，通过小型化技术实现背板总线连接的 4 个插件集成。4 块板都贴近装置外壳布置，其中 CPU 板和电源板贴近机箱底部安装，交流采集板和开入开出板贴近机箱顶部安装，CPU 板和交流板通过 AI 输入连接器连接，CPU 板和开入开出板通过板间连接器连接，CPU 板和电源板通过电源线进行连接。

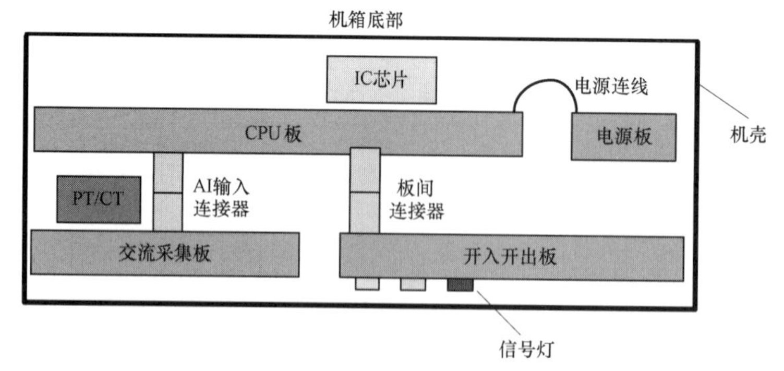

图 2–35　小型化装置示意

小型化前的装置尺寸大约为 483mm（19 英寸宽）×178mm（4U 高）×300mm（深）左右，小型化后的装置尺寸可以控制在 300mm（宽）×180mm（高）×100mm（深）左右，如图 2–36 所示。

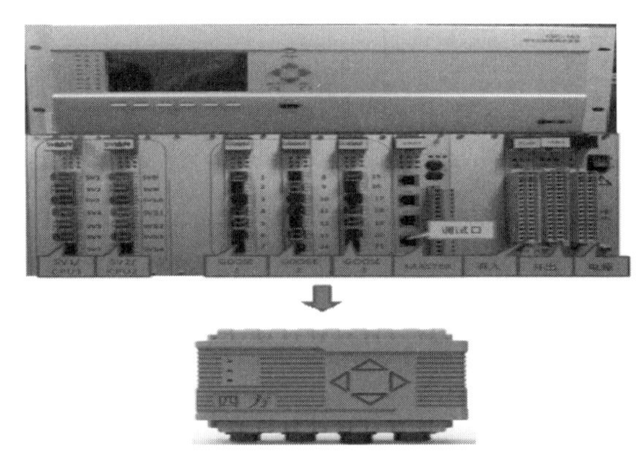

图 2–36　小型化前后对比

就地化保护装置与智能站保护装置区别如下：

（1）板卡数量减少实现了小型化。就地化保护装置在智能站保护装置基础上集成了合并单元和智能终端的功能，采用了芯片化技术集成了扩展 CPU 插件，SV/GOOSE 扩展板卡数量为 0；同时对保护的开入开出信号进行了精简的梳理，目前开入开出板的数量为 1 块板，交流电压电流板也是 1 块。板卡数量大大减少。

（2）防护等级提升，整体性能提升。就地化保护装置突破了防护等级、电磁兼容、热设计等就地化保护装置的关键技术，通过机箱一体化成型、板卡一体化设计、装置一体化散热，保障了装置的可靠运行。

（3）通过标准接口实现了即插即用。就地化保护装置航空插头技术实现了接口标准化，保护装置具备了就地化和即插即用的基础条件。

5. 保护在线监视与诊断技术

智能变电站保护设备的在线监视与诊断功能可实现继电保护 SCD 模型文件管理、状态监测、二次系统可视化和智能诊断功能。

保护设备在线监视与诊断信息采集范围涵盖合并单元、保护装置、智能终端、安自装置、过程层交换机及构成保护系统的二次连接回路。系统应能基于 SCD 以直观的方式将智能变电站保护系统的运行状况反映给变电站运检人员和调控机构继电保护专业人员，为智能变电站二次系统的日常运维、异常处理及电网事故智能分析提供决策依据。

智能变电站保护设备在线监视和诊断功能的逻辑结构如图 2–37 所示。

保护设备在线监视和诊断功能，由部署在变电站端的保护设备状态监测和诊断装置，以及部署在调度端主站系统的保护（安控）装置在线监视模块共同完成。

变电站端的保护设备状态监测和诊断装置由数据采集单元和数据管理单元两部分组成。数据采集单元通过过程层网络获取过程层设备数据；数据管理单元从数据采集单元和站控层网络获取数据，进行分析处理，实现在线监测和诊断功能，并通过 DL/T 860 或 DL/T 476—2012 将诊断信息上送至调度主站。

调度端的保护（安控）装置在线监视模块集成于调度端主站软件系统，作为一个独立的功能模块工作，具备在线监视功能并对保护设备及二次虚回路的运行状态进行监测，具备智能诊断功能并对保护设备进行状态评估、监视预警和异常定位。

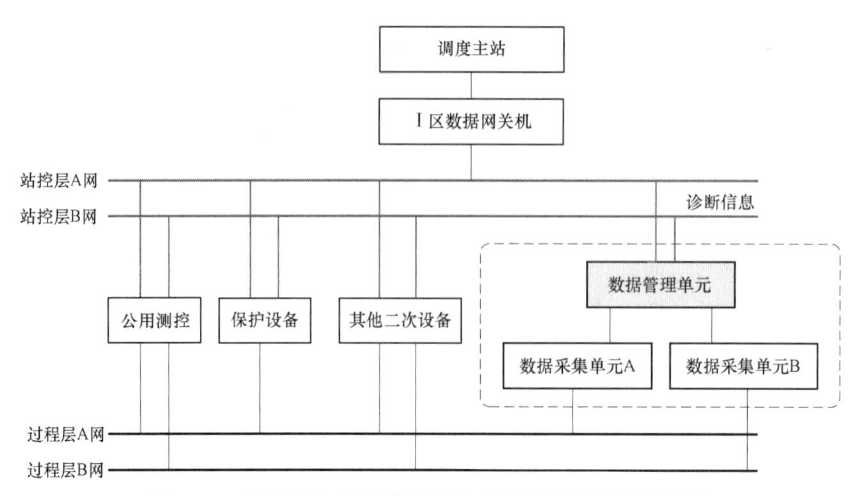

图 2–37　智能变电站保护设备在线监视和诊断逻辑结构

如果采用无液晶的就地化保护，此功能集成在就地化保护智能管理单元完成。智能管理单元接收装置保护动作、告警信息、状态变位、监测信息，在线分析采集的各种数据信息，对收集到的数据进行必要的处理，如过滤、分类、存储等，最终实现实时监视及分析网络通信状态。

智能管理单元还实现了变电站内就地化保护装置的界面集中展示、配置管理、备份管理、信息远传、定值比对、故障信息管理功能。

智能管理单元采用嵌入式装置独立部署在安全Ⅰ区，站内就地化保护组成保护专网。智能管理单元与保护专网连接，获取保护数据，同时连接站控层 MMS 网，将保护数据传送给其他站控层设备。智能管理单元网络结构如图 2–38 所示。

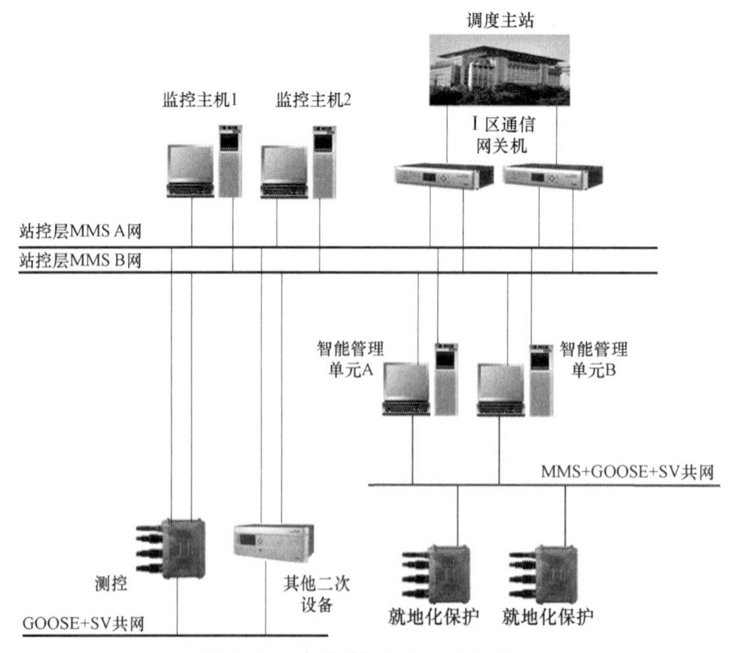

图 2–38　智能管理单元网络结构

就地化保护智能管理单元其他功能如下：

（1）装置集中界面。

智能管理单元提供所有保护装置信息的远程展示界面，供运维人员查看。远程展示界面分一级和二级菜单，并支持菜单内容的相应展示和操作。智能管理单元对各厂家保护展示所需信息进行分析和分解，将远程展示界面需要的信息纳入保护模型，可通过标准规约（DL/T 860）传送，以实现统一通信接口、统一处理、统一界面展示。

装置界面具备保护指示灯状态显示、保护指示灯复归按钮，能进行定值清单打印和通信对点，如图 2–39 所示。

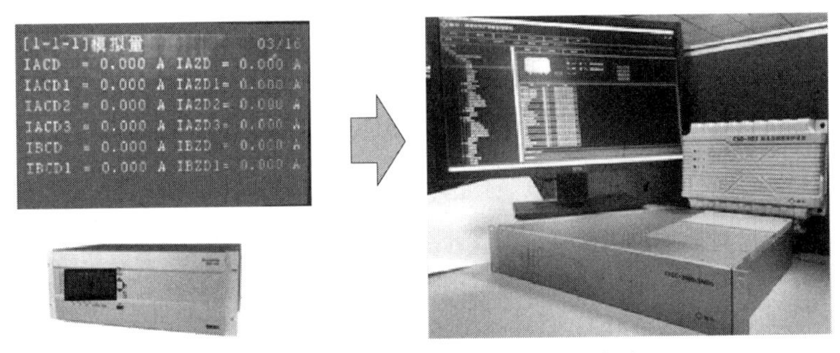

图 2–39　智能管理单元远程展示界面

（2）继电保护 SCD 模型文件管理。

智能管理单元具备 SCD 文件一致性检查功能，通过 CRC 机制等校验 SCD 文件与 IED 装置配置文件的一致性，通过 IED 装置过程层虚端子配置 CRC 与全站 SCD 相应 CRC 进行在线比对，实现 SCD 变更提示，并界定 SCD 变更产生的影响范围，影响范围应能定位到 IED 装置。

（3）备份管理。

智能管理单元具备保护配置备份区，运维人员在更换新设备后能获得与原装置完全一致的配置备份。智能管理单元提供便捷的一键式备份管理（一键式备份、一键式下装），并对不同用户设置不同的操作权限，对用户的登录、退出和各种操作进行记录，并支持检索。

（4）定值比对。

智能管理单元自动召唤定值并和上次召唤时保存的定值进行自动比对功能，当发现定值不一致时，应能在本地给出相应提示，向所有远端主站发送定值变化告警信号。

（5）故障信息管理。

智能管理单元对所接入保护装置的故障录波文件列表及故障录波文件进行召唤，并对故障录波文件进行波形分析，自动收集厂站内一次故障的相关信息，整合为故障报告。

（6）远程功能。

智能管理单元能将保护事件、告警、开关量变化、通信状态变化、定值区变化、定值不一致、配置不一致等突发信息主动上送给远端主站；对故障录波文件、智能诊断结果文件主动发送提示信息给远端主站，支持按照不同远端主站定制信息的要求向远端主站发送不同信息。

6. 广域保护区域甄别技术

在广域继电保护中，电网信息的接收范围并不是越大越好。一方面，过多的信息将影响继电保护的快速性；另一方面，当电网发生扰动时，扰动点周围的电网信息对于扰动的判断至关重要，而离扰动源越远，信息的重要性越低。因此，信息域的分区对于构造广域继电保护系统来说是必要的。

到目前为止，主要有三种信息域划分方法：基于关联拓扑树的信息域划分方法、基于专家系统的保护域在线划分方法、变电站集中式及区域集中式信息域划分方法。

（1）基于关联拓扑树的信息域划分方法。

在这种广域继电保护系统中，将智能电子装置 IED 安装在各断路器以及电流互感器处，实时采集电网信息，进行故障判断。以某个 IED 为研究对象，最小保护范围为 IED 所在线路和背侧母线；最大保护范围包括最小保护范围及与其相邻的母线和线路。对象 IED 被称为“树根”，其他 IED 根据距离远近即可形成关联拓扑树，如图 2-40 所示。

这种划分方法基于智能电子装置（IED），关键在于确定各个 IED 的最小保护范围以及所关联的 IED。对于保护范围较小的继电保护系统，这种方法能够快速划分保护范围，准确判断故障方位。但在广域继电保护系统中，IED 分散在众多断路器和电流互感器中，信息域划分就显得尤为烦琐，导致保护系统的工作效率低下。

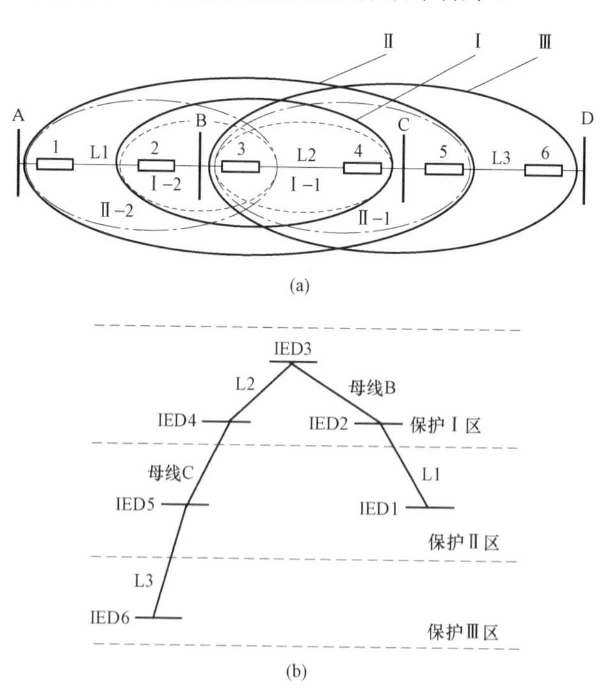

图 2-40　基于关联拓扑树的信息域划分方法

（a）保护区域划分图；（b）IED3 的关联拓扑树

（2）基于专家系统的保护域在线划分方法。

这种方法基于图论，利用专家系统和 SCADA 系统，实现广域继电保护主、后备保护区的自动在线划分，如图 2–41 所示。知识表示是专家系统进行保护域划分的前提，系统拓扑结构必须提前明确。在准确知识表示的基础上，专家系统根据保护设备的三种不同状态：投运、退出 1、退出 2，分别制订一次设备的主保护区，形成主保护区的搜索规则，然后通过比较各保护区之间重叠的保护装置，对有重合部分的保护区进行异或操作得到后备保护区，从而实现保护的智能分区。除此之外，专家系统还可通过与 SCADA 系统相连，进行保护域在线分区，以适应系统网络拓扑结构的变化。

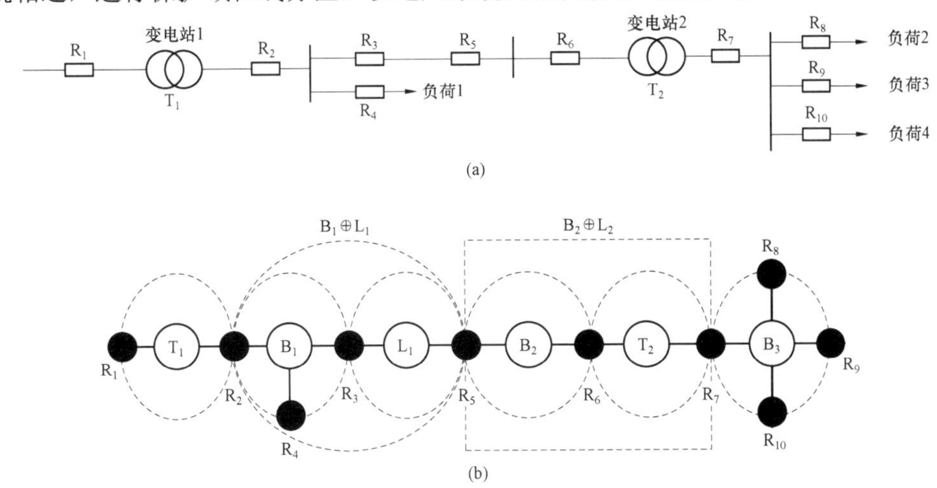

图 2–41　电网络及其保护分区

（a）变电站网络；（b）保护分区形成

该分区方法以一次设备为基础形成其主、后备保护区，利用专家系统不仅可以准确、高效、清晰地进行保护分区，而且还能够适应系统的拓扑变化，及时重构保护分区。

（3）变电站集中式及区域集中式信息域划分方法。

前文所讨论的两种信息域划分方法都是以单一元件（智能电子设备或一次设备）为基础，划分信息范围，而第三种划分方式则属于分区域集中决策的有限广域系统。将广域电网视为由若干个有限区域共同组成，在每个有限区域内以某个变电站为中心，称该站为该有限广域系统的中心站，除中心站外的其他变电站称为该系统的子站。各变电站采集本站内所有 IED 测量信息与相关设备状态信息，子站仅与所属区域中心站进行通信并接受其远程控制。每个中心站设置有限广域集中决策模块，其主要任务有：通过采集本区域内全部变电站信息准确判断故障元件；制订动作策略并将指令发送至各子站。各子站根据接到的指令结合自身运行方式与主接线方式来形成完整后备保护。

变电站集中式及区域集中式信息域划分方法以变电站为基本单位，从系统广域层面进行信息域的确定，是比较系统的信息域划分方法。目前随着数字化变电站的发展与应用，这种信息域划分方法更具有现实意义，是适应智能电网广域继电保护的一种信息域划分方法，如图 2–42 所示。

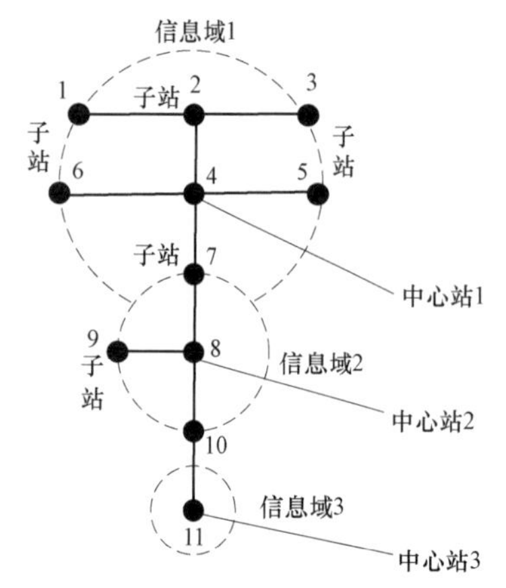

图 2–42　IEEE 11 节点网络的信息域划分

7. 广域保护多代理技术

根据所基于的系统结构不同，广域保护可分为集中式、分布式和两者混合式三类。集中式结构将核心决策系统集中在一个中心，分布式 IED 仅与决策中心通信，系统通信量小，决策中心获得的信息量多，有利于系统决策和稳控系统的结合，但集中决策中心易受到系统干扰，存在单点失效的风险；分布式结构即核心决策系统位于分布在系统中的 IED 内，由分布式 IED 互相协助完成整个保护功能，优点是自适应能力强，且不存在单点失效风险，但广域范围内相邻或次相邻 IED 相互通信，系统的通信量较大，决策单元可利用的信息量小，且系统设计复杂。目前，分布集中混合式结构成为研究的重点。

（1）分区域分布集中式系统结构简介。

分区域分布集中式系统结构如图 2–43 所示，将广域电网划分为若干个分区域，每个分区域以本区域内某个变电站为中心站，除中心站外的其他变电站为子站。各变电站采集本站内所有 IED 测量信息与相关设备状态信息，子站仅与所属区域的中心站进行通信并接受其远程控制。

每个中心站设置智能多 Agent 决策模块，采集本区域内全部变电站信息，准确判断故障元件，制订动作策略并将指令发送至各子站。各子站测量 Agent 和执行 Agent，根据收到的决策中心的指令，并结合自身运行方式进行协作，形成完整的广域后备保护。

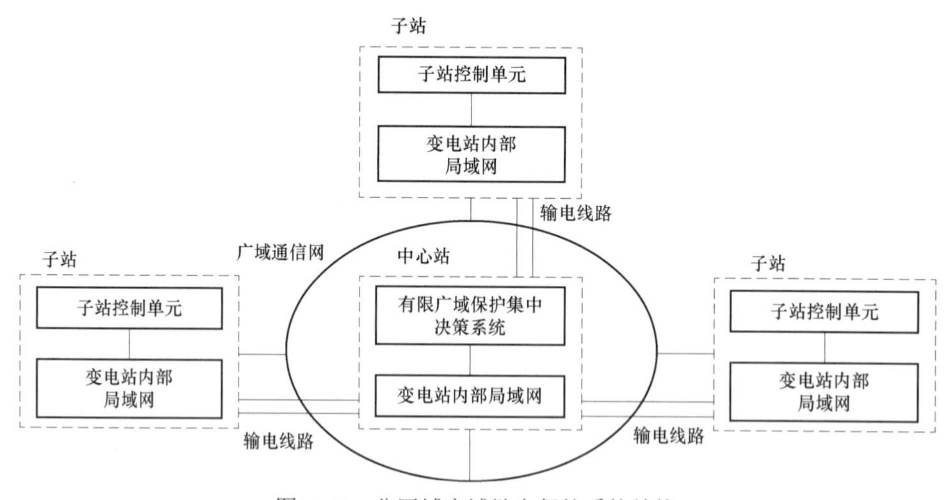

图 2–43　分区域广域继电保护系统结构

Agent 较适合解决空间分布的、需要并行协作的、具有不确定性的问题，可以作为快速、可靠的分布问题的求解单元。在继电保护领域，保护的智能化、不同分区的保护之间的配合、同一设备不同原理的保护之间的配合、同一保护不同环节之间的配合、保护定值的实时调整、保护方案的在线配置、异常状态下的应急动作等问题，都可以利用 Agent 实现。

（2）广域保护 Agent 的系统构成。

根据 Agent 的一般性结构与广域保护子 Agent 的任务，结合分区域分布集中式系统结构，可以设计出广域保护多 Agent 系统体系，如图 2–44 所示。

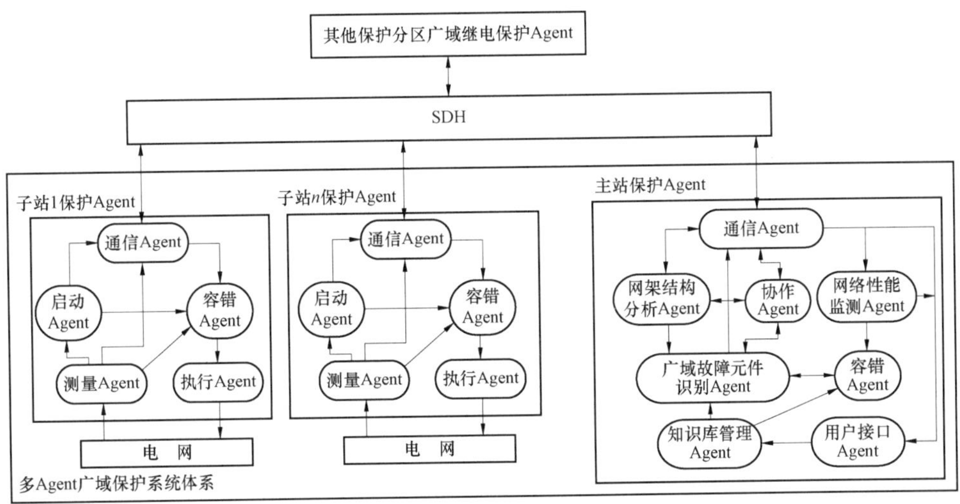

图 2–44　广域保护 Agent 的系统体系

该体系由主站保护 Agent 与众多子站保护 Agent 构成，通信结构是各 Agent 的必备结构。各子站保护 Agent 须有测量、启动、执行的部件，同时应有容错性。主站保护 Agent 应能识别广域故障元件、能进行知识库管理等。根据广域保护多 Agent 系统的目标和任务，将其进行功能分解，生成子目标和子任务，将分解后的子任务分配给相应的子 Agent 单元，可以减少系统设计的复杂性，提高系统的工作效率。根据广域保护多 Agent 系统构成，各子 Agent 单元的任务分配如表 2–8 所示。

表 2–8　　广域保护子 Agent 单元的任务功能

子 Agent 名称	任　务　功　能
测量 Agent	采集本地 IED 的电流、电压及开关量
启动 Agent	根据采集到的电流、电压实时计算广域保护启动判据
网络结构分析 Agent	发生开关变位时，利用知识库及 Agent 的学习能力，确立新的保护算法规则
协作 Agent	根据故障情景，确定新一轮协商的协作保护 Agent
广域故障元件判别 Agent	收集保护区域内的故障信息，进行广域故障元件识别
知识库管理 Agent	负责规则的管理与维护，为广域故障识别 Agent 与纠错 Agent 提供决策规则
网络性能监控 Agent	监测通信网络的性能，是处于正常状态还是故障状态
容错 Agent	出现不确定性故障时，利用故障确认环与容错措施进行网络通道重构及基于信息容错技术的故障识别
通信 Agent	与不同保护 Agent 进行数据交换
执行 Agent	执行决策系统的跳闸命令
用户接口 Agent	提供人机交互界面，可以显示故障结果和故障执行情况，也可以手动管理、维护规则库

2.3 层次化保护控制系统工程应用方案

2.3.1 系统设计原则

层次化保护控制系统应用于110～500kV智能变电站，基于目前的实用化研究现状，一般配置就地级保护和站域级保护控制，广域级保护控制暂时不进行具体应用。

1. 就地级保护

就地级保护面向单个元件配置，主后备一体，完成对单个元件、线路的可靠保护，其功能实现和配置方案与目前传统的保护一致，遵循已有技术规程、规范。

（1）线路保护。

1）220kV 及以上线路保护装置采用主保护、后备保护一体化的微机型继电保护装置，保护应能反映被保护设备的各种故障及异常状态。

2）220kV 及以上线路保护装置优先采用光纤分相电流差动保护作为主保护，并配置三段式相间距离保护、三段式接地距离保护、四段式零序保护、反时限零序保护等。线路保护装置应具备单相重合闸、三相重合闸、禁止重合闸和停用重合闸功能，3/2 接线重合闸功能由断路器保护实现。330～500kV 线路应配置过电压及远方跳闸功能。

3）110kV 线路距离保护应配置由三段相间和接地距离保护、四段零序方向过电流保护构成的全套保护。保护装置应配有三相一次重合闸功能、低频减载/解列功能，TV 断线、TA 断线、过负荷告警功能。

4）35kV/10kV 线路电流保护应具备由三段相电流过流保护构成的全套保护，对于小电阻接地系统应需具备两段零序过电流保护。保护装置应具有三相一次重合闸功能，低频减载、低压减载，TV 断线、过负荷告警功能，装置应带有跳合闸操作回路。

（2）主变压器保护。

1）110kV 及以上电压等级主变压器电量保护按双重化配置，每台保护包含完整的主、后备保护功能。

2）保护配置纵差保护，330kV 及以上电压等级主变保护配置纵差保护或分相差动保护、分侧差动保护。

3）330kV 及以上电压等级主变压器高后备保护应包括阻抗保护、复压闭锁过流保护、零序过流保护、过励磁保护、失灵联跳、过负荷保护等，中后备保护包括阻抗保护、复压闭锁过流保护、零序过流保护、失灵联跳、过负荷保护等，低后备保护包括过流保护、复压闭锁过流过负荷保护等，公共绕组后备保护包括零序过流保护、过负荷保护等。

4）220kV 主变压器高后备保护应包括复压闭锁过流保护、零序过流保护、间隙电流保护、零序电压保护、失灵联跳、过负荷保护等，中后备保护应包括复压闭锁过流保护、零序过流保护、间隙电流保护、零序电压保护、过负荷保护等，低后备保护包括过流保护、复压闭锁过流保护、过负荷保护等。

5）110kV 主变压器高后备保护应包括复压闭锁过流保护、零序过流保护、间隙电流保护、零序电压保护、过负荷保护等，中低压后备保护应包括复压闭锁过流保护、过流保护等。

6）主变压器非电量保护包括本体重瓦斯、本体轻瓦斯、油温、油位异常、压力释放、冷却器全停等。主变压器非电量保护由本体智能终端实现。

（3）母线保护。

1）500kV 3/2 断路器接线的母线保护装置应具备差动保护、边断路器失灵经母线保护跳闸功能，TA 断线判别功能，母线保护不设电压闭锁元件。

2）220kV 双母线接线的母线保护装置应具备差动保护、失灵保护、母联（分段）失灵保护、母联（分段）死区保护、TA 断线判别、TV 断线判别功能。

3）当 110kV 采用双母线或单母线接线时配置母线差动保护。

（4）3/2 接线断路器保护。

3/2 接线断路器保护包含失灵保护、充电过流保护、死区保护、三相不一致保护（可选）及自动重合闸功能。

（5）母联（分段）保护。

母联（分段）保护装置应包含两段充电过流保护及一段充电零序过流保护功能。

2. 站域级保护控制

站域级保护控制目前主要应用在 110kV 和 220kV 智能变电站，实现就地冗余保护类、优化后备类和安全自动控制类应用功能。

（1）110kV 线路冗余保护。

作为单套配置保护的冗余保护功能。

1）110kV 线路冗余保护应具备由三段相间和接地距离保护、四段零序过流保护以及 TV 断线过流保护构成的全套保护。应配有三相一次重合闸功能、TV 断线、TA 断线、过负荷告警功能。

2）自动重合闸由主保护和后备保护跳闸启动，并可由断路器位置来启动。三相自动重合闸应有同期检查和无电压检查。

（2）110kV 失灵保护。

失灵保护根据具体情况，应采取措施防止由于开关量逻辑输入异常导致失灵保护误启动，失灵保护应采用不同的启动方式，保护跳闸接点逻辑开入后经电流突变量或零序电流启动失灵。

（3）加速后备保护。

加速主变压器低压侧过流保护，缩短后备保护切除故障时间。

（4）低压简易母差保护。

基于 GOOSE 信息的简易母线保护功能。一般，配置一段过电流保护，电流和时间定值可整定，并经本段母线上 10kV 出线保护动作闭锁。

（5）低频低压减负荷。

低频低压减负荷功能实现离线策略结合在线测量信息综合决策。在线监视电网电压、频率及其变化率，独立判断低频低压事故，实现低频减载和低压减负荷。可以自动根据频率降低只切除部分电力用户负荷。低频减负荷至少设置5个基本轮、3个特殊轮。

（6）备用电源自投。

实现站内各电压等级综合备自投功能。备用电源自动投入装置具有自适应功能，应能根据用户要求，实现分段备投和进线备投。特殊的备自投动作逻辑在专用部分中明确。

（7）主变压器过负荷联切。

实现主变压器过负荷联切功能，离线策略结合在线测量信息综合决策。

2.3.2 装置选型及技术参数

层次化保护控制系统以支撑调控一体、实现协调控制为目标，实现变电站运行监视、操作、控制和保护等功能，现阶段主要包括站域功能（含站层监控及站域保护）和就地功能（含间隔就地保护及测控装置），同时具备独立的通信接口支持广域通信，完成广域保护控制系统的子站功能。

层次化保护控制系统的技术参数要求主要包括：保护动作时间、电流电压量测量误差、定值误差和直流功耗等，如表2–9及表2–10所示。

表2–9　　就地化保护控制装置标准技术参数表

序号	项　　目	单位	标准参数值
一	220kV线路保护装置		
1	纵联保护动作时间	ms	≤30（不包括纵联通道传输时间）
2	距离Ⅰ段暂态超越		≤5%
3	整组动作时间	ms	≤30（不包括纵联通道传输时间）
4	光纤复接通道接口装置接口型式		2Mbit/s数字接口；采用75Ω同轴电缆不平衡方式连接
二	220kV母联保护装置		
1	过流Ⅰ段动作时间	ms	≤30（1.2倍整定值）
三	220/110kV母线保护装置		
1	定值误差		不超过±5%
2	母线差动整组动作时间	ms	≤20（2倍整定值）
3	失灵保护的启动回路在故障切除后的返回时间	ms	＜20
四	110kV线路保护测控集成装置		
1	纵联保护动作时间	ms	≤30（不包括通道延时）
2	距离Ⅰ段暂态超越		≤5%
3	相间距离Ⅰ段动作时间	ms	≤30（0.7倍整定值）
4	接地距离Ⅰ段动作时间	ms	≤30（0.7倍整定值）

续表

序号	项　　目	单位	标准参数值
5	电流Ⅰ段保护动作时间	ms	≤25（1.2倍整定值）
6	零序过电流Ⅰ段动作时间	ms	≤25（1.2倍整定值）
7	整组动作时间	ms	≤30（不包括通道延时）
8	测量电流、电压量误差		≤0.2%
9	有功功率、无功功率测量误差		≤0.5%
10	电网频率测量误差	Hz	≤0.01
11	事件顺序记录（SOE）分辨率	ms	≤1
12	状态量变位传送时间（至站控层）	s	≤1
13	控制执行命令从生成到输出的时间	s	≤1
五	110kV分段保护测控集成装置		
1	过流Ⅰ段动作时间	ms	不大于30ms（1.2倍整定值）
2	测量电流、电压量误差		≤0.2
3	有功功率、无功功率测量误差		≤0.5
4	电网频率测量误差	Hz	≤0.01
5	事件顺序记录（SOE）分辨率	ms	≤1
6	状态量变位传送时间（至站控层）	s	≤1
7	控制执行命令从生成到输出的时间	s	≤1
六	变压器保护装置		
1	差动速断动作时间	ms	≤20（1.5倍整定值）
2	比率差动动作时间	ms	≤30（2倍整定值）
3	差动速断动作精度误差		不超过±5%
4	后备保护电流定值误差		不超过±5%
5	后备保护电压定值误差		不超过±5%
6	后备保护时间定值误差		当延时时间为0.1～1s时，不应超过±25ms；延时时间大于1s时，不超过±2.5%
7	后备保护方向元件动作范围边界误差	(°)	不超过±3

表 2–10　　站域保护控制装置标准技术参数表

序号	项　　目	单位	标准参数值
1	线路保护距离 I 段暂态超越		≤5%
2	线路保护相间距离 I 段动作时间	ms	≤30（0.7 倍整定值）
3	线路保护接地距离 I 段动作时间	ms	≤30（0.7 倍整定值）
4	线路保护电流 I 段保护动作时间	ms	≤25（1.2 倍整定值）
5	线路保护零序过电流 I 段动作时间	ms	≤25（1.2 倍整定值）
6	线路保护整组动作时间	ms	≤30（不包括通道延时）
7	母联过流 I 段动作时间	ms	不大于 30ms（1.2 倍整定值）
8	断路器失灵保护的起动回路在故障切除后的返回时间	ms	不大于 20ms
9	简易母线动作时间误差	ms	不大于 40ms
10	备自投电流定值误差		≤3%
11	备自投电压定值误差		≤3%
12	备自投时限定值误差	ms	≤40
13	低频低压减载电压测量精度	V	误差不大于 1%U_n
14	低频低压减载频率测量精度	Hz	0.01Hz
15	低频低压减载整组动作时间	ms	不大于 50ms
16	每台装置直流消耗	W	≤50W
17	装置功能配置		110kV 线路的冗余保护； 110kV 母联/分段冗余保护； 110kV 断路器失灵保护； 低频低压减载； 站内备自投； 35kV 及 10kV 简易母线保护； 主变压器低压侧加速后备保护； 主变压器过载联切

2.3.3　典型工程应用方案

1. 应用接口要求

（1）互感器应用接口要求

1）电子式电流互感器。

a）电流互感器二次绕组的数量和准确等级应满足继电保护、自动装置、电能计量和测量仪表的要求。

b）保护用电流互感器的配置应避免出现主保护死区。

c）母线差动保护、变压器差动保护、高抗差动保护用电子式电流互感器相关特性宜相同。

d）对中性点有效接地系统电流互感器宜按三相配置；对中性点非有效接地系统，

依具体要求可按两相或三相配置。

e）电子式电流互感器应由两路独立的采样系统进行采集，每路采样系统应采用双A/D系统接入合并单元，每个合并单元输出两路数字采样值由同一路通道进入一套保护装置，以满足双重化保护相互完全独立的要求。

f）电子式电流互感器传感元件精度宜同时满足5TPE和0.2S级，当不能同时满足两种精度要求时，应为保护和测计量功能分别配置传感元件。

g）电子式电流互感器的电子器件宜布置于低电位侧，采用站用直流系统供电。

2）电子式电压互感器。

a）电压互感器二次绕组的数量、准确等级应满足电能计量、测量、保护和自动装置的要求。

b）220kV、110kV母线应装设三相电压互感器，35kV/10kV母线宜装设三相电压互感器。当安装条件允许时，220kV、110kV进出线宜配置三相电流电压组合式互感器。

c）高、中压侧电压并列由母线合并单元完成，电压切换由进出线合并单元完成。

d）电子式电压互感器内应由两路独立的采样系统进行采集，每路采样系统应采用双A/D系统接入合并单元，每个合并单元输出两路数字采样值由同一路通道进入一套保护装置，以满足双重化保护相互完全独立的要求。

e）电子式电压互感器传感元件精度宜同时满足0.2和3P级。

f）电子式电压互感器的电子器件应布置于低电位侧，采用站用直流系统供电。

3）常规电流互感器。

a）电流互感器二次绕组的数量、准确等级应满足保护、测量、计量和自动装置的要求。

b）当主变压器中性点及35kV/10kV主进配置常规电流互感器时，应配置合并单元。合并单元宜下放布置在智能控制柜/开关柜内。

c）保护用数据的双A/D采样应由合并单元实现，每个合并单元输出两路数字采样值由同一路通道进入一套保护装置。

d）除主进间隔外的35kV/10kV开关柜内的常规电流互感器，宜直接接入二次设备。保护用二次绕组准确级宜采用10P级，P类保护用电流互感器应考虑满足复合误差要求的准确限值倍数；测量、计量用二次绕组准确级宜采用0.2S级。

e）电流互感器二次绕组所接负荷应保证实际二次负荷在额定二次负荷的25%～100%范围。

4）常规电压互感器。

a）电压互感器二次绕组的数量、准确等级应满足保护、测量、计量和自动装置的要求。

b）当35kV/10kV母线采用常规电压互感器时，应装设三相电压互感器，宜配置合并单元，合并单元下放布置在开关柜内。

c）常规电压互感器保护用数据的双A/D采样应由合并单元实现，每个合并单元输出两路数字采样值由同一路通道进入一套保护装置。

d）计量用电压互感器的准确级采用0.2级；保护、测量共用电压互感器的准确级为0.5（3P）级。

e）电压互感器的二次绕组额定输出，应保证二次负荷在额定负荷的25%～100%范围，以保证电压互感器的准确度。

f）计量用电压互感器二次回路允许的电压降应满足不同回路要求；保护用电压互感器二次回路允许的电压降应在电压互感器负荷最大时不大于额定二次电压的3%。

（2）合并单元应用接口要求

1）双重化（或双套）配置保护所采用的合并单元应双重化（或双套）配置。

2）配置母线电压合并单元。母线电压合并单元可接收至少2组电压互感器数据，并支持向其他合并单元提供母线电压数据，根据需要提供电压并列功能。各间隔合并单元所需母线电压量通过母线电压合并单元转发。

a）3/2接线：每段母线配置合并单元，母线电压由母线电压合并单元点对点通过线路电压合并单元转接。

b）双母线接线：两段母线按双重化配置两台合并单元。每台合并单元应具备GOOSE接口，接收智能终端传递的母线电压互感器刀闸位置、母联刀闸位置和断路器位置，用于电压并列。

c）双母单分段接线：按双重化配置两台母线电压合并单元，不考虑横向并列。

d）双母双分段接线：按双重化配置四台母线电压合并单元，不考虑横向并列。

e）用于检同期的母线电压由母线合并单元点对点通过间隔合并单元转接给各间隔保护装置。

f）采用常规互感器时，330kV及以上电压等级不配置合并单元，保护通过电缆直接采样。

（3）智能终端应用接口要求

1）220kV及以上电压等级智能终端按断路器双重化配置，每套智能终端包含完整的断路器信息交互功能。

2）智能终端不设置防跳功能，防跳功能由断路器本体实现。

3）220kV及以上电压等级变压器各侧的智能终端均按双重化配置，110kV变压器各侧智能终端宜按双套配置。

4）每台变压器、高压并联电抗器配置一套本体智能终端，本体智能终端包含完整的变压器、高压并联电抗器本体信息交互功能（非电量动作报文、调档及测温等），并可提供用于闭锁调压、启动风冷、启动充氮灭火等出口接点。

5）智能终端采用就地安装方式，放置在智能控制柜中。

6）智能终端跳合闸出口回路应设置硬压板。

（4）网络及交换机应用接口要求

1）站控层设备与间隔层设备之间组建双以太网络。宜冗余配置站控层中心交换机，按设备室或按电压等级配置间隔层交换机。

2）间隔层设备与过程层设备之间按电压等级组建过程层网络，过程层网络宜按电压等级分别组网。变压器保护接入不同电压等级的过程层网络时，应采用相互独立的数据接口控制器。

3）继电保护装置采用双重化配置时，对应的过程层网络宜双重化配置，第一套保护接入 A 网，第二套保护接入 B 网。

4）任两台智能电子设备之间的数据传输路由不应超过 4 个交换机。

5）根据间隔数量合理配置过程层交换机。3/2 接线型式，交换机宜按串设置；220kV 及以上单断路器接线型式，交换机宜按间隔设置；每台交换机的光纤接入数量不宜超过 16 对，并配备适量的备用端口。

2. 500kV 智能变电站配置应用方案

500kV 智能变电站目前只配置就地级保护，方案如下：

（1）500kV 线路保护。

1）500kV 每回线路按双重化配置完整地、独立地能反映各种类型故障、具有选相功能的全线速动保护；每回线路按双重化配置远方跳闸保护；线路过电压及远跳就地判别功能应集成在线路保护装置中，主保护与后备保护、过电压保护及就地判别采用一体化保护装置实现。

2）线路保护电缆直接采样，光缆 GOOSE 直接跳闸；经 GOOSE 网络启动断路器失灵、重合闸；站内其他装置经 GOOSE 网络启动远跳。

（2）220kV 线路保护。

1）每回线路按双重化配置完整地、独立地能反映各种类型故障、具有选相功能的全线速动保护。每套线路保护均具有完整的后备保护，两套保护均应采用一对一起动和断路器控制状态与位置起动方式，不采用两套重合闸相互起动和相互闭锁。重合闸应实现单重、三重、禁止和停用方式。

2）线路保护直接采样、直接跳闸。跨间隔信息（启动母差失灵功能和母差保护动作远跳功能等）采用 GOOSE 网络传输方式。

3）母线电压切换由合并单元实现，每套线路电流合并单元应根据收到的两组母线的电压量及线路隔离开关的位置信息，自动输出本间隔所在母线的电压。

（3）母线保护。

1）500kV 每段母线按远景规模双重化配置母线差动保护装置。母线保护电缆直接采样，光缆 GOOSE 直接跳闸。相关设备（交换机）满足保护对可靠性和快速性的要求时，可经 GOOSE 网络跳闸。失灵启动经 GOOSE 网络传输。

2）220kV 母线按远景规模双重化配置母线差动保护装置。母线保护宜直接采样，直接跳闸。相关设备（交换机）满足保护对可靠性和快速性的要求时，可经 GOOSE 网络跳闸。开入量（失灵启动、隔离开关位置接点、母联断路器过流保护启动失灵、主变压器保护动作解除电压闭锁等）采用 GOOSE 网络传输。

（4）500kV 断路器保护。

1）500kV 一个半断路器接线的断路器保护按断路器双重化配置，每套保护包含失灵保护及重合闸等功能。

2）断路器保护电缆直接采样，光缆 GOOSE 直接跳闸；本断路器失灵时，经 GOOSE 网络跳相邻断路器。

（5）220kV 母联（分段）保护。

1）220kV 母联（分段）断路器按双重化配置专用的、具备瞬时和延时跳闸功能的过电流保护。

2）母联（分段）保护直接采样、直接跳闸，启动母线失灵采用 GOOSE 网络传输。

（6）500kV 主变压器保护。

1）500kV 主变压器电量保护按双重化配置，每套保护包含完整的主、后备保护功能；变压器各侧及公共绕组的智能终端及合并单元均按双重化配置，中性点电流、间隙电流并入相应侧合并单元。

2）主变压器保护电缆直接采样，光缆 GOOSE 直跳各侧断路器；主变压器保护跳母联、分段断路器及闭锁备自投、启动失灵等可采用 GOOSE 网络传输；主变压器保护可通过 GOOSE 网络接收失灵保护跳闸命令，并实现失灵跳变压器各侧断路器。

3）非电量保护单套独立配置，也可与本体智能终端一体化设计，采用就地直接电缆跳闸，安装在变压器本体智能控制柜内；信息通过本体智能终端上送过程层 GOOSE 网。

（7）66kV/35kV 电压等级间隔保护。

1）66kV/35kV 电容器电抗器间隔配置电流速断保护、过流保护、过压、失压及过负荷保护；根据一次接线型式配置差流、开口三角电压保护等。

2）66kV/35kV 站用变配置电流速断保护、过流保护、零序保护及本体保护等。

（8）站域保护配置应用方案。

500kV 智能变电站若没有安稳控制需求，一般不配置站域级保护控制装置。

（9）500kV 智能变电站典型工程就地化设计应用方案。

1）电子式互感器应用方案如图 2–45～图 2–47 所示。

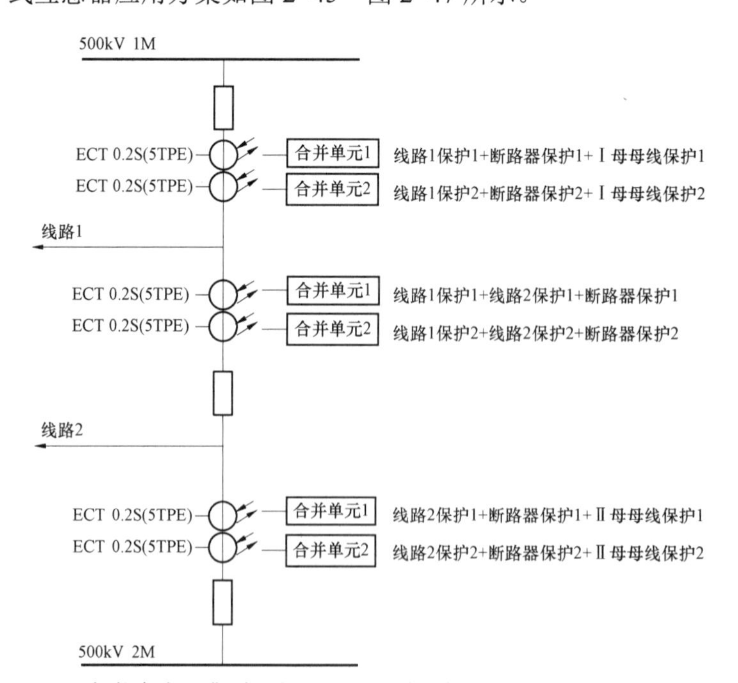

图 2–45　500kV 智能变电站典型工程 500kV 就地化保护设计应用方案（电子式互感器）

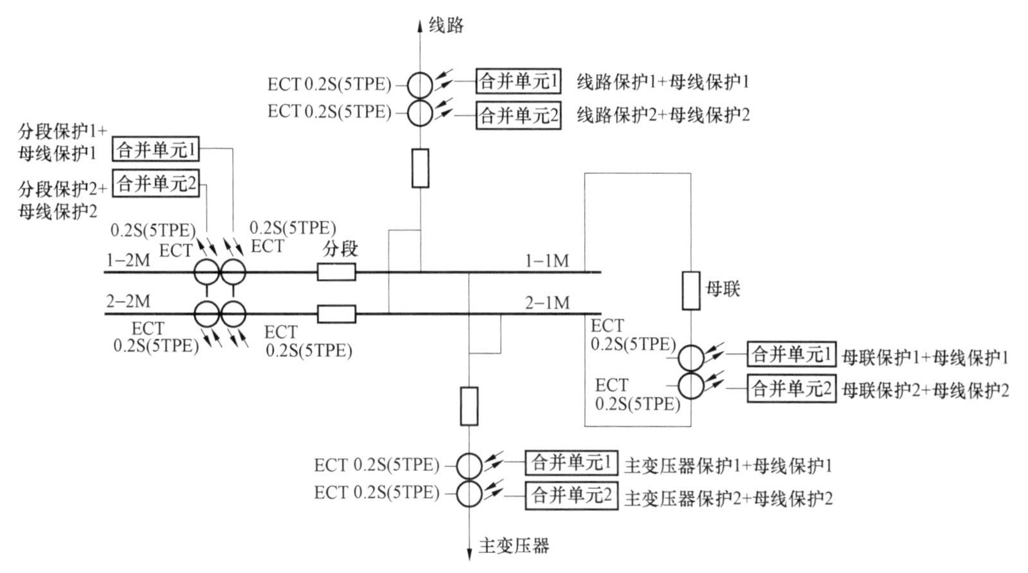

图 2-46　500kV 智能变电站典型工程 220kV 就地化保护设计应用方案（电子式互感器）

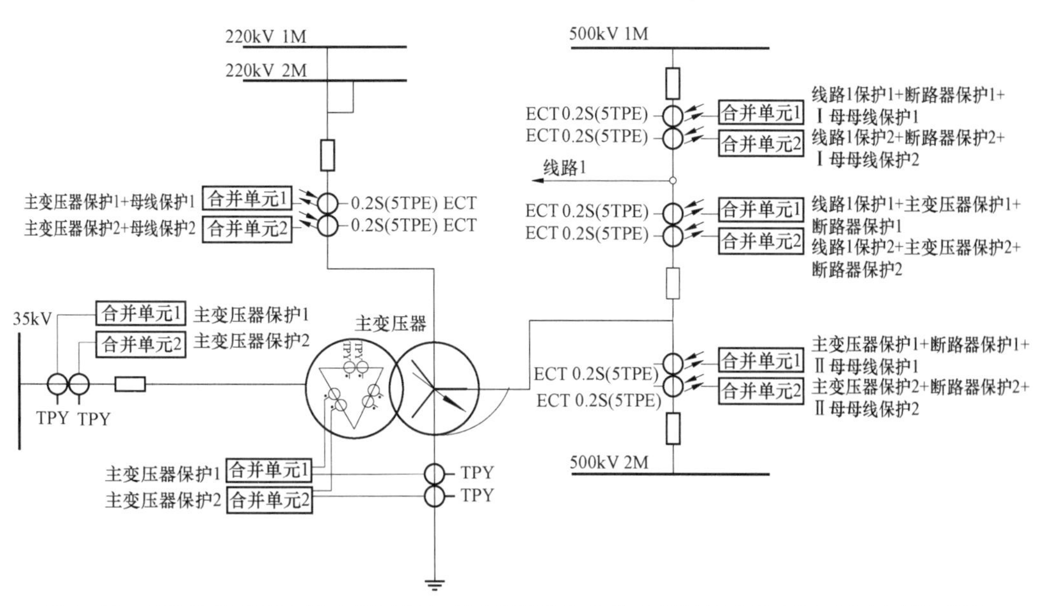

图 2-47　500kV 智能变电站典型工程主变压器部分就地化保护设计应用方案（电子式互感器）

2）常规互感器应用方案如图 2-48～图 2-50 所示。

3. 220kV 智能变电站配置应用方案

（1）就地级线路保护配置应用方案。

1）220kV 每回线路按双重化配置完整的、独立的、能反映各种类型故障的、具有选相功能的全线速动保护。

2）110kV 每回线路按单套配置微机保护装置。

3）线路保护直接采样、直接跳闸。跨间隔信息（启动母差失灵功能和母差保护动作远跳功能等）采用过程层网络传输。

4）线路保护及通道型式应根据实际工程系统方案确定。

（2）就地级母线保护。

1）220kV 电压等级按远景规模双重化配置母线差动保护装置，220kV 母线保护含失灵保护功能；110kV 电压等级按远景规模单套配置母线差动保护装置。

2）母线保护宜直接采样、直接跳闸。

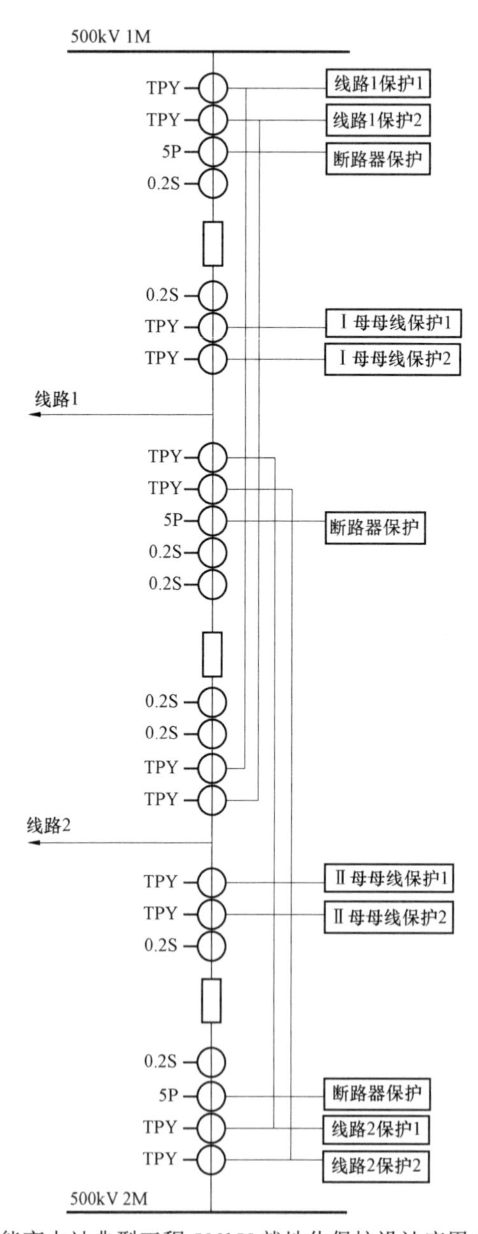

图 2–48　500kV 智能变电站典型工程 500kV 就地化保护设计应用方案（常规互感器）

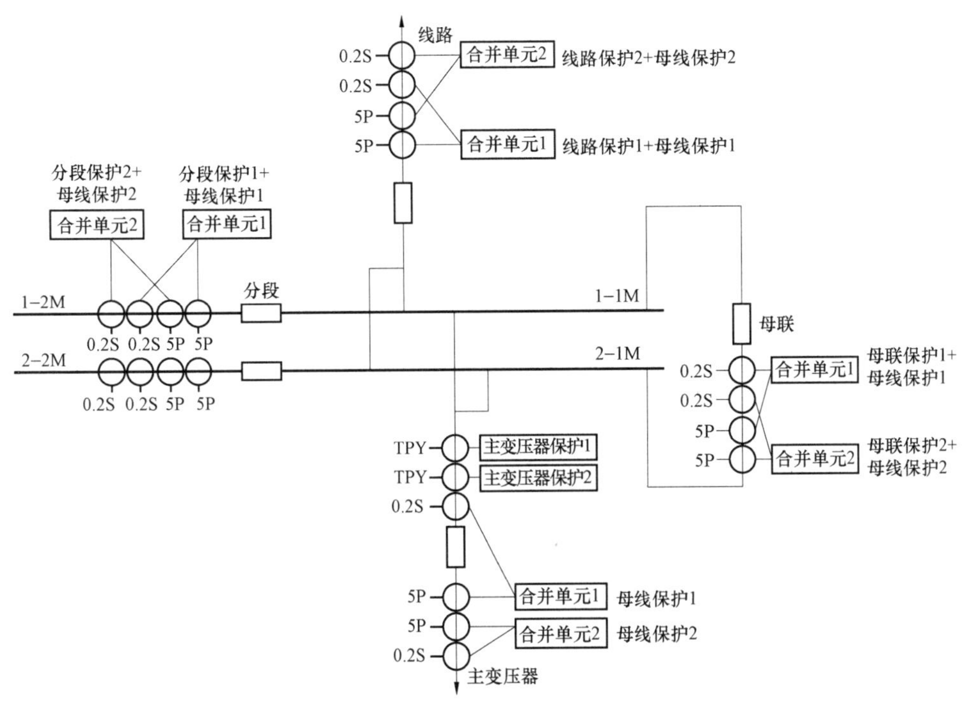

图 2–49　500kV 智能变电站典型工程 220kV 就地化保护设计应用方案（常规互感器）

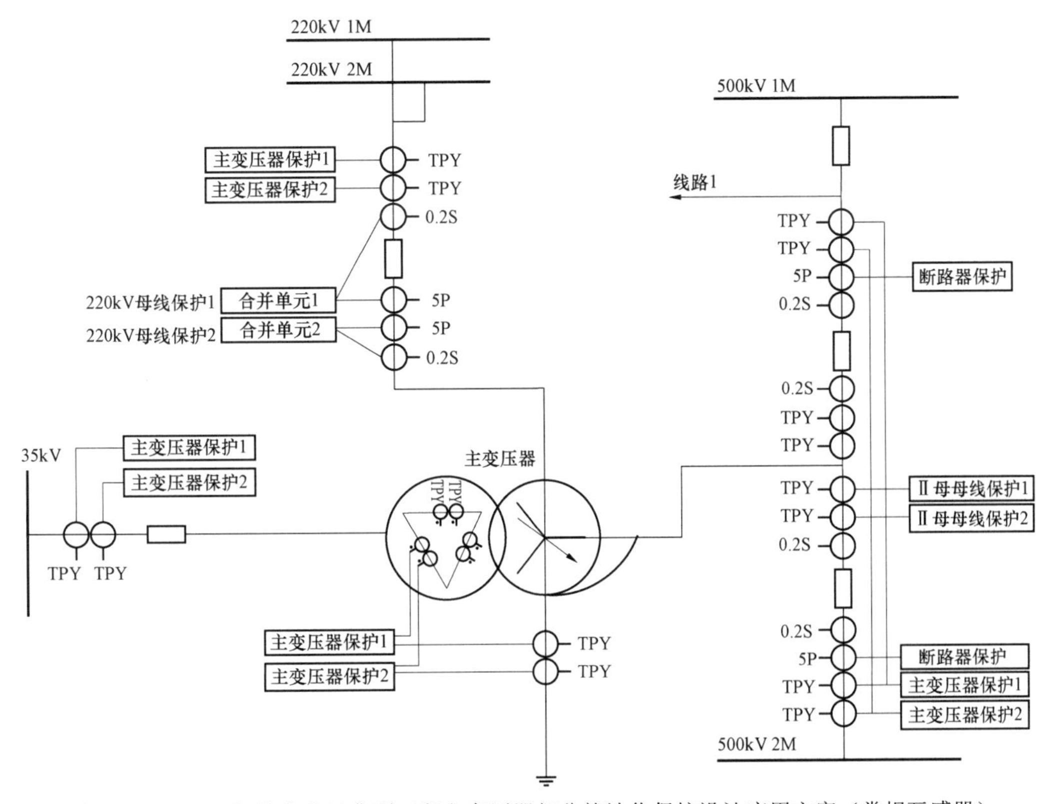

图 2–50　500kV 智能变电站典型工程主变压器部分就地化保护设计应用方案（常规互感器）

（3）就地级母联/分段保护。

1）220kV 母联/分段按双重化配置专用的、具备瞬时和延时跳闸功能的过电流保护。

2）110kV 母联/分段按单套配置专用的、具备瞬时和延时跳闸功能的过电流保护，采用保护测控集成装置。

3）母联/分段保护直接采样、直接跳闸，启动母线失灵采用过程层网络传输。

（4）就地级 220kV 变压器保护。

1）每台主变压器应配置双重化主、后一体的电量保护及单套非电量保护，非电量保护由主变压器本体智能终端完成。

2）变压器保护直接采样，直接跳各侧断路器；变压器保护跳母联、分段断路器及闭锁备自投、启动失灵、失灵联跳主变压器各侧等宜采用过程层网络传输。

3）变压器非电量保护采用就地直接电缆跳闸，信息通过本体智能终端上送过程层网络。

（5）35kV/10kV 电压等级间隔保护。

1）35kV/10kV 线路配置电流速断保护、过流保护及三相重合闸功能等。

2）35kV/10kV 分段配置充电保护、过流保护等；备自投功能由站域保护控制装置实现。

3）35kV/10kV 电容器配置电流速断保护、过流保护、过压、失压及过负荷保护，根据一次接线型式配置差压、开口三角电压保护等。

4）35kV/10kV 站用变压器配置电流速断保护、过流保护、零序保护及本体保护等。

（6）220kV 智能变电站典型工程就地化设计应用方案。

1）电子式互感器应用方案如图 2-51～图 2-53 所示。

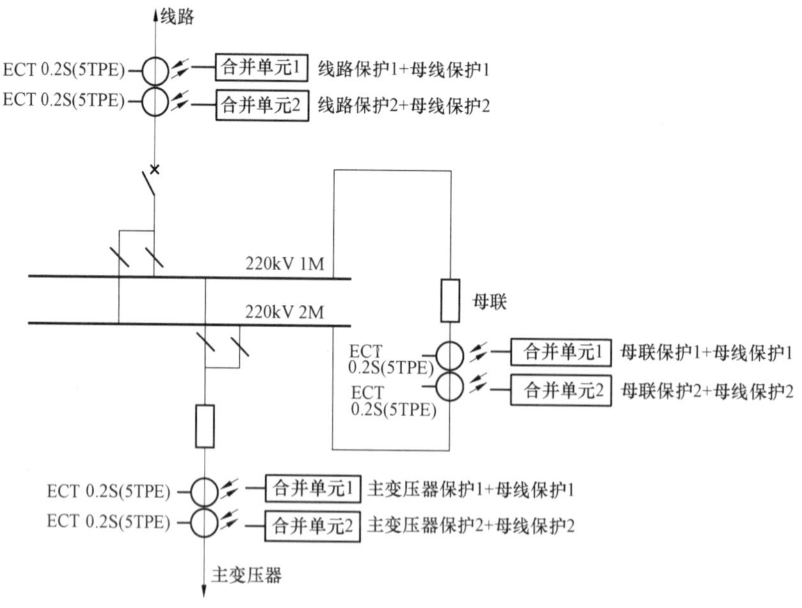

图 2-51　220kV 变电站 220kV 部分工程应用方案

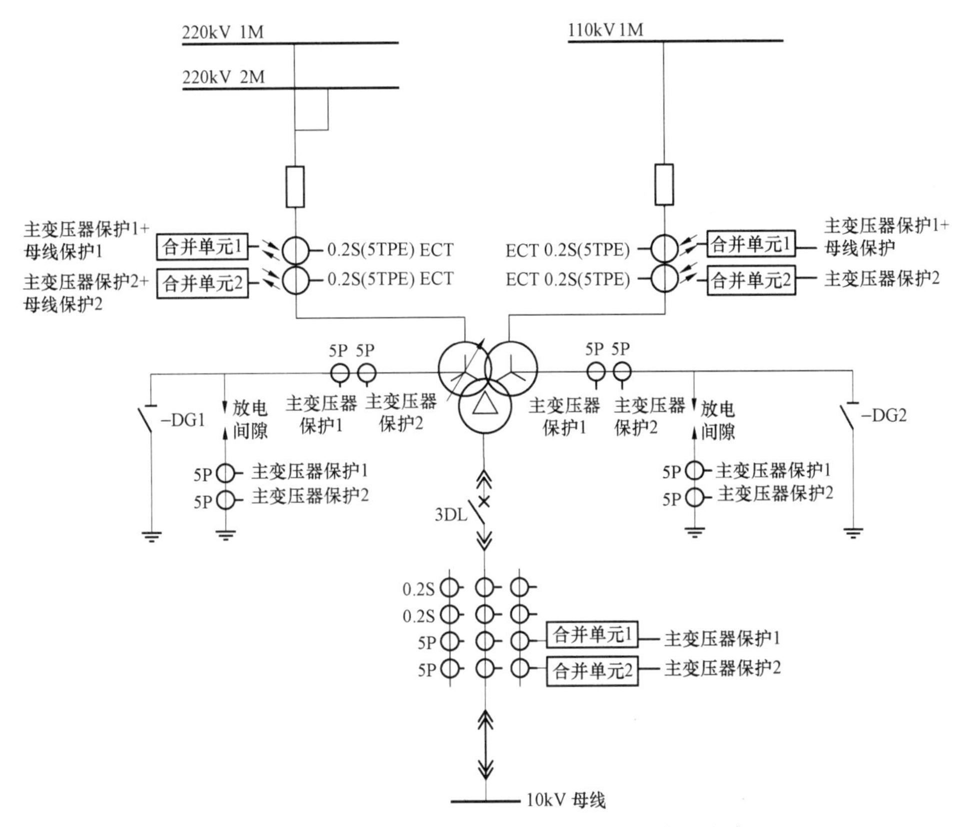

图 2–52　220kV 变电站主变压器部分工程应用方案

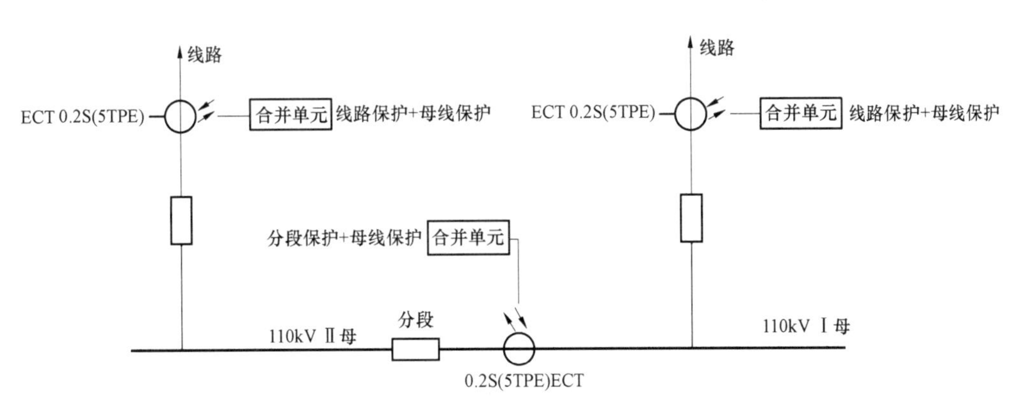

图 2–53　220kV 变电站 110kV 部分工程应用方案

2）常规互感器应用方案如图 2–54～图 2–56 所示。

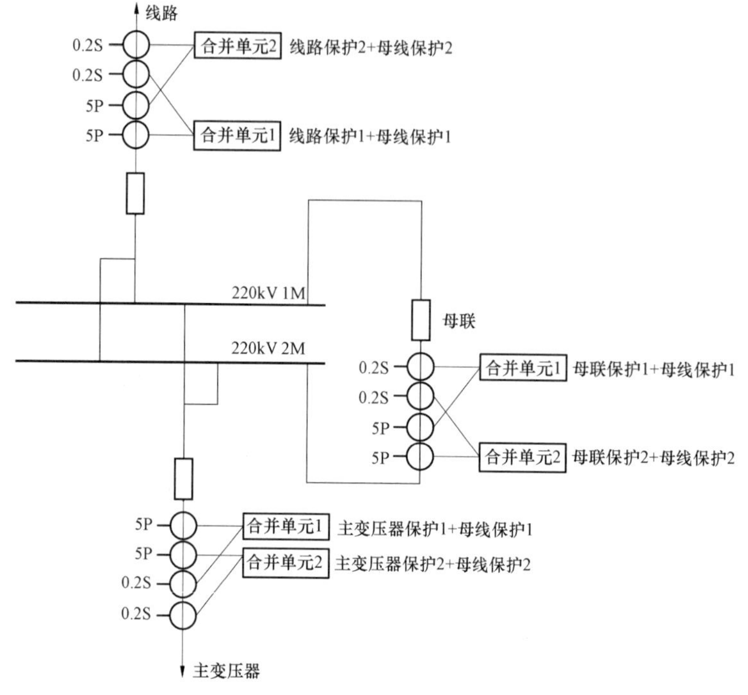

图 2-54　220kV 变电站 220kV 部分工程应用方案

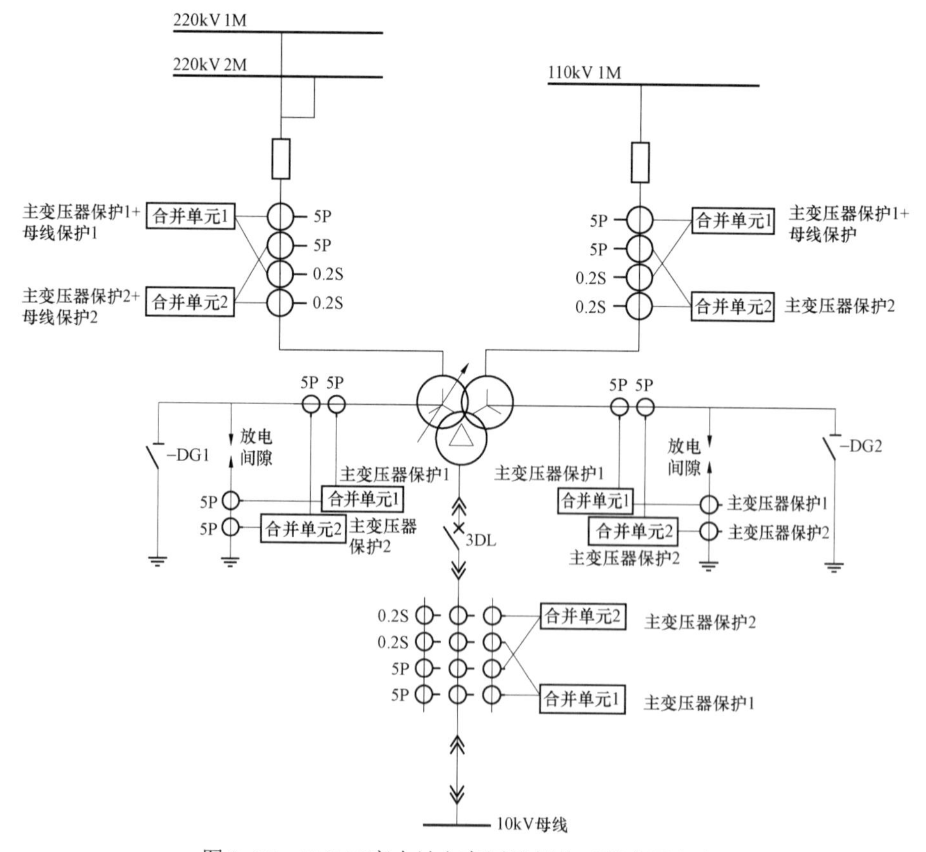

图 2-55　220kV 变电站主变压器部分工程应用方案

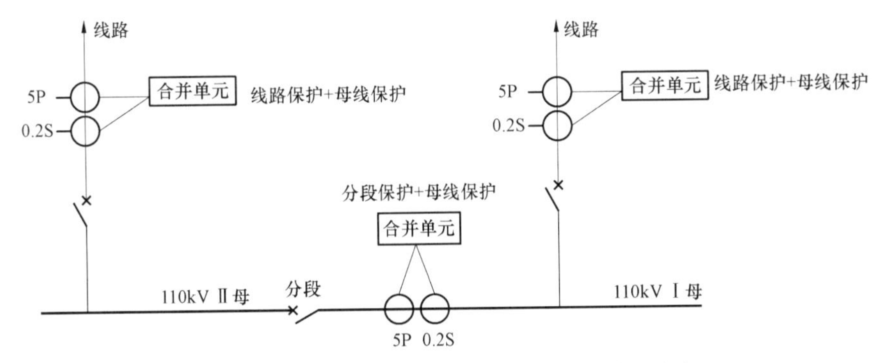

图 2-56　220kV 变电站 110kV 部分工程应用方案

（7）站域保护配置应用方案。

1）站内配置 1 套站域保护控制系统，采用网采网跳方式采集站内信息，集中决策，实现全站备自投、主变过负荷联切、低频低压减载等紧急控制功能；实现 110kV 间隔单套保护的冗余配置功能；实现 35kV 简易母线保护功能。

2）当 GOOSE、SV 报文双网传输时，站域保护控制装置接入 A 网，可根据设备处理能力分别设置 MMS 及 GOOSE/SV 接口传输信息。

3）站域保护控制装置宜采用千兆光口接入过程层中心交换机。

4. 110kV 智能变电站配置应用方案

（1）就地级线路保护配置应用方案。

1）每回 110kV 线路配置 1 套微机保护装置，负荷侧可不配置保护。转供线路、环网线及电厂并网线可配置 1 套纵联保护。

2）线路保护直接采样、直接跳闸。

（2）就地级母线保护。

1）110kV 可按远景规模单套配置母线差动保护装置。

2）母线保护宜直接采样、直接跳闸。

（3）就地级分段保护。

1）110kV 分段按单套配置专用的、具备瞬时和延时跳闸功能的过电流保护。

2）110kV 分段保护直接采样、直接跳闸。

（4）就地级 110kV 主变压器保护。

1）110kV 主变压器宜配置双套主、后一体化电量保护，也可采用单套的主、后备保护分置的电量保护；配置单套非电量保护，与本体智能终端集成设计。

2）变压器保护直接采样，直接跳各侧断路器；变压器保护跳分段断路器及闭锁备自投等宜采用过程层网络传输。

3）变压器非电量保护采用就地直接电缆跳闸，信息通过本体智能终端上送过程层网络。

（5）35kV/10kV 电压等级间隔保护。

1）35kV/10kV 线路配置单套电流速断保护、过流保护及三相重合闸功能等。

2）35kV/10kV 分段配置单套充电保护、过流保护等，备自投功能由站域保护控制装置实现。

3）10kV 电容器配置单套电流速断保护，过流保护，过压、失压及过负荷保护；根据一次接线型式配置差压、开口三角电压保护等。

4）10kV 站用变配置电流速断保护、过流保护、零序保护及本体保护等。

（6）110kV 变电站典型工程应用方案。

1）电子式互感器应用方案如图 2–57 所示。

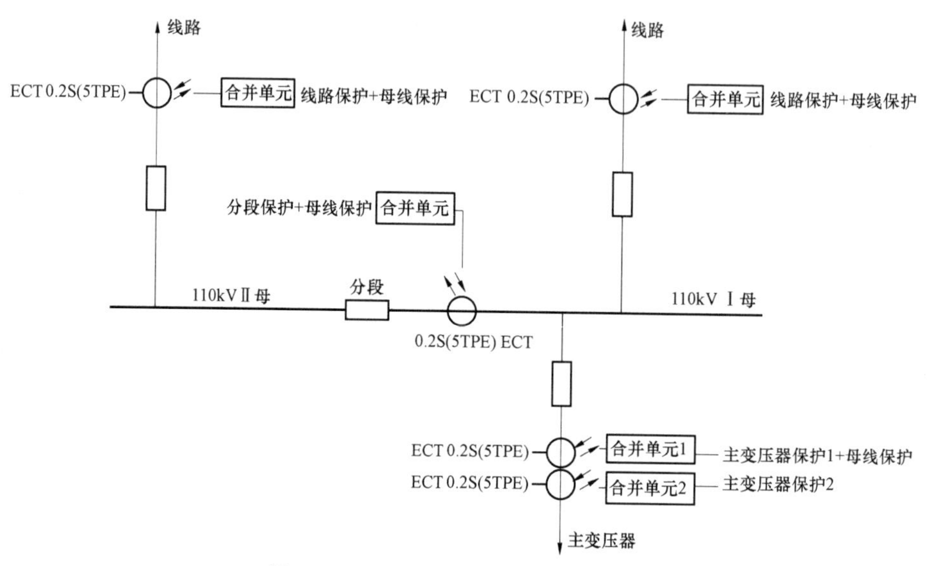

图 2–57　110kV 变电站工程应用方案

2）常规互感器应用方案如图 2–58 所示。

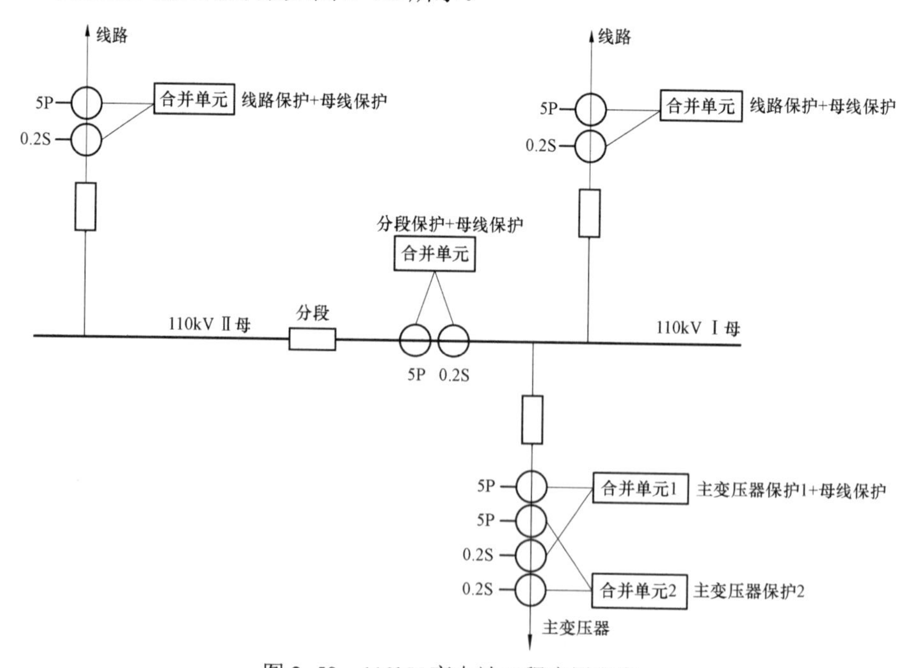

图 2–58　110kV 变电站工程应用方案

（7）站域保护控制系统配置应用方案。

1）站内配置1套站域保护控制系统，采用网采网跳方式采集站内信息，集中决策，实现全站备自投、主变压器过负荷联切、低频低压减载等紧急控制功能；实现110kV间隔单套保护的冗余配置功能；实现35kV/10kV简易母线保护功能。

2）站域保护控制装置宜采用千兆光口接入过程层中心交换机。

2.4 层次化保护控制系统检测与调试

层次化保护控制系统包括互感器、合并单元、保护设备、智能终端、开关及连接回路等部分。继电保护专业检测包括过程层设备检测和层次化保护控制系统检测，其中互感器、合并单元、智能终端的检测与调试已在本丛书其他章节中进行了阐述，本部分不再赘述。

2.4.1 层次化保护控制系统检测

为在专业检测中对层次化保护控制系统进行全面的考核，尽可能多地发现问题，严把质量关，努力提高产品的安全性和稳定性，需要参考现行标准并充分考虑电力用户的需求，设计出严格、科学、细致和合理的专业测试方案。

1. 入网检测标准依据

层次化保护设备入网检测的标准依据如表2–11所示。

表2–11　　层次化设备入网专业检测标准依据

序号	标准号	标　准　名　称
1	GB/T 7261—2016	继电保护和安全自动装置基本试验方法
2	GB/T 14285	继电保护和安全自动装置技术规程
3	GB/T 14598 系列标准	量度继电器和保护装置
4	GB/T 17626 系列标准	电磁兼容试验和测量技术
5	GB/T 19862—2005	电能质量检测设备通用要求
6	DL/T 995	继电保护和电网安全自动装置检验规程
7	DL/T 478—2013	继电保护及安全自动装置通用技术条件
8	DL/T 860 系列标准	变电站通信网络与系统
9	Q/GDW 441	智能变电站继电保护通用技术条件
10	DL/T 995—2006	继电保护及电网安全自动装置检验规程

2. 入网检测检验项目

过程层智能设备入网检测的检测项目如表2–12所示。

表 2-12　　过程层智能设备入网专业检测项目

序号	项目名称	考　核　内　容
1	功能检测	主要验证装置的基本功能逻辑是否正确，例如合并单元的并列/切换功能、智能终端的操作箱功能以及通用的告警功能、光口发送/接收功率等
2	性能检测	主要验证装置的基本性能指标是否满足要求，例如合并单元的数据传变准确度、采样同步精度以及智能终端的动作时间和分辨率等
3	网络压力检测	主要验证装置在网络压力环境下功能执行的正确性和性能指标的符合性
4	通信规约检测	主要验证装置通信协议的一致性，保证装置规约和协议配置与标准的统一，进而确保装置间能正常和准确地实现互联互通
5	电气安全检测	主要验证装置的电气性能，例如绝缘电阻、介质强度和冲击电压等
6	运行环境检测	主要验证装置的环境适应能力，考核装置在严酷环境下的运行状况、功能和性能指标。例如：高温 85° 和低温-40℃测试
7	电磁兼容检测	主要验证装置的抗干扰能力，考核装置在各种电磁干环境下的运行运行状况、功能和性能指标
8	机械性能检测	主要验证装置的机械性能，考核装置在经过长时间的振动后运行情况是否正常，功能和性能指标是否正常

这八个方面分别从不同的层面对产品进行考核，充分考虑了现场情况，既验证产品基本的功能和性能指标，也验证产品在各种异常工况下（例如网络风暴、电磁干扰、极限温度等）的性能表现。

3. 检验测试系统

根据现场情况和试验条件，可以灵活采用以下几种方式进行智能变电站继电保护试验。采用数字继电保护测试仪进行继电保护设备的检验如图 2-59、图 2-60 所示，保护设备和数字继电保护测试仪之间采用光纤点对点连接，通过光纤传送采样值和跳合闸信号。保护设备通过点对点光纤连接数字继电保护测试仪和智能终端，智能终端通过电缆连接数字继电保护测试仪。

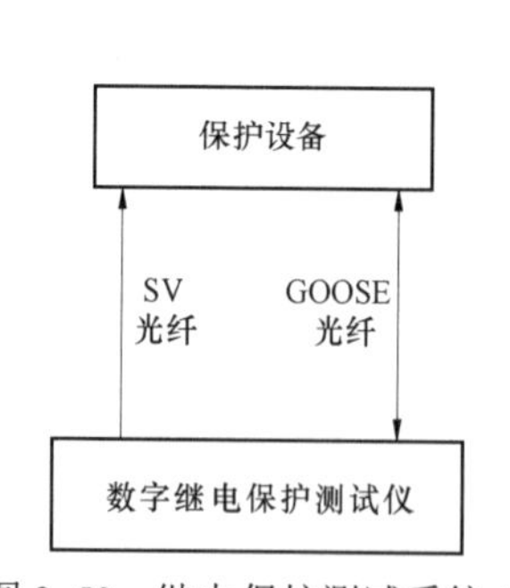

图 2-59　继电保护测试系统 1

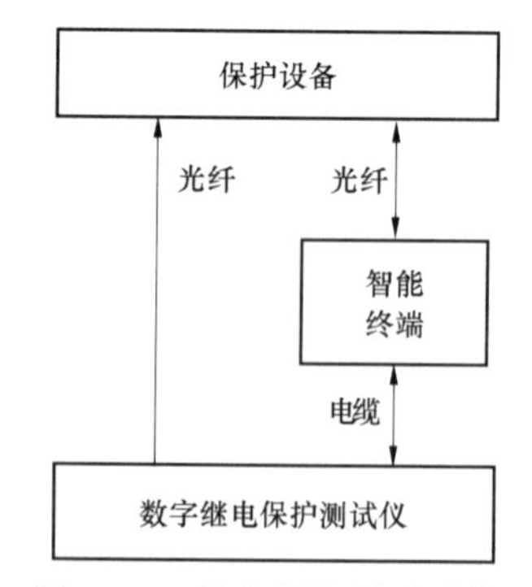

图 2-60　继电保护测试系统 2

针对采用电子式互感器的场合，采用传统继电保护测试仪进行继电保护设备的检验如图 2-61 所示，需要和现场所用的电子式互感器模拟仪配合使用。保护设备通过点对点光纤连接合并单元和智能终端，合并单元通过点对点光纤连接电子式互感器模拟仪，电子式互感器模拟仪和智能终端通过电缆连接传统继电保护测试仪。

针对采用电磁式互感器的场合，采用传统继电保护测试仪进行继电保护设备的检验如图 2–62 所示。保护设备通过点对点光纤连接合并单元和智能终端，合并单元和智能终端通过电缆连接传统继电保护测试仪。

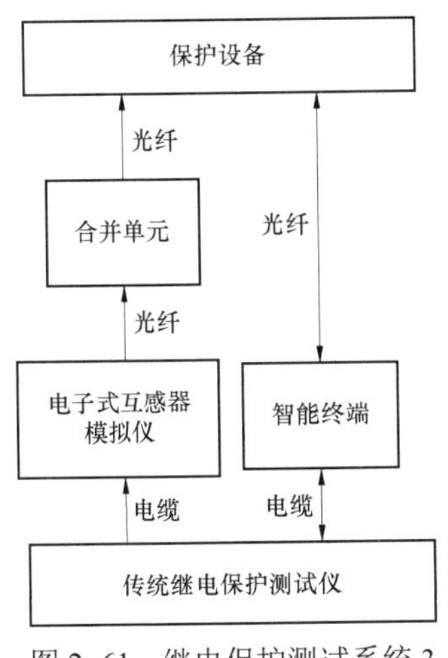

图 2–61　继电保护测试系统 3

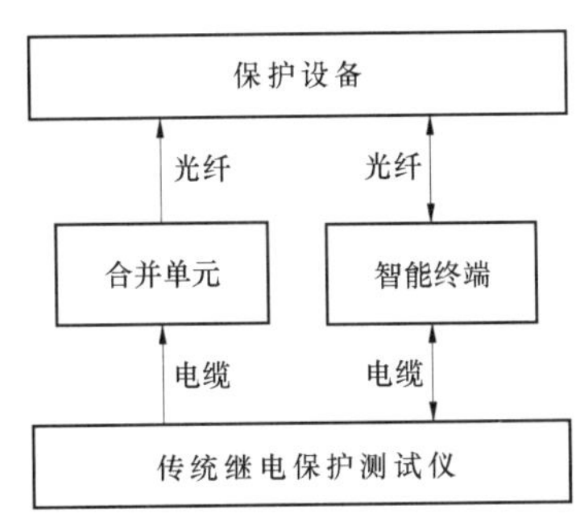

图 2–62　继电保护测试系统 4

4. 通用检测内容及要求

（1）交流量精度检验内容。

1）零点漂移检查。模拟量输入的保护装置零点漂移应满足装置技术条件的要求。

2）各电流、电压输入的幅值和相位精度检验。检查各通道采样值的幅值、相角和频率的精度误差，满足技术条件的要求。

（2）交流量精度检验方法。

采用 DL/T 995—2006 中 6.2 节的继电保护测试系统，通过继电保护测试仪给保护装置输入电流电压值。

1）零点漂移检查。保护装置不输入交流电流、电压量，观察装置在一段时间内的零漂值满足要求。

2）各电流、电压输入的幅值和相位精度检验。新安装装置进行验收检验时，按照装置技术说明书规定的试验方法，分别输入不同幅值和相位的电流、电压量，检查各通道采样值的幅值、相角和频率的精度误差。

（3）开入开出端子信号检查内容。

检查开入开出实端子是否正确显示当前状态，参见 DL/T 995—2006 的 6.3.6 和 6.3.7 节。

（4）开入开出端子信号检验方法。

根据设计图纸，投退各个操作按钮、把手、硬压板，查看各个开入开出量状态，参见 DL/T 995—2006 6.3.6 和 6.3.7 节。

（5）整定值及保护功能检验内容。

根据不同保护类型及配置，进行不同的功能试验。检查设备的定值设置，以及相应的保护功能和安全自动功能是否正常。

（6）整定值及保护功能检验方法。

根据不同保护功能要求，设置好设备的定值，通过测试系统给设备加入电流、电压量，观察设备面板显示和保护测试仪显示，记录设备动作情况和动作时间。

以过流保护为例，参考检测内容如表 2–13 所示。

表 2–13　　过流保护检测内容列表

项目	检　测　方　法
电流定值	输入定值 1.05 倍的电流，保护可靠动作，输入定值 0.95 倍的电流，保护可靠不动作
时间定值	输入 1.2 倍定值的电流，检测保护动作时间误差不超过 1%时间定值或 40ms
保护逻辑	检查保护的闭锁逻辑，如方向闭锁，复合电压闭锁等、当闭锁逻辑满足时保护可靠闭锁；闭锁逻辑不满足时，保护可靠动作
控制字	退出控制字，输入定值 1.05 倍的电流，保护不动作
软压板	退出软压板，输入定值 1.05 倍的电流，保护不动作
报文基本波形	保护装置动作报文显示正确，波形记录内容正确

具体继电保护的该部分内容检验请参照 DL/T 995。

（7）与调控系统、站控层系统的配合检测内容。

1）检查离线获取模型和在线召唤模型的一致性，且应符合 Q/GDW 396—2012。重点检查各种信息描述名称、数据类型、定值描述范围。

2）检查继电保护发送给站控层网络的动作信息、告警信息、保护状态信息、采样值、开关量、压板状态、装置版本信息、装置日志信息、录波信息及定值信息的传输正确性。

3）继电保护设备应能够支持不小于 16 个客户端的 TCP/IP 访问连接，报告实例数应不小于 12 个。

4）继电保护设备应支持远方投退压板、修改定值、切换定值区、设备复归功能。

5）录波功能检测。继电保护设备应支持远方召唤最近 8 次录波报告的功能。

（8）与调控系统、站控层系统的配合检验方法。

1）继电保护模型离线获取方法：系统集成商将 SCD 文件提交变电站调试验收人员。

2）继电保护模型在线召唤方法：站控层设备通过召唤命令在线读取继电保护装置的模型。

3）继电保护信息发送方法：通过各种继电保护试验、通过继电保护设备的模拟传动功能、通过响应站控层设备的召唤读取等命令。

5. 层次化保护专项检测内容及要求

（1）采样同步测试检验内容。

同步性能测试。检查保护装置对不同间隔电流、电压信号的同步采样性能，满足技术条件的要求。

（2）采样同步测试检验方法。

同步性能测试。通过继电保护测试仪加几个间隔的电流、电压信号给保护，观察保护的同步性能。

（3）采样值品质位无效测试检验内容。

1）采样值无效标识累计数量或无效频率超过保护允许范围，可能误动的保护功能应瞬时可靠闭锁，与该异常无关的保护功能应正常投入，采样值恢复正常后被闭锁的保护功能应及时开放。

2）采样值数据标识异常应有相应的掉电不丢失的统计信息，装置应采用瞬时闭锁延时报警方式。

（4）采样值品质位无效测试检验方法。

通过数字继电保护测试仪按不同的频率将采样值中部分数据品质位设置为无效，模拟MU发送采样值出现品质位无效的情况。采样值数据标识异常测试接线如图2–63所示。

（5）采样值畸变测试检验内容。

对于电子式互感器采用双A/D的情况，一路采样值畸变时，保护装置不应误动作，同时发告警信号。

（6）采样值畸变测试检验方法。

通过数字继电保护测试仪模拟电子式互感器双A/D中保护采样值里部分数据进行畸变放大，畸变数值大于保护动作定值，同时品质位有效，模拟一路采样值出现数据畸变的情况。测试方案如图2–64所示。

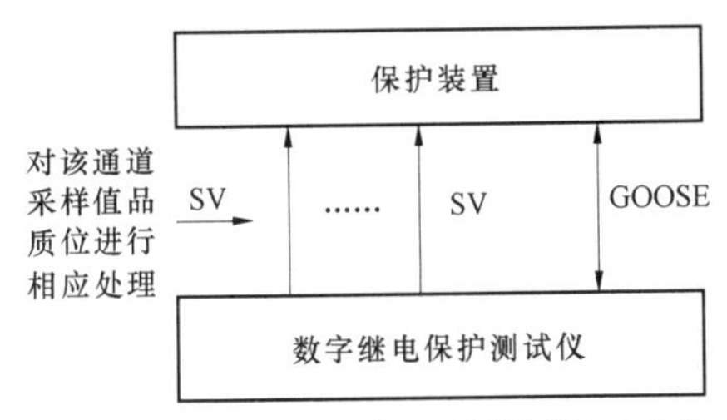

图2–63　采样值数据标识异常测试接线图

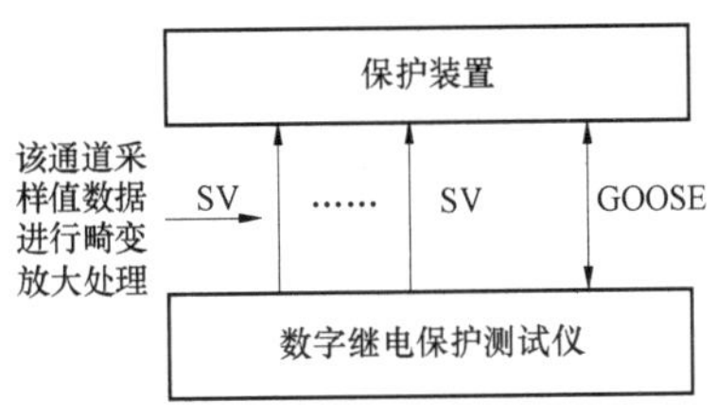

图2–64　采样值数据畸变测试接线图

（7）通信断续测试检验内容。

1）MU与保护装置之间的通信断续测试。

MU与保护装置之间SV通信中断后，保护装置应可靠闭锁，保护装置液晶面板应提示“SV通信中断”且告警灯亮，同时后台应接收到“SV通信中断”告警信号。

在通信恢复后，保护功能应恢复正常，保护区内故障保护装置可靠动作并发送跳闸报文，区外故障保护装置不应误动，保护装置液晶面板的“SV通信中断”报警消失，同时后台的“SV通信中断”告警信号消失。

2）智能终端与保护装置之间的通信断续测试。

保护装置与智能终端的GOOSE通信中断后，保护装置不应误动作，保护装置液晶面板应提示应提示“GOOSE通信中断”且告警灯亮，同时后台应接收到“GOOSE通信中断”告警信号。

当保护装置与智能终端的GOOSE通信恢复后，保护装置不应误动作，保护装置液晶面板的“GOOSE通信中断”消失，同时后台的“GOOSE通信中断”告警信号消失。

（8）通信断续测试检验方法。

通过数字继电保护测试仪模拟 MU 与保护装置及保护装置与智能终端之间通信中断、通信恢复，并在通信恢复后模拟保护区内外故障。测试方案如图 2-65 所示。

（9）采样值传输异常测试检验内容。

采样值传输异常导致保护装置接收采样值通信延时、MU 间采样序号不连续、采样值错序及采样值丢失数量超过保护设定范围，相应保护功能应可靠闭锁，以上异常未超出保护设定范围或恢复正常后，保护区内故障保护装置可靠动作并发送跳闸报文，区外故障保护装置不应误动。

（10）采样值传输异常检验方法。

通过数字继电保护测试仪调整采样值数据发送延时、采样值序号等方法模拟保护装置接收采样值通信延时增大、发送间隔抖动大于 10μs、MU 间采样序号不连续、采样值错序及采样值丢失等异常情况，并模拟保护区内外故障。测试方案如图 2-66 所示。

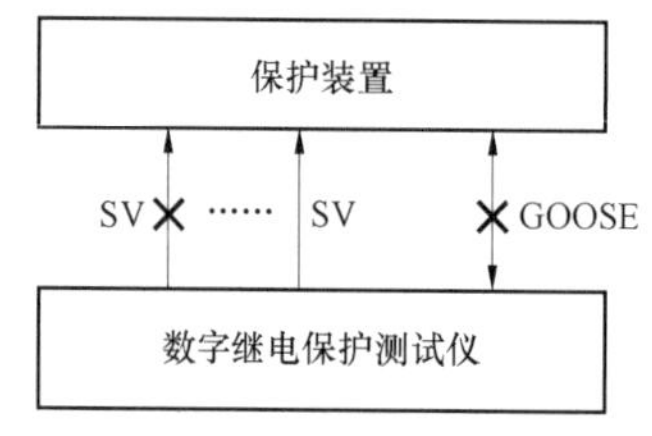

图 2-65　通信断续测试接线图

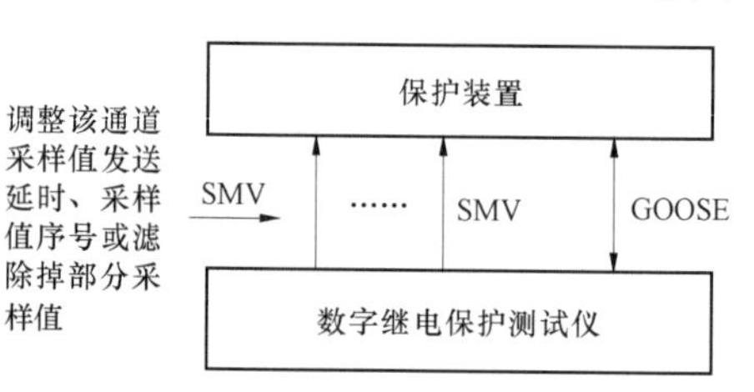

图 2-66　采样值传输异常测试接线图

（11）检修状态测试检验内容。

1）保护装置输出报文的检修品质应能正确反映保护装置检修压板的投退。保护装置检修压板投入后，发送的 MMS 和 GOOSE 报文检修品质应置位，同时面板应有显示；保护装置检修压板打开后，发送的 MMS 和 GOOSE 报文检修品质应不置位，同时面板应有显示。

2）输入的 GOOSE 信号检修品质与保护装置检修状态不对应时，保护装置应正确处理该 GOOSE 信号，同时不影响运行设备的正常运行。

3）在测试仪与保护检修状态一致的情况下，保护动作行为正常。

4）输入的 SV 报文检修品质与保护装置检修状态不对应时，保护应闭锁。

GOOSE 检修状态测试接线图如图 2-67 所示。

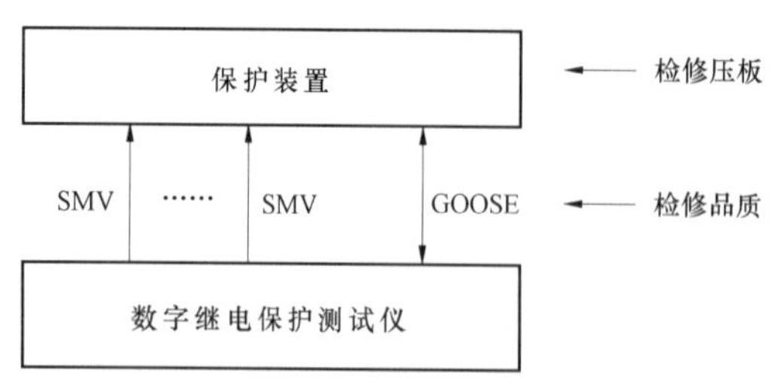

图 2-67　GOOSE 检修状态测试接线图

（12）检修状态测试检验方法。

1）通过投退保护装置检修压板控制保护装置 GOOSE 输出信号的检修品质，通过抓包报文分析确定保护发出 GOOSE 信号的检修品质的正确性。

2）通过数字继电保护测试仪控制输入给保护装置的 SV 和 GOOSE 信号检修品质。

（13）软压板检查检验内容。

检查设备的软压板设置是否正确，软压板功能是否正常。软压板包括 SV 接收软压板、GOOSE 接收/出口压板、保护元件功能压板等。

（14）软压板检查检验方法。

1）SV 接收软压板检查。通过数字继电保护测试仪输入 SV 信号给设备，投入 SV 接收软压板，设备显示 SV 数值精度应满足要求；退出 SV 接收软压板，设备显示 SV 数值应为 0，无零漂。

2）GOOSE 开入软压板检查。通过数字继电保护测试仪输入 GOOSE 信号给设备，投入 GOOSE 接收压板，设备显示 GOOSE 数据正确；退出 GOOSE 开入软压板，设备不处理 GOOSE 数据。

3）GOOSE 输出软压板检查。投入 GOOSE 输出软压板，设备发送相应 GOOSE 信号；退出 GOOSE 输出软压板，设备不发送相应 GOOSE 信号。

4）保护元件功能及其他压板。投入/退出相应软压板，结合其他试验检查压板投退效果。

（15）虚端子信号检查检验内容。

检查设备的虚端子（SV/GOOSE）是否按照设计图纸正确配置。

（16）虚端子信号检验方法。

1）通过数字继电保护测试仪加输入量或通过模拟开出功能使保护设备发出 GOOSE 开出虚端子信号，抓取相应的 GOOSE 发送报文分析或通过保护测试仪接收相应 GOOSE 开出，以判断 GOOSE 虚端子信号是否能正确发送。

2）通过数字继电保护测试仪发出 GOOSE 开出信号，通过待测保护设备的面板显示来判断 GOOSE 虚端子信号是否能正确接收。

3）通过数字继电保护测试仪发出 SV 信号，通过待测保护设备的面板显示来判断 SV 虚端子信号是否能正确接收。

2.4.2 层次化保护控制系统调试

尽管智能变电站的二次体系结构和信息传输模式发生了根本性变化，但保护设备的作用、工作原理和常规变电站基本相同。因此，调试人员在进行保护装置调试时，对故障的模拟以及对保护装置动作的逻辑行为的判断和常规变电站是相同的。但由于信息的数字化导致了调试工具及调试方法的巨大变化，最大的困难是无法直观地测量信息，这导致调试人员遇到问题时不能快速方便地定位故障及处理问题，而且某些问题的解决还需要一定的计算机及网络方面的知识，这些都增加了智能变电站调试的难度。

随着继电保护专业检测管理不断强化，设备日益成熟，装置标准化程度不断提高，可靠性、稳定性不断增强，装置性能测试在专业检测阶段完成，单装置调试在出厂联调阶段完成，经过出厂联调的设备在现场调试中可不重复进行单装置调试。若调试过程中发生设计修改及变更、系统或设备配置变动，则相关设备应按要求重新进行单装置调试。

智能变电站现场调试工作是一项专业性很强的工作，智能变电站调试人员既要具备扎实的电力系统继电保护方面的专业知识和调试经验，又要具备一定的计算机及网络信息方面的知识，只有两者有机地结合，才能在现场调试工作中有的放矢，快速定位并找到解决的途径。

智能变电站保护装置的调试流程整体上和常规保护装置的调试流程有比较大的区别，其原因主要是调试工具和调试方法发生了质的变化，调试人员在保护装置调试过程中要建立信息流向的概念，即保护装置接收的信息和发出的信息流向。常规变电站保护装置的调试相对简单直观，保护装置接收和发出的信息完全可以由图纸获取，而智能变电站则无法由设计蓝图直接获取所需要的信息，必须通过解析 SCD 配置文件才能获取。目前数字式继电保护的控制软件都能很好地解析 SCD 文件的相关信息，但无法体现信息具体由什么光纤传输，调试人员还必须结合全站的网络结构图及保护装置厂家的相关配置软件才能了解相关信息，因此，智能变电站保护装置的调试相对常规变电站的保护装置调试要复杂。

智能变电站保护装置调试流程与过程层设备调试类似。按照调试场所不同，智能变电站层次化保护控制系统调试可分为两个阶段，即工厂联调阶段和现场调试阶段。

1. 工厂联调

层次化保护控制系统工厂联调阶段主要开展系统配置和系统测试工作，主要检查装置的实际工程配置和所有二次设备之间的配合是否正确，其重点环节为单体调试和系统联调。

单体调试内容主要包括装置整体检查、GOOSE 开入开出测试、SV 输入测试、检修功能测试、压板功能测试、保护事件时标准确度测试、光口发送功率测试及装置功能试验等。

（1）层次化保护控制系统装置单体调试。

装置单体调试是针对 IED 自身功能完整性和正确性的检查，单体调试环节在系统调试及现场调试过程中都存在，但目的不同：系统调试环节中的单体调试是分系统调试前的必经环节，主要目的是验证单装置的功能及配置正确性，排除设备本身的功能缺陷，必须对设备功能及性能进行详细检查；现场调试过程中的单体调试主要目的是检查设备在运输及安装过程中有无损坏，为后续的分系统调试做好准备，主要工作内容是对设备的各项功能进行验证性试验。进行单体调试前，应首先进行相关资料核对、设备外观检查及绝缘检查等项目，然后进入设备功能调试。

1）装置配置文件一致性检查及 SCD 虚端子检查。

通过配置通信参数、配置过程层虚端子和虚端子连接将各装置 ICD 文件集成 SCD 文件，再导出装置或系统配置文件下装，构成了装置间相互通信的基础。Q/GDW 689《智能变电站调试规范》规定了组态配置是智能变电站二次系统标准化调试的第一步工作，组态配置工作的正确性和规范性将对工程进度和质量产生直接的影响。

单体调试阶段，装置的配置文件一致性检测及 SCD 虚端子检查的主要工作如下：

① 检查 SCD 文件头部分（Header）的版本号（Version）、修订号（Revision）和修订历史（History）确认 SCD 文件的版本是否正确。

② 采用 SCD 工具检查本装置的虚端子连接与设计虚端子图是否一致、待调试保护装置相关的虚端子连接是否正确。

③ 检查待调试装置和与待调试装置有虚回路连接的其他装置是否已根据 SCD 文件正确下装配置。

④ 采用光数字万用表接入待调试装置过程层的各GOOSE接口，解析其输出GOOSE报文的 MAC 地址、APPID、GOID、数据通道等参数是否与 SCD 文件中一致；光数字万用表模拟发送 GOOSE 报文，检查待调试装置是否正常接收。

⑤ 检查待调试装置下装的配置文件中 GOOSE 的接收、发送配置与装置背板端口的对应关系与设计图纸是否一致。

2）光纤链路检查。

① 发送光功率检查。将光功率计用一根尾纤（衰耗小于 0.5dB）接至待调试装置的发送端口（Tx），读取光功率值（dbm）即为该接口的发送光功率。待调试装置各发送接口都需进行测试，光波长 1310nm，发送功率：−20～−14dbm；光波长 850nm，发送功率：−19～−10dbm。

② 接收光功率检查。将待调试装置接收端口（Rx）上的光纤拔下，接至光功率计，读取光功率值（dbm）即为该接口的接收光功率。

接收端口的接收光功率减去其标称的接收灵敏度即为该端口的光功率裕度，装置端口接收功率裕度不应低于 3dB。

3）SV 输入检查。

① 采样值检查。数字式继电保护测试仪导入 SCD 配置文件，正确配置试验参数。

测试仪端口发送口接至待测装置 SV 接收口，测试施加一定电流电压量，检查待测装置上显示的测量值应与测试仪发送值基本一致。

修改相应配置，采用上述步骤逐一测试待测装置各 SV 接收口采样值，待测装置显示值误差应满足相关技术标准要求，测试过程中，保护各通道采样精度应选择不同额定值的多个量测试多次，各 SV 端口测量值应与设计完全一致。

② 采样同步性调试。对于主变压器保护、母线保护等有采样值同步要求的保护装置，在待测装置各采样支路都投入运行的情况进行各支路采样同步性测试：

数字式继电保护测试仪导入 SCD 配置文件，采用模拟 MU 延时功能进行 SV 输出，按照实际合并单元实际延时配置测试仪延时。

待测装置投入所有 SV 接收软压板，测试仪选择输出多个支路合并单元 SV，且测试仪端口分别接至待测装置的相应接口，保护装置其他 SV 接口正常接至相应合并单元。

测试仪分别输出基准电压、平衡电流及差流，检查待测保护装置各支路电流和差流大小，其差流应符合测试仪所加入差流值，各支路电流与电压之间相位关系与测试仪所施加一致。

采用上述步骤测试逐一调试待测装置所有支路电流的采样同步性。

4）GOOSE 开入开出检查。

① GOOSE 开入检查。测试仪接入主变压器保护高压侧组网 GOOSE 接口，选择发送主变保护接收的“高 1 侧失灵联跳开入”和“高 2 侧失灵联跳开入”GOOSE 信号，分别模拟 GOOSE 信号变位，检查主变保护中“高 1 侧失灵联跳开入”信号和“高 2 侧

失灵联跳开入”信号是否变位。

采用同样的方法检查中压侧联跳信号开入是否正确。

② GOOSE 开出检查。测试仪依次接入主变保护 GOOSE 输出口，接收主变保护 GOOSE 输出报文，检查保护装置各 GOOSE 输出口的报文应相同，且与配置一致。

保护装置模拟“跳高压 1 侧断路器”动作，检查对应的 GOOSE 信号应变为“1”，保护装置上该信号返回，对应 GOOSE 信号变为“0”，其他 GOOSE 信号应无变化。

采用上述相同的方法，根据实际 GOOSE 输出配置情况，检查其余 GOOSE 信号的正确性。

5）间隔层装置与站控层通信功能检查。

① 信息上传。模拟待测装置的保护动作及告警动作，根据实际工程的命名规范要求，检查保护上送至监控后台的动作事件信息应正确，且保护事件的顺序和时间应与待测装置面板一致；上送至调度的事件信息、顺序和时间应正确。

待测装置的中间信号等信息可以通过装置模拟进行信息上送，在监控后台检查每个信号应对应正确，且描述应正确。

② 远方操作。远方操作包括软压板遥控、远方复归功能及录波调阅三种操作。

软压板遥控：

a. 核对装置所有软压板状态应与监控后台一致。

b. 投入“远方投退压板”，在监控后台逐一遥控装置的每个软压板（除远方遥控软压板、远方修改定值、远方切换定值区），并且每次遥控改变软压板状态后应与装置中实际状态核对，软压板遥控应正常，状态正常。

c. 退出“远方投退压板”，在监控后遥控装置软压板，应遥控失败；在装置上就地修改软压板，应能正常修改。

远方复归功能：

a. 模拟待测装置保护动作，保护装置的动作灯点亮，故障返回后，保护装置动作灯仍点亮，监控后台远方复归主变保护，保护装置的动作灯熄灭。

b. 采用与 a 相同的方法在调度端对待测装置进行远方复归，装置的动作灯应能熄灭。

录波调阅：

模拟待测装置保护动作，在监控后台应能从保护装置中调阅该保护动作的录波文件，并能进行打印。

③ 定值操作。

a. 定值召唤。

退出“远方修改定值”、“远方切换定值区”软压板。

在监控后召唤当前定值区，并召唤该区定值，监控后台应能正常召唤定值，且定值和控制字的数据范围、单位等应正确。

将监控后台召唤的定值与装置内定值进行比较，应一致。

b. 定值区切换。

退出“远方切换定值区”软压板。

在监控后台召唤装置当前定值区，并将定值区切换为其他有效区，应切换失败。

投入“远方切换定值区”软压板，在监控后台召唤当前定值区，并将定值区切换为其他有效区，监控后台应切换成功；召唤该定值区定值，并与装置内部定值比较，应一致。

c. 定值修改。

退出“远方修改定值”、软压板。

在监控后召唤装置当前定值区，并召唤定值，修改其中的定值内容，并下装，应下装失败。

投入“远方修改定值”软压板，在监控后台召唤当前定值区，并召唤定值，修改其中的定值内容，并下装，应下装成功；重新召唤当前定值区，确认修改定值是否正确。

（2）层次化保护控制系统装置系统联调。

层次化保护控制系统联调包括保护整组联动测试，保护装置与后台 MMS 通信功能测试，保护装置与合并单元 SV 通信链路测试，保护装置与智能终端及其他保护装置 GOOSE 链路测试，检修对保护 MMS 通信的影响，SV、GOOSE 检修对保护动作逻辑的影响。

1）保护装置与后台 MMS 通信功能测试。

测试项目、要求及指标如表 2–14 所示。

表 2–14　　　　检测保护装置与后台 MMS 通信功能

测试项目	要求及指标	测试结果	备注
事件报告	后台正确显示信号名和时间	正确	1
装置参数	后台正确召唤装置参数	正确	2
保护定值	后台正确召唤、修改、下装保护定值	正确	3
保护动作报告	后台正确显示保护动作及相别等信息	正确	4
保护录波和动作报告	后台正确召唤和显示录波文件和动作报告文件	正确	5
软连接片遥控及状态显示	后台正确遥控和显示软连接片	正确	6
信号复归遥控	后台正确远方复归	正确	7

2）保护装置与合并单元 SV 通信链路测试。

a. 测试内容。

主要检测保护装置与 MU 之间各个 SV 控制块的断链信息是否正确。保护装置与 MU 的 SV 通信中断后，保护装置液晶面板应提示“SV 通信中断”报警且告警灯亮，同时后台应接收到“SV 通信中断”告警信号；当保护装置与 MU 的 SV 通信恢复后，保护装置液晶面板的“SV 通信中断”报警消失，同时后台的“SV 通信中断”告警信号消失。

b. 测试方法。

保护装置与合并单元 SV 通信链路测试方法如表 2–15 所示。

表 2-15　　保护装置与合并单元 SV 通信链路测试方法

测试项目	实际链路名称	LCD 显示（链路名称是否修改正确）	测试结果
检查 SMVCB1 链路 A 的断链及恢复	8	9	10
检查 SMVCB1 链路 B 的断链及恢复	11	12	13
检查 SMVCB2 链路 A 的断链及恢复	14	15	16
检查 SMVCB2 链路 B 的断链及恢复	17	18	19

3）保护装置与智能终端及其他保护装置 GOOSE 链路测试。

a. 测试内容。

主要检测保护装置与智能终端及其他保护装置各个 GOOSE 控制块的断链信息是否正确。GOOSE 通信中断后，保护装置液晶面板应提示“GOOSE 通信中断”报警且告警灯亮，同时后台应接收到“GOOSE 信号中断”告警信号；当 GOOSE 通信恢复后，保护装置液晶面板的“GOOSE 通信中断”报警消失，同时后台的“GOOSE 通信中断”告警信号消失。

b. 测试方法。

保护装置与智能终端及其他保护装置 GOOSE 链路测试方法如表 2-16 所示。

表 2-16　　保护装置与智能终端及其他保护装置 GOOSE 链路测试方法

测试项目	实际链路名称	LCD 显示（链路名称是否修改正确）	测试结果
GOCB1 链路 A 的断链及恢复	20	21	22
GOCB 1 链路 B 的断链及恢复	23	24	25
GOCB 2 链路 A 的断链及恢复	26	27	28
GOCB 2 链路 B 的断链及恢复	29	30	31

4）检修对保护 MMS 通信的影响。

测试项目、要求及指标如表 2-17 所示。

表 2-17　　检修对保护 MMS 通信的影响

测试项目	要求及指标	测试结果	备注
投入检修连接片，产生事件报告	后台正确显示信号名和时间（带检修）	正确	32
投入检修连接片，软连接片遥控	不能遥控	正确	33

5）SV 检修对保护动作逻辑的影响。

测试项目如表 2-18 所示。

表 2-18　　检测 SV 检修逻辑

测　试　项　目	LCD 显示	保护动作情况
间隔合并单元不检修，保护本地检修	34	35
间隔合并单元检修，保护本地不检修	36	37
电压合并单元不检修，保护本地检修	38	39
电压合并单元检修，保护本地不检修	40	41
电压、间隔合并单元都检修，保护本地检修	42	43
电压、间隔合并单元都不检修，保护本地不检修	44	45

6）GOOSE 检修及断链对保护动作逻辑的影响。

GOOSE 跳闸检修逻辑、开入检修逻辑、开入断链逻辑的测试项目分别如表 2-19～表 2-21 所示。

表 2-19　　检测 GOOSE 跳闸检修逻辑

测　试　项　目	传动情况
保护本地不检修，智能终端不检修，保护动作	46
保护本地检修，智能终端检修，保护动作	47
保护本地不检修，智能终端检修，保护动作	48
保护本地检修，智能终端不检修，保护动作	49

表 2-20　　检测 GOOSE 开入检修逻辑

测　试　项　目	处理情况
保护本地不检修，智能终端不检修，断路器位置发生变化	50
保护本地检修，智能终端检修，断路器位置发生变化	51
保护本地不检修，智能终端检修，断路器位置发生变化	52
保护本地检修，智能终端不检修，断路器位置发生变化	53
保护本地不检修，智能终端不检修，闭锁重合开入发生变化	54
保护本地检修，智能终端检修，闭锁重合开入发生变化	55
保护本地不检修，智能终端检修，闭锁重合开入发生变化	56
保护本地检修，智能终端不检修，闭锁重合开入发生变化	57
保护本地不检修，智能终端不检修，远跳开入发生变化	58
保护本地检修，智能终端检修，远跳开入发生变化	59
保护本地不检修，智能终端检修，远跳开入发生变化	60
保护本地检修，智能终端不检修，远跳开入发生变化	61

表 2-21　　检测 GOOSE 开入断链逻辑

测　试　项　目	处理情况
断路器位置为合位，此时 GOOSE 断链	62
断路器位置为合位，此时 GOOSE 断链	63
闭锁重合闸开入为 1，此时 GOOSE 断链	64
远跳开入为 1，此时 GOOSE 断链	65

2. 现场调试

层次化保护控制系统现场调试阶段主要检查光纤回路连接是否正确、光纤衰耗是否在正常范围内、电缆回路连接是否正确、一次和二次设备之间配合是否正确等。

（1）现场调试流程。

现场调试包括调试作业准备、单体设备调试、分系统功能调试、全站功能联调以及送电试验等环节相关工作，其重点环节是整组联动测试，其他调试内容和方法与设备检测阶段工作类似。

现场调试流程如图 2–68 所示。

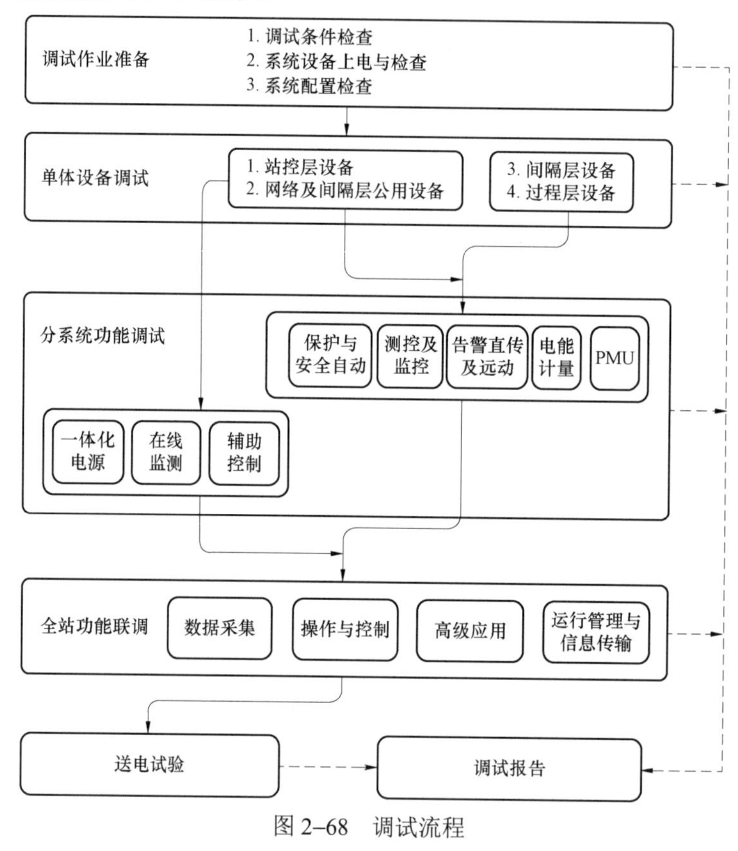

图 2–68　调试流程

（2）产品一致性核查。

投运到现场的产品要求与通过相关专业检测的产品一致，现场调试和验收时需要对投运产品的合格性进行检查，包括软件版本和硬件信息。

1）现场投运产品的型号应通过相关专业检测。

2）现场投运产品的软件信息和硬件信息应与相关专业检测产品一致。

（3）文件资料检查。

现场调试前，应收集相关调试所需要的资料文档，包括纸质文档和电子文档，特别是全站配置文件 SCD 必须是最新最全的版本，否则会影响调试的进度。具体应具备以下文档资料：

1）工厂调试和验收报告。

2）系统及设备技术说明书。

3）变电站配置描述文件。

4）设备调度命名文件。

5）自动化系统相关策略文件。

6）自动化系统定值单。

7）远动信息表文件（信息点表）。

8）网络配置文件（包括 VLAN 划分）。

9）自动化系统设计图纸（包括 GOOSE 配置表）。

10）现场调试方案。

11）其他需要的技术文档。

（4）安装工艺与性能检查。

保护设备从联调测试大厅运至现场后，所有设备重新安装、过程层网络需要重新组建，因此，首先需要对设备的安装工艺和性能进行测试。测试内容包括结构外观检查、装置单体部分功能验证，网络连通性检查。

对现场安装设备进行结构外观检查，要求屏柜安装稳固，接地可靠，柜门开合顺畅；机箱无破损、划痕，装置端子接线整齐，光缆和尾纤接线整齐，符合技术要求，线缆和光缆标号清晰正确，液晶屏无损坏，屏柜端子排排列符合相关国家或企业标准。装置单体部分功能验证的目的是为了测试装置在运输过程中没有损坏，因此只需针对性地对各个输入、输出接口、各个板件进行验证。如果有条件，最好用正式定值进行验证。网络连通性检查主要是检查各个装置和监控后台是否有断链告警出现，检查报文分析系统是否所有数据接收是否正常。

（5）二次回路调试。

1）光纤回路检验。

a）光纤回路正确性检查内容及要求。按照设计图纸检查光纤回路的正确性，包括保护设备、合并单元、交换机、智能终端之间的光纤回路。

b）光纤回路正确性检验方法。

可通过装置面板的通信状态检查管线通道连接准确。

可采用激光笔，照亮光纤的一侧而在另外一侧检查正确性。

c）光纤回路外观检验内容和要求。

光纤尾纤成自然弯曲（弯曲半径大于 3cm），不应存在弯折、窝折的现象，不应承受任何外重，尾纤表皮应完好无损。

尾纤接头应干净无异物，如有污染应立即清洁干净。

尾纤接头连接应牢靠，不应有松动现象。

d）光纤回路外观检验方法。

打开屏柜前后门，观察待检查尾纤的各处外观。

尾纤接头的检查应结合其他试验进行（如光纤接口发送功率检查），不应单独进行。

e）光纤衰耗检验内容及要求。

检查合并单元与保护设备、保护设备与智能终端之间的光纤连接是否正确，检查光纤回路的衰耗是否正常。

以太网光纤和 FT3 光纤回路（包括光纤熔接盒）的衰耗不应大于 3db。

f）光纤衰耗检验方法。

首先用一根尾纤跳线（衰耗小于 0.5dB）连接光源和光功率计，光功率计记录下此时的光源发送功率；然后将待测试光纤分别连接光源和光功率计，记录下此时光功率计的功率值。用光源发送功率减去此时光功率计功率值，得到测试光纤衰耗值。

2）交换机检验。

a）配置文件检验内容及要求。

检查交换机的配置文件，是否变更。

b）配置文件检验方法。

读取交换机的配置文件与历史文件对比。

3）以太网端口检查。

a）检验内容及要求。

检查交换机以太网端口设置、速率、镜像是否正确。

b）检验方法。

通过计算机读取交换机端口设置。

通过计算机以太网抓包工具检查端口各种报文的流量是否与设置相符。

连接源端口和镜像端口，检查两个端口报文的一致性。

4）生成树协议检查。

a）检验内容及要求。

检查交换机内部的生成树协议是否与设计要求一致。当采用星形网络时，生成树协议应关闭。

b）检验方法。

通过读取交换机生成树协议配置的方法进行检查，根据设计要求进行检查。

5）VLAN 设置检查。

a）检验内容及要求。

检查交换机内部的 VLAN 设置是否与设计要求一致。

b）检验方法。

通过客户端工具或者任何可以发送带 VLAN 标记报文的工具，从交换机的各个口输入 GOOSE 报文，检查其他端口的报文输出。

通过读取交换机 VLAN 配置的方法进行检查。

6）网络流量检查。

a）检验内容及要求。

检查交换机的网络流量是否符合技术要求。

b）检验方法。

通过网络记录分析仪或计算机读取交换机的网络流量。过程层网络根据 VLAN 划分选择交换机端口读取网络流量，站控层网络根据选择镜像端口读取网络流量。

7）数据转发延时检验。

a）检验内容及要求。传输各种帧长数据时交换机固有延时应小于 10μs。

b）检验方法。

采用网络测试仪进行测试。

8）丢包率检验。

a）检验内容及要求。

交换机在全线速转发条件下，丢包（帧）率为零。用于母线差动保护或主变差动保护的过程层交换机宜支持在任意 100M 网口出现持续 0.25ms 的 1000M 突发流量时不丢包，在任意 1000M 网口出现持续 0.25ms 的 2000M 突发流量时不丢包。

b）检验方法。

采用网络测试仪进行测试。

9）电缆回路检验。

参照《继电保护和电网安全自动装置检验规程》（DL/T 995—2006）6.2 节。

（6）整组联动测试。

1）测试方法。

整组测试是现场分系统调试环节的重要内容，整组测试主要验证从保护装置出口至智能终端，以及智能终端至断路器整个跳、合闸回路的正确性，保护装置之间的启动失灵回路、闭锁重合闸回路的正确性。

测试回路如图 2–69 所示。

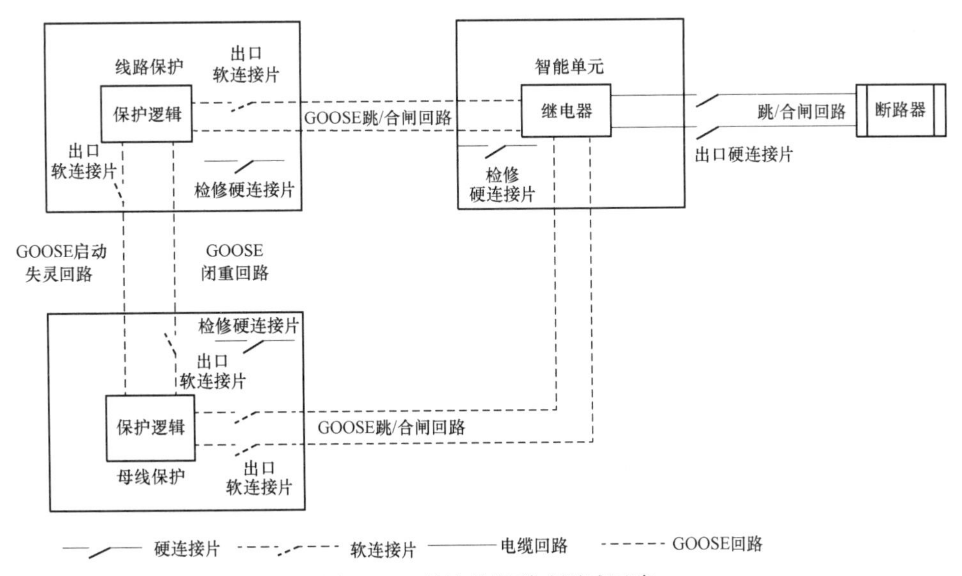

图 2–69　保护整组联动测试回路

在智能变电站中，二次设备之间通过 GOOSE 信号相互联系，而 GOOSE 信号是通过总线形式传输的，不能像硬电缆那样可靠隔离。因此，考虑到检修、扩建等问题，智能化二次设备都新增了一个硬连接片即检修连接片，通过检修连接片控制装置的运行状态，同时在国家电网有限公司标准 Q/GDW 396—2009《IEC 62850 工程继电保护应用模型》中规范了如下的 GOOSE 检修机制：

a）当装置检修连接片投入时，装置发送的 GOOSE 报文中的 test 应置位。

b）对于测控装置，当本装置检修连接片或者接收到的 GOOSE 报文中的 test 位任意一个为 1 时，上传 MMS 报文中的相关信息的品质 q 的 test 位应置 1。

c）GOOSE 接收端装置应将接受的 GOOSE 报文中的 test 位与装置自身的检修连接片状态进行比较，只有两者一致时才将信号作为有效进行处理或者动作。

由上述检修机制可以看出，保护装置与智能终端之间的跳合闸软回路以及装置之间的启动失灵、闭锁重合闸软回路是受到装置检修连接片影响的。因此，保护整组联动测试同时需要分别验证每个装置的检修连接片。保护整组联动测试还需在 80%直流电源情况下验证保护动作、开关跳闸的可靠性。

2）测试工作要求。

a）保护间隔整组设备压板配合试验，检查保护闭锁功能完整、检修机制正确。

b）保护设备与关联的其他间隔设备、故障录波、网络分析等设备之间，启动、闭锁、位置状态等网络信息交换正确。

c）检验保护设备与过程层设备之间的 SV 上行通道、GOOSE 上/下行通道功能，核查直接采样、直接跳闸回路的正确性，电压切换功能及相关回路正确性。

d）保护设备整定值、软/硬压板配合，现场模拟故障检验定值准确、保护动作行为正确，纵联通道、就地控制回路功能正确，非电量保护回路完整且功能正确。

e）以间隔整组设备为整体，现场模拟保护功能传动试验，要求保护动作正确，重合闸动作正确，开关正确出口，监控报文正确，故障录波能够正确记录每次试验的试验波形，报文分析仪正确、完整记录报文。

2.5 层次化保护控制系统运行与维护

以下主要针对“直采直跳”组网方式的智能变电站，就层次化保护控制系统运行与维护要求进行介绍。

2.5.1 运行维护基本要求

1. 压板功能及定义

层次化保护压板功能及定义见过程层设备 3.6.1 章节。

2. 保护投退操作

（1）智能站设备压板功能及定义与常规保护有较大差别，在运行维护中应特别注意压板运行状态、压板投退顺序等要求。具体如下：

1）正常运行时，保护装置的“检修状态”硬压板应退出，严禁投入检修状态压板。

2）退出全套保护装置时，应先退出保护装置跳闸、失灵启动和联跳等 GOOSE 输出软压板，后投入检修硬压板。

3）退出保护装置的一种保护功能时，需退出该保护的功能软压板；如该保护功能设有独立的跳闸出口等GOOSE输出，也应退出相应的GOOSE输出软压板。

4）在投入保护的GOOSE输出软压板前，应检查确认保护及安全自动装置未给出动作或告警信号（或报文）。

5）退出运行的保护装置，其SV及GOOSE软压板不得投入。

6）运行的母线保护装置，其备用间隔的SV和GOOSE软压板不得投入。

（2）智能站设备之间联系紧密，耦合关系复杂，在一、二次设备检修作业时，应特别注意保护退出范围及操作要求。具体如下：

1）一次设备运行状态下修改保护定值时，必须退出保护；切换定值区的操作不必停用保护。

2）对单支路电流构成的保护及安全自动装置，如220kV线路保护等，一次设备停运二次设备检修时，退出保护装置。

3）由多支路电流构成的保护及安全自动装置，如变压器差动保护、母线差动保护、3/2接线的线路保护等，由于间隔一次设备停运影响保护的和电流回路及保护逻辑判断，在确认该一次设备为冷备用或检修后，应先退出保护对应该间隔智能终端的跳闸、失灵启动等GOOSE输出软压板，退出接收该间隔报文的GOOSE接收软压板，再退出保护装置中该间隔的SV接收软压板。对于3/2接线的线路单断路器检修方式，其线路保护还应投入对应该断路器的检修软压板。

4）检修范围包含智能终端、间隔保护装置时，应退出与之相关联的运行设备（如母线保护、断路器保护等）对应的GOOSE发送/接收软压板。

5）拉合保护装置直流电源前，应先退出保护装置所有GOOSE输出软压板，并投入检修硬压板。

6）当无法通过上述方法进行可靠隔离（如运行设备侧未设置接收软压板时）或保护和安全自动装置处于非正常工作的紧急状态时，可采取断开GOOSE、SV光纤的方式实现隔离，但不得影响其他保护设备的正常运行。

（3）双重化配置的保护装置如果各自组屏（柜），则在保护装置退出、消缺或试验时，宜整屏（柜）退出；如果组在一面保护屏（柜）内，保护装置退出、消缺或试验时，应做好防护措施。

3. 运行巡视与检查

层次化保护控制系统应定期开展运行巡视和专业巡检，在巡视和检查中除进行外观巡视、工作状态巡视、面板显示巡视外，更应注意对异常报文检查、光纤回路检查、运行环境检查。具体如下：

（1）保护装置应无异常告警或报文，无可能导致装置不正确动作的信号或报文，如：SV采样数据异常、SV链路中断、GOOSE数据异常、GOOSE链路中断、通信故障、插件异常、对时异常、重合整定方式出错、通道故障、TA断线、TV断线、开入异常、差流越限、长期有差流、投入状态不一致、过负荷、装置长期启动、复合电压开放、定值校验错误等。应加强记录与分析，如发现问题应及时通知检修人员处理。

（2）检查保护装置软、硬压板应投退正确，重点核对保护功能、SV 接收、GOOSE 输出和接收等软压板。保护屏硬压板：远方控制投入应在投入状态、装置检修应在退出状态。

（3）检查各光纤接口、网线接口应连接正常，网线端口处通信闪烁灯正常，尾纤、网线无破损和弯折。

（4）若需要对保护屏柜及光纤回路进行清扫，必须做好相应的安全措施，避免因清扫工作造成回路通信故障。

（5）定期用红外热成像仪进行测温检查，重点检查并记录保护装置背板插件、光纤接口、直流回路的空开等温度，光纤接口的运行温度不应高于 60℃。

（6）智能变电站继电保护的运行环境温度应保持在 5～30℃；设备运行环境湿度大于 65%时，应开启空调进行除湿。

4. 故障及异常处理

（1）智能站保护报 GOOSE 和 SV 异常时，相关保护功能将受到影响，保护出现误动、拒动风险，应立即进行相关检查并由检修人员处理。具体如下：

1）“SV 通道异常”、“SV 断链”等告警且不能复归时，应检查装置有关 SV 光纤连接是否正常，并由检修人员处理。

2）“SV 采样无效”告警且不能复归时，应结合装置面板信息检查合并单元有无告警信号，并由检修人员进行处理。

3）“SV 品质异常”、“双 AD 不一致”告警且不能复归时，应退出相关保护，并由检修人员处理。

4）“GOOSE 通道异常”、“GOOSE 断链”等告警且不能复归时，应检查装置 GOOSE 连接光纤是否正常，并由检修人员处理。

5）TV 采样异常或断线告警时，应检查其他相关保护及母线合并单元的告警信息，若同时告警，可参照母线合并单元异常处理，若只是本间隔告警，检查至该侧合并单元两端光纤连接是否可靠，并由检修人员处理。

（2）一次设备运行中，若需要退出保护装置（或部分功能）进行缺陷处理时，相关保护未退出前不得投入合并单元检修压板，防止保护误闭锁。

（3）“检修不一致”告警且不能复归时，应检查保护装置与相关保护、合并单元、智能终端检修硬压板状态是否一致，并由检修人员处理。

2.5.2 线路保护运行与维护

1. 运行注意事项

（1）智能站线路纵联电流差动保护具备双通道，在通道告警时，应按照以下原则处理：

1）配置双通道的纵联保护其中一个通道告警，可先不退出保护但应加强监视，应检查通道光纤插头有无松动、光纤有无弯曲或破损、通道切换装置及复用通道接口装置有无异常，并由检修人员处理。

2）配置双通道的纵联保护双通道均告警（或配置单通道的纵联保护通道告警），应检查通道光纤插头有无松动、光纤有无弯曲或破损、通道切换装置及复用通道接口装置有无异常，退出纵联保护，并由检修人员处理。

（2）智能站双重化配置的线路保护，两套保护重合闸功能均投入运行，停用重合闸时按照以下原则操作：

1）停用两套重合闸时，应分别将两套线路保护的停用重合闸软压板投入，并退出其重合闸 GOOSE 出口软压板。

2）停用其中一套线路保护的重合闸时，只需将对应保护的重合闸 GOOSE 出口软压板退出，不得将其停用重合闸软压板投入。

2. 典型操作

（1）双母线线路停电，进行保护试验前，应操作下列压板，如表 2–22 所示。

表 2–22　双母停电操作压板列表

序号	压　板　操　作
1	退出线路保护装置跳闸 GOOSE 出口软压板
2	退出线路保护装置重合闸 GOOSE 出口软压板
3	退出线路保护装置启动失灵 GOOSE 出口软压板
4	退出线路保护装置的电流、电压 SV 接收软压板
5	退出母差保护装置对应线路的 GOOSE 出口软压板
6	退出母差保护装置对应线路的启动失灵 GOOSE 接收软压板
7	退出母差保护装置对应线路的电流 SV 接收软压板
8	投入线路保护装置的检修压板
9	投入线路智能终端的检修压板

（2）双母线线路单套保护停用，进行保护试验前，应操作下列压板，如表 2–23 所示。

表 2–23　双母单套保护停用操作压板列表

序号	压　板　操　作
1	退出该套保护装置跳闸 GOOSE 出口软压板
2	退出该套保护装置重合闸 GOOSE 出口软压板
3	退出该套保护装置启动失灵 GOOSE 出口软压板
4	退出该套保护装置的电流、电压 SV 接收软压板
5	退出母差保护装置对应的该套保护启动失灵 GOOSE 接收软压板
6	投入该套保护装置的检修压板

（3）3/2 接线线路停电，进行保护试验前，应操作下列压板，如表 2–24 所示。

表 2–24　　3/2 接线线路停电操作压板列表

序号	压板操作
1	退出线路保护装置跳边、中断路器 GOOSE 出口软压板
2	退出线路保护装置启动边断路器、中断路器失灵 GOOSE 出口软压板
3	退出线路保护装置的电流、电压 SV 接收软压板
4	退出边断路器保护装置跳闸 GOOSE 出口软压板
5	退出边断路器保护装置重合闸 GOOSE 出口软压板
6	退出边断路器保护失灵跳边、中断路器 GOOSE 出口软压板
7	退出边断路器保护装置的电流、电压 SV 接收软压板
8	退出中断路器保护装置跳闸 GOOSE 出口软压板
9	退出中断路器保护装置重合闸 GOOSE 出口软压板
10	退出中断路器保护失灵跳边、中断路器及相邻元件 GOOSE 出口软压板
11	退出中断路器保护装置的电流、电压 SV 接收软压板
12	退出相邻元件保护装置跳中断路器 GOOSE 出口软压板
13	退出相邻元件边断路器保护失灵跳中断路器 GOOSE 出口软压板
14	退出相邻元件保护装置对应的中断路器电流 SV 接收软压板
15	退出母差保护装置跳边断路器 GOOSE 出口软压板
16	退出母差保护装置对应的启动失灵 GOOSE 接收软压板
17	退出母差保护装置对应的电流 SV 接收软压板
18	投入线路保护装置的检修压板
19	投入边断路器、中断路器智能终端的检修压板
20	投入边断路器、中断路器电流合并单元的检修压板
21	投入线路电压合并单元的检修压板

（4）3/2 接线线路单套保护停用，进行保护试验前，应操作下列压板，如表 2–25 所示。

表 2–25　　3/2 接线线路单套停用操作压板列表

序号	压板操作
1	退出该套保护装置跳边、中断路器 GOOSE 出口软压板
2	退出该套保护装置启动边、中断路器失灵 GOOSE 出口软压板
3	退出该套保护装置的电流、电压 SV 接收软压板
4	投入该套保护装置的检修压板

2.5.3　变压器保护运行与维护

1. 运行注意事项

（1）主变压器保护检修工作前，应退出 SV 接收、启动失灵、解母差复压、闭锁备自投、联跳母联（分段）及相关运行设备的压板。

（2）电流通道 SV 采样数据异常时，闭锁该通道参与的差动保护，闭锁该通道参与的后备保护。对于零序（方向）过流保护，如果比幅元件采用自产零序电流，则对应三相电流通道异常时闭锁保护；如果比幅元件采用外接零序电流，则对应三相电流通道异常时退出方向元件，保护变为纯过流。

（3）电压通道 SV 采样数据异常，对于三相电压通道处理原则与 TV 断线相同，对于零序电压通道则闭锁零序过压保护。

（4）GOOSE 失灵开入异常，装置自动将开入量清零，防止失灵联跳保护误动作。

2. 典型操作

（1）对于 3/2 接线主变压器停电，进行保护试验前，应操作下列压板，如表 2–26 所示。

表 2–26　3/2 接线主变压器停电操作压板列表

序号	压　板　操　作
1	退出主变压器保护：跳中压侧母联 GOOSE 出口、低压侧母联（分段）GOOSE 出口、联跳运行设备（母联、小电源）GOOSE 出口、闭锁备自投、各侧启动失灵、解除复压闭锁软压板
2	退出各侧母差保护对应主变间隔：电流 SV 接收、启动失灵开入软压板
3	投入主变压器保护：检修状态硬压板
4	投入主变压器各侧合并单元：检修状态硬压板
5	投入主变压器各侧智能终端：检修状态硬压板

（2）对于 3/2 接线主变不停电，单套保护停用试验前，应操作下列压板，如表 2–27 所示。

表 2–27　3/2 主变压器不停电，但套保护停用操作压板列表

序号	压　板　操　作
1	退出该套主变保护：所有 GOOSE 跳闸出口、闭锁备自投、各侧启动失灵、解除复压闭锁软压板
2	退出该套主变保护：各侧电流 SV 接收软压板
3	投入该套主变保护：检修状态硬压板

（3）对于双母线接线主变停电，进行保护试验前，应操作下列压板，如表 2–28 所示。

表 2–28　双母接线主变停电操作压板列表

序号	压　板　操　作
1	退出主变保护：跳各侧母联（分段）GOOSE 出口、联跳运行设备（小电源）GOOSE 出口、闭锁备自投、各侧启动失灵、解除复压闭锁软压板
2	退出各侧母差保护：对应主变间隔电流 SV 接收软压板
3	投入主变保护：检修状态硬压板
4	投入主变各侧合并单元：检修状态硬压板
5	投入主变各侧智能终端：检修状态硬压板

（4）对于双母线接线主变不停电，单套保护停用试验前，应操作下列压板，如表 2–29 所示。

表 2–29　双母接线主变不停电，单套保护停用操作压板列表

序号	压　板　操　作
1	退出该套主变保护：所有 GOOSE 跳闸出口、闭锁备自投、启动失灵、解除复压闭锁软压板
2	退出该套主变保护：各侧电流 SV 接收软压板
3	投入该套主变保护：检修状态硬压板

2.5.4 母线（失灵）保护运行与维护

1. 运行注意事项

（1）单个间隔停电检修，应将母差保护装置中对应间隔（支路）的“电流 SV 接收”、“GOOSE 跳闸出口”、“启动失灵开入”软压板退出。

（2）对于由主、子单元构成的母差保护装置，如果发生主单元与子单元通信中断，应退出保护，由检修人员进行处理。

（3）停用母差保护时，应先停用所有支路的跳闸出口及 GOOSE 失灵发送软压板，再停用其他压板。母差保护投入运行，操作顺序与上述相反。

（4）失灵保护与母差保护共用出口，当母差保护退出时，失灵保护应同时退出。

（5）通道采样双 AD 不一致时，闭锁与异常支路相关的所有保护。

（6）母联/分段品质异常互联时，检查装置告警灯、母线互联灯点亮。此时母联或分段所连接的两段母线互联，任一段母线差动保护动作，将同时切除该联络所连接的两段母线。

2. 典型操作

（1）3/2 接线单条母线停电，应操作下列压板，如表 2–30 所示。

表 2–30　　3/2 接线单条母线停电操作压板列表

序号	压　板　操　作
1	退出双套母差保护：各间隔（支路）跳闸、失灵联跳“GOOSE 发送”，启动失灵开入“GOOSE 接收”软压板
2	退出双套母差保护：各间隔电流 SV 接收软压板
3	投入双套母差保护：检修状态硬压板

（2）单套母差保护停用，进行保护试验前，应操作下列压板，如表 2–31 所示。

表 2–31　　单套母差停用操作压板列表

序号	压　板　操　作
1	退出该套母差保护：各间隔（支路）跳闸、失灵联跳“GOOSE 发送”，启动失灵开入“GOOSE 接收”软压板
2	退出该套母差保护：各间隔电流 SV 接收软压板
3	投入该套母差保护：检修状态硬压板

（3）某一间隔停电检修，应操作下列压板，如表 2–32 所示。

表 2–32　　某一间隔停电检修操作压板列表

序号	压　板　操　作
1	退出双套母差保护：对应间隔启动失灵开入“GOOSE 接收”软压板
2	停用双套母差保护：对应间隔电流 SV 接收软压板
3	投入该间隔合并单元：检修状态硬压板

第3章

合并单元及智能终端装置

3.1 合并单元与智能终端简述

变电站信息的数字化采集是智能变电站的主要特征之一。智能变电站在常规变电站原有的站控层、间隔层设备之外，新增了过程层设备，并在间隔层与过程层设备之间组建过程层网络。过程层设备是变电站二次设备和一次设备的接口，安装在一次设备附近的控制柜中，主要包括互感器、合并单元、智能终端以及其他可实现模拟量、开关量数字化采集的集成装置。合并单元能够将同一电气间隔内的多个电子互感器或常规互感器二次绕组的保护电流、测量电流、测量电压等采样值进行合并，并按照标准协议提供数字量输出，同时具备电压并列、切换等功能；智能终端能够对一次设备的运行状态信息进行采集，如断路器及开关位置、主变压器档位等，并将采集后的开关量状态以数字信号的方式进行上送，同时能够接受间隔层设备发出的控制命令，完成对一次设备的分合闸等操作。

合并单元及智能终端装置的出现从根本上改变了变电站的二次回路接线形式，与常规变电站相比较，智能变电站用数字通信手段传递电量信号，用光纤作为传输介质，取代传统的金属电缆，构成了数字化的二次回路，如图 3–1 所示。

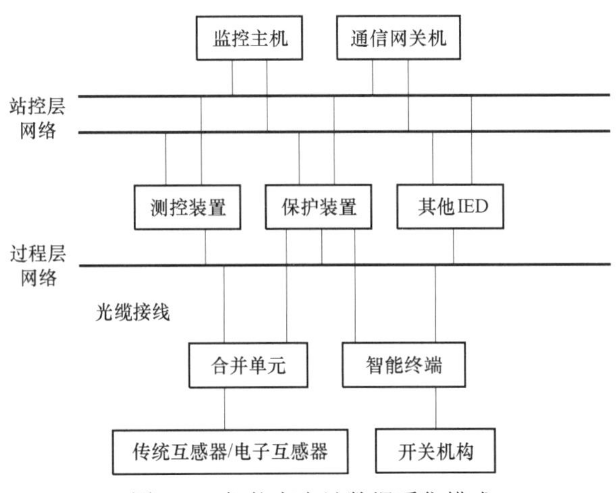

图 3–1　智能变电站数据采集模式

配置合并单元及智能终端装置后，原常规变电站中复杂的二次接线系统被基于光纤以太网的通信系统所取代，节省了大量二次电缆，克服了电缆抗干扰能力差的缺点，并通过过程层网络实现了设备间的数据共享，为变电站高级应用功能的实现奠定了基础，从根本上提高了运行的可靠性。

3.1.1 合并单元及智能终端的定义

1. 合并单元

合并单元（Merging Unit，MU），是用以对来自二次转换器的电流和/或电压数据进行时间相关组合的物理单元。合并单元可以是互感器的一个组件，也可以是一个分立单元，是一次设备（电子式电流、电压互感器）与二次设备的接口装置，主要实现对电流、电压进行合并和同步处理功能。

合并单元的主要功能是采集多路常规互感器二次侧的模拟信号或电子式互感器的采样光数字信号，并组合成同一时间断面的电流电压数据，最终按照 IEC 61850 规约以统一的数据格式对外提供采集数据。某些情况下，合并单元还需以光能量形式为电子式互感器采集器提供工作电源。常规变电站无合并单元装置，直接由电缆将互感器输出的模拟信号传输至二次设备。

合并单元可以按照输入量类型和功能应用的不同进行分类，如表 3–1 所示。

表 3–1　　合并单元的分类

分类原则	合并单元类型	备　注
前端输入不同	模拟量输入式合并单元	接收常规互感器输出的模拟量数据，部分合并单元需级联母线合并单元输出的数字量数据
	数字量输入式合并单元	接收电子式互感器输出的数字量数据，部分合并单元带激光功能
功能应用不同	间隔合并单元	用于线路、变压器和电容器等间隔电气量采集，发送一个间隔的电气量数据。对于双母线接线的间隔，间隔合并单元根据间隔隔离开关位置实现母线电压的切换
	母线合并单元	采集母线电压或者同期电压，在需要电压并列时刻实现各段母线电压的并列，并将处理后的数据发给间隔合并单元和其他设备

2. 智能终端

智能终端（Smart Terminal，ST），与一次设备采用电缆连接，与保护、测控等二次设备采用光纤连接，实现对一次设备（如断路器、隔离开关、主变压器等）的测量、控制等功能的一种智能组件。

智能终端一方面负责采集一次设备的状态量信息，通过 GOOSE 通信上送给二次设备，同时负责接收二次设备通过 GOOSE 通信发送的跳合闸命令，实现对一次设备的测量和控制功能。

智能终端根据控制对象的不同可以分为断路器智能终端和本体智能终端两类，如表 3–2 所示。

表 3–2　　智能终端的分类

分类原则	智能终端类型	备　注
控制对象不同	断路器智能终端	与断路器、隔离开关及接地开关等一次开关设备就近安装，完成对一次设备的信息采集和分合控制

续表

分类原则	智能终端类型	备　注
控制对象不同	本体智能终端	与主变压器、高压电抗器等一次设备就近安装，完成主变压器分接头挡位测量与调节、中性点接地开关控制、本体非电量保护等功能
	母线智能终端	与母线电压互感器就近安装，完成母线保护、断路器失灵保护跳闸等功能

3.1.2　功能及特点

合并单元及智能终端装置是实现智能一次设备的重要组成部分，是多功能实现载体的有机结合体，具有接口标准化、配置灵活化、采集数字化、控制网络化等特征。与传统的二次设备相比，合并单元及智能终端装置就地安装，结构体系和网络架构更为紧凑，功能模块之间的信息共享更为快捷可靠。

合并单元及智能终端装置作为智能变电站过程层中的重要设备，是体现智能化水平的主要标志。合并单元实现了将不同的电压电流信号合并、同步以及进行协议转换的功能，智能终端则通过快速通信功能（GOOSE）实现了对开关整间隔的完整控制，包括对断路器、隔离开关和接地刀闸等的控制和相关的状态信号采集。合并单元及智能终端装置的出现，大大改变了传统变电站大量电缆硬接线的局面，转而采用光纤替代传统电缆，并采用数据共享的方式减少了布线的复杂程度，减少了人工维护的工作量，充分体现了智能化变电站的巨大优势。

3.1.3　国内外应用情况

1. 国内应用情况

2009 年，国家电网有限公司先后安排 2 批 47 座新建智能变电站试点工程的建设工作，合并单元及智能终端装置作为新设备开始在电网中得到试点应用。2011 年，智能变电站进入全面建设阶段，截至 2015 年底，国家电网有限公司范围内在运过程层设备总数超过 40 000 台，其中合并单元共计 20 126 台，智能终端共计 17 905 台，合并单元智能终端一体化装置共计 3109 台。220kV 及以上电压等级主要采用合并单元、智能终端独立配置方式，110（66）kV 及以下电压等级主要采用合并单元智能终端一体化装置。

2. 国外应用情况

国外过程层设备起步较早，2002 年 1 月，SIEMENS 的合并单元按照 IEC 61850—9—1 规范向 ABB 和 SIEMENS 的保护装置、SIEMENS 的电能表传输采样值，演示了合并单元、保护装置和电能表之间的互操作，验证了按照 IEC 61850—9—1 以点对点方式传输采样值的可行性。同年 9 月，ABB 和 SIEMENS 的保护装置、ABB 的合并单元和开关模拟器之间通过过程层网络传输采样值和 GOOSE 报文实现了从采样值报文判断短路电流，到跳闸、变位事件和重合闸的完整过程。目前 SIEMENS、ABB、AREVA 等国外公司都相继推出了基于 IEC 61850 标准的合并单元，但在国外的输变电工程中未进行大规模应用，主要采用挂网运行的方式。

3.2 装置的功能实现关键技术

智能变电站过程层设备是变电站二次系统和一次设备的接口，主要包括合并单元、智能终端、合并单元和智能终端集成装置。本节主要介绍过程层设备的关键技术，按照合并单元、智能终端、合并单元智能终端集成装置三个方面介绍。

3.2.1 合并单元关键技术

1. 硬件结构

（1）用于电子式互感器。

目前对合并单元功能模块的划分方法较为统一，分为同步功能模块、多路数据采集与处理模块、以太网通信模块（串口发送功能模块），如图 3–2 所示。同步功能模块接收外部同步输入信号，根据采样率的要求产生采样脉冲发送给各路 A/D 转换器；多路数据采集和处理模块接收各路 A/D 转换并处理后的数据，对其进行解析与校验，适当处理（如比例换算，插值处理）后将并行数据发送给以太网通信模块。以太网通信模块负责按照标准协议对数据组帧，再通过一定介质（光纤或双绞线）将数据发送到以太网上。

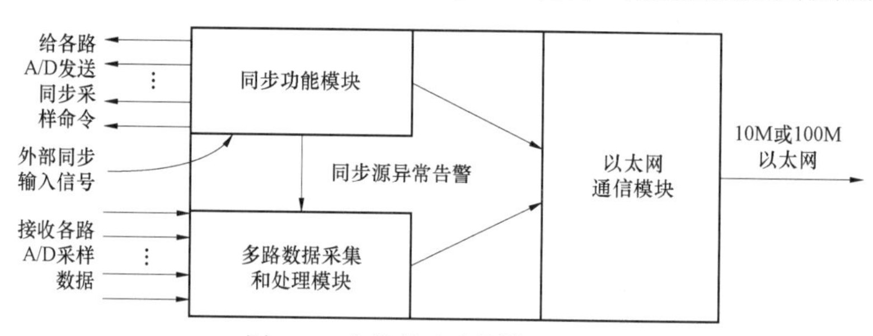

图 3–2　合并单元功能模块示意图

采用上所述功能划分方法将电子式互感器的二次转换功能放在了合并单元中。上述划分方法具有一定的通用性，但在具体实施时还必须对各模块进行细化与适当的变通，在设计合并单元具体方案时应考虑到如下要点：

1）合并单元的输入信号具有不确定性。首先，采样值信号形式多样，这些信号可能是电子式互感器或者光学互感器输出的串行编码信号，还有可能是传统电磁式互感器输出的模拟信号（也包括电子式互感器模拟输出情况）。其次，采样数据的通道数不是绝对的，根据 IEC 61850—9—2 协议，数据通道可配置，数目不再是固定的 12 路。

2）通信协议的多样性。IEC 61850—9—2 的映射方法要求支持 TCP/IP 协议，协议的实现难度高。

3）通信系统的高可靠性与强实时性。合并单元发布的采样值及状态量是后面二次保护设备判别的主要数据来源，其传输的质量将直接影响到保护动作的快速性与可靠性。

（2）用于常规互感器。

常规采样合并单元选用目前业界可靠性、功能和处理能力最有优势的嵌入式 CPU、DSP 和大容量的 FPGA 进行设计，同时采用符合工业标准的高速以太网和 IEC 标准的数据采集的光纤通道作为数据传输链路，内部采用高可靠、高实时、高效率的数据交换接口，能满足各种电压等级变电站常规互感器采样的需要，同时给多台保护、测控、计量、故障录波等设备提供一个间隔的全部采样数据。数据格式遵循标准和可配置扩展 IEC 60044—8 协议所定义的点对点串行数据接口标准，也支持通过光纤以太网，基于 IEC 61850—9—2 协议的组网、点对点数据接口标准。

常规采样合并单元主要分为通信模块、采样计算模块、扩展 FT3 接收模块、开入开出模块，系统结构图如图 3–3 所示。

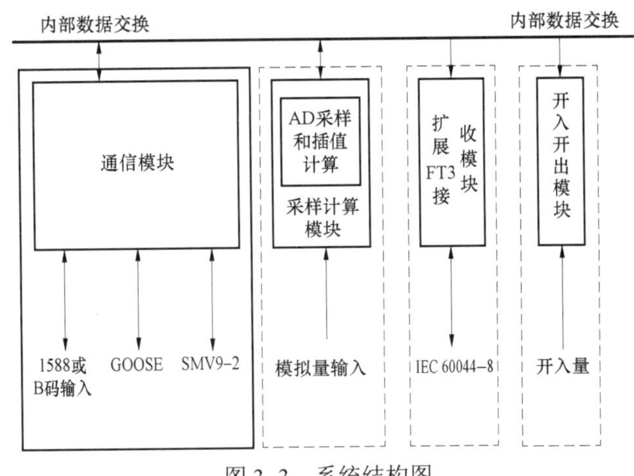

图 3–3　系统结构图

通信模块主要接收 IEEE1588 或者 IRIG–B 码信号用于装置对时同步；通过 GOOSE 网络接收开关、刀闸位置信号；接收和发送 IEC 61850—9—2 协议的采样数据。

采样计算模块主要用于插值同步多源数据，不管数据源来自于模拟量输入，还是来自母线合元单元的数字量输入，保证合并单元输出的数据为基于同步信号的同一时刻的采样数据。

扩展 FT3 接收模块用于级联母线合并单元，接收母线电压。

开入开出模块用于采集检修开入，或者用于采集开关、刀闸位置常规电缆接入。

2. 软件结构

（1）用于电子式互感器。

在合并单元的研制中，一般采用 FPGA 之类的可编程逻辑阵列芯片来实现合并单元对全站采样同步信号的接收与同步，而且 FPGA 具有丰富的 I/O 外设接口和快速的并行处理速度，可满足合并单元多任务处理的要求。FPGA 软件功能模块包含数据接收模块和数据处理模块，数据处理模块又包含 IEEE1588 对时模块、插值重采模块、相位补偿模块。合并单元功能模块示意图如图 3–4 所示。

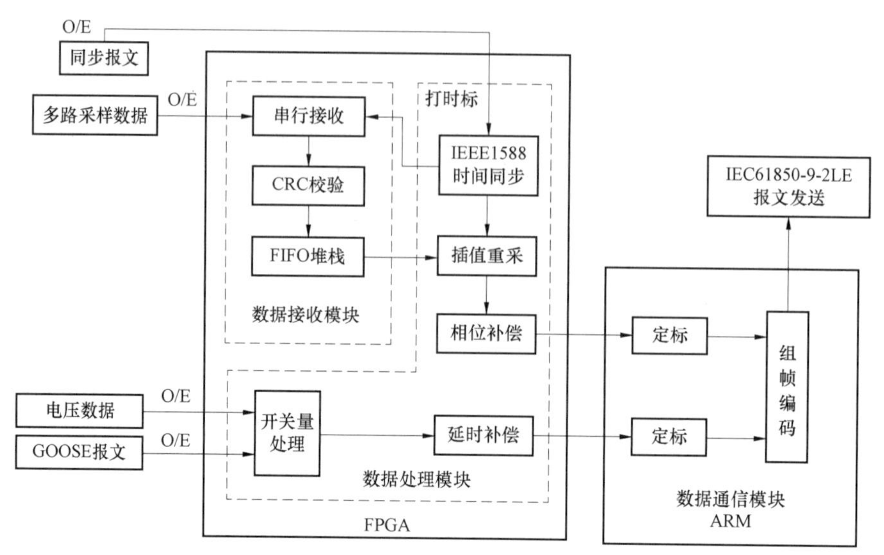

图 3–4　合并单元功能模块示意图

数据接收模块是指对从一次侧的多个高压电子互感器采集器的串行数据进行 CRC 校验，在校验正确无误后利用 FPGA 的 FIFO 对从采集器中传来的多路数据进行正确排序，即把一组数据按事先设置好的写入顺序写入 FIFO。当多路采集器采集的数据全部准确无误地写入 FIFO 后，立即通知后续功能模块进行处理。

IEEE1588 对时模块中，FPGA 对报文到达的时间进行锁存，生成报文时标，并提取报文中包含的从主时钟发出的时间信息，根据 IEEE1588 同步原理图可计算出本地时钟偏移量，从而对本地时钟进行同步补偿，以减小插值重采中的时标误差，提高同步重采精度。

插值重采模块根据某一基准时序，将非同步的多路电量数据重新采样到同一时序，并将数据采样率插值到保护需要的 4kHz，从而确保供给二次设备的数据在时序上的一致性。采用插值同步法时，合并单元接收多路非同步数据，记下每路数据的接收时刻，利用插值公式即可算出多路数据在同一基准时序下的同步采样值。一般采用 Lagrange 插值算法，可以达到合并单元对数据的精度和时间响应的要求。

相位补偿模块一般是通过相角补偿到不同的插值时刻上实现。为提高测量值在相位和时序上的准确性，Q/GDW 393—2009《110（66）～220kV 智能变电站设计规范》和 Q/GDW 426—2010《智能变电站合并单元技术规范》等电力行业标准提出“合并单元宜具备合理的采样延时补偿机制和时间同步机制，确保输出的各类电子式互感器信号的相差保持一致”的要求。

（2）用于常规互感器。

常规合并单元主要功能是采集电压、电流信号，接收光 PPS、IEEE1588 或光纤 IRIG–B 码同步对时信号，支持新一代变电站通信标准 IEC 61850。软件均采用模块化设计，具有可灵活配置，易于扩展、易于维护的特点。间隔合并单元接收母线合并单元三相电压信号，实现母线电压切换功能；母线合并单元需具备电压并列功能。

软件结构图如图 3–5 所示。

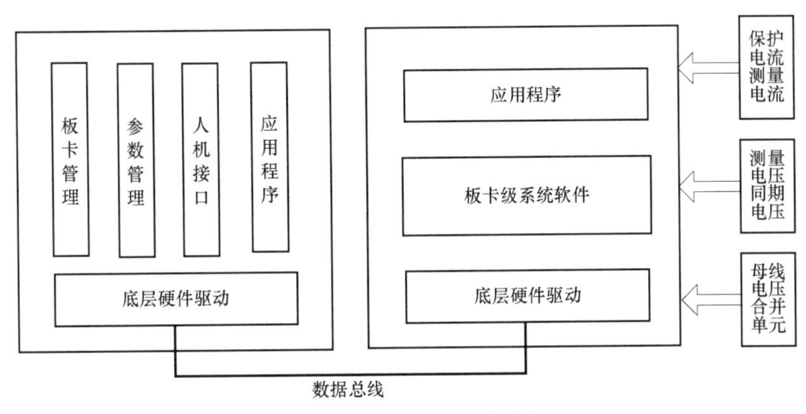

图 3–5 软件系统结构图

装置一般由多个插件组成，在管理板上要具备板卡管理功能，包括监视从板卡运行状态等。参数管理是指设置系统定值或者功能切换等，一般统一由管理板处理。人机接口包括虚拟液晶、串口终端等，用来和使用者进行信息交互，使用者通过人机接口获得装置的运行状态并干预装置的运行。非专用的管理板一般也具备一些应用功能，比如通信功能。底层硬件驱动主要用来和其他板卡进行数据交互。

其他非管理板卡一般由应用程序、板卡级系统软件、底层硬件驱动组成。应用程序主要完成合并单元采样插值等主体功能，板卡级系统软件和底层硬件驱动用于提供支撑。

3. 频率响应设计技术

常规模拟量输入式合并单元，直接采集模拟量电压电流信号，输出数字量给保护、测控等间隔层装置使用。

常规模拟量输入式合并单元装置硬件本身包括 A/D 转换，其设计之初就要考虑合并单元的频率响应特性，以便选择合适的截止频率，防止出现频谱混叠现象，提高谐波测量精度问题。

（1）频率混叠原理。

当采样频率高于信号最高频率的 2 倍时，采样之后的数字信号完整地保留了原始信号的信息，这就是采样定理或叫奈奎斯特定理。

反之，当采样频率小于最高频率的 2 倍时，就会出现频率混叠。当采样率等于信号频率时，采样值为一条直线；当采样率大于信号频率小于 2 倍信号频率时，得到更低频率的信号，如图 3–6 所示。

根据混叠机制，设实际信号的频率为 f，采样率为 f_s，经采样后的频率为 f_A，则

$$f_A = \left| f - n f_s \right| \tag{3–1}$$

式中，$n = \text{Int}\left(\frac{f}{f_s} + 0.5\right)$，混叠次数 $m = \text{Int}\left(\frac{f}{2f_s}\right)$。

所以对于 50Hz 电力系统，当采样率 f_s 为 1.2kHz 时，23 次（1.15kHz）和 25 次（1.25kHz）谐波会混叠到基波 50Hz 的频率。

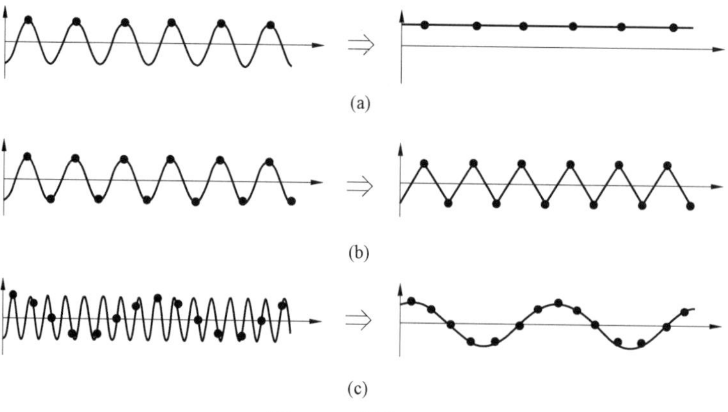

图 3–6　频率混叠

（a）采样频率等于信号频率，正弦信号离散后得到直流信号；
（b）采样频率等于信号频率的 2 倍，正弦信号离散后得到三角波信号；
（c）采样频率小于信号频率的 2 倍，正弦信号离散后得到更低频率的正弦信号

对于 50Hz 电力系统，当采样率 f_s 为 4kHz 时，79 次（3.95kHz）和 81 次（4.05kHz）谐波会混叠到基波的频率。

（2）测控设备对于频率的需求。

合并单元后面连接保护和测控，需要满足保护和测控的需求。

根据 GB/T 13729—2002《远动终端设备》3.5.2 f）中的要求，对于 2～13 次谐波含量，谐波含量占基波 20%的情况下，基波总有效值的精度的变差不超过 200%，即精度不能超过 0.4%，如表 3–3 所示。

其中，总有效值的评价公式为

$$\mathrm{RMS}=\sqrt[2]{\sum_{i=0}^{n}U_n^2}\quad (n=1,\ 2,\ 3,\ \cdots,\ 13) \tag{3–2}$$

式中：n 为谐波次数，U_n 为各次谐波的值。

基于上述要求，不难进行理论推导，在 20%的谐波含量下，如果要达到理论上的 0.4%变差精度要求，低通在 13 次谐波上的幅频响应的增益应在 0.831 9～0.944 6。

表 3–3　影响量的标称值使用范围极限和允许的改变量

影响量	标称值使用范围极限	允许改变量（以等级指数百分数表示）
环境温度	表 1 规定	100%
被测量的不平衡度	断开一相电流	100%
被测量频率	45Hz～55Hz	100%
被测量的谐波分量	20%	200%

根据 GB/T 14549—1993《电能质量　公用电网谐波》中第 4 节的要求，如表 3–4 所示。

表 3–4　　　　　　　　　　　　　　公用电网谐波电压限值

标称电压（kV）	电压总谐波畸变率（%）	各次谐波电压含有率（%）																	
		奇　次												偶　次					
		6k±1								3k									
		5	7	11	13	17	19	23	≥25	3	9	15	≥21	2	4	6	8	10	≥12
0.38	5	3.8	3.1	2.3	1.9	1.4	1.2	0.9	0.4+12.5/h	3.1	1	0.3	0.2	1.3	0.8	0.4	0.3	0.3	0.2
6,10,20	4	3	2.5	1.8	1.5	1.2	1	0.8	0.3+12.5/h	2.5	0.8	0.2	0.15	1.6	1	0.5	0.4	0.4	0.2
35,66	3	2	2	1.5	1.5	1	1	0.7	0.2+12.5/h	2	1	0.3	0.2	1.5	1	0.5	0.4	0.4	0.2
110	2.5	1.9	1.6	1.2	1.1	0.9	0.9	0.7	0.2+12.5/h	1.9	0.9	0.3	0.2	0.7	0.4	0.2	0.2	0.2	0.1
220,330	2	1.5	1.3	1.1	1	0.7	0.7	0.6	0.2+12.5/h	1.5	0.7	0.2	0.15	0.5	0.3	0.2	0.2	0.2	0.1

合并单元按照 4kHz 的采样频率设计，那么其混叠频率在 3950Hz，即 79 次谐波。在此混频点上，10kV 及以上公共电网谐波含量在高次上不能超过 0.5%（更高电压等级不能超过 0.4%）。

按照表 3–4，对于 10kV 及以上电压等级，79 次谐波含量低于 0.458%。

再根据前述 GB/T 13729 对谐波影响量的要求，谐波混叠到基波后的有效值精度不能超过 0.4%；因此需要设计抗混叠低通，对混叠频点进行截止。

结合理论公式推导与实测结果公式，可以计算得出，在 0.458%的谐波含量下，要造成基波不超过 0.2%的变差波动，低通对于混叠频点的幅频响应至少为 0.4。

在基波电压、电流信号中叠加谐波，检查合并单元对谐波的处理结果。合并单元输出的谐波次数应与输入一致，谐波下的基波幅值和相位误差改变量应不大于准确等级指数的 200%，保护用电流互感器的误差应满足原技术指标要求。谐波含量满足 GB/T 19862—2005 第 5.2.2 节的要求，如表 3–5 所示。

表 3–5　　　　　　　　　　　　谐 波 含 量 误 差 要 求

等级	被测量	条件	允许误差
A	电压	$U_h \geqslant 1\% U_N$	$5\% U_h$
		$U_h < 1\% U_N$	$0.05\% U_N$
	电流	$I_h \geqslant 3\% I_N$	$5\% I_h$
		$I_h < 3\% I_N$	$0.15\% I_N$

注　U_N 为标称电压，I_N 为标称电流，U_h 为谐波电压，I_h 为谐波电流。

（3）保护设备对于频率的要求。

变压器保护的过激磁元件需要计算 5 次谐波，所以 5 次谐波的频率响应应该在 0.95 以上，而且需要预留裕度，建议取 0.97 以上。

（4）相频特性的要求。

保护和测量对于相频特性上的要求是一致的，都要求是线性的。

（5）总体设计。

5 次谐波幅频响应建议大于 0.97，13 次谐波幅频响应要求大于 0.95，混频点 79 次谐波幅频响应要求小于 0.4。综合上述保护、测控、合并单元本身的需求，期望频率响应曲线如图 3–7 所示。

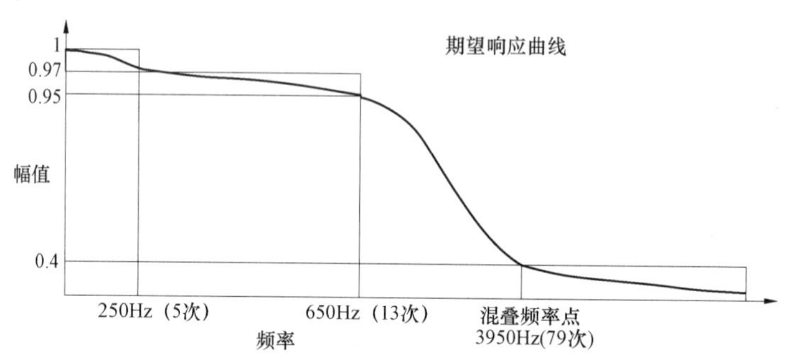

图 3–7　合并单元期望的幅频响应

根据上一节所分析的滤波器需求，设计合并单元的硬件回路。合并单元的前置低通滤波器，一般采用一阶或二阶低通滤波器实现。

各个厂家的合并单元的滤波器特性会有一些差别，但是其截止频率按照需求分析，大约不应小于 2kHz。

具体的滤波器设计推荐采用运放实现，以便提高其输入阻抗和带载能力。

4. 电气量采集技术

合并单元电气量输入可能是模拟量，也可能是数字量。合并单元一般采用定时方式进行数据采集。

（1）模拟量采集。

合并单元可以通过电压、电流变送器，直接对接入的传统互感器或电子式互感器的二次模拟量输出进行采集。

模拟量信号输出的电子式互感器输出为小信号，按照 IEC 60044—7 和 IEC 60044—8 的标准要求，考虑国内普遍采用的输出为：

1）一次电压额定时，输出的相电压的有效值为 4V。

2）一次电流额定时，输出测量电流有效值为 4V。

3）一次电流额定时，输出保护电流有效值为 225mV。

模拟信号经过隔离变换、低通滤波后进入 CPU 采集处理并输出至 SV 接口，如图 3–8 所示。

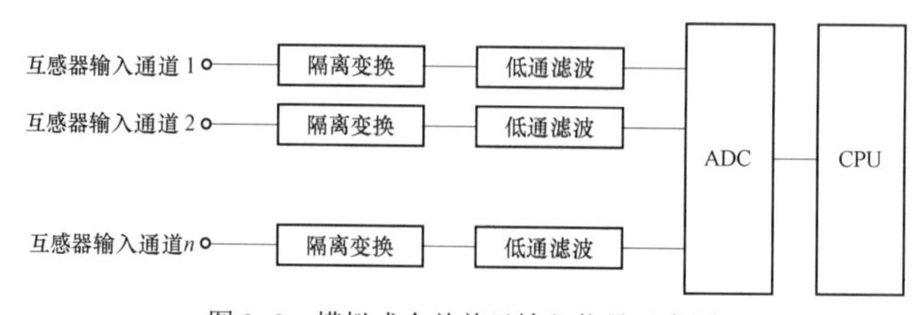

图 3–8　模拟式合并单元输入信号示意图

其中假设 ADC 的最大输入电压为 10V（瞬时值最大值为 10V），所以对于额定有效值 4V 输入的通道来说，其过载倍数为 1.768 倍；对于额定有效值 225mV 的通道来说，其过载倍数为有效值 32.43 倍。

由于一般保护装置采用保护+启动的方式进行出口，所以要求合并单元采用双 AD 进行采样，且要求两路 AD 完全独立，并保证规范要求的精度，以便防止任何一路 AD 回路损坏的情况下，保护发生误动。

对于常规互感器的采集，合并单元一般采用小 TA 或是小 TV 进行信号的采集，合并单元的小互感器的目的是真实反应原边的输入，所以在小 TA 选型时，应选用暂态 TV，以便保证最大峰值瞬时误差应不大于 10%，非周期数时间传变常数误差不大于 10%。

（2）数字量采集。

合并单元采集电子式互感器或光学互感器数字输出信号有同步和异步两种方式。

采用同步方式通信时，合并单元向各相电子式互感器发送同步脉冲信号，电子式互感器接收到同步信号后，对一次电气量开始采集、处理并发送至合并单元，由合并单元完成各相数据的合并和同步，如图 3–9 所示。这种方式的优点是合并单元无须进行插值，各相电子式互感器的采样时刻是一样的，即各相数据是同步的。

采用异步方式通信时，电子式互感器按照自己的采样频率和采样时刻进行采集、处理和发送，如图 3–10 所示。合并单元接收到各相电子式互感器的数据后，根据合并单元自身的时刻进行插值同步。

这种方案的优点是，电子式互感器只需要单芯光纤与合并单元进行通信，只需要按照自己的时序进行采样。缺点是，合并单元需要进行插值同步，才能够获得同一时间断面的各相数据。关于插值问题，会在“合并单元插值技术”中详细描述。

目前各大主流厂家基本上都是按照异步方式进行通信的。

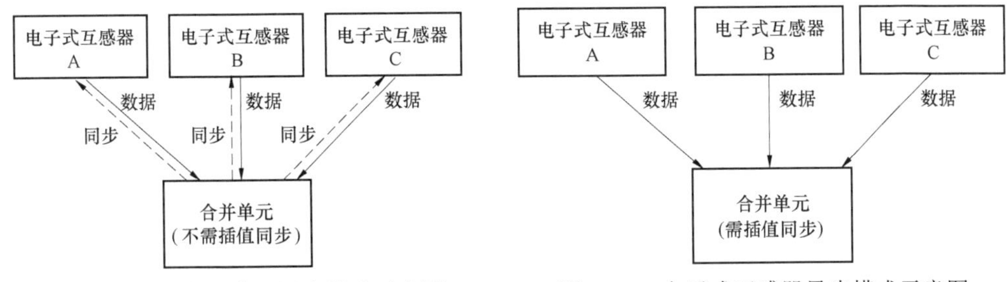

图 3–9　电子式互感器同步模式示意图　　图 3–10　电子式互感器异步模式示意图

对于电子式互感器的数据采集主要由解码校验模块、数据排序模块、同步功能模块组成，模块框图如图 3–11 所示。

解码校验模块主要实现曼彻斯特码解码模块和循环冗余校验（Cyclic Redundancy Check，CRC）模块的设计。

IEC 60044–8 标准规定，高压侧数据采集系统与合并单元之间的数据传输采用曼彻斯特码编码形式，两者间的通信实际上相当于同步串行通信。曼彻斯特码解码模块的主要功能是将输入的曼彻斯特码还原成原始的 NRZ 码，从而输出正确的采样数据。对输入码流的采样和解码时刻要尽量远离电平跳变的时刻，最佳的采样时刻是在码元的中心位置，即常说的“中心采样”。对于曼彻斯特数据码而言，因为每个码元的中心都有电平的跳变，按照采样时刻应该尽量远离电平跳变时刻的原则，采样点应该在码元的 1/4 和 3/4 处。除了“中心采样”外，还需要从输入的曼彻斯特码流中恢复出时钟信号，从而使本地时钟和数据码元同步。

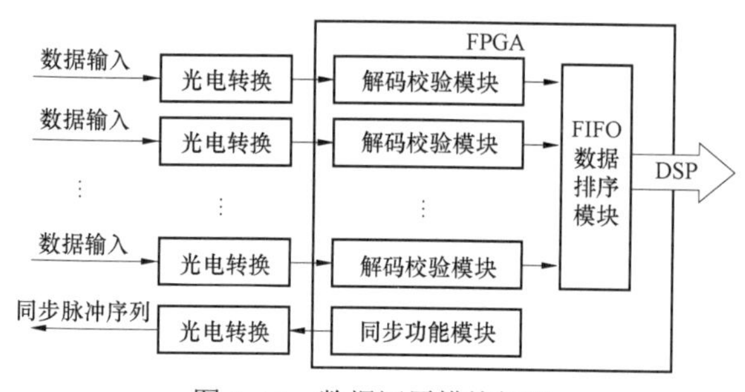

图 3–11　数据还原模块框图

在数据采集系统中通常需要加入差错控制码，使一个不可靠的通信链路变成可靠的链路。IEC 60044—8 标准中就是使用 CRC 进行差错控制的。CRC 校验的基本思想是利用线性编码理论，在发送端根据要传送的 k 位二进制序列，以一定的规则产生一个校验用的监督码（即 CRC 码）r 位，并附在信息后边，构成一个新的二进制码序列数共（$k+r$）位，最后发送出去。在接收端，根据信息码与 CRC 码之间所遵循的规则进行校验，以确定传送中是否出错。

实现 CRC 的方法很多，设计中采用长除算法。长除算法可以表示成由一些异或门和移位器组成的除法电路，利用 FPGA 实现比较方便和快速。CRC 模块硬件原理如图 3–12 所示。16 位 CRC 校验码采用 IEC 60044—8 推荐的多项式生成码：

$$X16+X13+X12+X11+X10+X8+X6+X5+X2+1 \tag{3-3}$$

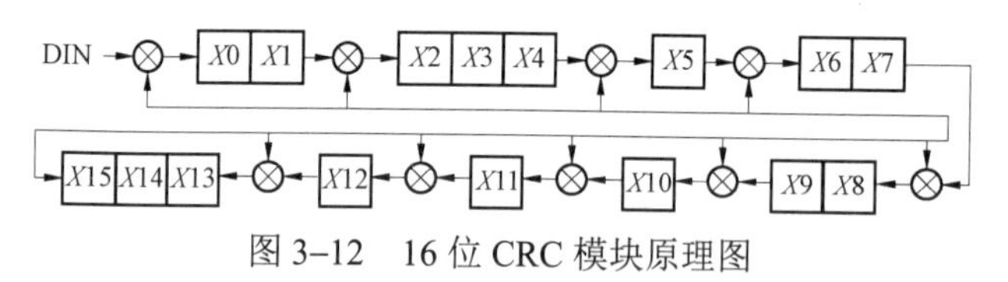

图 3–12　16 位 CRC 模块原理图

图 3–14 中，DIN 表示串行输入的有待 CRC 的数据，在数据全部输入时，如果移位寄存器中的内容全部为 0，则认为传输无错码，否则判为有错码。FPGA 可以实现合并单元同时对 12 路数据进行 CRC，当某路数据 CRC 不正确时，合并单元仍应保留此路数据并告知二次设备此数据无效。

数据排序模块利用 FPGA 能够实现合并单元同时对 12 路数据进行接收和校验，但是实际上由于各路通道数据相互独立，其数据信息到达合并单元的时间各不相同，且前后关系也不固定，所以在将 12 路数据传输给数据处理模块前，可利用 FPGA 中的先进先出（FIFO）队列对此 12 路数据进行正确排序，即在第 k–1 路数据（$2 \leqslant k < 12$）写入 FIFO

后，才写入第 k 路数据，这样从 FIFO 输出的数据将是按照第 1，2，…，12 路正确排序。

当合并单元与 ECT/EVT 之间的光纤传输出现故障或由于其他原因导致某路数据无法正常传输给合并单元时，可通过设置最长等待时间 t 解决这种特殊的问题：当合并单元等待时间大于 t 时，如果没有收到有效的数据信息，则认为此路数据通信出现故障，在 FIFO 中对应此路数据应该立即输入数值 0，并通过状态信息位告知二次设备此路通道发生故障，准备下一路数据进入 FIFO 模块。

5. 信息模型与映射技术

（1）信息模型的内涵。

信息模型的作用是将装置的实际功能描述成抽象的功能通信服务，是一个对象信息化的过程，是 IEC 61850 标准的核心。信息模型在 IEC 61850 中被定义成“类”，从类的角度比较容易理解信息模型的内涵。

对应类的成员变量和成员函数，信息模型由属性和服务封装组成，其中属性代表信息模型的外部可视功能，服务代表抽象通信服务接口。

调用类的成员函数可实现从外部对类中成员变量的读写，类似地，抽象通信服务接口是外部访问和操作信息模型中功能的途径。

类中的成员变量和成员函数之间互相对应，在信息模型中这种对应关系更加紧密，信息模型中不存在没有属性对象的服务和没有对应服务的属性。

为描述方便，标准中常将信息模型中的属性作为信息模型（Information Models），而将服务作为属性对应的信息交换服务（Information Exchange Services），在某种程度上分开描述。为更连贯地说明问题，本文将属性和服务聚合在一起，按照类的本意分析信息模型（成员函数的存在也是类区别于其他信息聚合体的重要特征）。

（2）合并单元信息模型的属性。

IEC 61850 标准的基本实现过程如图 3–13 所示。其中，信息模型的属性代表装置的外部可视功能，采用结构化的描述方法，由逻辑设备、逻辑节点、数据对象、数据属性 4 个层次组成。

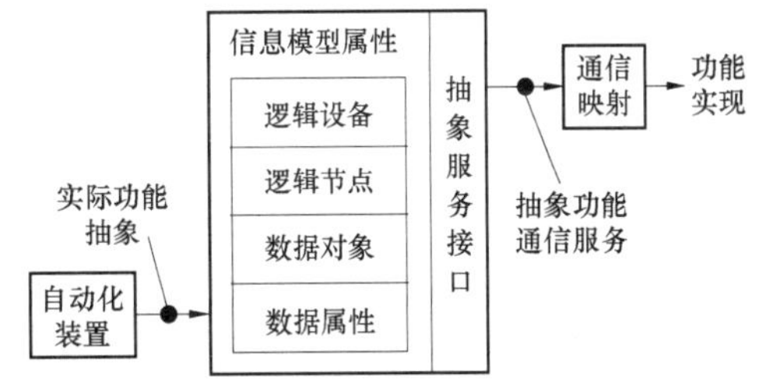

图 3–13　IEC 61850 的基本实现过程

对于合并单元逻辑设备及逻辑节点，以合并单元为例，在功能抽象过程中首先可看成 1 个逻辑设备，所提供的功能服务由代表不同基本功能的逻辑节点组成。由于采集器与合并单元之间是点对点的独享服务方式，因此对这两种设备进行统一建模，信息模型如图 3–14 所示。

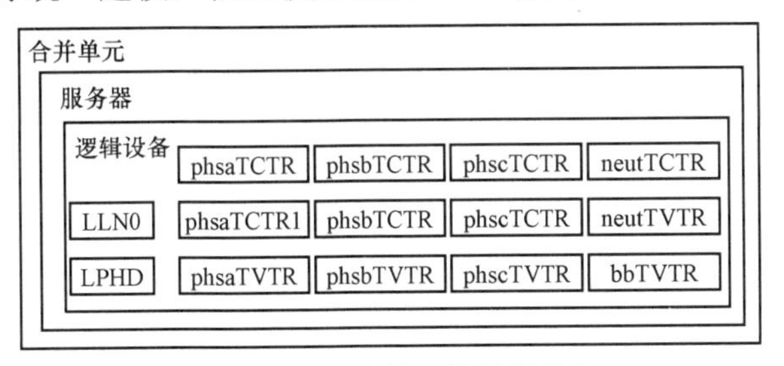

图 3–14　合并单元的逻辑节点

逻辑节点 TCTR 代表电流互感器，后缀 1 表示测量用；TVTR 代表电压互感器。作为逻辑节点，TCTR/TVTR 并不区分接入的互感器是电子式还是电磁式的，因为它们通过合并单元对外的可视功能是相同的。

LLN0（Logical Node Zero）代表逻辑设备的公共数据，如铭牌、设备运行状态信息等；LPHD（Logical Node Physical Device）代表拥有逻辑节点的物理设备的公共数据，如物理设备的铭牌、运行状况信息等。

对于合并单元数据对象及其属性，逻辑节点只实现了对装置自动化功能的定义和划分，构建了信息模型的框架，但还不具备可访问和可操作的特性。要实现对信息模型的访问和操作，还需建立逻辑节点的标准化信息语义，即用数据对象对逻辑节点进行标准化的描述。

IEC 61850 标准提供了近 30 种公共数据类（Common Data Class，CDC），每种都具有特定的语义范畴，并赋予了特定的功能服务。公共数据类在不同的逻辑节点中派生出语义更加明确、完整的数据对象，数据对象同时也继承了公共数据类的服务。合并单元的基本数据对象如图 3–15 所示，其中，DPL 为设备铭牌、ISI 为整数状态、INC 为可控整数状态、LPL 为逻辑节点铭牌、SAV 为采样值、SPS 为单点状态信息、ASG 为模拟定值、Amp 为电流采样值、Volt 为电压采样值。

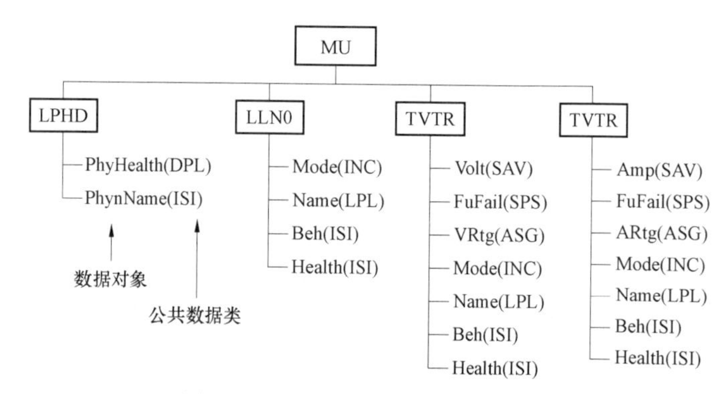

图 3–15　合并单元的基本数据对象

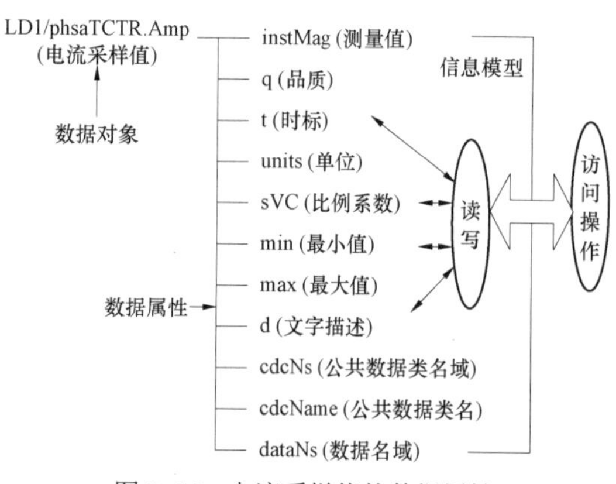

图 3–16　电流采样值的数据属性

数据属性是数据对象的内涵，是信息模型中信息的最终承载者，对信息模型的一切操作都归结到对数据属性的读写上。在结构化的信息模型中数据属性必须放在确定的语义空间中，即具有完整的路径描述才具有确定、没有歧义的语义。限于篇幅，本节仅以合并单元中数据对象 Amp 为例进行说明，它所包含的数据属性如图 3–16 所示。

数据对象和数据属性的项目可根据

应用的要求裁减或增加，裁减时需保留标注为必选（M）的项目，增加的项目必须按标准规定的方法命名。

（3）合并单元抽象通信服务接口。

抽象通信服务接口（ACSI）用来规范信息模型对外信息交换服务的接口和过程。针对变电站内信息传输涉及到的通信服务，ACSI 共总结了 14 类模型，每类模型又由若干个抽象服务组成。依照信息模型中的数据对象及其属性对这些模型及其服务分别引用，构成了信息模型的功能通信服务。这些抽象的功能通信服务可分为两类：客户/服务器和对等网络，前者针对控制、读写数据值等服务，后者针对快速、可靠的数据传输服务。

采样值传输是合并单元最主要的功能服务，本节着重说明与之对应的采样值传输（Transmission of Sampled values）模型的引用。

合并单元引用的采样值传输模型采用多路广播采样值控制（Multicast Sampled Value Control Block，MSVCB）方法，由三个服务组成，采用发布者/订阅者的通信机制。作为发布者，合并单元通过“SendMSVMessage”服务发布采样合并值数据，该服务属于对等网络类型；通过“GetMSVCBValues/SetMSVCBValues”服务接收订阅者对 MSVCB 信息的读取和设置，这些服务属于客户/服务器类型。

ACSI 不仅定义了服务的接口，也定义了服务的过程，即服务的发起（Request）与响应（Response），MSVCB 服务的过程如图 3–17 所示。以“SendMSV Message”服务为例，过程如下：

合并单元通过数据集对数据对象进行索引，一旦发现数据对象的属性发生更新，立即驱动 MSVCB 控制块刷新发送缓存，以 MSV（Multicast Sampled Value）报文的形式向间隔层网络广播发布采样合并值数据。

间隔层网络上所有的节点几乎都在同一时刻接收到 MSV 报文，并将其放在接收缓存中。

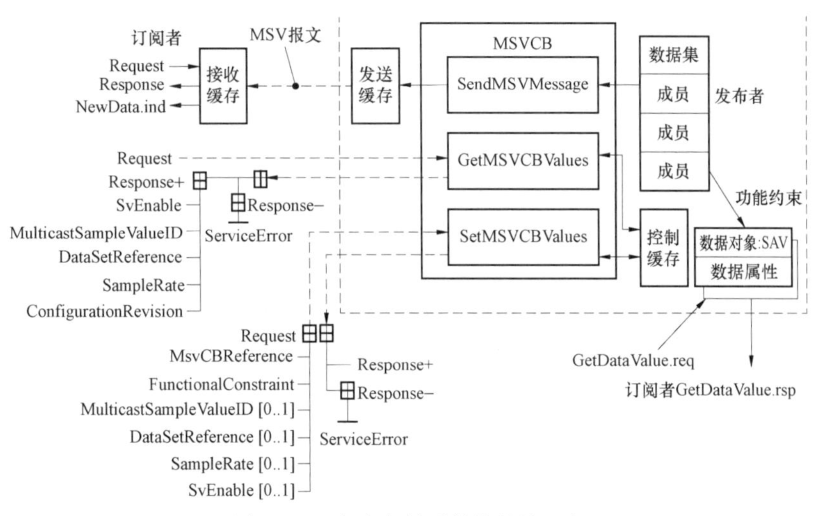

图 3–17　多路广播采样值传输服务

需要获得采样数据的节点（即订阅者）在接收缓存中查询是否有需要的数据（Request），有则返回更新的数据（Response）。

为保证实时性，合并单元不重发 MSV 报文。

MSVCB 控制下采样合并数据的发布具有良好的实时性，广播的方式节省了信道带宽，发布者和订阅者可动态接入或退出，提高了通信网络的共享性和可靠性。

合并单元还可通过引用数据（Data）、数据集（Data Set）、时间及时间同步（Time and Time Synchronization）等 ACSI 模型扩展更多的功能服务，譬如通过引用数据类模型可支持对单个数据对象属性的直接获取，以读取 A 相电流采样值为例有：GetDataValues “LD1/phsaTCTR.Amp.instMag”。

（4）合并单元的映射实现。

信息模型完成了功能服务的抽象，而特殊通信服务映射（SCSM）将抽象的服务映射到具体的通信网络及协议上，服务借助通信得以实现。目前，IEC 61850 标准规定了两种映射方法：方法一映射到制造报文规范（Manufacturing Message Specification，MMS）：通信网络采用以太网，表示层以下采用 TCP/IP 协议，在应用/表述层上将信息模型及其抽象服务映射到 MMS 的对象（如虚拟设备）及其服务上，再由 MMS 组织格式化的报文。这种方法主要针对变电站层和间隔层的客户/服务器类型的通信映射，映射方法主要由 IEC 61850—8—1 部分定义。方法二映射到以太网的数据链路（Data Link Control，DLC）层：通信网络采用带优先级的以太网（802.1p/Q）。为减少协议解析的开销，提高实时性，服务被直接映射到数据链路层，仅在表示层上进行特定的编码。这种方法主要针对快速的采样值传输和 GOOSE 报文，前者的映射方法由 IEC 61850—9 部分定义，后者的映射方法由 IEC 61850—8—1 部分定义。

限于篇幅，本节仅介绍合并单元最重要的采样值传输服务的映射，针对该项服务，IEC 61850 标准又划分了两种不同的映射方法，即 IEC 61850—9—1 和 IEC 61850—9—2 部分，二者区别如下：

IEC 61850—9—1 部分遵循了 IEC 60044—7/8 标准对合并单元的设定：输入通道为 12 路，采用专用数据集，帧格式固定，不允许改变，采用广播或组播的方法；只支持“SendMSVMessage”服务，不支持“GetMSVCBValues/SetMSVCBValues”等控制服务，也不支持对数据对象的直接访问等服务。因此 IEC 61850—9—1 的映射方法相对固定、简单，但对 ASCI 模型的支持不够完备。

IEC 61850—9—2 部分除了支持直接映射到数据链路层的“SendMSVMessage”服务外，还支持向 MMS 的映射：通过“GetMSVCBValues/SetMSVCB Values”等控制服务可重新设定输入通道数、采样频率等参数，支持对数据集的更改和对数据对象的直接访问；帧格式可灵活定义，并支持单播方式。因此 IEC 61850—9—2 的映射方法更为灵活，对 ASCI 模型的支持也更加完备。

下面以 IEC 61850—9—1（简称 9—1）为例，说明采样合并值传输的以太网帧格式（MSV 报文格式）如图 3–18 所示。

分组	子分组	内容	字节长度
		报头	7
		帧起始	1
		广播/组播地址	6
		源地址	6
		优先级标志/设定	4
		以太网型式PDU	10
APDU		ASN.1标记/长度	2
APDU		ASDU数据集个数	2
APDU	ASDU基本数据集	ASDU报头	2
APDU	ASDU基本数据集	逻辑节点名	1
APDU	ASDU基本数据集	数据集名	1
APDU	ASDU基本数据集	逻辑设备名	2
APDU	ASDU基本数据集	额定相电流	2
APDU	ASDU基本数据集	额定零序电流	2
APDU	ASDU基本数据集	额定相电压	2
APDU	ASDU基本数据集	额定延时	2
APDU	ASDU基本数据集	采样值 1～12通道	24
APDU	ASDU基本数据集	状态字#1	2
APDU	ASDU基本数据集	状态字#2	2
APDU	ASDU基本数据集	采样计数器	2
APDU	ASDU基本数据集	采样速率	1
APDU	ASDU基本数据集	配置版本号	1
APDU	ASDU状态数据集	ASDU报头	2
APDU	ASDU状态数据集	逻辑节点名	1
APDU	ASDU状态数据集	数据集名	1
APDU	ASDU状态数据集	逻辑设备名	2
APDU	ASDU状态数据集	16个状态指示	2
APDU	ASDU状态数据集	16个品质指示	2
APDU	ASDU状态数据集	状态字/保留	9
APDU	ASDU状态数据集	采样计数器	2
APDU	ASDU状态数据集	采样速率	1
APDU	ASDU状态数据集	配置版本号	1
		以太网帧校验和	4

图 3–18　IEC 61850—9—1 采样合并值传输帧格式

1 帧 MSV 报文由 111 个字节组成，帧间隔为 12 个字节。应用/表述层上采用了应用规约数据单元（Application Protocol Data Unit，APDU）格式：由 4 个字节的控制信息和 2 个应用服务数据单元（Application Service Data Unit，ASDU）串连组织，如图 3–19 所示。

APDU

Tag	Length	基本数据集	状态数据集
APCI		ASDU1	ASDU2

图 3–19　MSV 报文中的 APDU 格式

基本数据集中编排了 12 路采样值，类型为 16 位整数，采样值填充数据的计算公式为 $\frac{v_{m}}{v_{r}} \times s$，式中为式中 v_{m} 为瞬时值，v_{r} 为额定值，s 为互感器参数因子瞬时值。状态数据集中编排了 16 个带有品质信息的二进制状态信息，用于反映合并单元及其采集器的状态信息。

实现异构系统之间的通信，在以太网的表示层上采用了抽象语法记法（ASN.1）来规范应用层上的数据类型及值的表示方法，传输语法采用基本编码规则。

（5）合并单元数据发送实现。

数据发送模块负责标定前端处理好的数据信息，并按 IEC 61850—9—2 标准（简称 9—2）规定的通信规约进行应用数据单元（APDU）组帧并通过以太网实时发出。9—2 规范了将采样值映射到双向总线型的串行链接上，可同时支持采样值报文传输（SendSVMessage）、采样值控制块读（GetSVCBVlaues）和采样值控制块写（SetSVCB Vlaues）等 ACSI 服务。采样值报文传输基于 ISO/IEC 8802—3 规定的数据链路层映射，而采样值控制块读/写基于 IEC 61850—8—1 规定的制造报文规范（MMS）映射，通过采样值控制块的读/写可以对采样值的传输属性（如数据集、采样频率、采样使能）进行控制，从而实现采样值传输模型的灵活配置。

MMS 映射需要支持基于 TCP/IP 传输的 MMS 协议栈，较 9—1 仅支持底层传输的网络驱动程序有很大变动，将占用相关装置的大量系统资源。为此，本节介绍一种通过预配置采样值控制块实现采样值传输模型灵活定义的映射方案：9—2 帧格式中的以太网类型 Ethertype 默认为 0x88BA，以太网类型 PDU 的应用标识 APPID 默认为 0x4000，采样值控制块 svID 固定，根据工程需要预配置采样值数据集，实现采样值数据集面向工程实际间隔灵活配置的同时避免了 MMS 映射的实现困难，其以太网帧格式如图 3–20 所示。

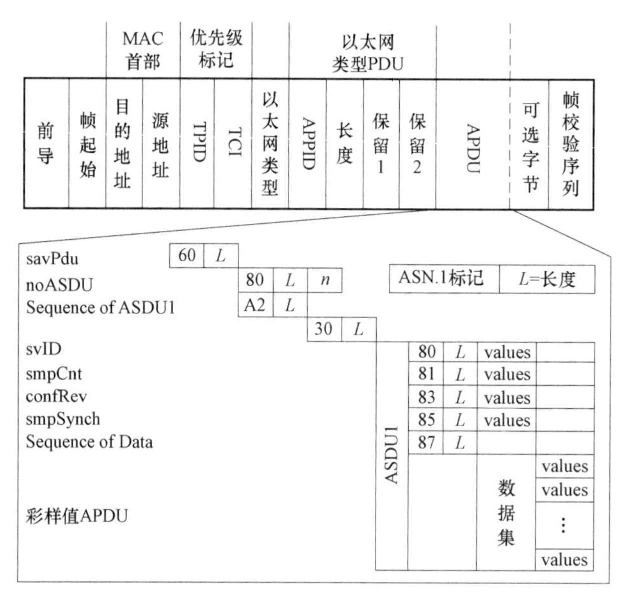

图 3–20　基于 IEC 61850—9—2 的 APDU 帧格式

工程中按间隔配置合并单元，假设某间隔内 IED 需要线路电流、电压数据，每个 APDU 中配置 5 个应用服务数据单元（ASDU），并据此编写以太网帧格式的数据报文。采集器发送至合并单元的采样值数字量如图 3–21（a）所示，合并单元发送的采样值报文的实验波形如图 3–21（b）所示。

6. 合并单元同步技术

（1）同步要求的背景以及指标。

合并单元通过交流头与常规互感器或者通过光纤与电子式互感器相连，如图 3–22 所示，并由合并单元将采样值上送给间隔层智能电子设备（IED），基于 IEC 61850—9—2 标准的过程层总线合并单元，在实现常规功能的同时还能实现跨间隔数据的共享。

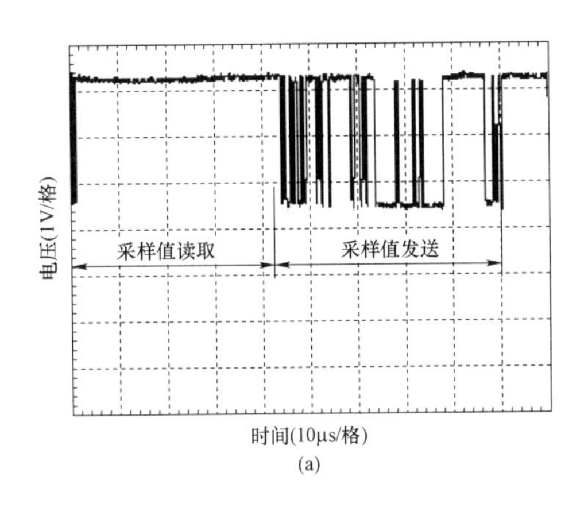

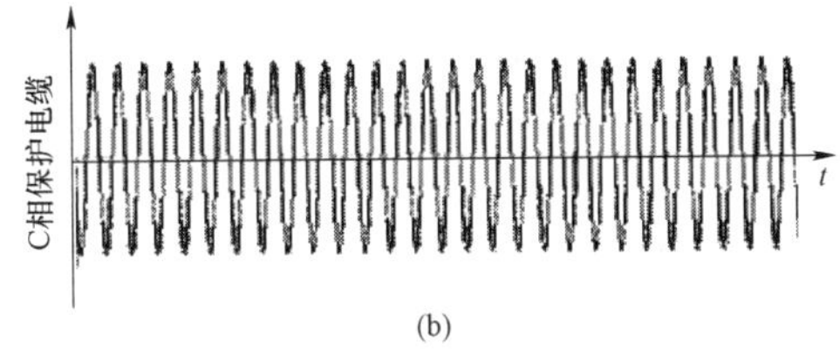

图 3–21　基于 IEC 61850—9—2 的采样值实验结果

（a）合并单元接收采集器发送的采样值数字信号；

（b）合并单元发送的采样值报文解析图形

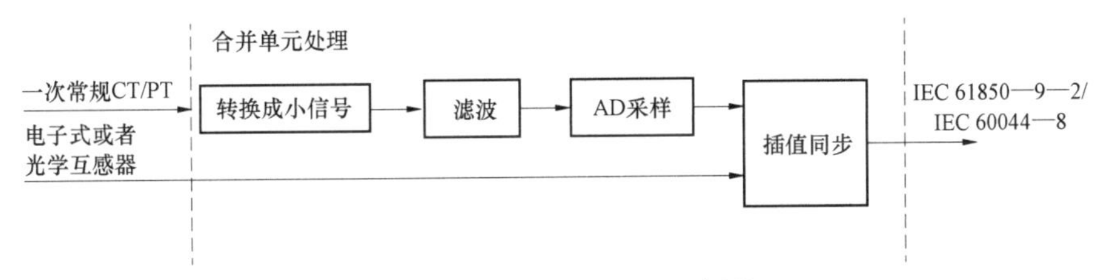

图 3–22　合并单元处理示意图

但基于 IEC 61850—9—2 标准的合并单元在实现跨间隔数据共享的同时也必须解决过程层采样同步的问题，尤其对母线保护等需要跨间隔采样数据的间隔层设备。IEC 61850 标准中过程总线上有采样值和跳闸命令 2 类重要信息传输。IEC 61850 标准定义了 3 个等级的采样值同步准确度：T3、T4 和 T5。T3 等级要求为 25μs，用于配电线路保护；T4 等级要求为 4μs，用于输电线路保护；T5 等级要求为 1μs，用于计量。

目前典型的有 IRIG–B 码对时和 IEC 61588 对时，考虑到 IEC 61588 精密时间协议（PTP）对时将是今后必然的发展趋势，本文首先介绍基于 IEEE1588 网络对时的功能。

IEC 61588 协议采用分层主从模式进行时钟同步，主要定义了 4 种多点传送的时钟报文类型：① 同步报文 Sync；② 跟随报文 Follow Up；③ 延迟请求报文 Delay Req；④ 延迟回应报文 Delay Resp。

在进行时钟同步时，首先由系统默认的主时钟以多播形式周期性（一般为2s）发出时间同步报文Sync，所有挂在默认主时钟网段内并且与主时钟所在域相同的PTP终端设备都能够接收到Sync报文，并准确记录下接收时间。Sync报文包含了一枚时间戳，它描述了Sync报文发出的预计时间。由于Sync报文所包含的是预计时间并不是真正的发出时间，因此主时钟会在Sync报文后发出一个Follow Up报文，该报文返回一个时间，它准确地记录了Sync报文发出的真实时间，这样PTP从终端就可以利用Follow Up报文中的返回时间和Sync报文的接收时间，计算出主时钟与从时钟之间的时间偏差 Offset，但是由于主时钟与从时钟之间的传输延迟 Delay 在初始化阶段是未知的，因此，此时PTP终端计算出的时间偏差包含了网络的传输延迟。随后，从时钟会向主时钟发送Delay Req报文，并精确记录下报文发出的时间，主时钟收到 Delay Req 报文后会精确记录报文到达的时间，然后通过Delay Resp报文将到达的准确时间发送给从时钟。通过这种“乒乓”方式，可计算出主从时钟之间的时间偏差 Offset 和网络延时 Delay。IEC 61588同步原理如图3–23所示。

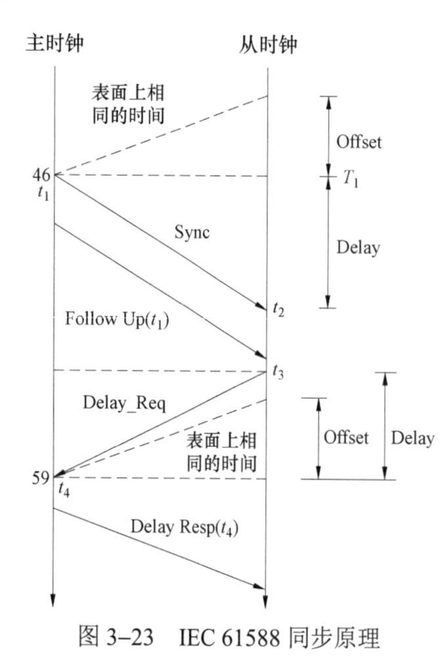

图3–23　IEC 61588同步原理

在图3–23中，主时钟在 t_1 时，从时钟相对的时间为 T_1，由此可以看出主从时钟之间存在时间偏差 Offset需要进行补偿。但是由于PTP从时钟端在进行时间同步计算时，是以本地时钟的时间为准，因此，站在从时钟的角度来看，Follow Up报文的返回时间反映的是Sync报文在从时钟时刻 t_1 时发出的，因此包含了网络传输延迟的时间偏差计算如下：

$$t_2-t_1=\text{Delay}-\text{Offset} \tag{3–4}$$

从式（3–4）可以看出，主从时钟之间同步所需的时间偏差Offset和延迟Delay尚未准确计算出来，因此，为了准确算出Offset和Delay，从终端在接收到Sync报文后，会随机向主时钟发出一个Delay Req报文。和Sync报文一样，PTP从时钟会准确记录Delay Req 报文的发出时间，接收方（主时钟）会准确记录接收时间，并发回包含准确接收时间的Delay Resp报文。由于主从时钟之间的时间偏差仍存在，因此从时钟在利用Delay Resp报文的返回时间进行计算时，Offset和Delay的差值计算如下：

$$\text{Offset}=[(t_4-t_3)-(t_2-t_1)]/2 \tag{3–5}$$

$$\text{Delay}=[(t_4-t_3)+t_2-t_1]/2 \tag{3–6}$$

PTP从终端可以利用式（3–5）和式（3–6）计算出主从时钟之间和，并据此调整从设备的本地时钟，完成一次时间同步。

合并单元有些场合需要接收PPS信号，来实现同步采样。根据合并单元同步采样的要求，下面将PPS接收和处理的过程分为以下几个功能模块实现。

捕捉 PPS 上升沿模块：光纤传输的 PPS 信号以上升沿为触发标准，同步信号的判断和处理都是基于该时钟沿进行的，所以准确获取上升沿的跳变时刻是提高同步采样精度的前提条件。

判断 PPS 的有效性模块：IEC 60044—8 上规定的 PPS 的输入要求是：时间触发为上升沿触发；时钟速率为每秒一个脉冲；MU 应对接收到的 PPS 进行检查，判断其合理性，验明输入脉冲是否有误。

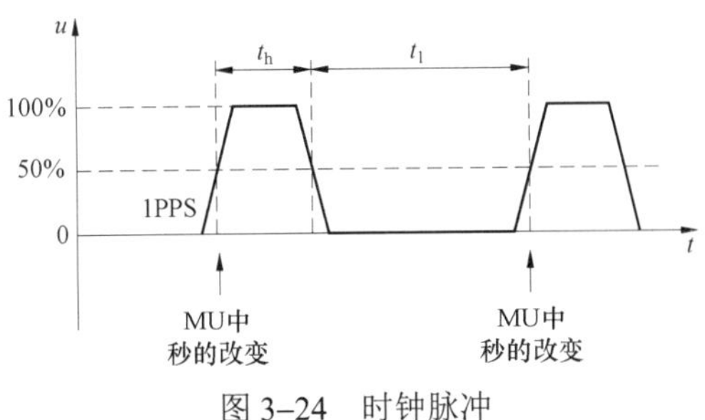

图 3–24　时钟脉冲

图 3–24 表示 PPS 秒脉冲的形状。PPS 信号是脉冲信号，很容易受干扰，对 PPS 的判据可以是 PPS 高电平时间是否大于 10μs；每 2 次脉冲的时间间隔是否在一定范围内；有一定的连续性和稳定性。通过以上三个条件，基本可以判断该 PPS 是有效信号，当不满足以上三个条件之一就有可能丢失了 PPS 信号。

同步状态的切换模块：在实际运行过程中，PPS 的接收状态不是固定的，根据接收情况设定正常、守时、失步三种同步状态。同步是能连续捕捉到 PPS 信号，且 PPS 信号满足 IEC 60044—8 协议的要求；守时是 MU 收不到同步信号，但是此段时间内误差很小，能满足装置同步精度要求，具备守时功能的 MU 在设计时要考虑使用恒温晶振，恒温晶振具有很高的频率精度和稳定度，能极大地削弱输出频率受时间和温度的影响；失步是指 MU 收不到 PPS 信号，并且不能保证同步时钟精度。MU 在运行过程中要实时监测同步信号，并根据情况在几种状态之间进行切换。

由于 IEC 61588 采用主从方式对时，需要介质访问控制（MAC）层能够标记时间戳，这对硬件提出了较高的要求。目前的做法基本上采用高性能的 FPGA 芯片，在实现 IEEE1588 功能的同时，可以实现合并单元精确对时和守时、接收 IEC 61588 的秒脉冲、输出同步采样脉冲以及对时时标，时钟误差不大于 1μs。

合并单元一般接收一个间隔的所有电流、电压通道数据。合并单元的同步包括两方面内容：① 采集器间的同步，即本间隔电流电压数据的同步；② 合并单元间的同步，即不同间隔电流电压数据的同步。

采集器间的同步采用合并器重采样方式同步。采集器按设定的频率进行采样，经固定延时后发送至合并单元；合并单元使用 FPGA 硬件逻辑进行采集器规约解析，并附加上 FPGA 的运行频率计数值。重采样算法使用同源的 FPGA 时钟对采集器数据进行插值运算。重采样算法采用抛物线插值算法，具有很高的精确度，当采集器采样率为每周波 160 点时，对于基波的误差小于 3.1×10^{-5}，满足电力系统对数据精度的要求。

合并单元间的同步通过接收 GPS 秒脉冲信号同步。双对时脉冲输入，互为备用，自动切换。时钟频率为 1Hz（秒脉冲），同步时刻为信号上升沿，触发光功率为最大功率的 50%，脉冲发送器在有 GPS 信号时脉冲持续期 t_h＞10μs，脉冲间隙 t_l＞500ms，如图 3–25 所示。

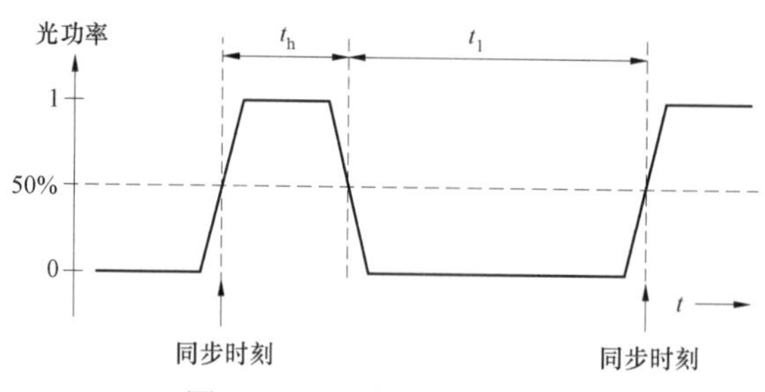

图 3–25　对时秒脉冲波形图

合并单元首先根据固定延时修正各采集器输入数据采样时标，采样时标归算到各采集器的实际采样时刻。再根据接收的秒脉冲确定重采样时刻，秒脉冲到时刻采样计数为0，再根据采样率要求等间隔重采样，同时采样计数递增，到下一个秒脉冲重采样时刻再翻转到0，不同合并单元即不同间隔通道的采样计数相同即为同一时刻数据。

变电站采用同一套 GPS 对时系统，各装置具有统一的时间源，合并单元对 GPS 信号的同步误差不大于 1μs，同步效果满足保护测量的需求。

合并单元采样同步对时的作用是调整合并单元的采样时间体系和外部时钟系统进行同步，在外部时钟引导下调整装置的中断时刻，从而达到对采样时刻调整的目的，最终做到多间隔合并单元之间的同步采样。

合并单元的同步依赖于外部时钟，当外部时钟时间丢失或异常的时候，合并单元依据原来统计的数据按照原来的正常时钟时序进行守时，从而使装置对外部时钟出错具备一定的容错能力。其中 DL/T 282—2012《合并单元技术条件》中 6.7.1C）中规定“MU 应具有守时功能，在失去同步信号的 10min 以内的守时误差应小于 4μs”。

（2）合并单元的同步过程。

对于电子式互感器，各相远端模块到达合并单元的时刻不一致，合并单元的必须要做插值，以保证数据的同步性。详细的同步方法见“合并单元插值技术”章节。

对于合并单元来说，同步主要是通过时钟同步技术来实现的，即合并单元外接同步源，可以是 IRIG–B，也可以是 PPS 或是 IEC 61588，通过调整采样时刻，使得采样中断和秒脉冲沿对齐，进而达到采用同步的目的。

期间需要考虑时钟由失步到同步的过程、同步到失步的过程，以及守时的问题。

1）失步到同步的过程。失步以后首先要严格判断对时源的有效性，判断成功以后才能够进行同步跟踪。如何判断对时源的有效性，可以采用秒间隔平均误差小于 1μs。

2）同步到失步的过程。同步到失步的过程可以分为三种情况：① 同步过程中，外部时钟突然丢失，合并单元进行守时，守时时间结束后，装置置失步。② 同步过程中，外部时钟源存在，但时钟序列发生固定相位跳变（后面简称时钟跳变），确认新时钟序列过程中，合并单元进行守时，新时钟序列确认完毕后，合并单元置失步。③ 同步过程中，外部时钟出现秒间隔不稳定的跳动，此时合并单元进行守时，守时时间结束后装置置失步。

3）守时方面的考虑。合并单元的守时依据两个重要的条件：① 外部时钟源；② 内部恒温晶振。任一方面出问题都会导致装置守时出问题。恒温晶振为硬件，由硬件指标保证。外部时钟源涉及守时数据的统计，对时元件需要充分考虑统计数据准入门槛的严格性。前后连续秒间隔小于 1μs、连续确认 5 个秒间隔后，相关的秒间隔才进入守时统计数据。

4）同步过程中时钟源的有效性判断。合并单元一旦同步上以后，为了提高对对时源的容错能力，外部对时源和本地虚拟的时钟相差 10μs 以内，均认为时钟有效，时刻调整装置采样时刻与外部对时源同步。这里采用严进宽出的策略，即失步到同步的过程中对时脉冲的有效性判断需要严格（1μs），一旦同步上，对时脉冲的有效性判断可以放宽（10μs），以增加装置的容错能力，虽然对时源的相关标准要求就是输出误差不大于 1μs，但具体实施的时候放些余量比较好。

对时守时元件的工作状态机如图 3–26 所示。

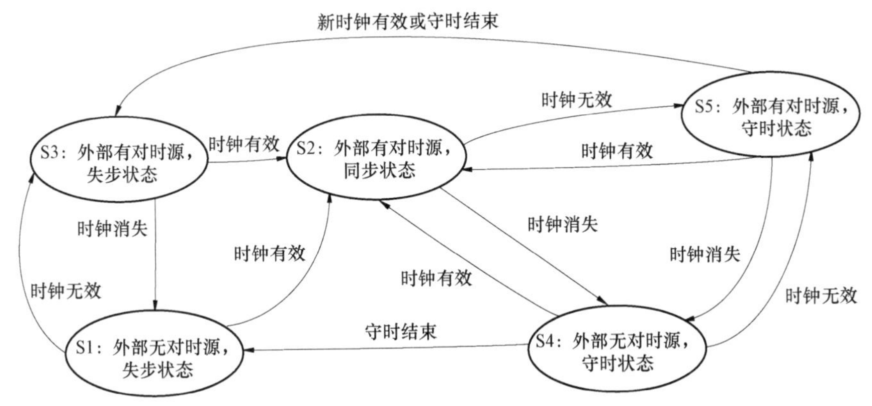

图 3–26　对时守时的工作状态机

图 3–26 中，通过判断时钟、守时的状态在以下五个状态间切换：

S1：外部无对时源，失步状态。

S2：外部有对时源，同步状态。

S3：外部有对时源，失步状态。

S4：外部无对时源，守时状态。

S5：外部有对时源，守时状态。

7. 合并单元守时技术

国家电网规范 Q/GDW 1426—2015《智能变电站合并单元技术规范》7.4 章节规定合并单元的“对时精度应小于 1μs，且应具有守时功能，在失去同步时钟信号 10min 以内的守时误差应小于 4μs”。

这节主要介绍合并单元的授时源误差分析、合并单元守时逻辑等关键技术。

（1）授时源误差。

合并单元在对时状态下从授时源输出的 IRIG–B 码中，解析得到秒脉冲作为产生本地秒脉冲信号的依据，授时源的性能会影响合并单元的对时精度与稳定度。授时源装置的卫星信号接收机输出的秒脉冲与协调世界时之间存在误差，此误差服从正态分布。卫星信号接收机输出的秒脉冲的精度和稳定度，通常用此正态分布的方差来表示，其数值因接收机的性能不同而各不相同。若使用此秒脉冲直接产生本地秒脉冲，则本地秒脉冲会存在抖动问题。因此，对时状态下授时源输出的秒脉冲信号可以作为本地秒脉冲周期大小以及判断对时精度的依据，不能用于直接产生本地秒脉冲。

由晶振的频率稳定度特性可知，晶振在较短时间内的频率相对稳定，因此，依据晶振周期产生本地秒脉冲信号相对合理。为了使周期测量值相对准确，使用晶振连续统计最近一段时间内的秒脉冲周期作为对时依据。由于频率准确度特性，通常由晶振测量的秒脉冲周期与其标称值对应的秒脉冲周期大小存在差异。假设晶振的标称频率为100MHz，那么由晶振连续统计512s的秒脉冲周期之和为$512\times10^8\pm N$（$N>0$）。若使用晶振标称值产生本地秒脉冲信号，则晶振每振动512×10^8次就会产生±10*N*ns的误差，所以需在512s中每隔（512/*N*）s增加或减少一个晶振周期以补偿此误差（注有些厂家使用128s，有些厂家使用256s作为脉冲周期之和）。

（2）晶振特性。

对于时间同步性能要求高的场合，一般选用恒温晶振，因此，本文基于恒温晶振探讨对时守时的设计与实现。恒温晶振自上电时刻起开始预热过程，这一过程中恒温晶振的恒温槽处于加温状态，持续一段时间后恒温晶振工作进入稳定状态。图3–27所示为由某电子公司提供的恒温晶振上电后频率变化特性典型图。

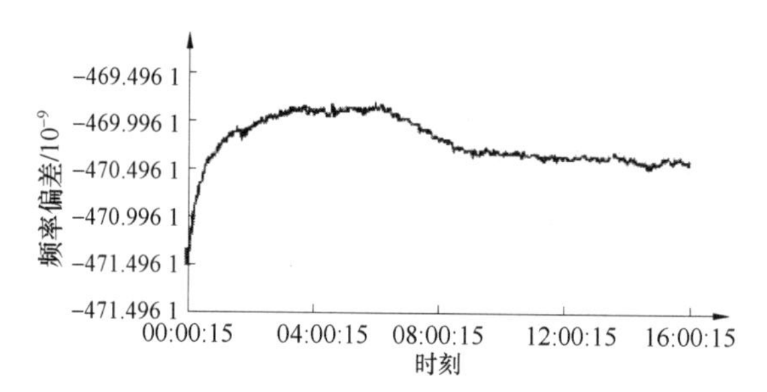

图3–27　恒温晶振上电后的频率变化特性

由图3–27可以看出，恒温晶振在上电后约2h内的频率变化相对剧烈，对时状态下需要将此因素考虑在内，使用晶振产生本地秒脉冲的同时，观测对时误差是否在规定范围之内，同时此阶段统计的样本不能作为守时依据。处于稳定工作状态后，由于固有的老化漂移特性，恒温晶振的频率处于微小变化的过程中。守时状态下的频率变化反映了恒温晶振的守时能力，下文将考察恒温晶振这一特性对其守时能力的影响。

恒温晶振的守时能力可以用下式表示

$$\Delta T = T_0 + \int_0^T \Delta f \mathrm{d}t \tag{3–7}$$

式中：ΔT为守时误差；T_0为同步误差；t为守时时间；Δf为恒温晶振在丢失全球定位系统（GPS）这段时间里的频率变化特性函数。

恒温晶振的频率变化特性受时间、环境温度、加速度、辐射场及噪声等诸多因素的影响。考虑变电站工程现场特点，实际中主要考虑时间和温度的影响。

以合并单元 10min 守时 4μs 的设计指标为例，假设 Δf 为常数，环境温度恒定且 $T_0=0$，将上述数值代入式（3–7），计算出恒温晶振的频率变化量 $\Delta f=6.67\times10^{-9}$。那么当恒温晶振在守时状态下的频率变化量小于 6.67×10^{-9} 时，守时指标可以达到设计要求。对照图 3–27 可以看出，此恒温晶振的频率变化特性可以满足守时功能的要求。若按照 1h 守时 4μs 的指标计算，$\Delta f=1.11\times10^{-9}$，则此恒温晶振在上电预热过程结束之前不满足要求。

另外，由于在生产工艺上或多或少存在差别，不同的恒温晶振在性能特性方面存在一定的差异，如短时稳定度、老化率等，因此，具体设计需要根据特定的晶振特性进行相应处理。

（3）守时算法。

由上述分析可知，在保证统计的周期样本信息准确的前提下，若恒温晶振的频率漂移性能好，仅仅依靠恒温晶振的自身能力也可以实现一定程度的守时功能。但是选择频率漂移性能较高的恒温晶振必然会增加设计成本，因此，在兼顾守时性能与设计成本的前提下，考虑恒温晶振存在固有的老化漂移特性，在守时阶段采用软件方法补偿晶振频率变化带来的累积误差。守时算法的核心思想是：记录恒温晶振稳定工作一段时间内的频率数据，依据历史数据及频率预测模型得到晶振的老化曲线，然后根据此曲线推演出在丢失对时信号的时间内，由于频率变化引起的累积误差，并进行补偿。此补偿方法仅针对频率随时间的变化特性，由于恒温晶振的频率随温度的变化特性非单调、非线性，且无重复性，目前暂无有效、可行的方法实现补偿控制。经过充分预热后，恒温晶振在短时间内其频率随时间的变化可以由一条直线近似表示。晶振老化率 k 即为该直线的斜率。使用最小二乘法拟合该直线斜率的计算公式如下：

$$k=\frac{n\sum_{i=1}^{N}[f_i-\overline{f}_i(i-\overline{i})]}{Mf_0\sum_{i=1}^{N}(i-\overline{i})^2} \tag{3–8}$$

式中：n 为每天测量次数；f_0 为晶振的标称频率；M 为倍频系数；N 为 f_i 取样个数；f_i 为取样时刻 i 晶振的相对频率偏差；i 为取样序列，用自然数列表示 $\overline{f}_i=\frac{1}{N}\sum_{i=1}^{n}f_i$；$\overline{i}=\frac{1}{N}\sum_{i=1}^{N}i$。

（4）逻辑处理。

在工程设计中，有些逻辑处理导致的误差不能忽略。在对时系统同步情况下，影响对时精确度的逻辑处理环节有 IRIG–B 解码、秒脉冲检测。IRIG–B 解码时需要根据基准码元产生秒脉冲，由于 IRIG–B 码信号为异步信号，因此，IRIG–B 解码环节需要延时 1～2 个解码时钟周期检测到 P 标志到来时刻，若解码时钟频率为 100MHz 时，则秒脉冲输出时刻滞后真实时刻 10～20ns。秒脉冲检测环节也需要延时 1 个时钟周期来判断秒脉冲的上升沿时刻。

此外，IRIG–B 信号需要通过物理介质传输，合并单元的本地秒脉冲信号通过物理电路传输到所有需要同步的功能单元，因此需要考虑相应的物理传输延时。能够产生较大延时的物理电路一般在几十至上百纳秒之间。

综合上述各环节产生的延时，在本地秒脉冲逻辑设计时，需要补偿在秒脉冲处理各环节产生的延时，补偿时间为各逻辑处理环节的延时时间之和。

（5）对时守时系统方案。

合并单元的对时守时系统结构如图 3–28 所示，此系统主要基于 FPGA 实现，FPGA 内部由 IRIG–B 码解析模块、脉冲检测模块、样本统计模块、晶振补偿模块、本地秒脉冲产生模块及 CPU 接口模块组成。FPGA 接收 IRIG–B 码流信号，经过综合处理形成高精度本地秒脉冲信号；CPU 作为管理接口与 FPGA 交换实时信息，实现系统时间同步。

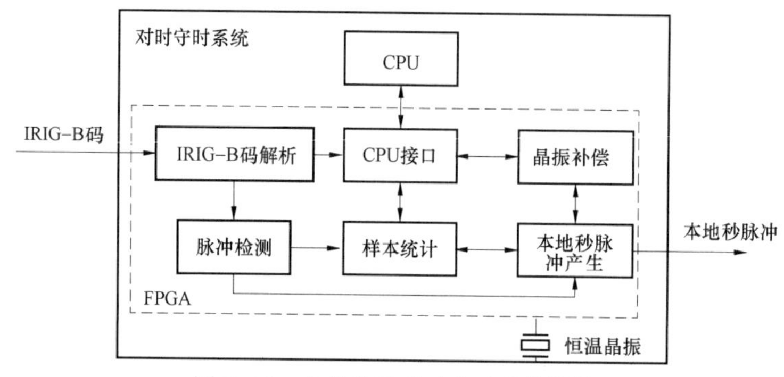

图 3–28　合并单元对时守时系统结构

图 3–29 所示为对时守时系统的时间同步流程，FPGA 按照此流程每秒完成一次时间同步处理。

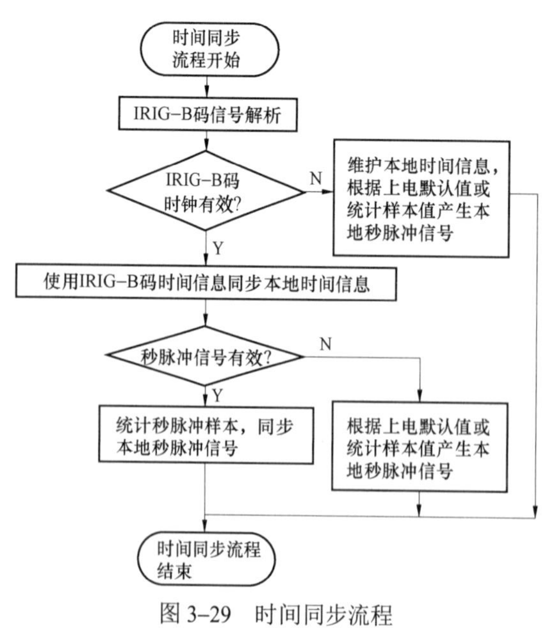

图 3–29　时间同步流程

IRIG–B 码解析模块实现 IRIG–B 码解码功能。此模块需确认 IRIG–B 码信号包含所有的位置识别标志正确，且码流信息的校验结果无误，以此来判断 IRIG–B 码信号的有效性。FPGA 从码流中获得绝对时间信息、闰秒信息、夏时制信息、时间偏移信息、时间质量信息，并通过 CPU 接口模块将这些时间信息实时传递给 CPU，用于合并单元各功能单元的时间同步。CPU 得到时间信息后需要进行必要的防误判断，如 CPU 每秒得到的绝对时间是否是前一次时间加 1、闰秒信息与夏时制信息的出现时刻是否正常等。另外，FPGA 在每次检测到 IRIG–B 码码流的基准码元时刻，产生一次秒脉冲信号。

脉冲检测模块完成秒脉冲信号的有效性判断，对秒脉冲有效性的判断采用绝对周期与相对变化相结合并重复确认的方法。考虑到晶振的频率准确度特性，实际由晶振测量的秒脉冲周期，应该在晶振标称频率对应的周期值基础上推定一个变化范围，此范围固定为±30μs，并且连续 2 次秒脉冲周期变化量应小于一个上限值，此上限值固定为±1μs，以此确认秒脉冲的有效性。

样本统计模块用于采集秒脉冲周期值作为对时与守时的样本，样本作为产生本地秒脉冲依据的同时，也供 CPU 用来计算晶振的老化率。样本统计必须在秒脉冲有效的前提下进行，若统计过程中秒脉冲丢失，统计须在外部时钟信号有效后重新开始。为减小测量误差，使用高频时钟信号对秒脉冲连续统计最近一段时间内的总计数周期值，假设时钟频率取 100MHz，统计时长根据时间同步性能的要求及设计实现的方便性可以取 2^ns，其中 $n>5$。

晶振补偿模块用于守时阶段根据晶振的老化规律对晶振计数值进行补偿处理。此模块记录守时开始时刻及守时持续时间，并接收经 CPU 计算得到的本地秒脉冲信号的晶振计数补偿值。

本地秒脉冲产生模块原理如图 3–30 所示。

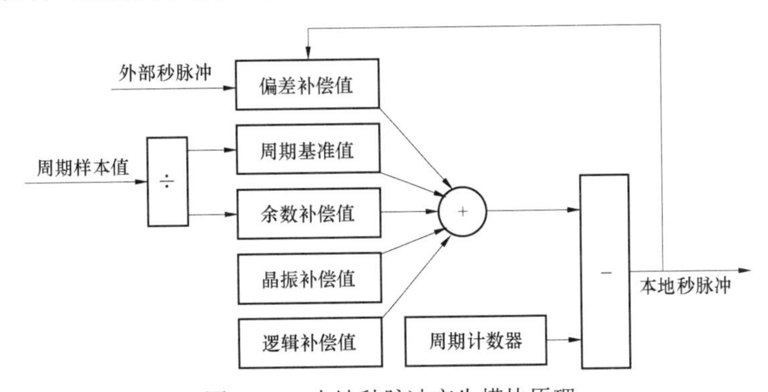

图 3–30　本地秒脉冲产生模块原理

此模块用于产生本地秒脉冲信号，并根据外部时钟状态及统计样本对本地秒脉冲信号进行调整。当外部时钟信号状态从无效变为有效时，样本统计模块开始统计秒脉冲的周期样本，在一组完整的样本统计完成之前，利用晶振的短时稳定性，根据已经统计的周期样本预测下一秒周期，并结合本地秒脉冲与外部秒脉冲的偏差进行调整。当一组样本统计完成后，使用样本值计算出算术平均值及余数，算术平均值作为本地秒脉冲信号的周期基准值，余数决定对周期基准值的补偿周期。考虑到晶振频率存在老化漂移特性及晶振的温度稳定性，此时仍需要将外部秒脉冲与本地秒脉冲的偏差值纳入本地秒脉冲的产生逻辑中。逻辑补偿值通常为一常量。

根据上述对时守时方案可知，此系统的同步误差来源主要有以下两个方面：

1）卫星信号接收机的授时精度，取决于卫星信号接收机的性能，一般在 50ns～1μs。

2）测量误差，包括外部秒脉冲周期测量环节、外部秒脉冲与本地秒脉冲之间的偏差测量环节产生的误差，两者之和不大于 30ns。

因此，理论上同步误差最小值在 80ns 左右。实际中由于外部时钟源的抖动，同步误差会在一定范围内变化。

8. 合并单元插值技术

合并单元会接收的本地的交流头模拟采样，也会接收来自 9—2 的级联电压，或是来自 4–8 的级联电压，而输出的数据则是同一额定延时本地数据加级联数据，所以必须进行插值处理。

由于采样值基于数字化通信传输，当一些保护需要多个 MU 提供的电流、电压信息时，必须解决 MU 之间的采样同步问题，这样才能满足二次设备的要求。例如：三相电流、电压采样必须同步；对于变压器保护，各侧模拟量采样必须同步；对于母线保护，所有支路的电流量采集必须同步；对于两侧都是电子式互感器的线路保护或是一侧电子式互感器一侧常规采样的线路保护，线路两侧的模拟量采集必须同步。

目前，合并单元主要使用两种方法实现数字化采样同步：插值法和时间同步法。

（1）插值法。

插值法是一种推算式同步方式。合并单元利用电子式互感器采样信息的准确到达时刻、报文延迟时间来推算电子式互感器对应本地时刻的采样样本，然后通过插值计算获取不同电子式互感器对应同一本地时刻的采样样本信息。其前提是已知（或计算可得到）各个电子式互感器采样到达合并单元的确定的延迟时间，如图 3–31 所示。

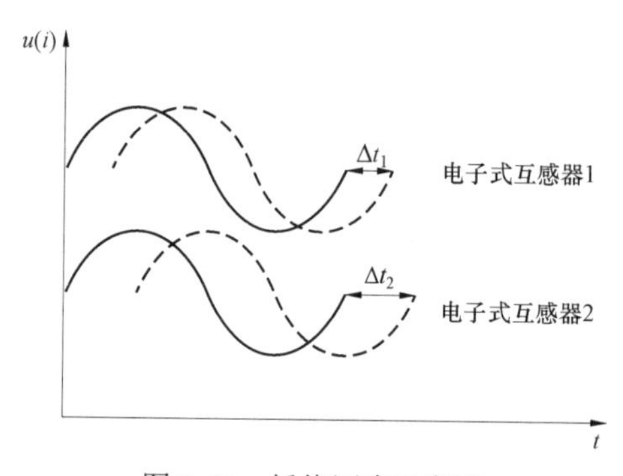

图 3–31　插值同步示意图

图 3–33 中，实线表示电子式互感器采样报文的准确采样时刻，虚线表示合并单元实际接收到电子式互感器采样报文的时刻，分别为电子式互感器 1、电子式互感器 2 的固定采样延迟时间，通过该延迟时间，可以推算出 MU 的实际采样时刻对应的本地时刻，以实线表示。通过插值计算可获取各个电子式互感器对应任一本地时刻的采样数据，从而实现采样同步计算。

固定传输延时是插值法的基础。点对点的 FT3 采样，以及点对点的 IEC 61850—9—1 或 IEC 61850—9—2 采样的装置均可采用插值法实现同步。

（2）时间同步法。

时间同步法是利用时钟脉冲的同步方法。各个电子式互感器必须接入同步源（同步信号由合并单元发出），并按照同步输入信号给定的状态获取采样数据并按照特定格式输出采样数据，如对于 4k 采样率的 IEC 61850—9—2 采样，在 0s 脉冲时刻触发 0 序号的采样数据，间隔 250μs 触发 1 序号的采样数据，以此类推，在 999 750μs 时刻触发 3999 序号的采样数，在 1s 脉冲时刻触发 0 序号的采样间隔。合并单元装置接收到经过未知的传输延时后采样数据，可以根据同步时钟和采样序号而得到采样数据对应的本地时间，进而得到想要时刻的数据，实现采样同步，如图 3–32 所示。

变化的传输延时是同步法的原因。基于网络的 IEC 61850—9—1 或 IEC 61850—9—2 采样的保护装置均可采用始终同步法实现同步。

9. 接口协议

合并单元输出接口主要有 IEC 60044—8 和 IEC 61850—9—2 通信协议，输入接口（与电子式互感器远端模块通讯）协议一般采用 IEC 60044—8 协议，而输入接口（与母线合并单元数据级联）协议一般采用 IEC 61850—9—2，早期的数字化变电站也有采用 IEC 60044—8 协议的。

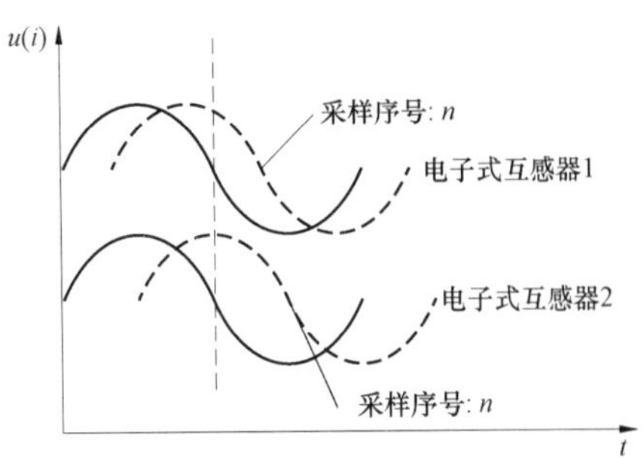

图 3–32　时间同步法

（1）IEC 60044—8 协议。

IEC 60044—8 规约是指 IEC 60044—8 中定义的电子式互感器数字输出接口的通信规约，因其帧格式是采用 IEC 60870—5—1 定义的定长 FT3 格式，所以也常称为 FT3 规约。FT3 规约允许有光接口和电接口两种方式，通信速率最高可达 2.5Mbits/s，采用曼彻斯特编码。光纤可允许使用 BFOC/2.5 塑料光纤和玻璃光纤，一对一输出；电接口采用 EIA RS–485 接线。多个互感器数字输出接到一个 MU，再接到 IED。FT3 规约链路层采用 FT3 定长格式，采用发送/不应答方式，CRC 表达式：$X16+X13+X12+X11+X10+X8+X6+X5+X2+1$。应用层报文模型定义和通信格式与 IEC 61850—9—1 兼容。LNName=02H，DataSet Name=01H 或 FEH。DataSetName=01H 时，报文数据通道 1～12 依次是保护用 A、B、C 相电流、零序电流、测量用 A、B、C 相电流、A、B、C 相电压、零序电压、母线电压。2 个 2 字节长的状态字传送了如下监视信息：通信正常/告警/测试/激发状态、同步/插值方式、TA 输出类型、标度因子选择、各数据通道的数据有效否状态。DataSetName=FEH（十进制为 254）时，表示可按照各种用途调整特定的通道映射。制造方必须提供数据通道映射对应关系，以便正确配置二次设备。

早期的 IEC 60044—8 规约，通道内容 1～12 的内容是固定的，即按照“保护用 A、B、C 相电流、零序电流、测量用 A、B、C 相电流、A、B、C 相电压、零序电压、母线电压”传输，在一定程度上限制了工程应用的灵活性。国家电网有限公司的 Q/GDW 441—2010《智能变电站继电保护技术规范》里对 IEC 60044—8 规约进行了扩展，支持通道可配置，可灵活应用，方便了现场施工，如表 3–6～表 3–9 所示。

表 3–6　　数　据　块　1

字节	含义	2^7	2^6	2^5	2^4	2^3	2^2	2^1	2^0
字节 1	前导	msb	数据集长度（=62 十进制）						
字节 2									lsb
字节 3	数据集	msb	LNName（=02）						lsb
字节 4		msb	DataSetName						lsb

续表

字节	含义	2^7	2^6	2^5	2^4	2^3	2^2	2^1	2^0
字节 5	数据集	msb	LDName						
字节 6									lsb
字节 7		msb	额定相电流（PhsA.Artg）						
字节 8									lsb
字节 9		msb	额定中性点电流（Neut.Artg）						
字节 10									lsb
字节 11		msb	额定相电压（PhsA.Vrtg）						
字节 12									lsb
字节 13		msb	额定延迟时间（t_{dr}）						
字节 14									lsb
字节 15		msb	SmpCnt（样本计数器）						
字节 16									lsb

表 3–7　　　　数　据　块　2

字节	含义	2^7	2^6 ~ 2^1	2^0
字节 1	数据集	msb	DataChannel #1	
字节 2				lsb
字节 3		msb	DataChannel #2	
字节 4				lsb
字节 5		msb	DataChannel #3	
字节 6				lsb
字节 7		msb	DataChannel #4	
字节 8				lsb
字节 9		msb	DataChannel #5	
字节 10				lsb
字节 11		msb	DataChannel #6	
字节 12				lsb
字节 13		msb	DataChannel #7	
字节 14				lsb
字节 15		msb	DataChannel #8	
字节 16				lsb

表 3–8　　　　数　据　块　3

字节	含义	2^7	2^6 ~ 2^1	2^0
字节 1	数据集	msb	DataChannel #9	
字节 2				lsb
字节 3		msb	DataChannel #10	
字节 4				lsb

续表

字节 5	数据集	msb	DataChannel #11	
字节 6				lsb
字节 7		msb	DataChannel #12	
字节 8				lsb
字节 9		msb	DataChannel #13	
字节 10				lsb
字节 11		msb	DataChannel #14	
字节 12				lsb
字节 13		msb	DataChannel #15	
字节 14				lsb
字节 15		msb	DataChannel #16	
字节 16				lsb

表 3-9　　　　　　　　　　数　据　块　4

字节 1	数据集	msb	DataChannel #17	
字节 2				lsb
字节 3		msb	DataChannel #18	
字节 4				Lsb
字节 5		msb	DataChannel #19	
字节 6				Lsb
字节 7		msb	DataChannel #20	
字节 8				Lsb
字节 9		msb	DataChannel #21	
字节 10				Lsb
字节 11		msb	DataChannel #22	
字节 12				Lsb
字节 13		msb	StatusWord #1	
字节 14				Lsb
字节 15		msb	StatusWord #2	
字节 16				Lsb

其中状态字（StatusWord #1 和 StatusWord #2）说明如表 3-10 和表 3-11 所示。

表 3-10　　　　　　　　状态字 #1（StatusWord #1）

比特	说　明		注　释
比特 0	要求维修（LPHD.PHHealth）	0：良好 1：警告或报警（要求维修）	用于设备状态检修

续表

比特	说　明		注　释
比特 1	LLN0.Mode	0：接通（正常运行） 1：试验	检修标志位 test
比特 2	唤醒时间指示 1. 唤醒时间数据的有效性	0：接通（正常运行），数据有效 1：唤醒时间，数据无效	在唤醒时间期间应设置
比特 3	合并单元的同步方法	0：数据集不采用插值法 1：数据集适用于插值法	
比特 4	对同步的各合并单元	0：样本同步 1：时间同步消逝/无效	如合并单元用插值法也要设置
比特 5	对 DataChannel #1	0：有效 1：无效	
比特 6	对 DataChannel #2	0：有效 1：无效	
比特 7	对 DataChannel #3	0：有效 1：无效	
比特 8	对 DataChannel #4	0：有效 1：无效	
比特 9	对 DataChannel #5	0：有效 1：无效	
比特 10	对 DataChannel #6	0：有效 1：无效	
比特 11	对 DataChannel #7	0：有效 1：无效	
比特 12	电流互感器输出类型 $i(t)$ 或 $d(i(t)/dt)$	0：$i(t)$ 1：$d(i(t)/dt)$	对空心线圈应设置
比特 13	RangeFlag	0：比例因子 SCP=01CF H 1：比例因子 SCP=00E7H	比例因子 SCM 和 SV 皆无作用
比特 14	供将来使用		
比特 15	供将来使用		

表 3–11　　状态字 #2（StatusWord #2）

比特	说　明		注　释
比特 0	对 DataChannel #8	0：有效 1：无效	
比特 1	对 DataChannel #9	0：有效 1：无效	
比特 2	对 DataChannel #10	0：有效 1：无效	
比特 3	对 DataChannel #11	0：有效 1：无效	

续表

比特	说　明		注　释
比特 4	对 DataChannel #12	0：有效 1：无效	
比特 5	对 DataChannel #13	0：有效 1：无效	
比特 6	对 DataChannel #14	0：有效 1：无效	
比特 7	对 DataChannel #15	0：有效 1：无效	
比特 8	对 DataChannel #16	0：有效 1：无效	
比特 9	对 DataChannel #17	0：有效 1：无效	
比特 10	对 DataChannel #18	0：有效 1：无效	
比特 11	对 DataChannel #19	0：有效 1：无效	
比特 12	对 DataChannel #20	0：有效 1：无效	
比特 13	对 DataChannel #21	0：有效 1：无效	
比特 14	对 DataChannel #22	0：有效 1：无效	
比特 15	供将来使用		

状态字 1 中的比特 13 为 RangFlag，表征比例因子。对测量值的数据通道分配，可以根据合并单元采样发送数据集中的内容灵活配置。保护三相电流参考值为额定相电流，比例因子为 SCP。中性点电流参考值为额定中性点电流，比例因子为 SCP。测量三相电流参考值为额定相电流，比例因子为 SCM。电压参考值为额定相电压，比例因子为 SV。

数字量输出额定值和比例因子如表 3–12 所示。

表 3–12　　数字量输出额定值和比例因子

SCM / rang-flag	测量用 ECT（比例因子 SCM）	保护用 ECT（比例因子 SCP）	EVT（比例因子 SV）
额定值（range–flag=0）	2D41H（十进制 11585）	01CF H（十进制 463）	2D41H（十进制 11585）
额定值 量程标志（range–flag=1）	2D41H（十进制 11585）	00E7H（十进制 231）	2D41H（十进制 11585）

注　1. 所列 16 进制数值，在数字侧代表额定一次电流（皆为方均根值）。

2. 保护用 ECT 能测量电流高达 50 倍额定一次电流（0%偏移）或 25 倍额定一次电流（100%偏移），而无任何溢出。测量用 ECT 和 EVT 能测量达 2 倍额定一次值而无任何溢出。

3. 如果互感器的输出是一次电流的导数，其动态范围与电流输出的动态范围不同。电流互感器的最大量程与暂态过程的直流分量有关。微分后，此低频分量的幅值减小。因而，例如 range–flag=0 时，电流导数输出的保护用 ECT 能测量无直流分量（0%偏移）的 50 倍额定一次电流，或全直流分量（100%偏移）的 25 倍额定一次电流。

4. 对保护用 ECT，当设置 rang–flag 时，不发生溢出的一次电流最大可测量值是 2 倍关系。

（2）IEC 61850—9—1。

IEC 61850—9—1 规约是 IEC 61850 规定的过程层与间隔层之间通信的一种特定通信服务映射，它规定了建立在与 IEC 60044—8 相一致的单向多路点对点连接之上的映射。它用于变电站内电子式电流/电压互感器经合并单元 MU 与间隔层 IED 设备之间的通信。IEC 61850—9—1 规约的接口原理如图 3–33 所示。

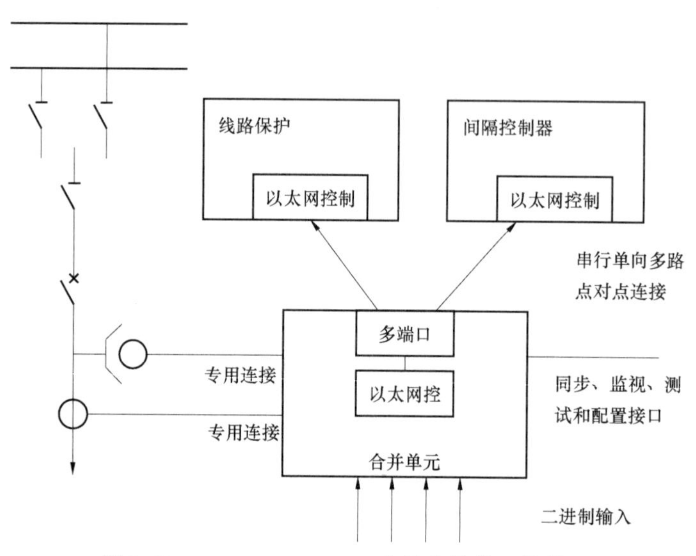

图 3–33　IEC 61850—9—1 中的合并单元的说明

IEC 61850—9—1 规约是面向一个典型间隔的保护、测控装置的应用设计的，其通信应用在 MU 与间隔层 IED 设备之间，采用以太网实现；电子式电流/电压互感器与合并单元 MU 之间，本规约没做规定，允许各厂商自定义。物理层的首选的光纤传输系统是 IEEE802.3 100Base–FX，也可在抗电磁干扰足够允许的情况下，采用双绞线电连接。由于是面向一个典型间隔的应用设计，所以，采用点对点逻辑通信链路，单方向广播通信方式，不需组网，且所传送的模拟数据确定：保护用 A、B、C 相电流、零序电流、测量用 A、B、C 相电流、A、B、C 相电压、零序电压、母线电压。这样就将 IEC 61850—7—2 部分的采样值模型，定制成默认的隐含采样值模型，简化了相关装置传送采样值的程序代码和配置数据的设计，降低了对装置软硬件资源的要求。同时，考虑是在前期的数字化应用的情况下，将二进制输入传送纳入进来，简化过程层网络的建设投资。所以，IEC 61850—9—1 规约的通信内容又可以包含开关量的传送。由于所传送的模拟数据是确定的，所以，IEC 61850—9—1 规约仅支持 IEC 61850—7—2 中定义的采样值模型 ACSI 服务中的一种服务 SendMSVMessage。

由于 IEC 61850—9—1 规约在工程配置上缺乏必要的灵活性，其自定义的通道映射关系也不能在全站模型中得到体现。实际现场用的 IEC 61850—9—1 规约并不太多。

（3）IEC 61850—9—2 协议。

IEC 61850—9—2 规约是完全依照 IEC 61850—7—2 规定的采样值数据模型及相关 ACSI 服务定义的过程层与间隔层之间通信传送采样值的特定通信服务映射。它是一个基于混合协议栈的抽象模型，为传输采样值设置的采样值控制块的属性的访问是采用 IEC 61850—8—1 定义的 MMS 映射，而采样值的传送采用直接访问 ISO/IEC 8802–3 链路映射。IEC 61850—9—2 规约支持 IEC 61850—7—2 中定义的采样值模型 ACSI 服务中的全部服务。同时，广义看它还应支持数据通信的服务器、关联、LD、LN、DATA 和 DATASet 的全部相关 ACSI 服务。它是采用以太网络方式，面向任意个间隔，可以非常灵活，几乎支持任意组织所需采样通道数据的传送组合方式，便于实现跨间隔的二次功能的采样值的传送。因此，IEC 61850—9—2 规约在应用中需要根据应用需要配置数据模型。

IEC 61850—9—2 规约采用以太网 VLAN 技术实现，可以组播传送，因此，它是采用交换机进行组网实现。

为了满足实际不同的应用需要（即多个设备共享这部分采样值，或某个设备单独需要某些采样值），IEC 61850—9—2 规约规定了两种类型的采样值控制块：MSVCB（多路广播采样值控制块类）和 USVCB（单路传输采样值类）。

基于 IEC 61850—9—2 采样值报文在链路层传输都是基于 ISO/IEC 8802–3 的以太网帧结构，如表 3–13 所示。

表 3–13　　以太网帧结构

<table>
<tr><th>字节</th><th>含义</th><th>2^7</th><th>2^6</th><th>2^5</th><th>2^4</th><th>2^3</th><th>2^2</th><th>2^1</th><th>2^0</th></tr>
<tr><td>1</td><td rowspan="7"></td><td colspan="8" rowspan="7">前导字段
Preamble</td></tr>
<tr><td>2</td></tr>
<tr><td>3</td></tr>
<tr><td>4</td></tr>
<tr><td>5</td></tr>
<tr><td>6</td></tr>
<tr><td>7</td></tr>
<tr><td>8</td><td></td><td colspan="8">帧起始分隔符字段 Start–of–Frame Delimiter（SFD）</td></tr>
<tr><td>9</td><td rowspan="12">MAC 报头
Header MAC</td><td colspan="8" rowspan="6">目的地址
Destination Address</td></tr>
<tr><td>10</td></tr>
<tr><td>11</td></tr>
<tr><td>12</td></tr>
<tr><td>13</td></tr>
<tr><td>14</td></tr>
<tr><td>15</td><td colspan="8" rowspan="6">源地址
Source Address</td></tr>
<tr><td>16</td></tr>
<tr><td>17</td></tr>
<tr><td>18</td></tr>
<tr><td>19</td></tr>
<tr><td>20</td></tr>
<tr><td>21</td><td rowspan="4">优先级标记
Priority
Tagged</td><td colspan="8" rowspan="2">TPID</td></tr>
<tr><td>22</td></tr>
<tr><td>23</td><td colspan="8" rowspan="2">TCI</td></tr>
<tr><td>24</td></tr>
</table>

续表

<table>
<tr><th>字节</th><th>含义</th><th>2^7</th><th>2^6</th><th>2^5</th><th>2^4</th><th>2^3</th><th>2^2</th><th>2^1</th><th>2^0</th></tr>
<tr><td>25</td><td rowspan="2"></td><td colspan="8" rowspan="2">以太网类型 Ethertype</td></tr>
<tr><td>26</td></tr>
<tr><td>27</td><td rowspan="8">以太网类型 PDU
Ether-type
PDU</td><td colspan="8" rowspan="2">APPID</td></tr>
<tr><td>28</td></tr>
<tr><td>29</td><td colspan="8" rowspan="2">长度 Length</td></tr>
<tr><td>30</td></tr>
<tr><td>31</td><td colspan="8" rowspan="2">保留 1reserved1</td></tr>
<tr><td>32</td></tr>
<tr><td>33</td><td colspan="8" rowspan="2">保留 2reserved2</td></tr>
<tr><td>34</td></tr>
<tr><td>35</td><td rowspan="6">应用协议
数据单元</td><td colspan="8" rowspan="6">APDU</td></tr>
<tr><td>36</td></tr>
<tr><td>•</td></tr>
<tr><td>•</td></tr>
<tr><td>•</td></tr>
<tr><td>M+36</td></tr>
<tr><td>•</td><td rowspan="2">可选</td><td colspan="8" rowspan="2">可选填充字节</td></tr>
<tr><td>1517</td></tr>
<tr><td>1518</td><td rowspan="4">帧校验</td><td colspan="8" rowspan="4">帧校验序列
Frame Check Sequence</td></tr>
<tr><td>1519</td></tr>
<tr><td>1520</td></tr>
<tr><td>1521</td></tr>
</table>

帧格式说明如下：

1）前导字节（Preamble）：前导字段，7 字节。Preamble 字段中 1 和 0 交互使用，接收站通过该字段知道导入帧，并且该字段提供了同步化接收物理层帧接收部分和导入比特流的方法。

2）帧起始分隔符字段（Start-of-Frame Delimiter）：帧起始分隔符字段，1 字节。字段中 1 和 0 交互使用。

3）以太网 MAC 地址报头：以太网 MAC 地址报头包括目的地址（6 个字节）和源地址（6 个字节）。目的地址可以是广播或者多播以太网地址。源地址应使用唯一的以太网地址。IEC 61850—9—2 多点传送采样值，建议目的地址为 01—0C—CD—04—00—00 到 01—0C—CD—04—01—FF。

优先级标记（Priority tagged）：为了区分与保护应用相关的强实时高优先级的总线负载和低优先级的总线负载，采用了符合 IEEE 802.1Q 的优先级标记。

优先级标记头的结构如表 3–14 所示。

表 3–14　　优先级标记头的结构

<table>
<tr><th>字节</th><th>含义</th><th>2^7</th><th>2^6</th><th>2^5</th><th>2^4</th><th>2^3</th><th>2^2</th><th>2^1</th><th>2^0</th></tr>
<tr><td>1</td><td rowspan="2">TPID</td><td colspan="8" rowspan="2">0x8100</td></tr>
<tr><td>2</td></tr>
<tr><td>3</td><td rowspan="2">TCI</td><td colspan="3">User Priority</td><td>CFI</td><td colspan="4">VID</td></tr>
<tr><td>4</td><td colspan="8">VID</td></tr>
</table>

其中，TPID 值为 0x8100；User Priority：用户优先级，用来区分采样值，实时的保护相关的 GOOSE 报文和低优先级的总线负载。高优先级帧应设置其优先级为 4～7，低优先级帧则为 1～3，优先级 1 为未标记的帧，应避免采用优先级 0，因为这会引起正常通信下不可预见的传输时延；CFI：若值为 1，则表明在 ISO/IEC 8802—3 标记帧中，Length/Type 域后接着内嵌的路由信息域（RIF），否则应置 0；VID：虚拟局域网标识，VLAN ID。

以太网类型 Ethertype：由 IEEE 著作权注册机构进行注册，可以区分不同应用，如表 3–15 所示。

表 3–15　　以太网类型 Ethertype

应　　用	以太网类型码（16 进制）
IEC 61850—8—1GOOSE	88—B8
IEC 61850—9—1 采样值	88—BA
IEC 61850—9—2 采样值	88—BA

以太网类型 PDU：① APPID：应用标识，建议在同一系统中采用唯一标识。为采样值保留的 APPID 值范围是 0x4000～0x7fff。为 GOOSE 保留的 APPID 值范围是 0x0000～0x3fff。② 长度 Length：从 APPID 开始的字节数。保留 4 个字节

应用协议数据单元 APDU：内容根据具体的应用来实现。

帧校验序列：4 个字节。该序列包括 32 位的循环冗余校验（CRC）值，由发送 MAC 方生成，通过接收 MAC 方进行计算得出，以校验被破坏的帧。

表 3–16 为一帧 IEC 61850—9—2 报文的解析。

表 3–16　　一帧 IEC 61850—9—2 报文的解析

报文内容（16 进制）	报文说明
01 0c cd 04 00 15	目的地址，多播报文类型
00 10 c6 57 5e 29	源地址
81 00 80 01	优先级标记，优先级=4 VID=1
88 ba	SMV 采样值以太网类型
40 00	APPID
00 35	从 APPID 开始的报文的长度
00 00 00 00	保留字节
60	APDU 的标记 TAG

续表

报文内容（16 进制）	报文说明
2b	从 ASDU 开始的报文长度
80 01 01	ASDU 的数目 （tag=0x80 length=0x01 value=0x01）
a2 26	ASDU 序列（tag=0xa2 length=0x26）
30 24	采样 ASDU（tag=0x30 length=0x24）
80 07 50 43 53 4d 55 30 31	采样控制块 ID （tag=0x80 length=0x07 value=“PCSMU01”）
82 01 02	采样计数器 （tag=0x82 length=0x01 value=0x02）
83 01 01	配置版本号 （tag=0x83 length=0x01 value=0x01）
85 01 01	采样同步 （tag=0x85 length=0x01 value=True）
87 10 00 00 00 00 00 00 00 00 00 00 00 00 00 00 00 00	采样值序列 （tag=0x87 length=0x10） 2 组采样值，每组采样值为 8 个字节 其中 4 个字节的模拟量值，4 个字节的品质位

10. 电压并列功能

母线电压合并单元实现母线电压并列功能。母线合并单元通过开入插件采集母联（分段）断路器位置和母线电压并列把手状态，或是通过 GOOSE 采集断路器位置，实现电压并列功能。以双母线电压并列为例，其功能逻辑如表 3–17 所示。

表 3–17　双母线并列逻辑

状态序号	把手状态		母联位置	各段母线输出电压	
	Ⅱ母强制用Ⅰ母	Ⅰ母强制用Ⅱ母	Ⅰ母/Ⅱ母的母联	Ⅰ母的电压输出	Ⅱ母的电压输出
1	0	0	X	Ⅰ母	Ⅱ母
2	1	0	10	Ⅰ母	Ⅰ母
3	1	0	01	Ⅰ母	Ⅱ母
4	1	0	00 或 11	保持	保持
5	0	1	10	Ⅱ母	Ⅱ母
6	0	1	01	Ⅰ母	Ⅱ母
7	0	1	00 或 11	保持	保持
8	1	1	10	保持	保持
9	1	1	01	Ⅰ母	Ⅱ母
10	1	1	00 或 11	保持	保持

注　1. 把手位置为 1 表示该把手位于合位，为 0 表示该把手位于分位。
2. 母联位置包括母联断路器位置及母联闸刀位置，母联断路器位置为双位置，“10”为合位、“01”为分位，“00”和“11”表示中间位置和无效位置，X 表示处于任何位置。
3. 当母联位置为中间位置和无效位置时，延迟 1min 以上报警“母联位置异常”。
4. 当 2 个把手状态同时为 1 时，延迟 1min 以上报警“并列把手状态异常”。
5. 在“保持”逻辑情况下上电，按分列运行。
6. 不考虑遥控并列或自动并列。

11. 电压切换功能

间隔合并单元对应于双母接线时，其间隔电压可能取I母电压，也可能取II母电压，这就需要间隔合并单元根据刀闸位置进行判断，实现本间隔的电压的切换功能。

间隔合并单元通过 GOOSE 接口，接收本间隔的隔离开关位置信息，根据接收到的母线电压量以及间隔内隔离开关的位置信息，自动输出本间隔所在母线的电压。其母线电压一般来自母线合并单元采集的电压。

以双母线电压切换为例，其功能逻辑如表 3–18 所示。

表 3–18　　双母线切换逻辑

状态序号	Ⅰ母隔刀		Ⅱ母隔刀		母线电压输出	报警说明
	合	分	合	分		
1	0	0	0	0	保持	延迟 1min 以上报“刀闸位置异常”
2	0	0	0	1	保持	
3	0	0	1	1	保持	
4	0	1	0	0	保持	
5	0	1	1	1	保持	
6	0	0	1	0	Ⅱ母	
7	0	1	1	0	Ⅱ母	
8	1	0	1	0	Ⅰ母	报警切换同时动作
9	0	1	0	1	电压输出为0品质有效	报警切换同时返回
10	1	0	0	1	Ⅰ母	
11	1	1	1	0	Ⅱ母	延迟 1min 以上报“刀闸位置异常”
12	1	0	0	0	Ⅰ母	
13	1	0	1	1	Ⅰ母	
14	1	1	0	0	保持	
15	1	1	0	1	保持	
16	1	1	1	1	保持	

注　1. 母线电压输出为“保持”，表示间隔合并单元保持之前隔刀位置正常时切换选择的Ⅰ母或Ⅱ母的母线电压，母线电压数据品质应为有效。

2. 间隔 MU 上电后，未收到刀闸位置信息时，输出的母线电压带“无效”品质；上电后，若收到的初始隔刀位置与上表中“母线电压输出”为“保持”的刀闸位置一致，输出的母线电压带“无效”品质。

3.2.2　智能终端关键技术

1. 硬件结构

（1）硬件需求分析。

智能终端首先要满足基本的信号采集和控制输出功能，最重要的是实现 GOOSE 报文的解析，发送跳合闸命令，这是变电站继电保护执行单元必须具备的功能。因此，智能终端的硬件设计既要保证可靠性又要实现快速性。

下面分别从功能角度和技术指标两个方面简单分析硬件的设计需求。

信息采集和控制输出是智能终端最基本的功能。要实现开关量（DI）和模拟量（AD）采集，需设计相应的开关量输入模块和模拟信号处理模块；要实现开关量（DO）控制输出功能，需设计控制继电器的开关量输出模块。所有的开入开出以及模拟量采集点数可根据工程需要灵活配置。

信息转换和通信功能是智能终端最为核心的功能。按照要求，通信方式有 GOOSE 和 MMS 两种。其中 GOOSE 方式实时性好，它是 MMS 通信的一个子集，能够满足 5ms 内实现跳合闸的要求，是通信的重点；MMS 方式主要是为了避免传输大量的状态检测信息造成网络拥堵，将一些实时性要求不高的信息以 MMS 报文的方式上传至全站统一状态检测系统后台，这种方式有利于实现设备的互操作性以及综合管理的智能化，因此智能终端需要根据接口数量配置以太网通信模块。为了提高抗干扰性和快速性，网络通信介质采用多模光纤，接口宜采用 LC 型接口。

除了通信功能，还要能够实现闭锁告警和自诊断功能。功能较为复杂，接口也较多，为后期功能的扩展和升级，需要合理地选择处理器（CPU）。综合考虑，有必要采用多处理器的结构。此外，智能终端要求具备断路器操作箱功能，需要设计控制继电器的逻辑闭锁回路；为满足时标的一致性要求，智能终端要具备 IRIG–B 码同步对时接口电路；为了方便调试和读取数据，可考虑配置网络接口或串行通信接口。

电源基本的参数要求额定电压 DC 220/110V，允许偏差范围是–20%～+15%，纹波系数不大于 5%。正常工作时，装置功耗不大于 30W，而动作时功耗不应大于 60W。在选择电源模块时需要考虑装置内部电压的种类，还要考虑功耗的问题。

智能终端装置应具备高可靠性，选用微功率、宽温的芯片，考虑选取工业级或军品级的芯片。为满足绝缘、抗电磁干扰等方面的指标，在具体的电路设计时要优化 PCB 的布局和走线。对于装置的外形结构，要求采用模块化、标准化、插件式结构，板卡易更换。

（2）整体设计方案。

智能终端的硬件结构如图 3–34 所示，由 CPU 模块、智能开入和开出模块、GOOSE 通信模块、断路器操作回路模块和直流测量模块组成。

CPU 模块负责整个装置的运行管理和逻辑运算；GOOSE 通信模块负责与间隔层二次设备进行 GOOSE 通信；智能开入模块负责采集断路器、隔离开关等一次设备的开关量信息；智能开出模块负责控制断路器、隔离开关等的操作出口继电器；断路器操作回路模块提供断路器跳合闸自保功能，并监视跳合闸回路的完好性；直流测量模块负责环境温、湿度的测量。

设计采用基于嵌入式处理器和现场可编程门阵列技术的双处理器结构，整个硬件平台的功能结构如图 3–35 所示。

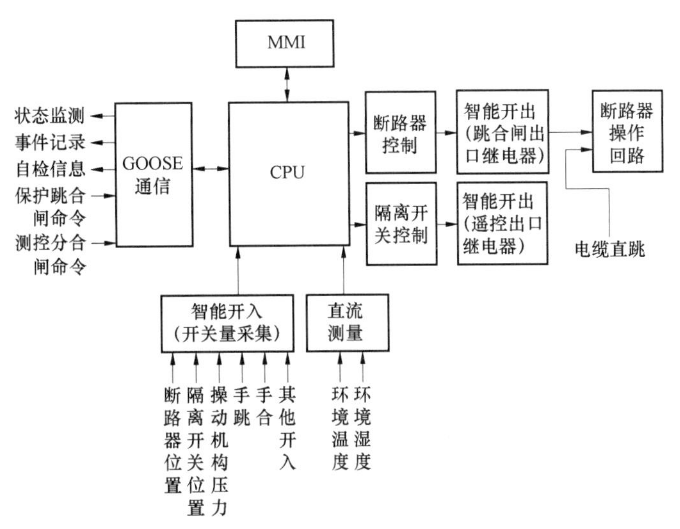

图 3–34　断路器智能终端硬件结构示意图

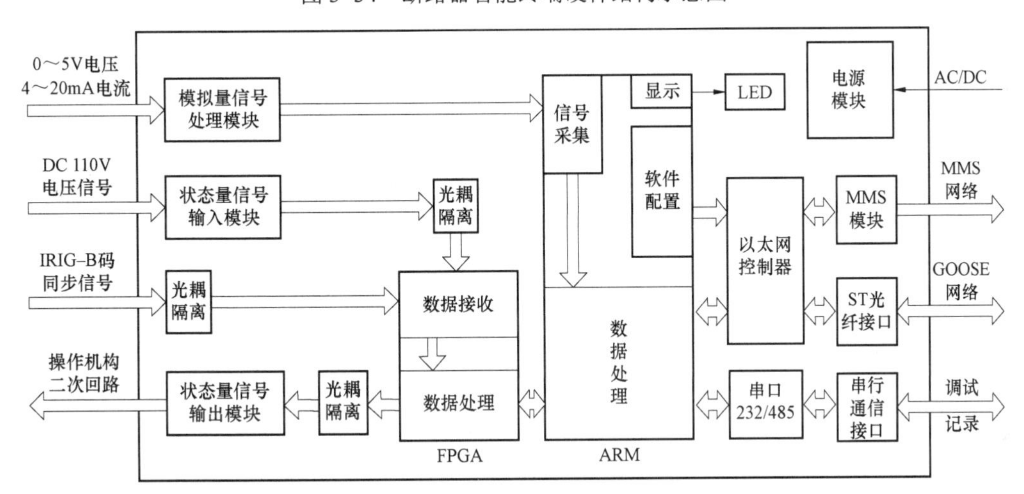

图 3–35　智能终端功能结构图

根据智能终端所要实现的功能可以将其分成如下几个部分：基于嵌入式处理器数据处理模块；基于现场可编程门阵列（FPGA）的 I/O 扩展与译码控制模块：以太网 GOOSE 通信模块；状态量信号输入模块；开关量信号输出模块；模拟量信号处理模块；MMS 通信模块；时钟同步模块；电源模块；其他外围接口模块。除了主要的控制器件，图中还标注了信号的流向、各种通信接口、信号采集通道和控制输出通道。

2. 软件结构

装置软件设计主要分为三部分：主程序、定时中断子程和外部中断子程。主程序主要完成装置初始化和 NandFlash 的循环擦写工作，为后续的 SOE 功能做好准备；同时考虑到智能终端的高级功能，比如对模拟量采集信号的分析来确定智能开关的运行状态等，也在主程序中实现。定时中断子程主要实现对 GIS 智能开关设备的状态巡检工作，每毫秒扫描一次开关变位情况，根据需要发送 GOOSE 报文。外部中断子程实时响应来自继电保护和测控装置发出的 GOOSE 报文，实现报文的快速解析、SOE 存储等功能。图 3–36

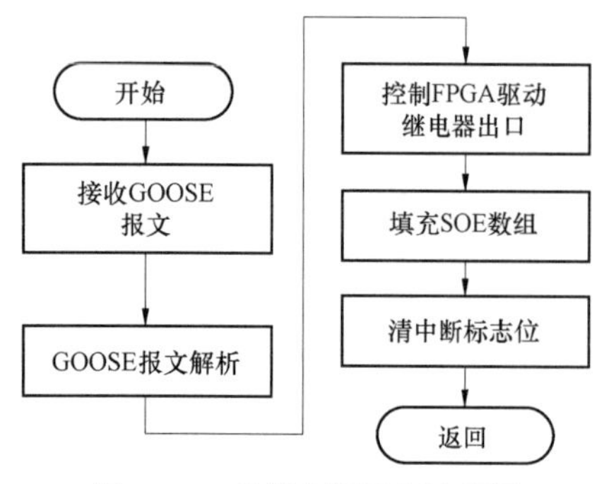

图 3–36　外部中断子程流程图

给出了外部中断子程的流程图。

智能终端的软件结构由以下功能设计组成：

（1）GOOSE 跳、合闸功能。装置能够接收保护和测控装置通过 GOOSE 报文送来的跳、合闸信号，同时支持手跳、手合硬触点输入。

（2）控制回路监视功能。通过在跳合闸出口触点上并联光耦监视回路，装置能够监视断路器跳合闸回路的状态。

（3）闭锁重合闸逻辑功能。装置在收到测控 GOOSE 遥分、手跳开入、GOOSE 遥合、手合开入等命令的情况下，将产生闭锁重合闸信号，可通过 GOOSE 发送给重合闸装置。

3. 开关量采集

智能终端的具备采集断路器位置、隔离开关位置等一次设备的开关量信息，以 GOOSE 通信方式上送给保护、测控等二次设备。

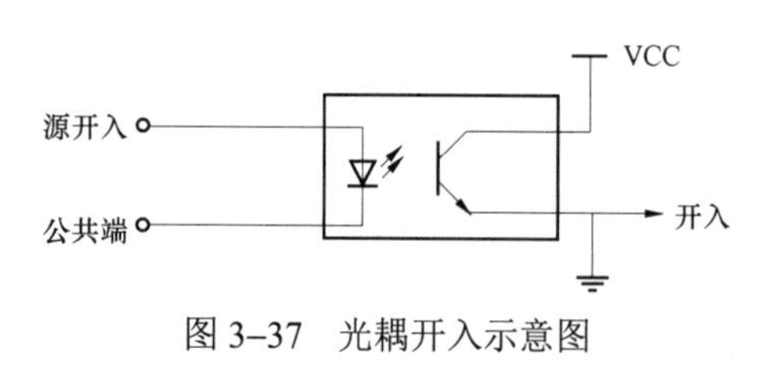

图 3–37　光耦开入示意图

智能终端的开关量输入采用 DC 220V/110V 强电方式，外部强电与装置内部弱电之间具有电气隔离，如图 3–37 所示。装置通过光耦采集开关量信号，并经过软件消抖处理，将软件消抖前的时标作为 GOOSE 上送的开入变位时标，即 SOE 时标，如图 3–38 所示。

本体智能终端通常还要采集主变分接头挡位开入，然后按照 BCD 编码（或其他编码方式）计算后，将得到的挡位值通过 GOOSE 上送给测控装置。

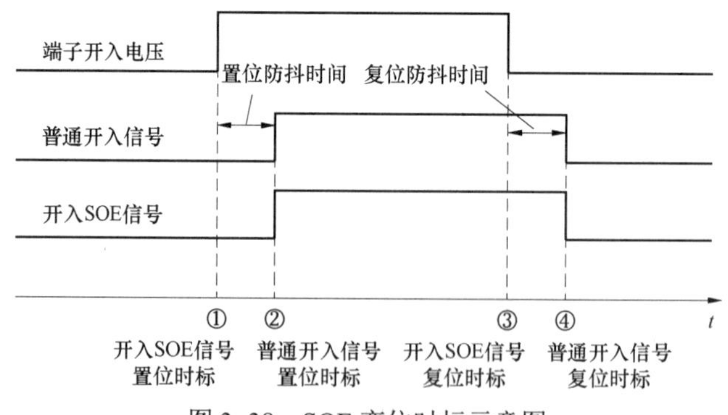

图 3–38　SOE 变位时标示意图

4. 直流量采集

智能终端能够检测所处环境的温度和湿度，本体智能终端还能够实时采集变压器油面温度、绕组温度等信息。这些信号由安装于一次设备或就地智能柜中的传感元件输出，采用 0～5V 或 4～20mA 两种方式。

一般直流量采集板采集到信号后，通过内部 CAN 总线送给主 DSP 插件，然后由主

DSP 插件通过 GOOSE 送给相关测控装置。

5. 一次设备控制

断路器智能终端具备断路器控制功能，包括跳合闸回路、合后监视、闭锁重合闸、操作电源监视和控制回路断线监视等功能。断路器操作回路支持其他间隔层或过程层装置通过硬接点方式接入，进行跳合闸操作。

智能终端提供了大量的开关量输出接点，用户控制隔离开关、接地开关等设备。本体智能终端还提供启动风冷、闭锁调压、调档等输出接点。本体智能终端集成了本体非电量保护功能，通常采用大功率重动继电器实现。非电量保护跳闸出口通过控制电缆直接接至断路器智能终端进行跳闸。

对于跳闸控制，智能终端能够接收保护测控装置通过 GOOSE 报文送来的跳闸信号，也能够支持支持手跳接点输入。以分相操作箱的跳闸逻辑为例，如图 3–39 所示，智能终端收到分相 GOOSE 跳闸命令，或 TJR、TJQ、TJF、遥跳命令都会直接触发跳闸接点，然后跳闸接点接到操作回路上，实现对机构的跳闸操作。

手跳命令一般直接接到操作回路上。

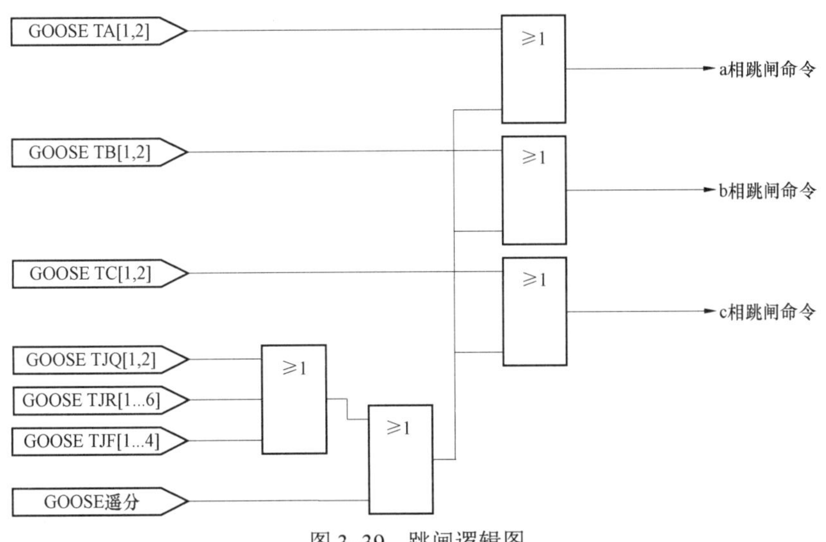

图 3–39　跳闸逻辑图

图 3–39 中，GOOSE TA［1，2］表示 a 相跳闸的 GOOSE 输入信号 1 和 2，其他类同。

对于合闸命令的控制，同跳闸类似。智能终端能够接收保护测控装置通过 GOOSE 报文送来的合闸信号，同时也支持遥合命令输入。

对于压力闭锁信号，一般是在操作回路插件上实现，也有通过读取跳闸压力低的光耦开入，通过计算机逻辑实现。

下面介绍通过光耦读取的实现逻辑：

智能终端通过光耦开入的方式监视断路器操作机构的跳闸压力、合闸压力、重合闸压力和操作压力的状态，当压力不足时，给出相应的压力低报警信号。

装置的跳闸压力闭锁逻辑如图 3–40 所示，在跳闸命令有效之前，如果操作压力或跳闸压力不足，则闭锁跳闸命令；而在跳闸命令有效之后，即在跳闸过程中出现操作压力或跳闸压力降低的情况，也不会闭锁跳闸，保证断路器可靠跳闸。

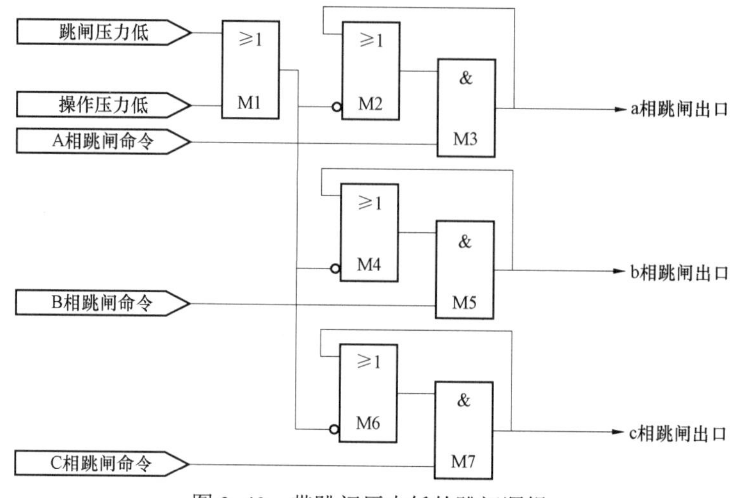

图 3–40　带跳闸压力低的跳闸逻辑

装置的合闸压力闭锁逻辑：

（1）在手合命令有效之前，如果合闸压力不足，则闭锁手合命令；而在手合命令有效之后，即在合闸过程中出现合闸压力降低的情况，也不会闭锁合闸，保证断路器可靠合闸。

（2）在合闸命令有效之前，如果操作压力或跳闸压力不足，则闭锁合闸命令；而在合闸命令有效之后，即在合闸过程中出现操作压力或跳闸压力降低的情况，也不会闭锁合闸，保证断路器可靠合闸。

重合闸压力不参与操作箱的压力闭锁逻辑，而只是通过 GOOSE 报文发送给重合闸装置，由重合闸装置来处理。

四个压力监视开入既可以采用常开接点，也可以采用常闭接点。

6. GOOSE 通信

（1）GOOSE 通信机制。

GOOSE 是一种事件驱动的数据通信方式。GOOSE 通信采用以太网组播通信技术，GOOSE 报文的核心内容可由用户灵活、自由定义，不仅可传输状态信息，而且可传输模拟量信息，能够传输区域保护控制系统的信息。

GOOSE 的报文遵循 DL/T 860.72 的表 29 定义的格式；GOOSE 报文发送按图 3–41 所示的规律执行，在没有 GOOSE 事件发生时，GOOSE 报文的发送间隔相对比较长，按固定时间间隔来进行，但是在发生事件时，数据发生了变化，发送时间间隔就会设置为最小（T_1），在此阶段，发送时间间隔会逐渐增大（T_2，T_3），直到事件状态稳定，GOOSE 报文的发送又变为固定长时间间隔（T_0）。

GOOSE 报文中的 SqNum 和 StNum 的初始值为 1。当发送方有事件发生时，StNum 加 1、SqNum 变为 0，之后 SqNum 顺序加 1。接收方根据 StNum 和 SqNum 的数值变化来判断发送方 GOOSE 信息是否有变化。

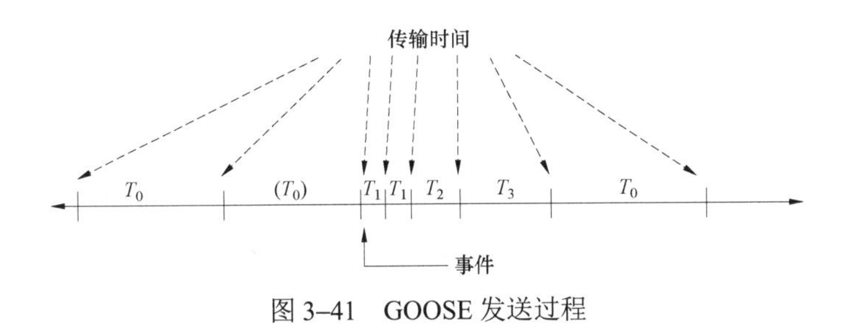

图 3–41 GOOSE 发送过程

（2）GOOSE 处理机制。

智能终端与间隔层的 IED（保护控制设备）的通信功能通过 GOOSE 传输机制完成。保护和测控等间隔层设备对一次设备的控制命令通过 GOOSE 通信下发给智能终端，同时智能终端以 GOOSE 通信方式上送就地采集的一次设备的状态，以及装置自检、告警等信息。

对于智能终端，要求其从保护控制设备接收到 GOOSE 跳闸报文后，到对应的出口继电器输出整个过程时间不大于 5ms。这就要求智能终端对 GOOSE 报文的处理需要较高的实时性。

智能终端在处理 GOOSE 报文时，还要考虑网络风暴对装置正常功能的影响，在高流量冲击下，装置均不应死机或重启，不发出错误报文，响应延时不应大于 1ms。因此装置中会设置网络风暴抑制机制，剔除网络风暴报文（包括内容完全相同的 GOOSE 报文），处理正确、有效的 GOOSE 报文。

目前业内一般的做法是通过 FPGA 进行流量控制和报文过滤，剔除不需要的报文，仅把需要的报文传送给 DSP，然后由 DSP 进行计算。

7. 事件记录

在智能变电站中，智能终端与一次设备联系最为紧密，所有间隔层设备都要通过智能终端来对一次设备进行控制，智能终端上发生的任何事件都可能影响到一次设备的运行。因此智能终端本身需要有足够的事件记录功能，不仅要求记录的信息要完整详细，而且记录的事件要准确（达到 1ms 级别），以便在故障发生后进行追溯和分析。

一般事件是通过 GOOSE 报文上送给测控装置，由测控装置上送至监控系统。

3.2.3 合并单元智能终端集成装置技术

合并单元和智能终端设备一般安装于就地控制柜中，而就地智能控制柜有空间紧张、散热难等问题，给设备的安全运行带来安全隐患。为进一步实现设备集成和功能整合，简化设计、减少建设成本，采用合并单元智能终端集成装置，其基本原理是把合并单元的功能和智能终端的功能集成在一个装置中，集成后的装置共用一些模块（如电源模块、GOOSE 接口模块等），同时达到单独装置的性能要求。

随着嵌入式系统技术的快速发展，过程层设备（合并单元、智能终端）与保护、测控硬件平台一样，采用 FPGA+DSP 嵌入式系统，高速高性能 DSP 处理器和大容量存储器等硬件，具有运算能力强、可靠性高、便于多任务进程等特点，为过程层合并单元、智能终端装置的集成提供了技术基础。

合并单元智能终端集成装置有两个重要的特点：

一是在合并单元功能或者智能终端功能出现故障时互不影响，如合并单元功能失效时，应不影响变电站内保护控制设备通过该装置对断路器和刀闸的控制操作。

二是采用了SV/GOOSE报文共口技术，在同一个光纤以太网接口既处理GOOSE报文，也处理SV报文，以减少整个装置的光纤接口的数目，降低整个装置的功耗。

装置实现架构如图3–42所示。

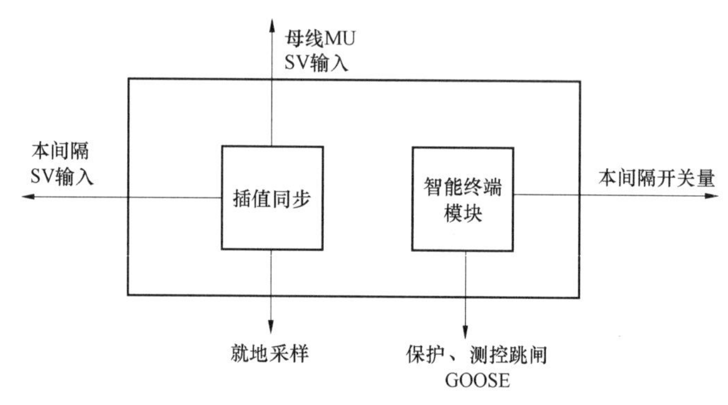

图3–42 集成装置实现架构

1. 接口优化技术

合并单元智能终端一体化装置与间隔层的保护控制设备之间的通信功能通过GOOSE传输机制完成。Q/GDW—441《智能变电站继电保护技术规范》为了保证智能变电站继电保护功能的可靠性，提出继电保护装置与合并单元智能终端一体化装置之间必须采用直采直跳模式，不宜采用网络跳闸方式，这就要求间隔层的保护控制设备与过程层的合并单元智能终端一体化装置采用点对点GOOSE通信，且要求合并单元智能终端一体化装置具备至少10个GOOSE网口。为了避免在GOOSE模件硬件设计上采用交换芯片引起GOOSE报文传输延时的不确定性，一般选用高性能FPGA完成ISO/IEC 8802—3 MAC层功能。同时考虑到多至10个GOOSE网口的技术要求，采用分步式处理的硬件架构，1块模件的CPU和FPGA互相配合完成8个以太网口的GOOSE处理，由多块模件组合满足GOOSE网口的需求，这样既保证了GOOSE信息处理的实时性，也保证了装置的扩展性，整体硬件实现方案如图3–43所示。

对于合并单元智能终端一体化装置，规范要求其从保护控制设备接收到GOOSE跳闸报文后，到对应的出口继电器输出整个过程时间不大于5ms，而且要求从开入电路检测的输入信号发生变化后，到GOOSE报文输出的整个过程的时间不大于5ms。这就要求整个装置对GOOSE报文的处理具有极高的实时性，在硬件保证一定的处理性能的同时，必须对软件进行优化设计来达到实时性要求。

GOOSE通信所使用的协议栈结构如表3–19所示。GOOSE报文中的数据需经过ANS.1编解码。ASN.1编解码的目的是按照统一格式把规约的语法（结构）和内容（数据）表示出来，一方面避免了不同主机平台（Intel、Motorola、VAX 和 RISC Platforms 等 CPU）字节序带来的程序处理的混乱，另一方面避免了由同一数据类型字节数不同而带来的程序处理的混乱。GOOSE 编解码只需实现基本编码规则（BER）。

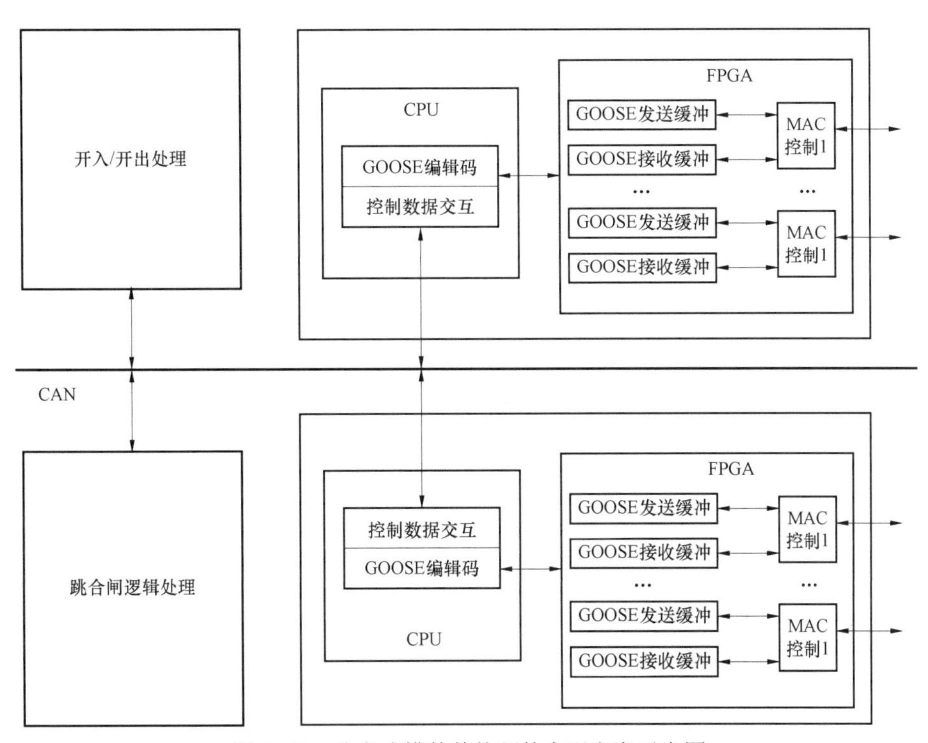

图 3–43　分布式模件整体硬件实现方案示意图

表 3–19　　　　GOOSE 通信所使用的协议栈结构

COOSE
无
无
无
无
MAC 子层 ISO/IEC 8802—3 和按照 IEEE 802.1Q 的优先权标记或 VLAN
IEEE 802.3 的 100Base–FX

ASN.1 基本结构为一个 TVL（标记–长度–值 Tag–Length–Value），以三个为一组的格式，所有域（T、L 或 V）都是一系列的 8 位位组。标记域 T 中包含数据类型信息。长度域 L 定义了每个 TLV 组的长度。值（V）可以构造为 TLV 组合本身，形成了一个递归结构，如图 3–44 所示。传输语法是基于 8 位位组，在物理介质上传送时是高字节在前的。在这种规则下，常用的数据编码示例如表 3–20 所示。

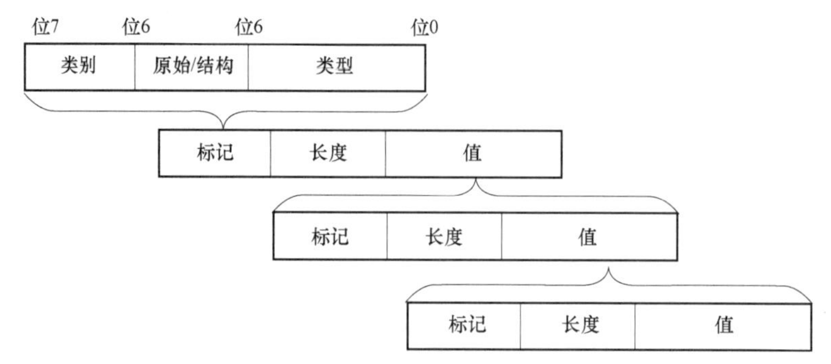

图 3–44　ASN.1 基本结构示意图

表 3–20　　　　　　　　**数据编码示例表**

数量类型	标记	值	编码
boolean	83	TRUE	83 01 01
bit–string	84	1010（bin）	84 02 04 A0
integer	85	255 –255	85 02 00 ff 85 02 80 ff
unsigned	86	255	86 01 ff
floating–point	87	1.0	87 05 08 3f80 00 00 –IEEE Format
octet–string	89	01 02（hex）	89 02 01 02
visible–string	8a	“ab”	8a 02 61 62

从表 3–20 中可以看出，表示单接点位置合的布尔量信号 01 需使用三个字节的序列来表示：83 01 01。因此，从整个 GOOSE 报文的处理过程分析，对于 ANS.1 编解码的处理会占用过多的 CPU 负荷，特别地，在整个智能终端的输入输出虚端子较多的情况下，会严重影响装置的处理性能。所以在进行 GOOSE 的编译码处理时，需要采用特定处理策略，只针对变化的虚端子信息进行编解码，以节省 CPU 的处理时间，来达到高速处理的要求。对于智能终端的 GOOSE 发送数据集，在整个装置上电时进行预编码，在运行过程中，实时监测输出虚端子的状态，在其发生变化时才进行编码处理，更新相应的报文区内容，快速地进行 GOOSE 报文传输；对于智能终端的 GOOSE 输入数据集，实时比较接收缓冲区的内容，在内容发生变化时，进行解码并控制对应的输出继电器快速出口。

智能终端在处理 GOOSE 时，应考虑网络风暴对装置正常功能的影响，在高流量冲击下，装置均不应死机或重启，不发出错误报文，响应延时不应大于 1ms。因此装置中会设置网络风暴抑制机制，剔除网络风暴报文（内容完全相同的 GOOSE 报文），处理正确、有效的 GOOSE 报文。

2. 功能独立技术

合并单元智能终端一体化装置的硬件架构如图 3–45 所示，其采用分步式处理的硬件体系，由多个含有 CPU 的模件共同完成整个装置的功能。合并单元、智能操箱一体化装置主要由光串/FT3 接口处理模件、交流输入模件、合并单元功能处理模件、智能终端功能处理模件、SV/GOOSE 接口模件和开入开出处理模件组成。模件之间的通信由内部高速串行通信总线完成，总线主要由高速的 SPORT 总线和低速的 CAN 总线组成。合并单元功能处理模件主要负责常规互感器接入数据的采样处理、合并单元级联数据的接收（IEC 60044—8 协议或 IEC 61850—9—2 协议）、数据同步和重采样处理、电压切换功能、输出数据的处理（IEC 61850—9—2 协议或者 IEC 60044—8 协议）。由于数据从互感器输出到合并单元存在延时，且不同的采样通道间隔的延时还可能不同，而且存在电磁式互感器与电子式互感器的混合接入以及从母线合并单元级联母线电压数据的情况，为了能够给继电保护、测控等设备提供同步的数据输出，合并单元模件需要完成对原始获得的采样数据进行数据的二次重构，即数据同步和重采样处理。

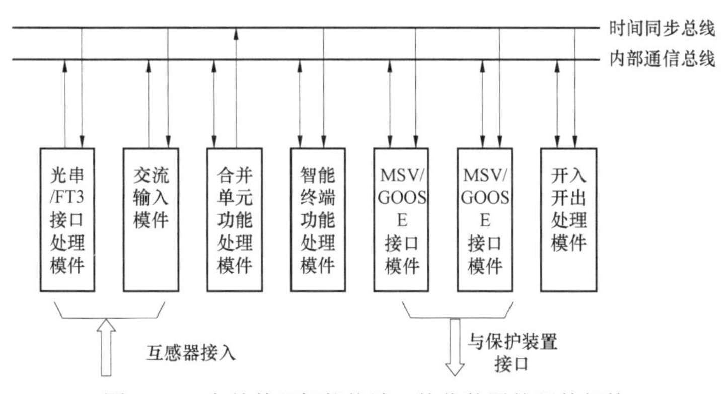

图 3–45　合并单元智能终端一体化装置的硬件架构

智能终端功能处理模件主要负责断路器的跳闸与合闸功能、跳合闸回路完好性监视、压力监视和闭锁、闭锁重合闸以及信号合成等功能。智能终端功能处理模件接收保护和测控装置通过 GOOSE 报文送来的跳闸和合闸信号来执行相应的动作，同时支持手跳和手合硬接点输入。模件通过光耦开入的方式监视断路器操作机构的跳闸压力、合闸压力、重合闸压力和操作压力的状态，当压力不足时，给出相应的压力低报警信号。

交流输入模件主要功能是进行外部交流信号的数模转换，以及低通滤波功能。该模件采用高精度 16 位的 AD 同步采样模数转换芯片将前端输入的交流量信号转换为数字信号，再由 FPGA 实现对多片 AD 的管理，将转换好的数字信号通过 SPORT 总线传给合并单元功能处理模件。

SV/GOOSE 接口模件主要完成 IEC 61850—9—2 通信协议报文的发送和 GOOSE 报文的编解码功能，通过 CAN 总线与智能终端功能处理模件进行数据交互，通过 SPORT 总线与合并单元功能处理模件进行数据交互。

开入开出模件主要完成开入、开出功能，完成开入信号的消抖处理，接收控制命令完成对输出继电器的控制，通过 CAN 总线与智能终端功能处理模件进行数据交互。

3. 独立 CPU 硬件结构

依据国家电网有限公司对设备的安全性要求，智能终端功能和合并单元功能需用不同的 CPU 实现，且不分主次，功能独立，两个 CPU 运行互不影响。在满足独立要求的同时，作为一个装置整体，装置对外的接口又要统一，两个 CPU 共享装置的硬件

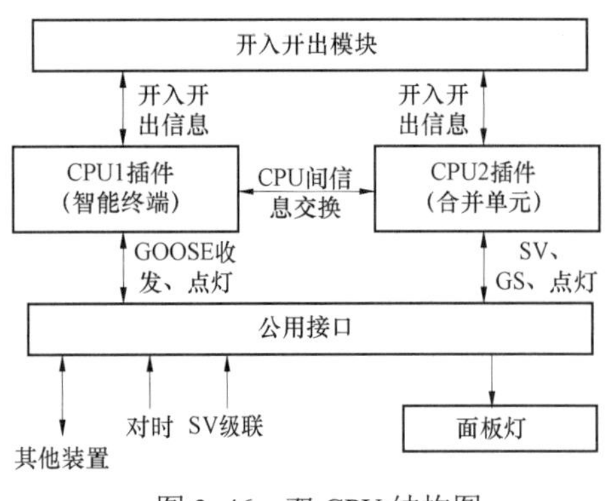

图 3–46　双 CPU 结构图

资源及装置信息。

装置的硬件资源的共享主要包括装置的电源、通信接口、开入开出、指示灯、对时信息，两个 CPU 之间的信息也需要一个通道进行交换。装置电源共享可以直接通过硬件方式共享即可，无需考虑；而其他资源共享不能通过硬件互联简单实现，就需要通过其他途径共享，本装置的共享信息流如图 3–46 所示。

两个 CPU 共用开入开出模块，通过开入开出模块共享装置的开入信息，控制装置的开出；由于两个 CPU 相互功能独立，所以它们之间的信息交换很少，主要用于互相监视运行状态，在一块 CPU 故障时，由另外一块 CPU 及时上送告警信息；公用接口实现了其他的共享功能：与外部的通信共享功能，实现 GOOSE 收发和 SV 收发；指示点灯共享功能，两个 CPU 把点灯信息发送至公用接口，由公用接口统一驱动指示灯；装置对时共享功能，公用接口完成对时功能，再与两个 CPU 分别对时，完成对时信息的共享。

4. 对时的整合

合并单元和智能终端都存在对时同步接口，合并单元由于对采样同步精度有要求，通常采用 IRIG–B 或 IEC 61588 对时（针对组网方式）。而在保护装置点对点传输的需求下，数据采样摆脱了对外部对时的依赖，这意味着即使装置对时丢失，保护装置接收到的采样数据仍然是同步的，而此种情况下外部对时在一定程度上是为了更好地保障装置数据翻转的同步（以采样频率 4kHz 为例，0～3999 的同步翻转）以及合并单元发送告警信息时具有准确的时刻标示。

智能终端的对时是为了能够准确标示开关变位等时间，以确保事件顺序记录（SOE）的准确性，针对合并单元和智能终端集成装置，可以考虑两者共用一个对时接口，如 IRIG–B 或 IEC 61588，这样不仅可以避免由于多处对时造成装置内部处理步调的失衡，而且还能够减少端口数量和装置投入。

由于合并单元和智能终端集成时可采用的硬件配置方式会有差异，可在同一块 CPU 板件实现二者的功能或者采用两块独立的 CPU 板件分别实现合并单元和智能终端。无论采用哪种方式，集成装置的对时都建议以合并单元的对时信号为准，这是因为合并单元采样的对时同步精度要求为 1μs，远高于智能终端毫秒级的精度，因此，若集成装置采用单 CPU 模式，仅一个外部对时信号装置处理时不存在问题；当采用两块独立的 CPU 时，装置以合并单元 CPU 板件的对时信号为准，当其对时异常或丢失时再以智能终端 CPU 板件的对时信号为准。

5. 装置检修压板的整合

合并单元和智能终端独立配置时，两者配备有独自的检修压板，而当两台装置进行集成设计后，两者的检修压板可合二为一，即同时检修或同时运行。

虽然对于集成装置，要求其各自板件互不影响且可带电插拔，但出于运行的安全性考虑，集成装置应统一检修。以线路间隔为例，当合并单元进行检修时，由于采样数据不可用，因此间隔的保护装置（不在检修状态）此刻是闭锁出口的，此时的智能终端实际上并不会动作，从一定角度看，同一间隔的合并单元和智能终端处于同时检修状态。当智能终端进行检修时，同一间隔此刻发生故障，保护装置即使接收到合并单元的故障数据也无法动作跳闸，因此两者亦可看做是在同时检修。当然，有观点认为此种情况下可以通过其他的后备保护进行跳闸以排除故障，因此智能终端检修时合并单元正常运行是十分必要的。但从实际运行检修的操作上来看，智能终端的检修必然会涉及开关、断路器的检修，这涉及信号的校验和核对，同一间隔的内合并单元或智能终端的检修必然会影响到另外一方。而且从安全的角度考虑，一个装置同时配置两块压板，会在一定程度上给运行检修带来不可控因素，因为运行人员习惯了一台装置配置一块检修压板的模式。另外，即使只针对合并单元或者智能终端模块进行检修，实际操作时也必然会将两者同时停下来，否则，若检修过程中导致采样异常或者设备动作均会导致严重的后果。因此，集成装置的检修压板整合也满足工程实际应用需求。

6. 电源功率

合并单元和智能终端独立配置时，其功耗需求各自根据要求进行配置，但当两者集成设计时，其具体的电源功耗相比任何一台独立装置都应该有所增加。目前针对合并单元或者智能终端，其电源功率的要求不完全相同，智能变电站合并单元技术规范规定合并单元正常工作的功率不大于40W，智能变电站智能终端技术规范规定智能终端的正常功率不大于30W，而实际上国内主流厂家产品正常工作时的功率一般都小于35W，大多数产品在正常工作时仅为20W左右。在此，集成装置的功耗以合并单元为基础进行分析，当在其基础上增加开关量采集、操作控制输出板件时，其功耗会增加至30W左右，若采用SV和GOOSE分端口传输，由于需要额外的端口发送板件，其功耗会增加10W左右，整个功耗维持在40W左右。考虑板件的扩充以及装置就地下方恶劣的工作条件，工作电源在高温环境下宜降额使用，需增加一定的裕度（10W），即要求合并单元智能终端集成装置正常工作的总功耗不大于50W。而装置动作时会导致功耗增加，因此按照50%的裕度分析其动作时的功耗应不大于75W。

合并单元和智能终端分开配置时，电源发生故障仅影响一台设备，而对于集成装置来说，一旦电源发生故障，数据采集和操作控制的功能（即合并单元和智能终端的功能）将全部退出。因此，电源的可靠性将变得更为突出，而影响电源可靠性的关键在于其内部电解电容的使用寿命，即在同样的外部温度下，装置的功耗越低，其工作产生的温升越小，对电容使用寿命的影响也相对较小，使用寿命也就越长。因此，功耗越低的装置相对来说其电源的可靠性就越强。而装置CPU资源的整合、SV和GOOSE共端口传输、外部对时信号的整合均能够有效降低装置正常运行时的功耗。从当前产品来看，国内主流厂家的集成式装置正常运行的功耗在35W左右，相比正常工作时的最高功耗50W又预留了接近50%的裕度，从而有效提升了装置的可靠性。

7. 装置的人机接口

合并单元和智能终端分开配置时，若组屏安装于小室，通常会配置液晶，此时针对合并单元智能终端集成装置，将两者的功能共用一个液晶显示也较为容易实现，只需要在主界面进行切换即可。若合并单元和智能终端就地下放，由于工作环境恶劣，通常不配置液晶，仅配置网络调试端口，即通过装置的调试网口进行远程调试，此种方式下集成装置共用一个调试网口也是容易实现的，只需将两者的远程调试功能进行融合。另外，就地下放模式下，合并单元和智能终端功能模块的面板 LED 灯也可进行有效整合。因此，集成装置的人机接口集成起来较为容易。

8. SV 和 GOOSE 共口技术

在传统的硬件设计中，装置使用的网络通信的 MAC 芯片多采用芯片厂家提供的 MAC 控制芯片实现，MAC 控制芯片与处理器之间的接口也各不相同，但芯片与处理器之间的多为总线结构，数据读写为一个通道，数据读写会相互冲突，同时数据发送的时刻也无法精确控制，所以装置采用 SV 和 GOOSE 共网口传输方案，需解决两个问题：在 GOOSE 发送的同时，保证 SV 发送的均匀性；在保证上一条的同时保证 GOOSE 接收的时效性。

装置一般采用 FPGA 模拟 MAC 芯片的设计方案，由 FPGA 直接控制 PHY 芯片，利用 FPGA 的并行处理特性实现网络收发全双工，并且采用 FPGA 模拟 MAC 功能后，可利用 FPGA 的实时性实现 SV 发送时刻的精确控制，共网口的硬件原理图如图 3–47 所示。

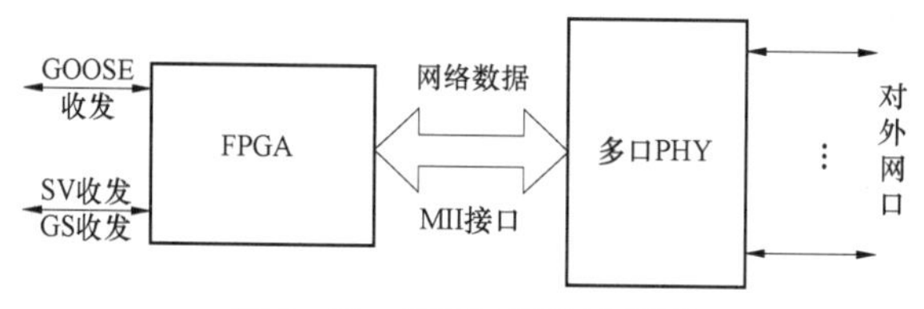

图 3–47　共网口设计原理图

图 3–47 中，介质无关接口（Media Independent Interface，MII）或称为媒体独立接口，它是 IEEE—802.3 定义的以太网行业标准。它包括一个数据接口和一个 MAC 和 PHY 之间的管理接口。数据接口包括分别用于发送器和接收器的两条独立信道，每条信道都有自己的数据、时钟和控制信号。MII 数据接口总共需要 16 个信号。管理接口是个双信号接口：一个是时钟信号，另一个是数据信号。通过管理接口，上层能监视和控制 PHY。MII 只有两条信号线。

由于装置的组网口、直采直跳口比较多，根据智能变电站的一般配置，至少需要 1 个组网口、5 个直采直跳口和 1 个 SV 级联接口，若采用单口的 PHY 芯片则会造成功耗高、占用面积大等缺点，目前市场上有多款 4 口、8 口的 PHY 芯片，使用集成芯片可有效降低板卡功耗，降低印制板走线难度，提高板卡的稳定性。装置采用 8 口 PHY 芯片作为外部通信的接口，由 FPGA 通过简化媒体独立接口（Reduced Media Independent Interface，RMII）接口直接控制。RMII 为全双工通道，收发通道相互独立，互不影响，再结合 FPGA 的硬件结构，可实现网络的收发完全独立，而装置的两个 CPU 与 FPGA 的数据交换也是通过两个独立的硬件回路完成，这样就解决了 SV 发送和 GOOSE 接收共网口后的相互影响问题，数据的发送不会影响 GOOSE 接收的时效性，并可在 MAC 做更多的过滤机制，有效防止网络压力过大对装置 CPU 产生影响。

对于 SV（多播采样值），GOOSE（通用面向对象变电站事件）共口的合并单元与智能终端装置集成要求在一个以太网口同时输出 SV 报文和 GOOSE 报文，并要求 SV 报文按照外部秒脉冲根据设定的频率（典型值为 4kHz）进行等间隔发送，而且装置所有网口发送的报文抖动时间不应超过 10μs。

SV 报文和 GOOSE 报文的文采用了 ISO/IEC 8802—3 MAC 的帧结构，如图 3–48 所示，SV 和 GOOSE 直接映射到以太网类型协议数据单元。

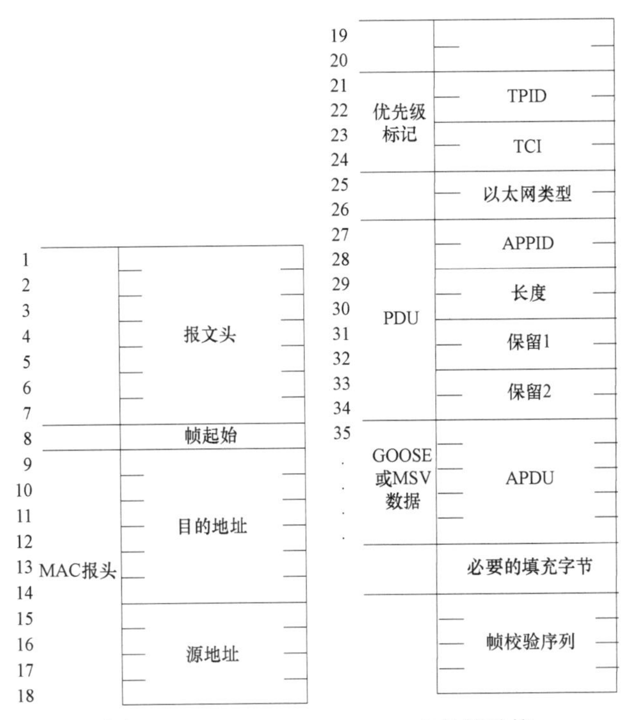

图 3–48　ISO/IEC 8802—3 MAC 的帧结构

图 3–48 中 1–7 个字节用来描述报文头，第 8 个字节用来描述帧起始。

SV 报文和 GOOSE 报文主要用以太网类型来标识，并结合 APPID（应用标识）来区分，以太网类型已向 IEEE 权威机构注册，类型定义如表 3–21 所示。

表 3–21　　报 文 类 型

应用类型	以太网类型值（十六进制）	APPID 类型（APPID 的高 2 位）
DLT/860.81 GOOSE	88–B8	0 0
DLT/860.92 MSV	88–BA	0 1

多以太网口报文精确同步发送控制技术的原理如图 3–49 所示，对时守时处理接收对时信号，输出同步信号，用于报文同步控制。

装置通过这种技术实现了对 SV 报文和 GOOSE 报文发送的精确控制。该项技术采用 FPGA 实现 ISO/IEC 8802—3 MAC 控制，对于 SV 报文和 GOOSE 报文，根据报文类型设置不同的独立缓冲区，以便实现报文发送的优先级控制，保证 SV 报文的优先发送。同类型的 SV 报文和 GOOSE 报文根据到达 FPGA 的时刻在发送缓冲队列正常排队，FPGA 在接收到周期的同步信号时，优先发送每个网络口的 SV 报文，然后再发送 GOOSE 报文。

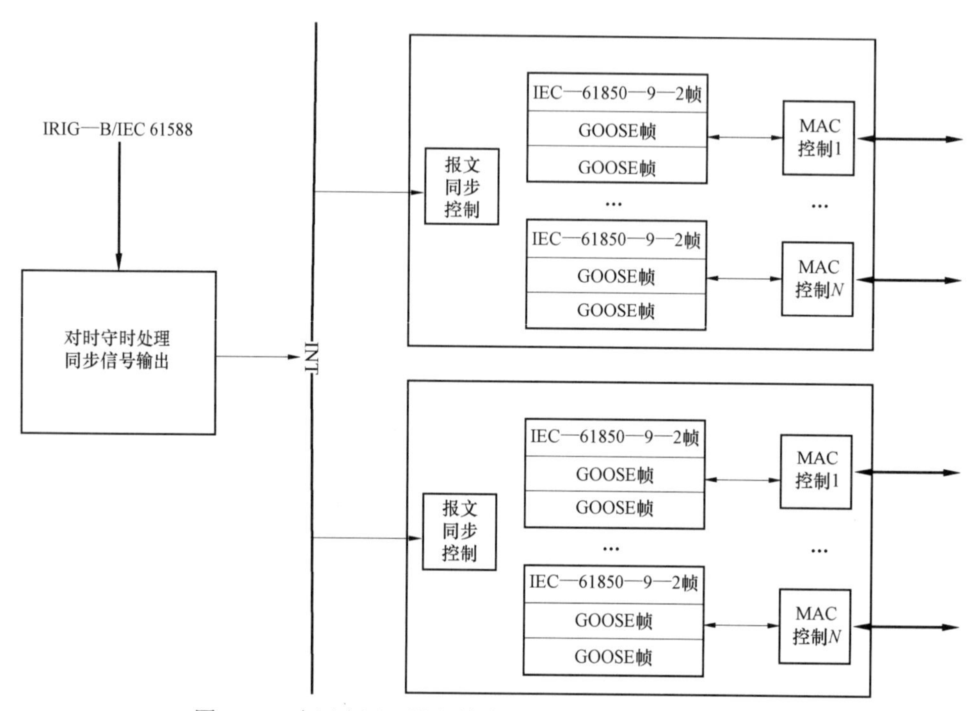

图 3–49　多以太网口报文精确同步发送控制技术的原理图

装置中由一个主控 FPGA 完成对时守时处理以及同步信号的输出。主控 FPGA 根据外部的 IRIG–B 码信号或者 IEC 61588 对时协议来产生内部同步信号，分步式实现 MAC 控制的 FPGA 用该硬同步信号来同步所有的报文发送时刻。主控 FPGA 使用算法对秒脉冲信号进行均分调整产生以太网发送同步信号，在外部 IRIG–B 码信号或者 IEC 61588 对时有效时，主控 FPGA 根据外部信号产生秒脉冲。在外部信号失效时，由守时算法来产生秒脉冲信号；在外部时钟信号恢复时，需要快速调整内部秒脉冲信号与外部秒脉冲同步。上述同步过程如图 3–50 所示。为保证与外部时钟信号快速同步，该技术在外部秒脉冲的边沿时刻清零 SV 报文中的采样序号，同时保证产生的以太网发送同步信号的抖动在 1μs 以内。

多以太网口报文精确同步发送控制技术可以保证以太网发送同步控制信号在根据外部秒脉冲信号调整时的周期抖动在 1μs 以内。

合并单元时钟精度会直接影响到采集数据的精度及数据同步性。目前高精度时钟均采用高精度恒温晶振实现，高精度恒温晶振价格高并且长期在高温情况下运行容易失效。

通过使用普通温补晶振实现高精度时钟的方法，利用外部时钟源的秒脉冲宽度测量晶振频率，减小频率测量误差；通过测量频率及温度计算晶振的温度系数，利用该系数计算秒脉冲宽度，并将该宽度和外部时钟源的秒脉冲宽度比较，将比较结果计入温度系数计算中，进一步降低了误差，提高了温度系数的精度。这些措施为提高时钟的守时精度奠定了基础，降低了装置成本，提高了装置的可靠性。原理如图 3–51 所示。

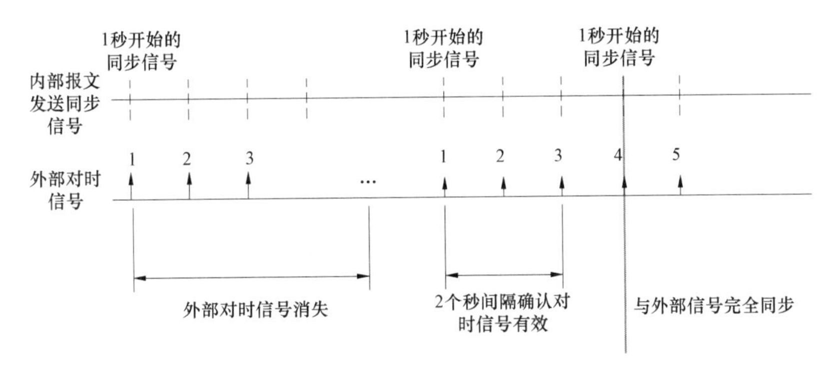

图 3–50　信号同步过程示意图

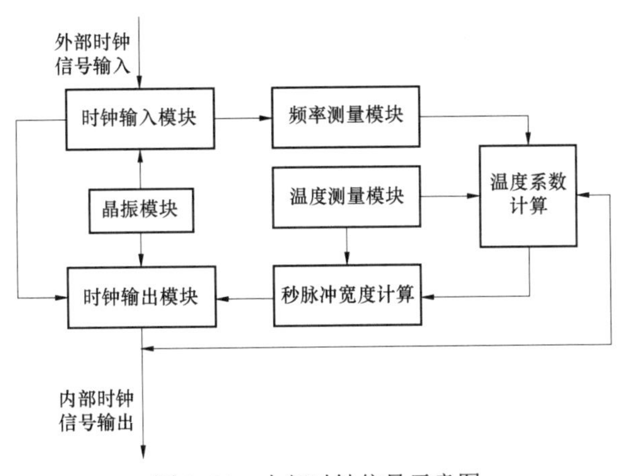

图 3–51　内部时钟信号示意图

数据共网口发送后，SV 发送和 GOOSE 发送在一个物理通道里实现，数据的发送机制的优劣会对装置的 SV 均匀性及 GOOSE 发送的实时性产生影响。采用以 SV 发送为激励，利用 SV 的发送间隔发送 GOOSE 报文或其他报文，既保证了 SV 发送的均匀性，又保证了 GOOSE 报文发送的实时性。

装置的发送流程如图 3–52 所示，在程序初始化完成后，若无 SV 数据发送，则直接检查并发送 GOOSE 报文，防止在没有 SV 发送时发不出 GOOSE。发送一帧数据后再检查是否有 SV 发送数据，在检查到有 SV 发送数据后，则按 SV 发送节排查缓冲区内的 GOOSE 报文，利用 SV 发送间隔发送 GOOSE 报文。

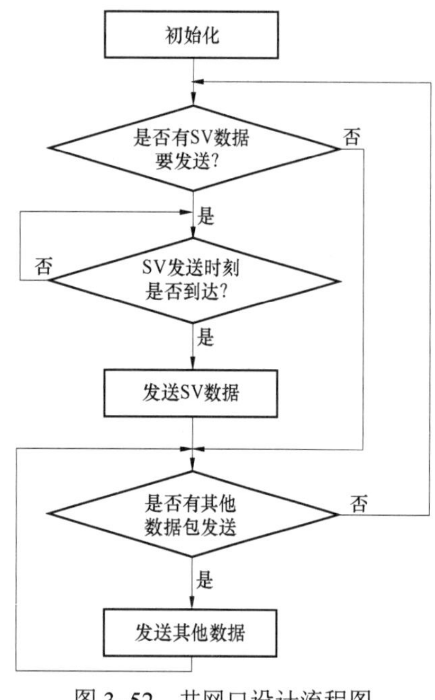

图 3–52　共网口设计流程图

下面以本装置为例，分析共网口发送后对 GOOSE 发送的影响。SV 和 GOOSE 报文的数据发送时序如图 3–53 所示，每个 SV 发送间隔可分为 3 个时间间隔，T_1 为 SV 报文发送时间，T_2 为 GOOSE 报文发送时间，T_3 为 SV 报文发送前等待时间。目前，合并单元为 4kHz 采样，故可得出：

$$T_1+T_2+T_3=250\mu s$$

SV 报文按最大 32 个通道计算，报文长度约为 400 字节（8bit/字节），可得出 T_1 的最大值为

$$T_1=400\times8\div(100\times10^6)\times10^6=32\mu s$$

为保证 SV 发送均匀性，必须保证 SV 报文在预期的时刻发送出来，故在预期的 SV 发送时刻前要预留一定的空闲时间，确保在发送时刻到达时，发送通道能够处于空闲状态，可以立即发送数据，一般设置空闲时间大于 2 倍的以太网最短包发送时间，这里取 T_3 为 15μs，这样就可以得到每个发送间隔留给 GOOSE 发送的时间为

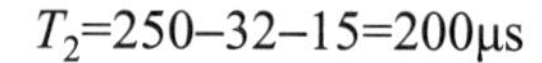

$$T_2=250-32-15=200\mu s$$

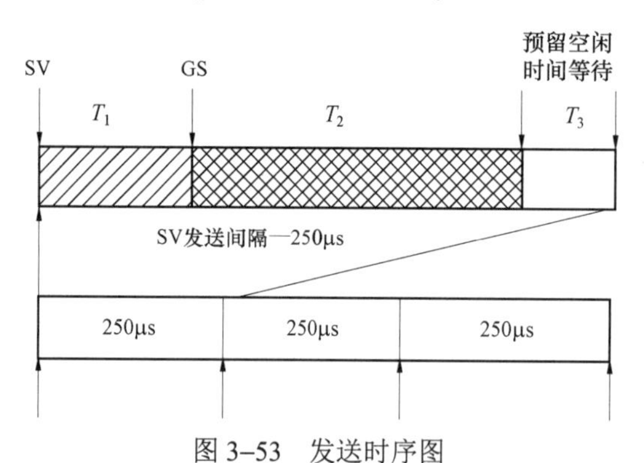

图 3–53　发送时序图

装置的数据集定义了每组 GOOSE 的通道个数最大为 64 个，这样最长的 GOOSE 包约为 800 个字节，加上数据包之间的空闲位，发送一帧 GOOSE 大约需要 80μs，由此一个 SV 发送间隔可以发送两包 GOOSE。装置共定义了 10 个 GOOSE 数据集，在数据全部同时变位时，也可以在 1.5ms 内全部发送完成，满足 GOOSE 发送机制中第一次重发的 2ms 的间隔要求，不会造成 GOOSE 发送的延迟。

由于保护装置采用的是点对点传输方式，其合并单元的 SV 报文是按等间隔传输；GOOSE 报文由于其特殊的传输机制以及高实时性的要求，在当前应用中多采用抢占式处理机制，即一旦装置接收到 GOOSE 报文会立即中断现有任务转而处理 GOOSE 报文，以确保其实时性的要求。当两者采用共端口传输时，笔者认为两者的报文处理优先级需

进行调整，应优先发送采样报文。若集成装置仍然优先处理 GOOSE 报文，GOOSE 发送时占用的网口资源会加大采样报文传输的间隔，导致采样数据报文传输的延时。以 100Mbit/s 传输速率来计算，100b 的报文其传输时间大约为 8μs（100bit/s×8/100Mbit/s=8μs），200b 大约为 16μs。针对点对点传输，其要求是等间隔延时必须小于 10μs，而装置解析处理 GOOSE 报文的时间加大了采样报文传输的间隔，另外，即使没有任何干扰，SV 报文发送的间隔也是有一定离散性的，而这两者的叠加会加大报文发送的延时，给保护装置造成“采样丢点”的假象。上述分析仅针对一帧 GOOSE 报文，若有多包 GOOSE 报文到达，则装置处理的时间会大大延长，甚至会造成后续等间隔发送点数据传输的延时。

相反，若优先发送采样的 SV 报文，由于报文长度固定且可以明确地为一包，因此由该报文发送导致的延时是可以明确计算的。在等间隔时间点发送完 SV 报文后，装置就可以处理 GOOSE 报文，而因优先发送采样报文导致的延时仅为几十微秒。由于当前 GOOSE 报文传输的延时域度较大，一般都小于 1ms，远小于 3ms 的要求，数十微秒的延时也完全不会影响 GOOSE 动作的实时性。因此，SV 和 GOOSE 共端口传输时优先发送采样报文是不影响 GOOSE 的实时性的，而且两者都是多播报文，对网络的适应性也较好。

3.3 装置的设计与工程应用方案

3.3.1 一般技术要求

1. 合并单元

合并单元应具备高可靠性，装置平均故障间隔时间（Mean Time Between Failure，MTBF）应大于 50 000 小时，使用寿命宜大于 12 年。

装置的设计采用模块化、标准化、插件式结构，大部分板卡应容易维护和更换，且允许带电插拔，任何一个模块故障或检修时均不影响其他模块的正常工作。装置的所有插件应接触可靠，并且有良好的互换性，以便检修时能迅速更换。

装置的电源模块应为满足现场运行环境的工业级产品，电源端口必须设置过电压保护或浪涌保护器件。装置应选用微功率、宽温芯片，装置内 CPU 芯片和电源功率芯片采用自然散热方式；装置应采用全密封、高阻抗、小功率的继电器，尽可能减少装置的功耗和发热。

装置的输入输出应采用光纤传输系统，兼容接口是合并单元的光纤接插件。宜采用多模 1310nm 型光纤，LC 接口。

合并单元与电子式互感器之间的数据传输协议应标准、统一。

2. 智能终端

智能终端采用模块化、标准化、插件式结构，其硬件可靠性、装置平均故障间隔时间、使用寿命方面的要求与合并单元相同。

装置的开关量外部输入信号宜选用DC220/110V，进入装置内部时应进行光电隔离，隔离电压不小于2000V；信号输入的滤波时间常数应保证在接点抖动（反跳或振动）以及存在外部干扰情况下不误发信，时间常数可调整。

装置的网络通信介质宜采用多模光缆，波长1310nm，宜统一采用LC型接口。在任何网络运行工况流量冲击下，装置均不应死机或重启，不发出错误报文，响应正确报文的延时不应大于1ms，装置的事件顺序记录（Sequence of Event，SOE）分辨率应不大于1ms，装置控制操作输出正确率应为100%。

3. 合并单元智能终端集成装置

合并单元智能终端集成装置的一般技术要求与合并单元、智能终端装置一致，除此之外，集成装置硬件的合并单元模块和智能终端模块应共用电源、人机接口和GOOSE端口，合并单元模块和智能终端模块应为独立板卡，装置支持SV、GOOSE共端口传输；集成装置软件的合并单元模块、智能终端模块应具备各自独立的程序版本和程序校验码，程序版本和程序校验码应一一对应。

3.3.2 功能要求

1. 合并单元

应根据工程需要选择适当的合并单元，以分别提供接收电子式互感器、常规互感器或模拟小信号互感器输出的信号接口。

合并单元应接收本间隔电流互感器的电流信号，并按照本间隔二次设备的需求接入电压信号。若本间隔设有电压互感器，合并单元接收本间隔电压互感器的电压信息；若本间隔未设置电压互感器，合并单元接收母线电压合并单元的电压信息。母线应配置单独的母线电压合并单元，接收来自母线电压互感器的电压信号。对于单母线接线，一台母线电压合并单元对应一段母线；对于双母线接线，一台母线电压合并单元宜同时接收两段母线电压；对于双母线单分段接线，一台母线电压合并单元宜同时接收三段母线电压；对于双母线双分段接线，宜按分段划分为两个双母线来配置母线电压合并单元。对于接入了两段及以上母线电压的母线电压合并单元，母线电压并列功能宜由合并单元完成，合并单元通过GOOSE网络获取断路器、刀闸位置信息，实现电压并列功能。

合并单元应具有完善的自诊断功能，能够输出各种异常信号和自检信息，实时监视光纤通道接收到的光信号强度，并根据检测到的光强度信息提前报警，确保合并单元在电源中断、电压异常、采集单元异常、通信中断、通信异常、装置内部异常等情况下不误输出。另外，由于合并单元不具备液晶显示屏，合并单元的装置面板LED指示灯要能够表示出重要的信息。

在输入接口方面，合并单元应满足如下要求：

（1）合并单元可支持可配置的采样频率，采样频率应满足保护、测控、录波、计量及故障测距等采样信号的要求。

（2）合并单元与电子式互感器之间的通信协议宜采用IEC 60044—7/8的FT3格式，接收电子式互感器的原始采样信号，经同步和合并之后对外提供采样值数据。合并单元应具备对电子式互感器的传输时延补偿功能。

（3）合并单元应能够接收 IEC 61588 或 IRIG–B 码同步对时信号。根据同步对时信号，应能够实现采集器间的采样同步功能，同步误差应不大于±1μs。在外部同步信号消失后，至少能在 10min 内继续满足±4μs 同步精度要求。

在输出接口方面，合并单元应满足如下要求：

（1）合并单元应能提供输出 DL/T 860.92 协议的接口，能同时满足保护、测控、录波、计量设备的使用要求。输出协议采用 DL/T 860.92 时，采样数据值为 32 位，其中最高位为符号位，交流电压采样值一个码值（LSB）代表 10mV，交流电流采样值一个码值（LSB）代表 1mA。

（2）对于采样值组网传输的方式，合并单元应提供相应的以太网口。对于采样值点对点传输的方式，合并单元应提供足够的输出接口分别对应保护、测控、录波、计量等不同的二次设备。

（3）合并单元应提供调试接口，可以根据现场要求对所发送通道的比例系数等进行配置。

2. 智能终端

智能终端分为分相智能终端、三相智能终端、本体智能终端。

断路器分相（三相）智能终端具有断路器控制操作功能，包含分合闸回路、合后监视、重合闸、操作电源监视和控制回路断线监视等，由断路器本体操作机构实现断路器防跳功能、断路器三相不一致保护功能以及各种压力闭锁功能。

分相智能终端，适用于分相机构控制断路器。220kV 及以上一般采用分相操作断路器，相应配置分相智能终端。

三相智能终端适用于三相机构控制断路器，也可用于控制母线刀闸，当用于控制母线刀闸时简称母线智能终端。110kV 及以下一般采用三相操作断路器，相应配置三相智能终端。

断路器分相（三相）智能终端功能配置如表 3–22 所示。

表 3–22　　分相（三相）智能终端功能配置表

序号	功　能	序号	功　能
1	断路器分合闸操作	9	事故总告警
2	刀闸分合操作	10	闭锁重合闸
3	手合、手跳断路器	11	压力低闭锁重合闸信号采集
4	手合、手跳监视	12	普通遥信采集
5	操作电源掉电监视	13	收到跳闸命令、合闸命令反馈
6	电缆直跳监视	14	跳闸、合闸出口回采
7	合后监视	15	直流模拟量采集
8	控制回路断线监视	16	工作状态在线监测

本体智能终端包含非电量动作、有载分接开关挡位调整及测温等完整的本体信息交互功能，并可提供用于闭锁调压、启动风冷、启动充氮灭火等出口接点。主变压器非电量保护功能宜由本体智能终端集成，保护启动信号均应经大功率继电器重动，保护跳闸通过控制电缆以直跳方式实现。本体智能终端分为三种类型，分别为Ⅰ型，适用于三相主变压器和分相主变压器的单相，含非电量保护；Ⅱ型，适用于分相主变压器的三相合一装置，含非电量保护；Ⅲ型，适用于分相主变压器的三相合一装置，不含非电量保护。本体智能终端功能配置如表3–23所示。

表3–23　本体智能终端功能配置表

序号	功　能	备注
1	非电量保护	Ⅲ型不含此功能
2	提供闭锁调压、启动风冷等出口接点	Ⅱ、Ⅲ型不含此功能
3	刀闸分合操作	
4	档位测量和控制	
5	普通遥信采集	
6	直流模拟量采集	
7	工作状态在线监测	可选

智能终端具有开关量输入/输出和模拟量采集功能。开关量输入/输出点数可根据工程需要灵活配置，输入宜采用强电方式采集，输出接点容量应满足现场实际需要；模拟量输入采用4～20mA电流量或0～5V电压量的方式，接收安装于一次设备和就地智能控制柜传感元件的输出信号，比如温度、湿度、压力、密度、绝缘、机械特性以及工作状态等。

智能终端具有以下信息转换和通信功能：

（1）支持以GOOSE方式上传一次设备的状态信息，同时接收来自二次设备的GOOSE下行控制命令，实现对一次设备的实时控制。

（2）具备GOOSE命令记录功能，记录收到GOOSE命令时刻、GOOSE命令来源及出口动作时刻等内容，并能提供便捷的查看方法。

（3）具备接收IEC 61588或IRIG–B码时钟同步信号功能，装置的对时精度误差应不大于±1ms。

（4）提供方便、可靠的调试工具与手段，满足网络化在线调试需要。

（5）具有完善的自诊断功能，并能输出装置本身的自检信息，自检项目一般包括出口继电器线圈自检、开入光耦自检、控制回路断线自检、断路器位置不对应自检、定值自检等。

为实现以上通信功能，智能终端应至少带有1个本地通信接口（调试口）、2个独立的GOOSE接口，并可根据工程需要增加独立的GOOSE接口，必要时还可设置1个独立的MMS接口（用于上传状态监测信息），通信规约遵循DL/T 860（IEC 61850）标准。

智能终端具有完善的闭锁告警功能，以 GOOSE 报文方式提供电源中断、通信中断、通信异常、GOOSE 断链、装置内部异常等信号，以硬接点方式提供直流消失信号。智能终端安装处应保留总出口压板和检修压板。另外，由于智能终端不具备液晶显示屏，智能终端的装置面板 LED 指示灯要能够表示出重要的信息。

3. 合并单元智能终端集成装置

合并单元智能终端集成装置一般应用于 110kV 及以下电压等级，具备合并单元、智能终端的全部功能。

（1）合并单元模块。

合并单元智能终端集成装置应接收本间隔电流互感器的电流信号，并按照本间隔二次设备的需求接入电压信号。母线电压并列功能宜由母线合并单元智能终端集成装置完成，通过 GOOSE 网络获取断路器、刀闸位置信息，实现电压并列功能。

装置应具有完善的自诊断功能，能够输出各种异常信号和自检信息，实时监视光纤通道接收到的光信号强度，并根据检测到的光强度信息提前报警，确保合并单元在电源中断、电压异常、采集单元异常、通信中断、通信异常、装置内部异常等情况下不误输出。

（2）智能终端模块。

合并单元智能终端集成装置具有开关量输入/输出和模拟量采集功能。开关量输入/输出点数可根据工程需要灵活配置，输入宜采用强电方式采集，输出接点容量应满足现场实际需要。

智能终端模块一般采用三相控制方式，具有断路器控制操作功能，包含分合闸回路、合后监视、重合闸、操作电源监视和控制回路断线监视等，由断路器本体操作机构实现断路器防跳功能以及各种压力闭锁功能。

3.3.3 设备选型与主要技术参数

1. 合并单元

合并单元作为互感器与间隔层智能电子设备间采样数据的桥梁，是信息采样的重要设备，在订货或设计、生产时必须确认好一些重要参数，避免因参数选择不正确造成的事故。

（1）使用环境条件。装置使用的一般环境条件为海拔高度不大于 1km。户内安装时，环境温度为–5～+45℃；户外安装时，环境温度一般为–25～+55℃，最大日温差为 25K。日平均最大相对湿度为 95%，月平均最大相对湿度为 90%。大气压力为 86～106kPa。具备水平加速度 0.30g、垂直加速度 0.15g 的抗震能力。当使用条件超出上述环境参数时，可根据具体工程进行调整。

（2）基本型式。根据互感器型式选择适当的合并单元，以分别提供接收电子式互感器、常规互感器或模拟小信号互感器输出的信号接口。

（3）适用范围。根据接入电流、电压量的不同需求，选择间隔合并单元、母线电压合并单元。

（4）采样频率。合并单元采样频率应满足保护、测控、电能质量分析、故障测距等不同的应用要求。

（5）输入接口。根据主接线型式选择输入通道的数量和类型。合并单元与电子式互感器之间的通信协议宜采用 IEC 60044—7/8 的 FT3 格式，接收电子式互感器的原始采样信号，经同步和合并之后对外提供采样值数据。合并单元应具备对电子式互感器的传输时延补偿功能。

（6）采样值输出接口。合并单元应能够提供点对点和组网接口，接口数量和规约形式应满足工程需要。采样值报文在 MU 从输入结束到输出结束的总传输时间应小于 0.5ms。装置的网络通信介质宜采用多模光缆，波长 1310nm。

（7）对时方式。合并单元应能够接收 IRIG–B 码同步对时信号。根据同步对时信号，应能够实现采集器间的采样同步功能，同步误差应不大于±1μs。在外部同步信号消失后，至少能在 10min 内继续满足±4μs 同步精度要求。

合并单元技术参数如表 3–24 所示。

表 3–24　　合并单元技术参数

<table>
<tr><th>序号</th><th colspan="2">名称</th><th>单位</th><th>需求值</th><th>引用标准或文献</th></tr>
<tr><td>1</td><td colspan="2">型式</td><td></td><td>常规互感器接口/电子式互感器接口</td><td></td></tr>
<tr><td>2</td><td colspan="2">安装方式</td><td></td><td>嵌入式</td><td></td></tr>
<tr><td>3</td><td colspan="2">电源额定电压</td><td>V</td><td>110/220</td><td>Q/GDW 1426—2016</td></tr>
<tr><td>4</td><td colspan="2">电源电压允许偏差</td><td></td><td>-20%～+15%</td><td>Q/GDW 1426—2016</td></tr>
<tr><td>5</td><td colspan="2">电源纹波系数</td><td></td><td>≤5%</td><td>Q/GDW 1426—2016</td></tr>
<tr><td>6</td><td colspan="2">装置功率消耗</td><td>W</td><td>≤50</td><td>Q/GDW 1426—2016</td></tr>
<tr><td>7</td><td colspan="2">模拟量输入额定电流值</td><td>A</td><td>5/1</td><td></td></tr>
<tr><td>8</td><td colspan="2">模拟量输入额定电压值</td><td>V</td><td>100/57.7</td><td></td></tr>
<tr><td>9</td><td colspan="2">通信规约</td><td></td><td>DL/T 860.92
GB/T 20840.7/8</td><td>Q/GDW 1426—2016</td></tr>
<tr><td>10</td><td colspan="2">输出接口</td><td></td><td>点对点/组网</td><td>Q/GDW 441—2010</td></tr>
<tr><td>11</td><td colspan="2">SV、GOOSE 接口类型</td><td></td><td>ST/LC</td><td>通用设备（2012）</td></tr>
<tr><td>12</td><td colspan="2">输入通道数量</td><td>路</td><td>≤12</td><td>Q/GDW 441—2010</td></tr>
<tr><td>13</td><td colspan="2">输出端口数量</td><td>个</td><td>≥8</td><td>Q/GDW 441—2010</td></tr>
<tr><td>14</td><td colspan="2">本地接口（调试口）数量</td><td>个</td><td>1</td><td>Q/GDW 1426—2016</td></tr>
<tr><td rowspan="2">15</td><td colspan="2" rowspan="2">输出采样频率</td><td rowspan="2">kHz</td><td>4（用于保护、测控）</td><td rowspan="2">DL/T 282—2012</td></tr>
<tr><td>12.8（用于电能质量分析、行波测距）</td></tr>
<tr><td rowspan="2">16</td><td rowspan="2">模拟量测量精度</td><td>保护通道误差</td><td></td><td>≤±1%</td><td>通用设备（2012）</td></tr>
<tr><td>测量通道误差</td><td></td><td>≤±0.2%</td><td>通用设备（2012）</td></tr>
</table>

续表

序号	名称		单位	需求值	引用标准或文献
17	采样延迟时间	TV 合并单元	ms	≤1	通用设备（2012）
		间隔合并单元	ms	≤2	通用设备（2012）
18	采样值发送间隔离散值		μs	＜10	Q/GDW 441—2010
19	对时方式			IRIG-B	Q/GDW 1426—2016
20	对时精度误差		μs	＜1	Q/GDW 1426—2016
21	对时接口类型			ST	通用设备（2012）
22	交流模拟量输入回路工作范围	相电压	V	0.2～120	通用设备（2012）
		同期电压	V	0.2～120	通用设备（2012）
		电流	A	0.04～40In	通用设备（2012）
23	装置平均故障间隔时间（MTBF）		小时	＞50 000	Q/GDW 1426—2016

2. 智能终端

智能终端作为开关机构与间隔层智能电子设备间数据传输的桥梁，不仅是信号采集的重要设备，更是跳、合闸命令的执行元件，在订货或设计、生产时必须确认好一些重要参数，避免因参数选择不正确造成的事故。

（1）使用环境条件。装置使用的一般环境条件为海拔高度不大于 1km。户内安装时，环境温度为–5～+45℃；户外安装时，环境温度一般为–25～+55℃，最大日温差为 25K。日平均最大相对湿度为 95%，月平均最大相对湿度为 90%。大气压力为 86～106kPa。具备水平加速度 0.30*g*、垂直加速度 0.15*g* 的抗震能力。当使用条件超出上述环境参数时，可根据具体工程进行调整。

（2）基本型式。根据适用范围不同，智能终端一般分为断路器智能终端、本体智能终端和母线智能终端。其中，断路器智能终端当用于 220kV 及以上电压等级时，一般采用分相智能终端，用于 110kV 及以下电压等级时，一般采用三相智能终端。

（3）本体智能终端。主变压器本体智能终端包含非电量动作、有载分接开关挡位调整及测温等完整的本体信息交互功能，并可提供用于闭锁调压、启动风冷、启动充氮灭火等出口接点。主变压器非电量保护功能宜由本体智能终端集成，保护启动信号均应经大功率继电器重动，保护跳闸通过控制电缆以直跳方式实现。

（4）开关量输入输出。开关量输入输出点数根据工程需要配置。装置的开关量外部输入信号宜选用 DC 220/110V，进入装置内部时应进行光电隔离，隔离电压不小于 2000V；信号输入的滤波时间常数应保证在接点抖动（反跳或振动）以及存在外部干扰情况下不误发信，时间常数可调整。

（5）模拟量输入。模拟量输入采用 4～20mA 电流量或 0～5V 电压量的方式，接收安装于一次设备和就地智能控制柜传感元件的输出信号，比如温度、湿度、压力、密度、绝缘、机械特性以及工作状态等，并支持以 MMS 方式上传一次设备的状态信息。

（6）输出接口。根据过程层组网方式和保护跳闸方式选择网口和点对点接口，接口数量和规约形式应满足工程需要。装置的网络通信介质宜采用多模光缆，波长1310nm。

（7）对时接口。智能终端具备接收IRIG–B码时钟同步信号功能，装置的对时精度误差应不大于±1ms。

智能终端技术参数如表3–25所示。

表3–25　　智能终端技术参数

<table>
<tr><th>序号</th><th colspan="2">名称</th><th>单位</th><th>需求值</th><th>引用标准或文献</th></tr>
<tr><td>1</td><td colspan="2">型式</td><td></td><td>三相/分相/本体/母线</td><td>通用设备（2012）</td></tr>
<tr><td>2</td><td colspan="2">安装方式</td><td></td><td>嵌入式</td><td>通用设备（2012）</td></tr>
<tr><td>3</td><td colspan="2">电源额定电压</td><td>V</td><td>110/220</td><td>Q/GDW 428—2010</td></tr>
<tr><td>4</td><td colspan="2">电源电压允许偏差</td><td></td><td>–20%～+15%</td><td>Q/GDW 428—2010</td></tr>
<tr><td>5</td><td colspan="2">电源纹波系数</td><td></td><td>≤5%</td><td>Q/GDW 428—2010</td></tr>
<tr><td>6</td><td colspan="2">装置功率消耗</td><td>W</td><td>≤30（工作时）
≤60（动作时）</td><td>Q/GDW 428—2010</td></tr>
<tr><td>7</td><td colspan="2">动作时间</td><td>ms</td><td>≤7</td><td>Q/GDW 441—2010</td></tr>
<tr><td>8</td><td colspan="2">通信规约</td><td></td><td>DL/T 860</td><td>Q/GDW 428—2010</td></tr>
<tr><td>9</td><td colspan="2">SOE分辨率</td><td>ms</td><td>＜2</td><td>Q/GDW 428—2010</td></tr>
<tr><td>10</td><td colspan="2">开入响应时间（从开入变位到相应GOOSE信号发出的时间延时，不含防抖时间）</td><td>ms</td><td>≤5</td><td>Q/GDW 11487—2015</td></tr>
<tr><td>11</td><td colspan="2">日志记录容量</td><td>条</td><td>≥1000</td><td>Q/GDW 11487—2015</td></tr>
<tr><td>12</td><td colspan="2">装置控制操作输出正确率</td><td></td><td>100%</td><td>Q/GDW 428—2010</td></tr>
<tr><td>13</td><td colspan="2">对时方式</td><td></td><td>IRIG–B</td><td>Q/GDW 428—2010</td></tr>
<tr><td>14</td><td colspan="2">对时精度误差</td><td>ms</td><td>≤1</td><td>Q/GDW 428—2010</td></tr>
<tr><td>15</td><td colspan="2">对时接口类型</td><td></td><td>ST</td><td>通用设备（2012）</td></tr>
<tr><td>16</td><td colspan="2">GOOSE接口类型</td><td></td><td>ST/LC</td><td>通用设备（2012）</td></tr>
<tr><td>17</td><td colspan="2">GOOSE端口数量</td><td>个</td><td>≥2</td><td>Q/GDW 428—2010</td></tr>
<tr><td>18</td><td colspan="2">本地接口（调试口）数量</td><td>个</td><td>1</td><td>Q/GDW 428—2010</td></tr>
<tr><td>19</td><td colspan="2">开关量输入点数</td><td>个</td><td>根据工程需要灵活配置</td><td>Q/GDW 428—2010</td></tr>
<tr><td>20</td><td colspan="2">开关量输出点数</td><td>个</td><td>根据工程需要灵活配置</td><td>Q/GDW 428—2010</td></tr>
<tr><td>21</td><td colspan="2">强电开入回路启动电压值</td><td>V</td><td>55%～70%额定直流电源电压</td><td>Q/GDW 11487—2015</td></tr>
<tr><td rowspan="3">22</td><td rowspan="3">直跳回路大功率抗干扰继电器</td><td>启动功率</td><td>W</td><td>＞5</td><td>Q/GDW 11487—2015</td></tr>
<tr><td>动作电压</td><td>V</td><td>55%～70%额定直流电源电压</td><td>Q/GDW 11487—2015</td></tr>
<tr><td>额定电压下动作时间</td><td>ms</td><td>10～35</td><td>Q/GDW 11487—2015</td></tr>
<tr><td>23</td><td colspan="2">装置接点介质强度</td><td></td><td>同一组触点断开时，能承受工频1000V电压，时间1min。触点与线圈之间，能承受工频2000V电压，时间1min</td><td>Q/GDW 11487—2015</td></tr>
</table>

续表

序号	名称	单位	需求值	引用标准或文献
24	装置防护等级		IP42（安装于户外柜） IP40（安装于户内柜）	Q/GDW 428—2010
25	装置平均故障间隔时间（MTBF）	h	＞50 000	Q/GDW 428—2010

3. 合并单元智能终端集成装置

由于合并单元智能终端集成装置同时具备合并单元、智能终端的全部功能，因此合并单元、智能终端的相关参数也同样适用于合并单元智能终端集成装置。

合并单元智能终端集成装置技术参数如表 3–26 所示。

表 3–26　　合并单元智能终端集成装置技术参数

序号	名称		单位	需求值	引用标准或文献
1	合并单元模块接口型式			常规互感器接口/电子式互感器接口	办基建（2013）3 号文
2	智能终端模块型式			三相/母线	通用设备（2012）
3	安装方式			嵌入式	
4	电源额定电压		V	110/220	Q/GDW 1426—2016
5	电源电压允许偏差			–20%～+15%	Q/GDW 1426—2016
6	电源纹波系数			≤5%	Q/GDW 1426—2016
7	装置功率消耗		W	≤50	办基建（2013）3 号文
8	模拟量输入额定电流值		A	5/1	
9	模拟量输入额定电压值		V	100/57.7	
10	通信规约			DL/T 860.92 GB/T 20840.7/8	Q/GDW 1426—2016
11	输出接口			点对点/组网	Q/GDW 441—2010
12	SV、GOOSE 接口类型			ST/LC	通用设备（2012）
13	输入通道数量		路	≤12	Q/GDW 441—2010
14	输出端口数量		个	≥8	Q/GDW 441—2010
15	本地接口（调试口）数量		个	1	Q/GDW 428—2010
16	输出采样频率		kHz	4	办基建（2013）3 号文
17	模拟量测量精度	保护通道误差		≤±1%	通用设备（2012）
		测量通道误差		≤±0.2%	通用设备（2012）
18	采样延迟时间	TV 合并单元	ms	≤1	通用设备（2012）
		间隔合并单元	ms	≤2	通用设备（2012）
19	采样值发送间隔离散值		μs	＜10	Q/GDW 441—2010
20	SOE 分辨率		ms	＜2	Q/GDW 428—2010

续表

序号	名称		单位	需求值	引用标准或文献
21	开入响应时间（从开入变位到相应 GOOSE 信号发出的时间延时，不含防抖时间）		ms	≤5	Q/GDW 11487—2015
22	日志记录容量		条	≥1000	Q/GDW 11487—2015
23	装置控制操作输出正确率			100%	Q/GDW 428—2010
24	对时方式			IRIG–B	Q/GDW 1426—2016
25	对时精度误差		μs	＜1	Q/GDW 1426—2016
26	对时接口类型			ST	通用设备（2012）
27	交流模拟量输入回路工作范围	相电压	V	0.2～120	通用设备（2012）
		同期电压	V	0.2～120	通用设备（2012）
		电流	A	0.04～40In	通用设备（2012）
28	开关量输入点数		个	根据工程需要灵活配置	Q/GDW 428—2010
29	开关量输出点数		个	根据工程需要灵活配置	Q/GDW 428—2010
30	强电开入回路启动电压值		V	55%～70%额定直流电源电压	Q/GDW 11487—2015
31	直跳回路大功率抗干扰继电器	启动功率	W	＞5	Q/GDW 11487—2015
		动作电压	V	55%～70%额定直流电源电压	Q/GDW 11487—2015
		额定电压下动作时间	ms	10～35	Q/GDW 11487—2015
32	装置接点介质强度			同一组触点断开时，能承受工频 1000V 电压，时间 1min。触点与线圈之间，能承受工频 2000V 电压，时间 1min	Q/GDW 11487—2015
33	装置平均故障间隔时间（MTBF）		h	＞50 000	Q/GDW 1426—2016

3.3.4 外部接口要求

1. 对互感器的接口要求

合并单元应接收本间隔电流互感器的电流信号，原理如图 3–54 所示，并按照本间隔二次设备的需求接入电压信号。若本间隔设有电压互感器，合并单元接收本间隔电压互感器的电压信息；若本间隔未设置电压互感器，合并单元接收母线电压合并单元的电压信息，并实现本间隔的电压切换功能。为减少母线合并单元检修对保护的影响，提高保护运行可靠性，双母线接线的线路间隔、变压器间隔、母线间隔均宜装设三相电压互感器。

母线应配置单独的母线电压合并单元，接收来自母线电压互感器的电压信号。对于接入了两段及以上母线电压的母线电压合并单元，母线电压并列功能宜由合并单元完成，合并单元通过 GOOSE 网络获取断路器、刀闸位置信息，实现电压并列功能。

对于站用变间隔，为满足用于站用变保护的电流互感器次级变比和用于母线保护的电流互感器次级变比的不同要求，合并单元应具备站用变保护电流和母线保护电流两组保护电流输入。

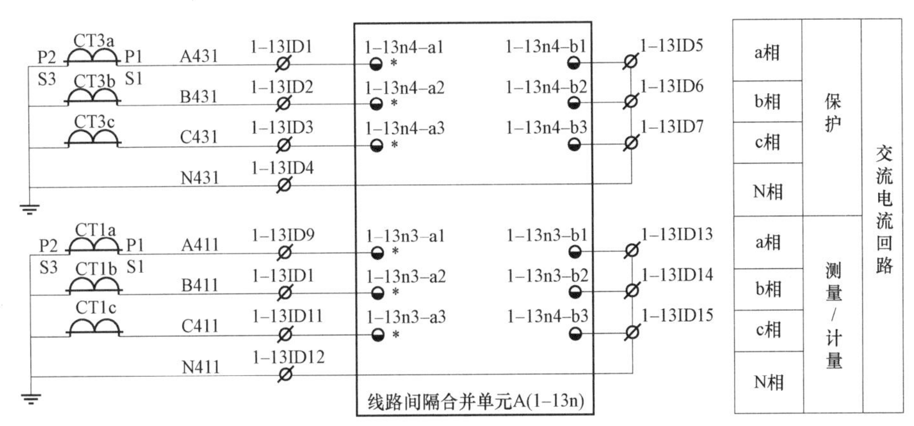

图 3-54　合并单元电流回路原理接线图

2. 对保护和过程层网络的接口要求

合并单元对应电压等级的过程层网络 SV 网与 GOOSE 网分开独立构建时，合并单元应提供独立的 GOOSE 组网接口与 SV 组网接口，分别接入对应的过程层网络；当过程层网络 SV 和 GOOSE 采用共网模式时，合并单元应支持 SV、GOOSE 共端口传输。继电保护装置与合并单元之间应直接采样；测控装置、故障录波、网络分析仪、相量测量装置等可通过过程层 SV 网络接收合并单元传递的采样值。合并单元的光纤接口如图 3-55 所示。

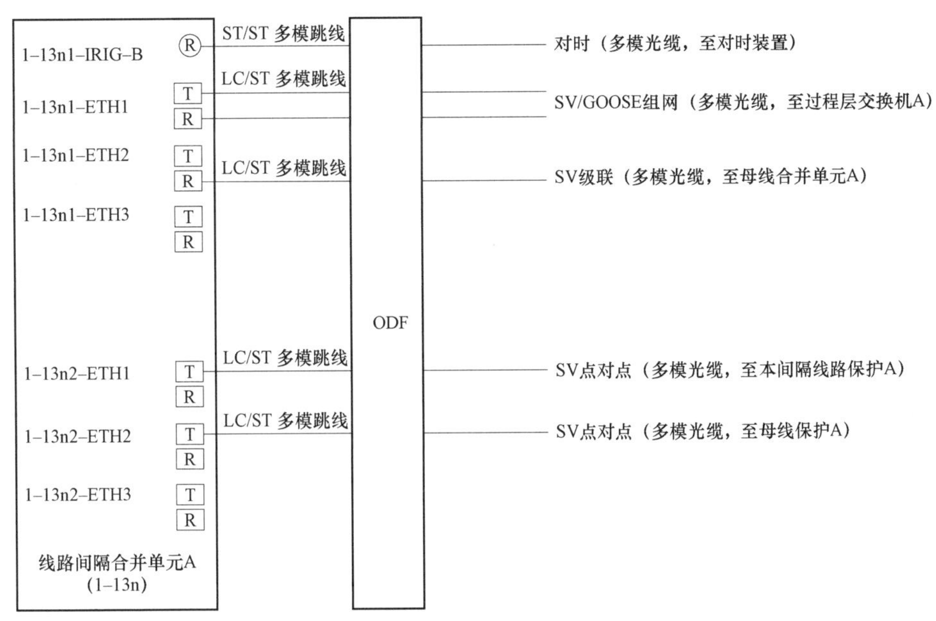

图 3-55　合并单元光纤接口图

本间隔保护与智能终端之间应采用点对点方式通信；跨间隔保护与各间隔智能终端之间宜采用点对点方式通信，如确有必要采用其他跳闸方式，相关设备应满足保护对可靠性和快速性的要求。智能终端的光纤接口如图 3-56 所示。

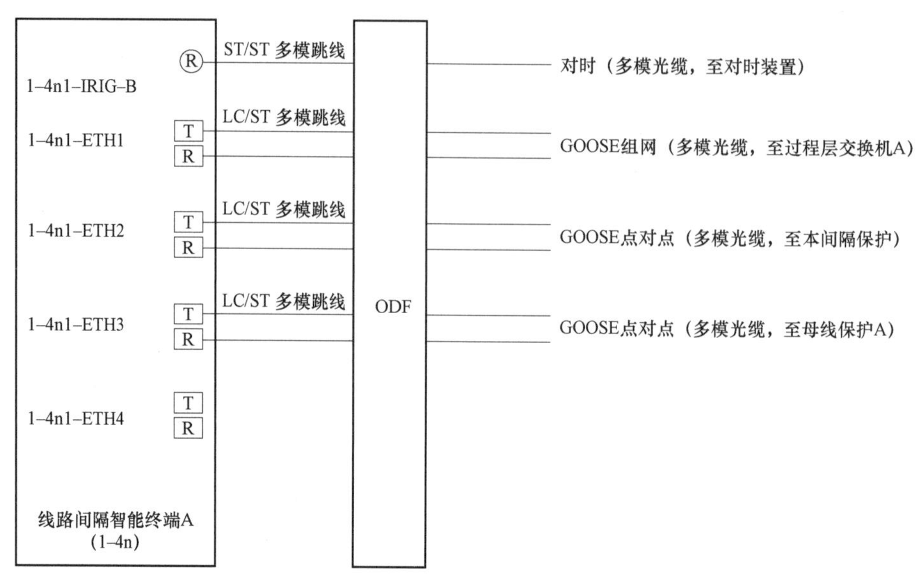

图 3-56　智能终端光纤接口图

3. 对二次接线及回路的要求

交流电流与交流电压回路接入合并单元时，应使用各自独立的电缆；电压互感器二次三相电压与开口三角电压接入合并单元时，应使用各自独立的电缆。合并单元与智能终端同柜布置时，第一套合并单元的硬接点告警信息通过电缆接入第一套智能终端，第二套合并单元的硬接点告警信息通过电缆接入第二套智能终端。

两套保护的跳闸回路应分别与两个智能终端一一对应，两个智能终端应分别与断路器的两个跳闸线圈一一对应。双重化配置的智能终端，应具有输出至另一套智能终端的闭重触点，逻辑为：遥合（手合）、遥跳（手跳）、保护闭锁重合闸、TJR、TJF 的“或”逻辑，相关原理回路如图 3-57 所示。第二套智能终端的控制回路断线信号仍需上报，其

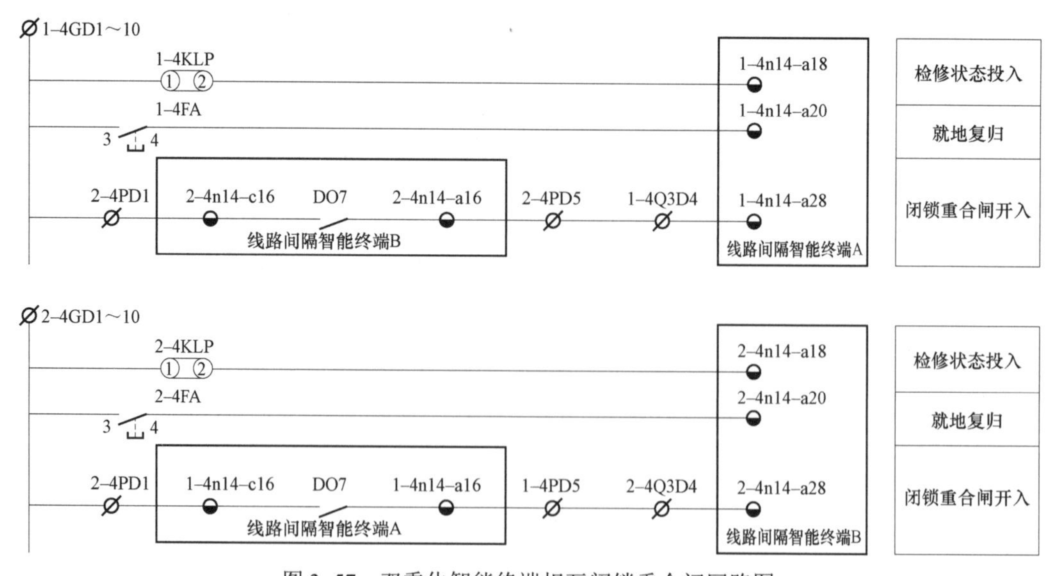

图 3-57　双重化智能终端相互闭锁重合闸回路图

TWJ 通过接入断路器常闭辅助接点来启动。母联第二套智能终端所需手合信号，由第一套智能终端提供 SHJ 重动接点开入。

防跳回路和压力闭锁回路应由操作机构完成。

对于母线合并单元的并列把手，安装于 A 套母线合并单元手动并列把手中一副触点可通过电缆接至 B 套母线合并单元，实现手动并列时 A、B 套母线合并单元同时并列的功能。

3.3.5 配置原则及应用方案

1. 500kV 变电站

（1）合并单元。

500kV 断路器电流互感器、220kV 线路、母联、分段间隔电流互感器合并单元按双重化配置；66（35）kV 电压等级除主变压器间隔外各间隔合并单元宜单套配置；主变压器各侧、中性点（或公共绕组）合并单元按双重化配置，公共绕组合并单元宜独立配置；高压并联电抗器首末端电流合并单元、中性点电流合并单元按双重化配置。

500kV 每段母线配置双套合并单元，220kV 双母线、双母单分段接线，按双重化配置 2 台母线电压合并单元；220kV 双母双分段接线，Ⅰ–Ⅱ母线、Ⅲ–Ⅳ母线按双重化各配置 2 台母线电压合并单元；500kV 线路电压互感器、主变压器各侧电压互感器合并单元按双重化配置。

500kV 配置独立的电压互感器合并单元，220kV 线路、主变压器中低压侧的电流互感器和电压互感器宜合用一个合并单元；66（35）kV 合并单元可与智能终端采用一体化装置。

3/2 断路器接线合并单元典型配置图如图 3–58 所示。

合并单元按断路器分散布置于配电装置场地智能控制柜内，500kV 线路、主变压器高压侧电压互感器合并单元布置在边断路器智能控制柜内。

线路保护、母线保护等保护装置以点对点方式直接采样，测控装置、电能表、故障录波、网络分析记录装置采用网络采样方式。对于一个半断路器接线，当采样值采用网络方式时，计量、测量用和电流计算由电能表、测控装置实现，保护用和电流由保护装置实现。3/2 断路器接线合并单元 SV 信息流图如图 3–59 所示。

（2）智能终端。

500kV 断路器智能终端按双重化配置，220kV 线路、母联（分段）智能终端按双重化配置；66（35）kV 断路器（主变压器低压侧除外）宜配置单套智能终端；主变压器各侧智能终端宜冗余配置；主变压器本体智能终端宜单套配置，集成非电量保护功能。500kV、220kV、66（35）kV 每段母线配置 1 套智能终端。66（35）kV 智能终端可与合并单元采用一体化装置。

3/2 断路器接线智能终端典型配置图如图 3–60 所示。

智能终端按断路器分散布置于配电装置场地智能控制柜内。

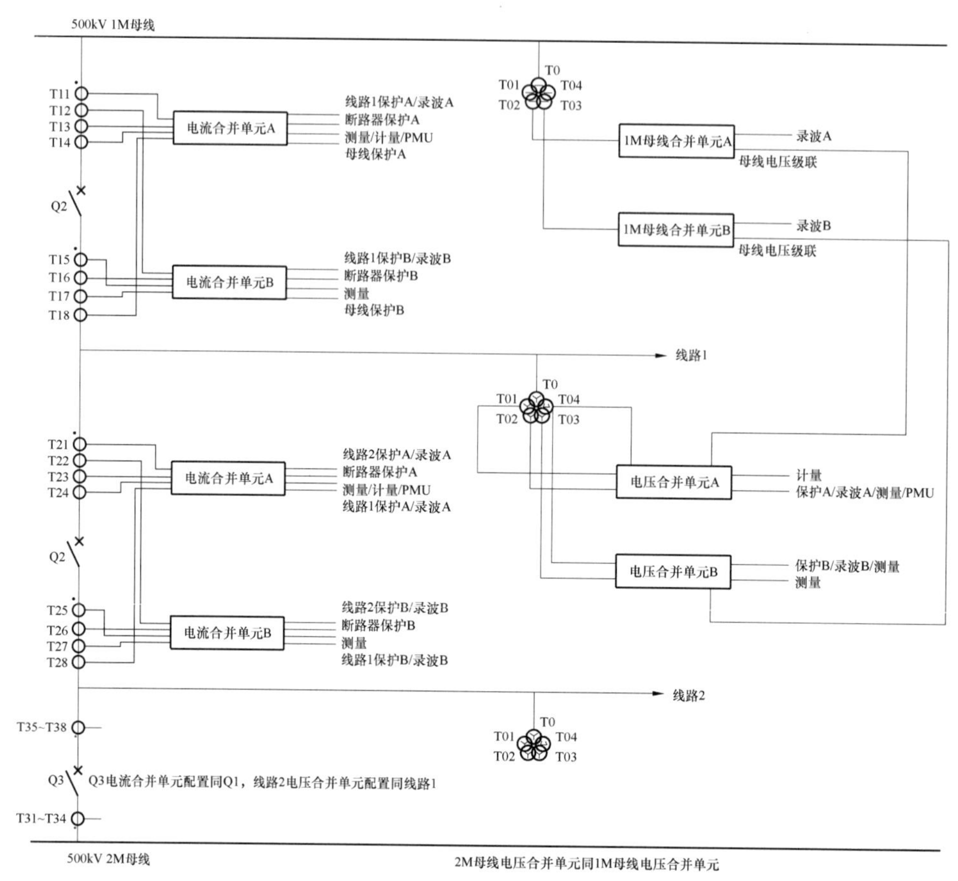

图 3–58　3/2 断路器接线合并单元典型配置示意图

备注：图中电流互感器按 TPY/TPY/5P/0.2s-断口-0.2s/5P/TPY/TPY 配置，相应合并单元电流输入量包括 2 组 TPY、1 组 5P、1 组 0.2s，共 12 路电流输入。

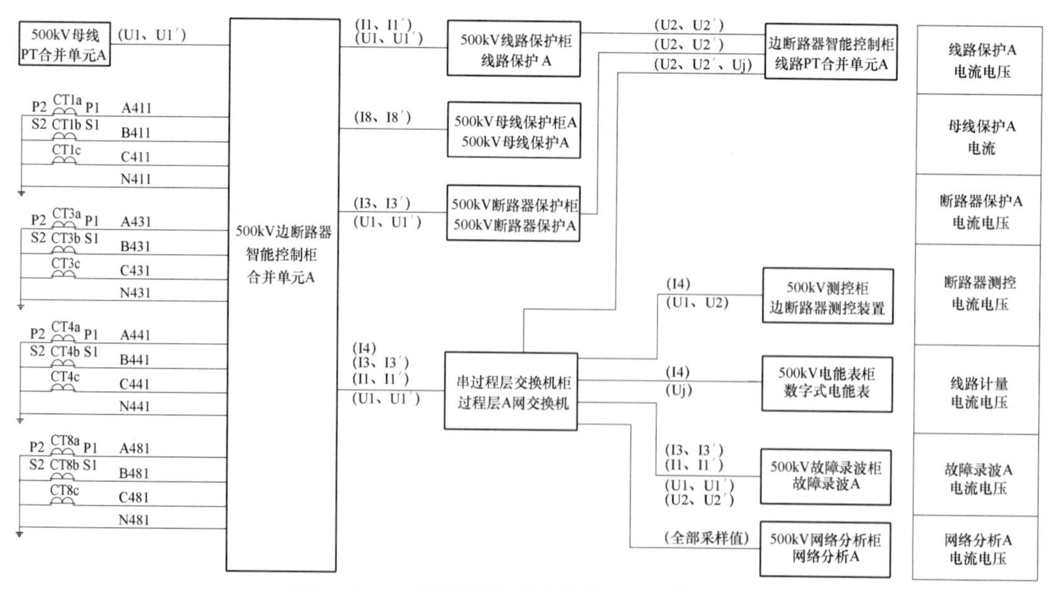

图 3–59　3/2 断路器接线合并单元 SV 信息流图

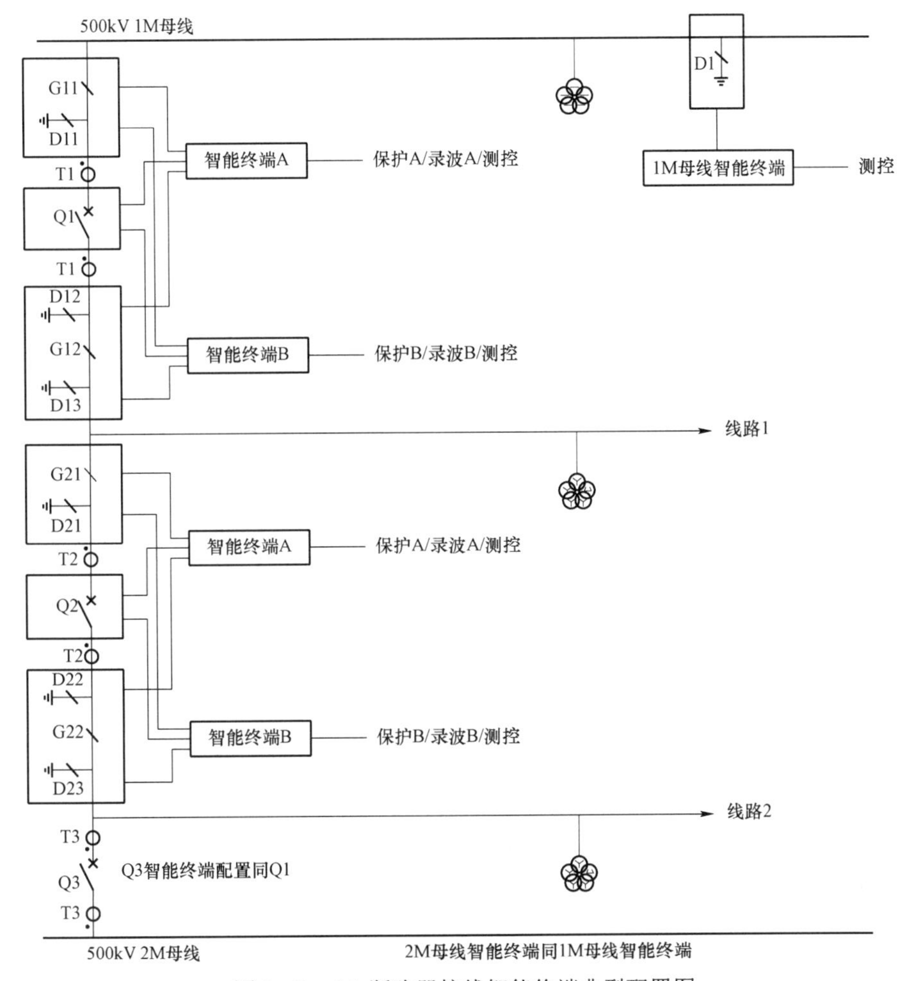

图 3-60　3/2 断路器接线智能终端典型配置图

线路保护、断路器保护、母线保护等保护装置以点对点方式直接跳闸，测控装置、故障录波、网络分析记录装置采用 GOOSE 网络传输方式。3/2 断路器接线智能终端 GOOSE 信息流图如图 3-61 所示。

2. 220kV 变电站

（1）合并单元。

220kV 线路、母联（分段）间隔电流互感器合并单元按双重化配置；110（66）kV 线路、母联（分段）间隔电流互感器合并单元按单套配置；35kV 及以下电压等级除主变压器间隔外不配置合并单元。主变压器各侧、中性点（或公共绕组）合并单元按双重化配置；线变组、扩大内桥接线主变压器高压侧合并单元按双重化配置；中性点（含间隙）合并单元宜独立配置，也可并入相应侧合并单元，公共绕组合并单元宜独立配置。220kV 双母线、双母单分段接线，按双重化配置 2 台母线电压合并单元；220kV 双母双分段接线，Ⅰ－Ⅱ母线、Ⅲ－Ⅳ母线按双重化各配置 2 台母线电压合并单元。

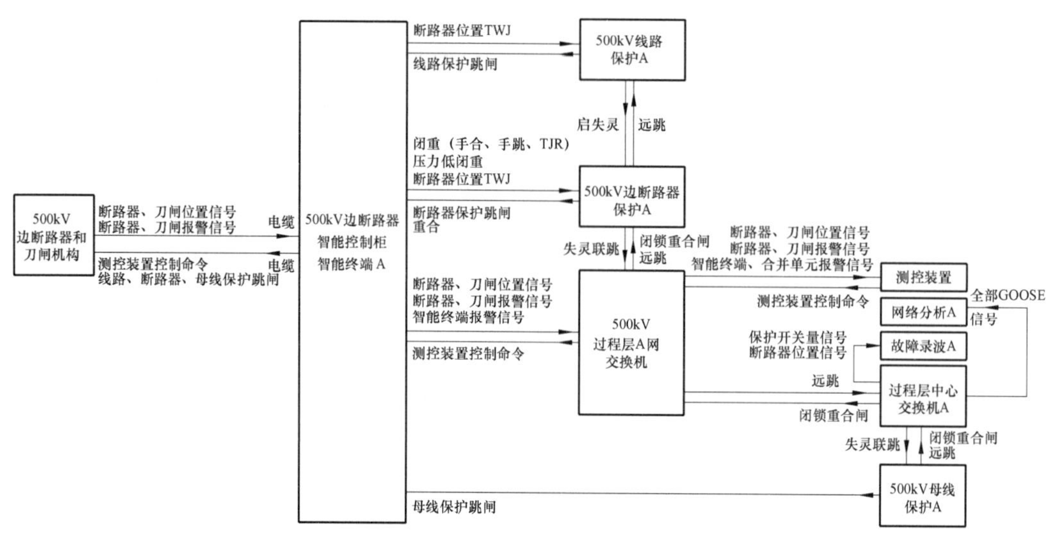

图 3–61　3/2 断路器接线智能终端 GOOSE 信息流图

220kV 线路、110（66）kV 线路、主变压器低压侧电流互感器和电压互感器宜合用一个合并单元；110（66）kV 合并单元可与智能终端采用一体化装置；35（10）kV 及以下配电装置采用户内开关柜布置时，可采用多合一装置，即在 35（10）kV 常规装置的基础上集成 SV 输出、GOOSE 开入开出功能。

双母线接线合并单元典型配置图如图 3–62 所示。

合并单元按间隔分散布置于配电装置场地智能控制柜内。

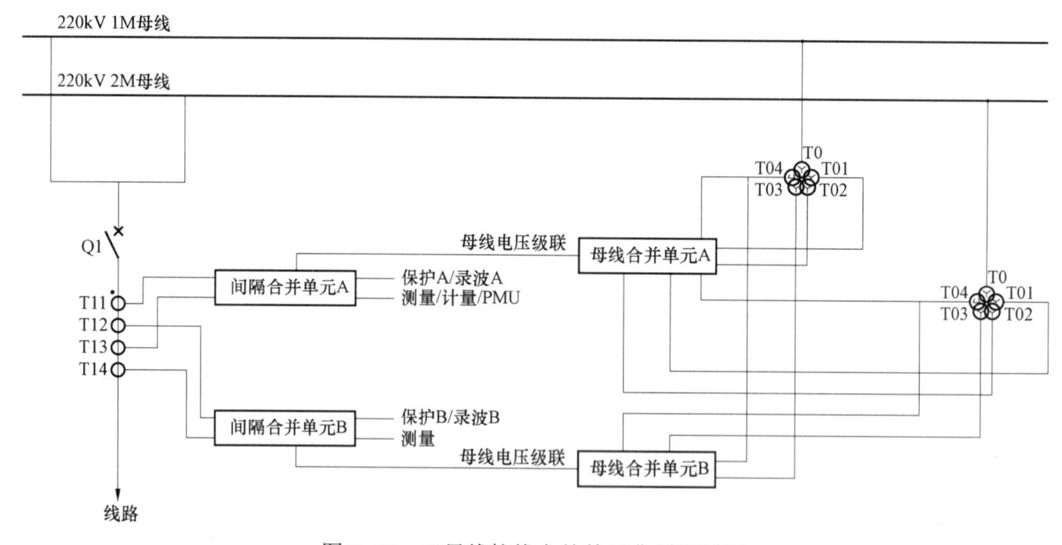

图 3–62　双母线接线合并单元典型配置图

线路保护、母线保护等保护装置以点对点方式直接采样，测控装置、电能表、故障录波、网络分析记录装置采用网络采样方式。各间隔合并单元通过级联至母线合并单元的方式获取母线电压，电压并列功能由母线合并单元实现，电压切换功能由间隔合并单元实现。双母线接线合并单元 SV 信息流图如图 3–63 所示。

（2）智能终端。

220kV 线路、母联（分段）智能终端按双重化配置，110（66）kV 线路、母联（分段）智能终端按单套配置。35kV 及以下配电装置采用户内开关柜布置时不宜配置智能终端（主变压器间隔除外）。主变压器各侧智能终端宜冗余配置；主变压器本体智能终端宜单套配置，集成非电量保护功能。220kV、110（66）kV 每段母线配置 1 套智能终端。

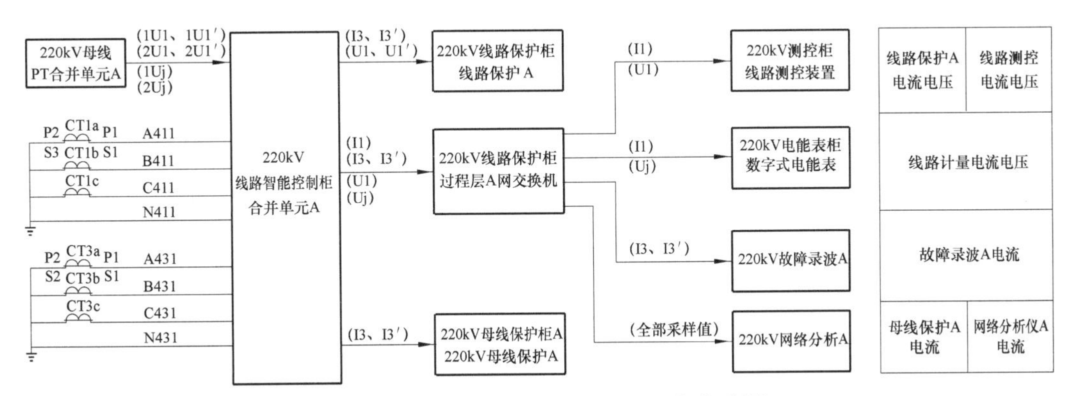

图 3-63　双母线接线合并单元 SV 信息流图

110（66）kV 智能终端可与合并单元采用一体化装置；35（10）kV 及以下配电装置采用户内开关柜布置时，可采用多合一装置，即在 35（10）kV 常规装置的基础上集成 SV 输出、GOOSE 开入开出功能。

双母线接线智能终端典型配置图如图 3-64 所示。

智能终端按间隔分散布置于配电装置场地智能控制柜内。

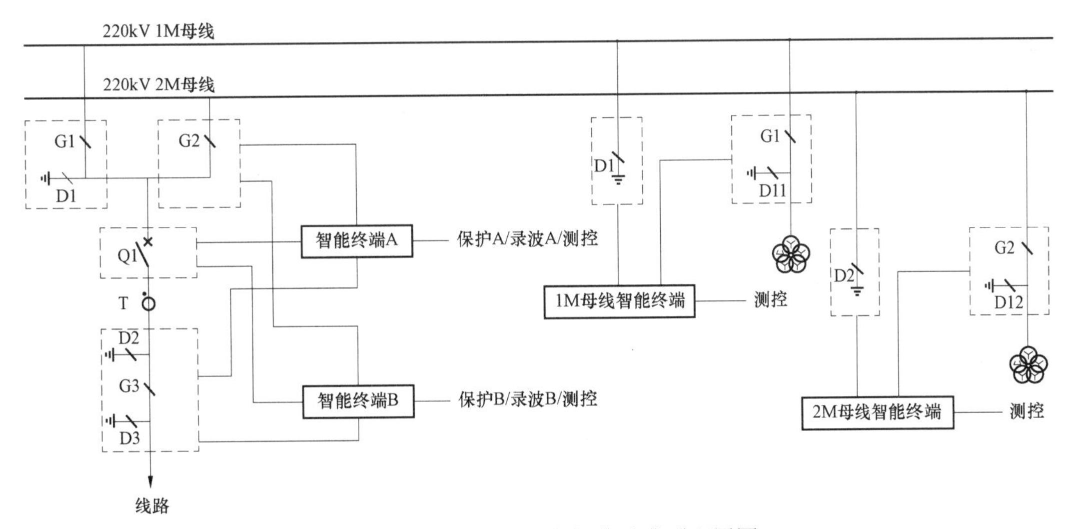

图 3-64　双母线接线智能终端典型配置图

线路保护、母线保护等保护装置以点对点方式直接跳闸，测控装置、故障录波、网络分析记录装置采用 GOOSE 网络传输方式，间隔合并单元经过程层交换机获取智能终端的母线隔离开关位置状态。双母线接线智能终端 GOOSE 信息流图如图 3-65 所示。

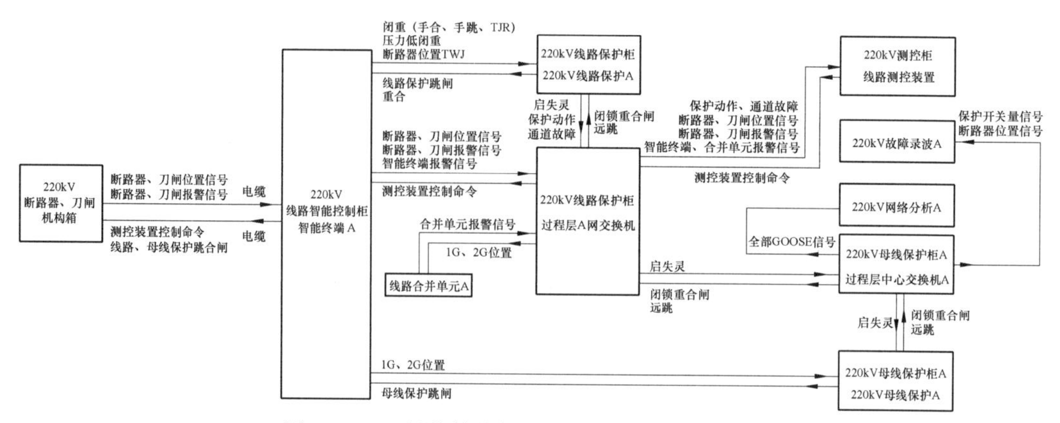

图 3–65　双母线接线智能终端 GOOSE 信息流图

3. 110kV 变电站

（1）合并单元。

除主变压器外 110kV 电压等级各间隔合并单元宜单套配置。110kV 母线合并单元宜双套配置，集成母线 TV 智能终端功能。主变压器各侧合并单元宜双套配置，中性点合并单元宜独立配置，也可并入相应侧合并单元。35（10）kV 及以下配电装置采用户内开关柜布置时不宜配置合并单元（主变压器间隔除外），采用户外敞开式布置时宜配置单套合并单元，合并单元宜集成智能终端的功能。

同一间隔内的电流互感器和电压互感器宜合用一个合并单元，宜采用合并单元智能终端一体化装置。35（10）kV 及以下配电装置采用户内开关柜布置时，可采用多合一装置，即在 35（10）kV 常规装置的基础上集成 SV 输出、GOOSE 开入开出功能。

单母线接线合并单元典型配置图如图 3–66 所示。

合并单元按间隔分散布置于配电装置场地智能控制柜内。

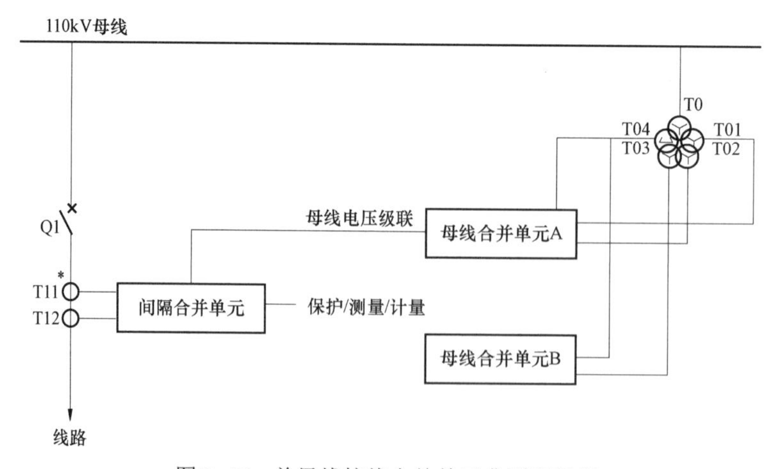

图 3–66　单母线接线合并单元典型配置图

线路保护等保护装置以点对点方式直接采样，测控装置、电能表采用网络采样方式，当采用保护测控集成装置时，保护模块和测控模块共用 SV 通信接口；当采用合并单元智能终端集成装置时，合并单元模块、智能终端模块共用 SV 通信接口。单母线接线合并单元 SV 信息流图如 3–67 所示。

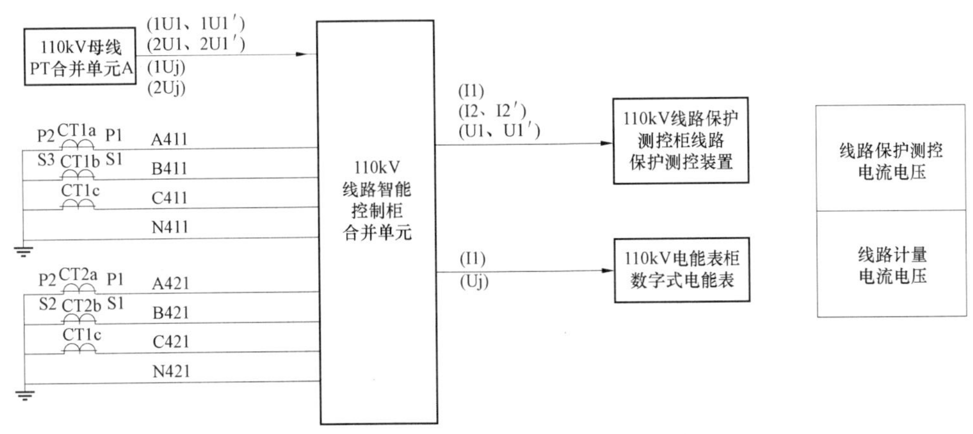

图 3–67 单母线接线合并单元 SV 信息流图

（2）智能终端。

110kV 变电站智能终端宜单套配置，宜采用合并单元智能终端一体化装置；35（10）kV 及以下配电装置采用户内开关柜布置时不宜配置智能终端（主变压器间隔除外）；采用户外敞开式布置时宜配置单套智能终端；主变压器各侧智能终端宜单套配置；主变压器本体智能终端宜单套配置，集成非电量保护功能，当采用桥式接线时，主变压器高压侧隔离开关宜并入主变压器本体智能终端，也可单独配置；取消母线智能终端，宜采用母线智能终端合并单元一体化装置。

35（10）kV 及以下配电装置采用户内开关柜布置时，可采用多合一装置，即在 35（10）kV 常规装置的基础上集成 SV 输出、GOOSE 开入开出功能。

单母线接线智能终端典型配置图如图 3–68 所示。

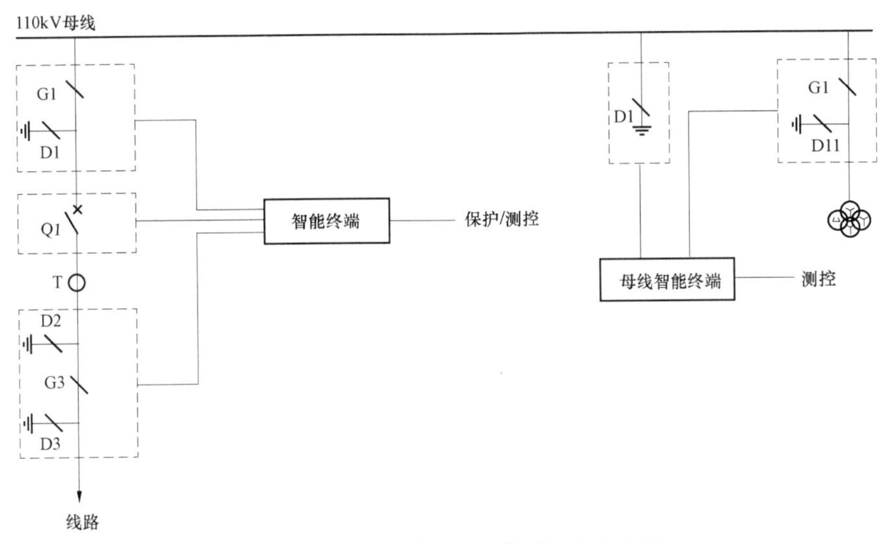

图 3–68 单母线接线智能终端典型配置图

智能终端按间隔分散布置于配电装置场地智能控制柜内。

线路保护等保护装置以点对点方式直接跳闸，测控装置采用 GOOSE 网络传输方式。当采用保护测控集成装置时，保护模块和测控模块共用 GOOSE 通信接口；当采用合并单元智能终端集成装置时，合并单元模块、智能终端模块共用 GOOSE 通信接口。单母线接线智能终端 GOOSE 信息流图如 3–69 所示。

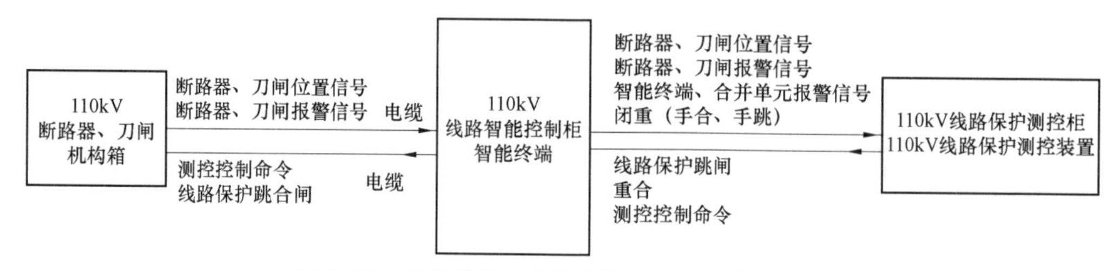

图 3–69　单母线接线智能终端 GOOSE 信息流图

3.4 装置的检测与调试

过程层设备包括三种类型，分别是合并单元、智能终端以及合并单元智能终端集成装置，专业检测工作是按照国家、行业、公司及重点工程技术要求对设备进行检测，以确认设备对相关技术要求的符合性，属于强制性要求通过的试验。

2012 年以来，国家电网有限公司组织了多个批次的过程层设备入网专业检测工作。通过检测的合并单元产品涵盖间隔合并单元、母线合并单元、间隔电流合并单元和间隔电压合并单元等类型，适用于 35～500kV 电压等级的智能变电站。通过检测的智能终端产品涵盖本体智能终端、断路器智能终端和母线智能终端，适用于各电压等级的智能变电站。国家电网有限公司针对通过检测的过程层设备发布合格产品公告，公布的信息包括厂商、装置型号、装置名称、试验类型、产品规格、适用范围、程序类别和软件版本。同时，在 12315 合格产品查询网站（12315.ketop.cn）上发布通过检测合并单元、合并单元智能终端集成装置的软件和硬件信息，方便各级电力用户开展合格产品的一致性核查工作。

过程层设备是智能变电站的数据转换及传输中心，根据智能二次设备发展的特点和趋势，在未来的检测中，应该从以下几个方面进行加强：应加强对数字式合并单元的检测，在采集器与合并单元之间设置检测点，对电子式互感器整体试验形成有效补充，降低电子式互感器整体应用的风险。应加强对产品可靠性的检测，帮助制造企业及早发现产品设计的不足，改进产品软硬件质量，提高产品运行稳定性。应加强对产品通信及网络信息安全的检测，研究如何借助标准找到适合中国智能变电站特点的网络信息加固方案，研究和设计有效的检测项目，验证、提高产品和系统的通信可靠性以及网络信息安全性。应加强对一、二次融合以及系统集成的检测，国家电网有限公司正在积极推进一、二次设备融合、就地化等理念，未来产品的标准化程度、集成度会越来越高。应该用发展的眼光看待检测，迅速消化新的技术理念，不断提高检测技术水平，充分利用集成化测试的思想，建设试验能力，完善试验手段，加强系统测试，确保检测可以有效发现问题，为电力用户应用和制造企业研发提供参考，为产品质量的提高保驾护航。

3.4.1 通用试验项目

为在专业检测中对过程层智能设备进行全面的考核，尽可能多地发现问题，严把质量关，努力提高产品的安全性和稳定性，就需要参考现行标准并充分考虑电力用户的需求，设计出严格、科学、细致和合理的专业测试方案。

1. 入网检测标准依据

过程层智能设备入网检测的标准依据如表 3–27 所示。

表 3–27　过程层智能设备入网专业检测标准依据

序号	标准号	标准名称	备注
1	GB/T 7261—2016	继电保护和安全自动装置基本试验方法	新修订，取代原 GB/T 7261—2008
2	GB/T 14598 系列标准	量度继电器和保护装置	—
3	GB/T 17626 系列标准	电磁兼容试验和测量技术	—
4	GB/T 19862—2005	电能质量检测设备通用要求	—
5	GB/T 20840.7—2007	互感器第 7 部分：电子式电压互感器	—
6	GB/T 20840.8—2007	互感器第 8 部分：电子式电流互感器	—
7	DL/T 281—2012	合并单元测试规范	—
8	DL/T 282—2012	合并单元技术条件	—
9	DL/T 478—2013	继电保护及安全自动装置通用技术条件	—
10	DL/T 860 系列标准	变电站通信网络与系统	—
11	Q/GDW 1426—2014	智能变电站合并单元技术规范	新修订，取代原 Q/GDW 426—2010
12	Q/GDW 11015—2013	模拟量输入式合并单元检测规范	—
13	Q/GDW 11286—2014	智能变电站智能终端检测规范	报批
14	Q/GDW 11287—2014	智能变电站 110kV 合并单元智能终端集成装置检测规范	报批

2. 入网检测检验项目

过程层智能设备入网检测的检测项目如表 3–28 所示。

表 3–28　过程层智能设备入网专业检测项目

序号	项目名称	考 核 内 容
1	功能检测	主要验证装置的基本功能逻辑是否正确，例如合并单元的并列/切换功能、智能终端的操作箱功能以及通用的告警功能、光口发送/接收功率等
2	性能检测	主要验证装置的基本性能指标是否满足要求，例如合并单元的数据传变准确度、采样同步精度以及智能终端的动作时间和分辨率等

续表

序号	项目名称	考　核　内　容
3	网络压力检测	主要验证装置在网络压力环境下功能执行的正确性和性能指标的符合性
4	通信规约检测	主要验证装置通信协议的一致性，保证装置规约和协议配置与标准的统一，进而确保装置间能正常和准确地实现互联互通
5	电气安全检测	主要验证装置的电气性能，例如绝缘电阻、介质强度和冲击电压等
6	运行环境检测	主要验证装置的环境适应能力，考核装置在严酷环境下的运行状况、功能和性能指标。例如：高温 85° 和低温–40℃测试
7	电磁兼容检测	主要验证装置的抗干扰能力，考核装置在各种电磁干环境下的运行运行状况、功能和性能指标
8	机械性能检测	主要验证装置的机械性能，考核装置在经过长时间的振动后运行情况是否正常、功能和性能指标是否正常

这八个方面分别从不同的层面对产品进行考核，充分考虑了现场情况，既验证产品基本的功能和性能指标，也验证了产品在各种异常工况下（例如：网络风暴、电磁干扰、极限温度等）的性能表现。

3.4.2　合并单元特有试验项目

1. 母线电压切换功能检验

对于接入了两段母线电压的按间隔配置的合并单元，根据采集的双位置刀闸信息，自动进行电压切换。母线电压切换逻辑如表 3–29 所示。

表 3–29　　双母线切换逻辑

状态序号	Ⅰ母隔刀		Ⅱ母隔刀		母线电压输出	报警说明
	合	分	合	分		
1	0	0	0	0	保持	延迟 1min 以上报“刀闸位置异常”
2	0	0	0	1	保持	
3	0	0	1	1	保持	
4	0	1	0	0	保持	
5	0	1	1	1	保持	
6	0	0	1	0	Ⅱ母	
7	0	1	1	0	Ⅱ母	
8	1	0	1	0	Ⅰ母	报警切换同时动作
9	0	1	0	1	电压输出为 0 品质有效	报警切换同时返回
10	1	0	0	1	Ⅰ母	
11	1	1	1	0	Ⅱ母	延迟 1min 以上报“刀闸位置异常”
12	1	0	0	0	Ⅰ母	
13	1	0	1	1	Ⅰ母	

续表

状态序号	Ⅰ母隔刀		Ⅱ母隔刀		母线电压输出	报警说明
	合	分	合	分		
14	1	1	0	0	保持	
15	1	1	0	1	保持	
16	1	1	1	1	保持	

注 1. 母线电压输出为“保持”，表示间隔合并单元保持之前隔刀位置正常时切换选择的Ⅰ母或Ⅱ母的母线电压，母线电压数据品质应为有效。

2. 间隔 MU 上电后，未收到刀闸位置信息时，输出的母线电压带“无效”品质；上电后，若收到的初始隔刀位置与上表中“母线电压输出”为“保持”的刀闸位置一致，输出的母线电压带“无效”品质。

2. 母线电压并列功能检验

对于接入了两段及以上母线电压的母线合并单元，母线电压并列功能由合并单元完成，合并单元通过 GOOSE 网络获取断路器、刀闸位置信息，实现电压并列功能。双母线电压并列逻辑如表 3–30 所示。

表 3–30　　双母线并列逻辑续

状态序号	把手状态		母联位置	各段母线输出电压	
	II 母强制用 I 母	I 母强制用 II 母	I 母/II 母的母联	I 母的电压输出	II 母的电压输出
1	0	0	X	I 母	II 母
2	1	0	10	I 母	I 母
3	1	0	01	I 母	II 母
4	1	0	00 或 11	保持	保持
5	0	1	10	II 母	II 母
6	0	1	01	I 母	II 母
7	0	1	00 或 11	保持	保持
8	1	1	10	保持	保持
9	1	1	01	I 母	II 母
10	1	1	00 或 11	保持	保持

注 1. 把手位置为 1 表示该把手位于合位，为 0 表示该把手位于分位。

2. 母联断路器位置为双位置，“10”为合位、“01”为分位，“00”和“11”表示中间位置和无效位置，X 表示处于任何位置。

3. 当母联位置为中间位置和无效位置时，延迟 1min 以上报警“母联位置异常”。

4. 当 2 个把手状态同时为 1 时，延迟 1min 以上报警“并列把手状态异常”。

5. 在“保持”逻辑情况下上电，按分列运行。

6. 不考虑遥控并列或自动并列。

3. 检修压板功能检验

采用 DL/T 860.92 协议发送采样数据：合并单元检修投入时，所有发送的数据通道置检修；间隔合并单元级联母线合并单元时，如母线合并单元检修投入，则间隔合并单元仅置来自母线合并单元数据检修位。

GOOSE 报文检修机制：合并单元检修投入时，GOOSE 发送报文置检修。合并单元断路器、刀闸位置信息取自 GOOSE 报文时，若 GOOSE 报文中置检修，合并单元未置检修，则合并单元不使用该 GOOSE 报文中的断路器、刀闸位置信息，保持断路器、刀闸位置的原状态；若 GOOSE 报文中置检修，合并单元也置检修，则合并单元使用该 GOOSE 报文中的断路器、刀闸位置信息；若 GOOSE 报文未置检修，合并单元置检修，则合并单元不使用该 GOOSE 报文中的断路器、刀闸位置信息，保持断路器、刀闸位置的原状态。

4. *准确度检验*

合并单元采集的用于测量的交流模拟量幅值误差和相位误差应符合 GB/T 20840.7—2007 的 12.5 及 GB/T 20840.8—2007 的 12.2 部分的规定（详见标准中的表 1.4–6、表 1.4–8），用于保护的交流模拟量幅值误差应符合 GB/T 20840.7—2007 的 13.5 及 GB/T 20840.8—2007 的 13.1.3 部分的规定（详见标准中的表 1.4–7、表 1.4–9）。

（1）合并单元测量用电流互感器误差如表 3–31 所示。

表 3–31　　测量用电流互感器误差要求

准确级	±电流（比值）误差百分数 在下列百分数额定电流下				在下列额定电流（%）下的相位误差							
					±（′）				±crad			
	5	20	100	120	5	20	100	120	5	20	100	120
0.1	0.4	0.2	0.1	0.1	15	8	5	5	0.45	0.24	0.15	0.15
0.2	0.75	0.35	0.2	0.2	30	15	10	10	0.9	0.45	0.3	0.3
0.5	1.5	0.75	0.5	0.5	90	45	30	30	2.7	1.35	0.9	0.9

准确级	±电流（比值）误差百分数 在下列百分数额定电流下					在下列额定电流（%）下的相位误差									
						±（′）					±crad				
	1	5	20	100	120	1	5	20	100	120	1	5	20	100	120
0.2S	0.75	0.35	0.2	0.2	0.2	30	15	10	10	10	0.9	0.45	0.3	0.3	0.3

（2）合并单元保护用电流互感器误差如表 3–32 所示。

表 3–32　　保护用电流互感器误差要求

准确级	额定电流下的 电流误差±%	相位误差		在额定准确限值电流（30 倍额定值） 下的复合误差±%
		±（′）	±crad	
5P/5TPE	1	60	1.8	5

（3）合并单元测量用电压互感器误差如表 3–33 所示。

表 3–33　　测量用电压互感器误差要求

准确级	电压（比值）误差 ε_u ±%	相位误差 φ_c	
		±（′）	±crad
0.1	0.1	5	0.15
0.2	0.2	10	0.3
0.5	0.5	20	0.6

（4）合并单元保护用电压互感器误差如表 3–34 所示。

表 3–34　　保护用电压互感器误差要求

准确级	在下列额定电压（%）下								
	2			5			X		
	电压误差±%	相位误差±（′）	相位误差±crad	电压误差±%	相位误差±（′）	相位误差±crad	电压误差±%	相位误差±（′）	相位误差±crad
3P	6	240	7	3	120	3.5	3	120	3.5

注　X 表示 100、120、150、190。

5. 采样同步精度检验

合并单元不同模拟量接口采样的同步误差要求不超过相应模拟量的相位误差要求。

与母线合并单元级联后，间隔合并单元输出的母线电压与间隔电压和电流的采样同步误差不超过相应模拟量的相位误差要求。

6. 频率对准确度的影响检验

测试合并单元在平衡条件下，额定频率及非额定频率（±5Hz 范围内）下的静态频率测量精度。

测量用电流互感器和测量用电压互感器由频率改变引起的基波幅值误差和相位误差改变量应不大于准确等级指数的 100%，保护用电流互感器的误差应满足原技术指标要求。

7. 谐波对准确度的影响检验

在基波电压、电流信号中叠加谐波，检查合并单元对谐波的处理结果。

合并单元输出的谐波次数应与输入一致，谐波下的基波幅值和相位误差改变量应不大于准确等级指数的 200%，保护用电流互感器的误差应满足原技术指标要求。谐波含量满足 GB/T 19862—2005 第 5.2.2 节的以下要求，如表 3–35 所示。

表 3–35　　谐波含量误差要求

等级	被测量	条件	允许误差
A	电压	$U_h \geqslant 1\%U_N$ $U_h < 1\%U_N$	$5\%U_h$ $0.05\%U_N$
	电流	$I_h \geqslant 3\%I_N$ $I_h < 3\%I_N$	$5\%I_h$ $0.15\%I_N$

注　U_N 为标称电压、I_N 为标称电流、U_h 为谐波电压、I_h 为谐波电流。

8. 双 A/D 采样数据检验

合并单元应具有独立的双 A/D 采样系统，并输出两路数字采样值，由同一路通道进入一套保护装置。

合并单元两路 A/D 电路输出的结果应完全独立。两路独立采样数据的幅值差不应大于 $0.02I_N/0.02U_N$。

9. 暂态性能检验

（1）最大峰值瞬时误差检验。

根据 GB/T 20840.8—2007 标准，互感器与合并单元的整体暂态误差用最大峰值瞬时误差来表示，计算方法如式（3–9）所示：

$$\hat{\varepsilon}=100\cdot\hat{i}_{\varepsilon}/(\sqrt{2}\cdot I_{psc}),\% \tag{3–9}$$

式中：$\hat{\varepsilon}$ 为最大峰值瞬时误差；$\hat{i}_{\varepsilon}$ 为最大瞬时误差电流；I_{psc} 为暂态的额定一次短路电流（对称一次短路电流方均根值）。

合并单元应满足 GB/T 20840.8 表 20 中规定 5TPE 的准确级，即最大峰值瞬时误差应不大于 10%。

测试的故障波形类型包括永久性故障 –10 倍大电流和永久性故障 –20 倍大电流，如图 3–70、图 3–71 所示。根据 GB/T 20840.8 第 3.3.9 节，测试波形为双次通电 C–t'–O–t_{fr}–C–t''–O（两次通电时的磁通极性相同）。t'是第一次电流通过时间，为 40ms；t''是第二次电流通过时间，为 40ms；t_{fr}是无电流时间，为 960ms。测试波形的电流直流分量时间常数为 100ms。

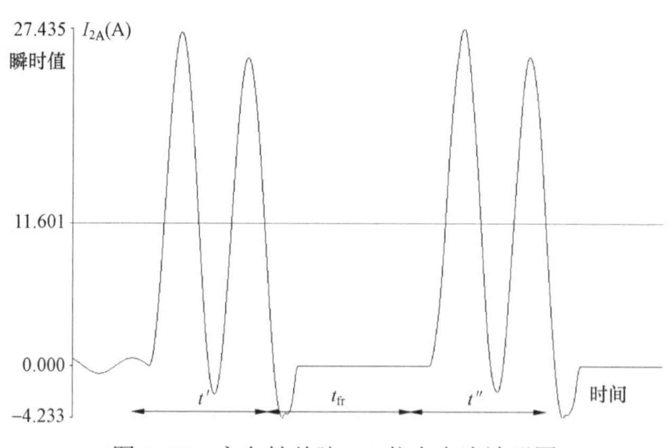

图 3–70　永久性故障–10 倍大电流波形图

（2）衰减时间常数误差检验。

根据 DL/T 663—1999 标准，非周期分量衰减时间常数测量误差：通过合并单元的采样值分析出的非周期分量衰减时间常数的误差小于 10%。

非周期分量衰减时间常数计算方法如式（3–10）所示：

$$\tau=0.09/\ln I_p/(I_5-I_p) \tag{3–10}$$

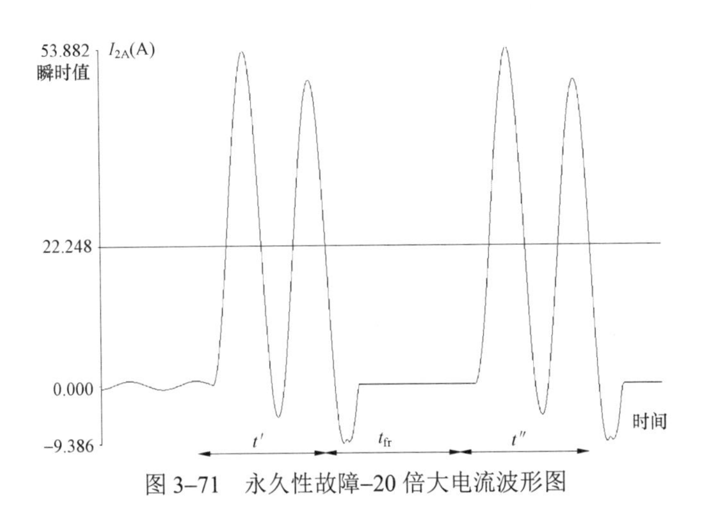

图 3–71　永久性故障–20 倍大电流波形图

式中：τ 为非周期分量衰减时间常数；I_5 为故障后第 5 周波峰值；I_p 为故障稳态电流峰值。波形如图 3–72 所示。

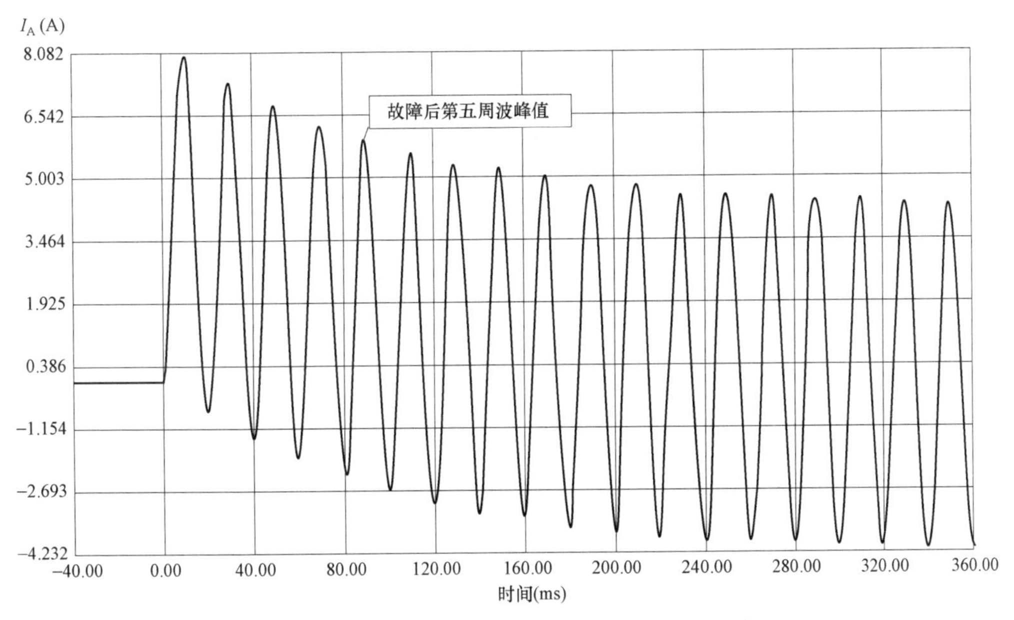

图 3–72　非周期分量衰减时间常数测试波形图

10. 采样值发布离散值检验

点对点输出模式下，合并单元采样值发布离散值应不大于 10μs。

用网络记录分析装置持续统计 10min 内采样值报文的间隔时间与标准间隔时间之差，得到采样值发布离散值的分布范围。对所有点对点输出接口的采样报文进行记录，统计各接口同一采样计数报文到达网络记录分析装置的时间差（应不大于 10μs）。

11. 采样响应时间检验

合并单元采样值报文响应时间为采样值自合并单元接收端口输入至输出端口输出的延时。合并单元采样响应时间不大于 1ms，两级级联母线合并单元的间隔合并单元采样响应时间不大于2ms。

在合并单元接入和不接入外部时间同步信号两种条件下，使用合并单元测试仪测试合并单元从模拟量输入到采样值输出的绝对时延，即为采样响应时间。

12. SV报文完整性检验

正常运行48小时，合并单元发送的采样值报文应不出现丢帧、样本计数器重复或错序，采样值发布离散值保持正常，样本计数在（0，采样频率–1）的范围内正常翻转。

用网络记录分析装置连续记录48小时，设定记录仪的丢帧、错序和采样值发布离散值报警，监视SV报文完整性。

13. 时间同步性能检验

合并单元应能接收1PPS、IRIG–B（DC）或GB/T 25931（IEC 61588）协议对时信号，合并单元正常情况下对时精度应不大于±1μs。

合并单元在外部同步信号消失后，能在10min内守时精度不大于±4μs。当外部同步信号失去时，合并单元应该利用内部时钟进行守时。合并单元在失去同步时钟信号且超出守时范围的情况下应产生数据同步无效标志（SmpSynch=FALSE）。

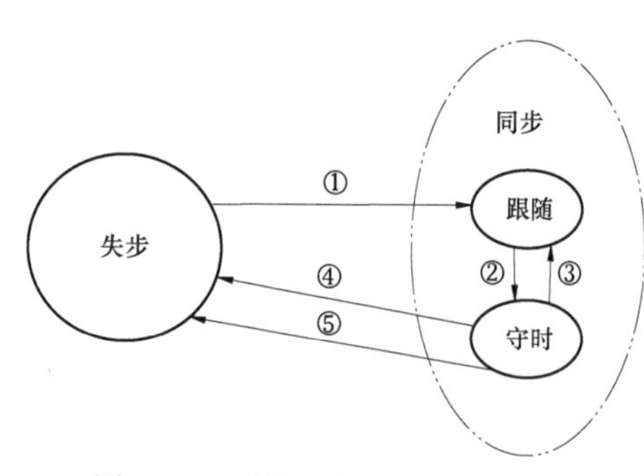

图3–73　采样同步状态转换示意图

图3–73为合并单元的采样同步状态转换机制示意图，具体转换条件及过程如下：

合并单元处于失步状态时，连续接收到10个有效时钟授时信号（时间均匀性误差小于10μs）后，进入跟随状态，置同步标示：

（1）在合并单元处于跟随状态时，若接收到的有效时钟授时信号与自身时钟误差小于10μs，则保持跟随状态。

（2）若未接收到时钟授时信号或授时信号与合并单元自身时钟时间差大于10μs时，则进入守时状态。

（3）在合并单元处于守时状态时，若接收到授时信号与合并单元自身时钟时间差小于10μs时，则进入跟随状态。

（4）在合并单元处于守时状态时，连续接收到5个与合并单元时间差大于10μs有效时钟授时信号时进入失步状态，清除同步标志。

（5）在合并单元处于守时状态时，若持续10min未接收到有效时钟进入失步状态，清除同步标志。

注1：装置上电时，直接进入失步状态。

注2：装置不满足守时条件时，失去同步信号，进入失步状态。

3.4.3　智能终端特有试验项目

1. 操作箱功能检验

断路器智能终端应具备分合闸回路、分合刀闸回路、合后监视、事故总信号、闭锁重合闸、操作电源监视、控制回路断线监视、三相不一致和直跳信号监视等断路器操作箱功能。

（1）将模拟断路器接入智能终端的操作回路，通过数字化继电保护试验装置模拟测控跳、合闸或模拟保护跳、合闸，模拟断路器应正确动作。

（2）通过数字化继电保护试验装置给智能终端发送刀闸合（分）的 GOOSE 命令，智能终端的相应刀闸开出接点应正常动作。

（3）通过手合或遥合方式将模拟断路器合上，智能终端发合后状态信号。通过手分或遥分方式将模拟断路器分开，合后状态信号复归。

（4）在合后状态下让断路器任意相处于分位，网口发送事故总信号。

（5）手合（遥合）后，网口应发送 SHJ 信号；手分（遥分）后，网口应发送 STJ 信号。

（6）闭锁本套重合闸的检验方法为：遥合（手合）、遥跳（手跳）、TJR、TJF、闭重开入、本体智能终端上电的“或”逻辑。

（7）双重化配置智能终端时，输出至另一套智能终端的闭重接点的检验方法为：遥合（手合）、遥跳（手跳）、GOOSE 闭重开入、TJR、TJF 的“或”逻辑。

（8）将智能终端操作电源断开，智能终端应能正确报出操作电源掉电信息。

（9）智能终端的操作回路不接入模拟断路器，智能终端应在 1s 内报控制回路断线告警。

（10）在接入模拟断路器的情况下，断路器两相处于合位，另一相处于分位；或者一相处于合位，另两相处于分位，网口发送三相不一致信号。

（11）在电缆直跳开入接点加上直流 220V（110V），智能终端跳闸出口正确动作，网口发送电缆直跳信号。

本体智能终端应具备合（分）刀闸、升档（降档、急停）、闭锁调压、启动风冷等功能。通过数字式继电保护测试仪给智能终端发送合（分）刀闸、升档（降档、急停）、闭锁调压、启动风冷等 GOOSE 报文，检查智能终端是否正确动作。

2. 跳（合）闸命令监测功能检验

（1）装置应转发收到的开关跳（合）闸的 GOOSE 命令，转发的方式是通过相应的 GOOSE 信号（确认收到报文）转发；跳（合）闸命令转发 GOOSE 需带时标 t，时间为收到 GOOSE 跳（合）闸命令的时间。

（2）通过数字式继电保护测试仪给装置发送开关跳（合）闸的 GOOSE 报文，同时通过数字式继电保护测试仪监视装置的 GOOSE 组网口是否将收到命令转发；检查跳（合）闸命令转发 GOOSE 的数据时标 t，是否为收到 GOOSE 命令的时间。

3. 状态监测信息采集功能检验

智能终端可具备状态监测信息采集功能，能够接收安装于一次设备和就地智能控制柜传感元件的输出信号（0～5V 或 4～20mA），比如温度、湿度，并支持 GOOSE 方式上传。智能终端的测量精度应优于 0.5%。

采用标准 4～20mA 表（或标准小信号源）输出 4～20mA 和 0～5V 信号到智能终端，使用网络报文记录分析仪分析装置输出的 GOOSE 信号，检查装置是否正确上送采集的温度、湿度的电压、电流模拟量，检查智能终端的测量结果。

4. 跳闸回路动作时间检验

智能终端收到保护跳闸命令后到开出硬接点的时间应≤7ms。用数字化继电保护试验装置给智能终端发送跳闸 GOOSE 命令，测量智能终端收到 GOOSE 报文与硬接点开出的时间差。

5. 开入回路动作时间检验

除手跳开入、手合开入、检修状态开入和直跳开入外，智能终端收到硬接点开入后，转换成 GOOSE 报文的时间应小于或等于 10ms（含消抖时间 5ms）。用继电保护测试仪给智能终端开入遥信，测量智能终端收到硬接点开入与发出 GOOSE 报文的时间差。

6. GOOSE 接口分辨率检验

智能终端的多个 GOOSE 开入接点的时间分辨率应小于或等于 1ms。通过数字化继电保护试验装置间隔不同的时间给智能终端多个 GOOSE 接口同时开入不同的 GOOSE 跳（合）闸信号多次，查看 GOOSE 开入的变化情况并用调试软件检查智能终端的 SOE 时间。

7. 开入接点分辨率检验

智能终端的多个开入接点的时间分辨率应小于或等于 1ms。

通过数字化继电保护试验装置间隔不同的时间同时给智能终端开入多个不同的开关量信号，持续时间大于防抖时间。查看各个开关量的变化情况并用调试软件检查智能终端的 SOE 时间。

8. 操作回路继电器检验

与断路器跳（合）闸线圈和控制器相连的继电器，电流型继电器的启动电流值不大于 0.5 倍额定电流；电压型继电器的动作电压范围为 55%～70%额定电压。根据不同智能终端操作回路的特点，用继电保护测试仪在智能终端的操作回路上加上直流电压或直流电流，调节直流电压或直流电流的大小，检测相关继电器的动作情况。

9. 直跳回路继电器性能检验

直跳回路继电器启动功率应大于 5W；直跳回路继电器的动作电压范围为 55%～70%直流额定电压。

将直流电源接入智能终端的直跳回路，调节提高电源的输出电压直到智能终端出口动作，记录动作前瞬间的电压和电流；调节直流电源电压，检测直跳回路继电器的动作电压。

10. 动作可靠性检验

装置控制操作输出正确率为 100%，在各种异常工况下不误跳、不拒跳。

（1）数字式继电保护测试仪发出 GOOSE 跳闸命令 100 次，装置是否转发正确，模拟断路器是否正确动作。

（2）装置退出检修压板，数字式继电保护测试仪发送 Test=True 的 GOOSE 分合闸报文，装置应不动作。

（3）使用网络流量发生器发送分合闸 GOOSE，模拟的 GOOSE 帧 CRC 错误，装置应不动作。

（4）在 GOOSE 链路 TAL 超时、装置未判链路中断的条件下，数字式继电保护测试仪发送 stNum 变化的变位 GOOSE，装置应可靠动作。

（5）在 GOOSE 链路 TAL 超时、装置已判链路中断的条件下，数字式继电保护测试仪发送 stNum 变化的变位 GOOSE，装置应可靠动作。

（6）数字式继电保护测试仪发送跳闸状态为 0 的 GOOSE 信号，插入 1 帧跳闸 GOOSE 信号，装置应能可靠动作。

（7）数字式继电保护测试仪发送 stNum 变化的变位 GOOSE，其中分闸和合闸数据同时为合位，验证装置是否能可靠分闸，记录处理机制。

（8）连续进行先跳闸后合闸操作，各操作之间间隔 100ms，装置应可靠动作。

3.4.4 合并单元智能终端集成装置特有试验项目

合并单元智能终端集成装置特有试验项目包括合并单元及智能终端两种装置，除此之外，考虑其集成特性，还需进行以下项目的考核和验证。

1. 装置硬件资源检验

合并单元智能终端集成装置的硬件集成了合并单元与智能终端，虽然采用双 CPU 设计，但部分插件及接口两个功能模块共用。

（1）装置的合并单元功能和智能终端功能应共用电源和人机接口。

（2）装置的合并单元功能和智能终端功能应共用 GOOSE 端口。

（3）应支持 12 路电磁式互感器模拟信号接入。

（4）应具有合并单元级联功能，接收来自其他间隔合并单元的电压数据。

（5）应至少提供 8 个光以太网接口，必要时还可设置 1 个独立的 MMS 接口（用于上传状态监测信息）。

（6）应支持 SV、GOOSE 共端口传输。

（7）应配置检修压板。

（8）应具有开关量（DI）和直流模拟量（AI）采集功能，开关量输入最少配置 32 路；模拟量输入应能接收 4～20mA 电流量和 0～5V 电压量，最少配置 2 路（电压量和电流量至少各一路）。

（9）应具有开关量（DO）输出功能，输出量点数最少配置 12 路。

（10）至少提供一组三相跳闸接点和一组合闸接点。

（11）应具备报警输出接点或闭锁接点。

（12）应具备测试用秒脉冲信号输出接口。

（13）应具备接收 IRIG-B 码或 IEC 61588 时钟同步信号功能。

（14）应提供独立本地调试端口，实现对装置配置和参数的修改。

2. 装置模块独立性检验

装置应是模块化、标准化、插件式结构，大部分板卡应容易维护更换。除公共模块外，任何一个模块故障或检修时，应不影响其他模块的正常工作。装置合并单元功能、智能终端功能应具备各自独立的程序版本和程序校验码，程序版本和程序校验码应一一对应。装置合并单元、智能终端的型号、额定参数（直流电源额定电压、交流额定电流和电压等）应与设计相符。

3.5 装置的调试方法及要求

3.5.1 调试流程

智能变电站过程层设备主要包括合并单元、智能终端等，过程层设备调试应遵循智能变电站标准化调试流程，宜按照系统组态配置、系统测试、系统动模（可选）、现场调试、投产试验顺序分工厂调试阶段和现场调试阶段等两个阶段进行。

调试流程图如图 3–74 所示。

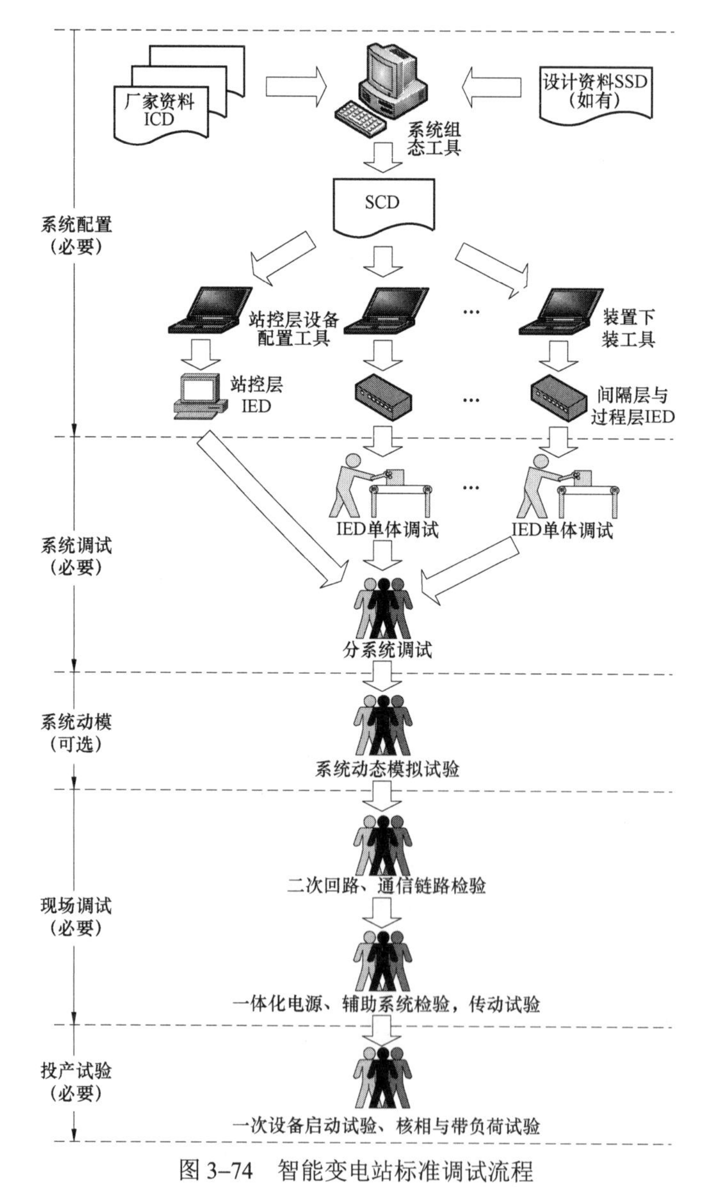

图 3–74　智能变电站标准调试流程

系统组态配置通常包括通信网络配置、ICD 导入及 IED 配置、变电站相关参数配置、SCD 文件配置及检查、设备下装与配置（站控层设备导入 SCD 文件、IED 装置下装、交换机配置）等 5 个部分。其中 SCD 文件配置宜由设计单位和集成商完成，设备下装与配置工作由相应厂家完成。

系统测试主要包括单体调试和分系统调试，宜在用户参与和监督下集中于集成商厂家进行，或在用户组织指定的调试基地（试验室）进行。

系统动模为可选项目，应根据工程实际情况，在初步设计阶段明确是否需要。

现场调试主要包括回路、通信链路检验及传动试验。投产试验包括一次设备启动试验、核相与带负荷试验等。

3.5.2　工厂调试

过程层设备工厂联调阶段主要开展系统配置和系统测试工作，检查装置的实际工程配置和所有二次设备之间的配合是否正确，其重点环节为单体调试。

1. 试验接线

在进行采样输入、调试光纤及网线的连接时，对于适用于常规互感器的合并单元，可按照“典型试验接线图”，将常规继电保护试验仪（以下简称常规试验仪）输出端接入到交流插件的输入端，将光电转换器的光纤收发口接入待测试装置的另一个光纤口。

注 1：对于适用于电子式互感器的合并单元装置，可参照图 3–75，将常规试验仪换为数字继电保护试验仪（以下简称数字试验仪），并采用光纤分相连接即可。

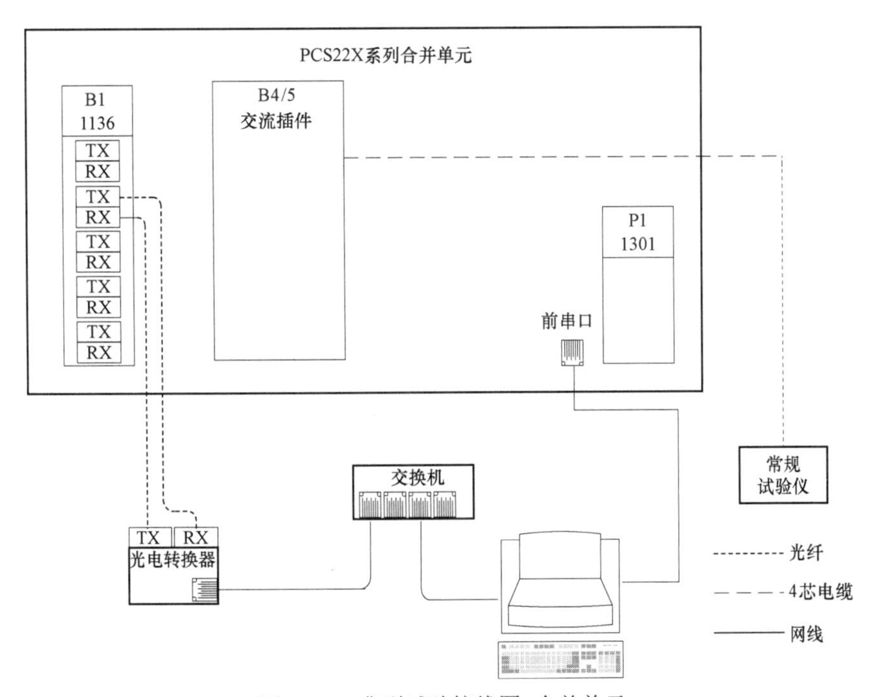

图 3–75　典型试验接线图–合并单元

注 2：对于含有操作回路的智能终端装置，应依据工程设计图纸，将操作回路的跳闸和合闸自保持回路的负端，分别接入模拟断路器跳闸和合闸的相应输入端。回路接线完成后，必须进行正确性检查；检查确认正确后，方能上电。参照图 3–76。

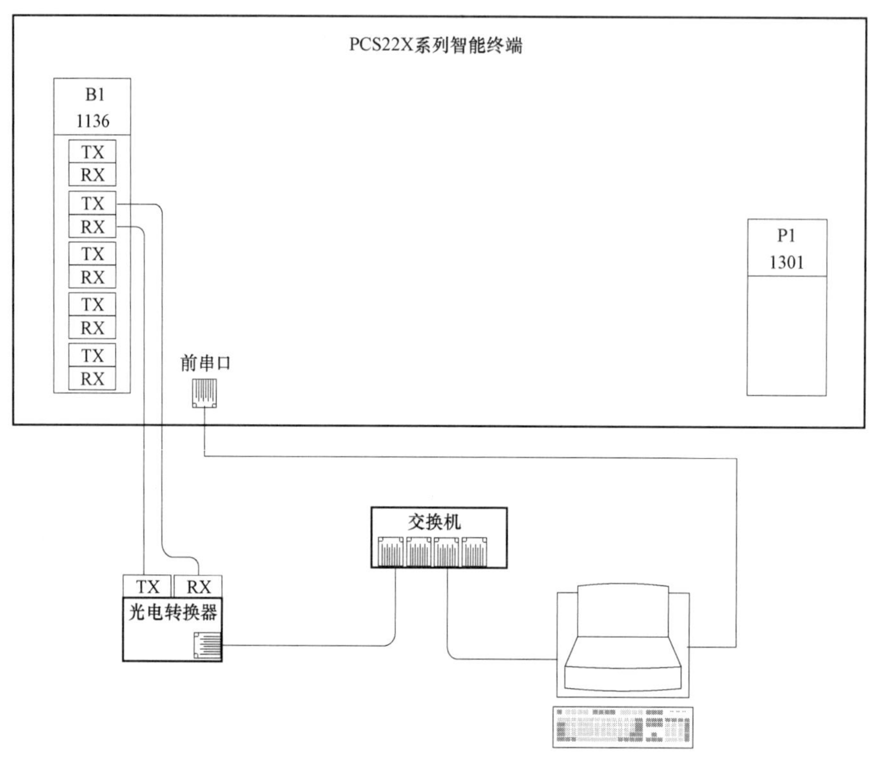

图 3–76　典型试验接线图–智能终端

2. 通用调试内容

（1）正常运行情况检查。

装置上电后，运行灯点亮，使用虚拟液晶软件，查看是否有异常报文。

检查程序版本号、形成时间、校验码等信息与系统里面的信息是否一致。

（2）对时及时钟功能检查。

将定值中的“外部时钟源模式”整定为 IRIG–B 方式。用对时装置的 IRIG–B 输出接到合并单元的 IRIG–B 输入端，用客户模拟液晶软件监视到装置日期和时间应该跳变为时钟源的时间。如果装置没有专用的对时口，可不做此项。

将装置失去电源又恢复正常后，日期和时间仍能正常显示。

（3）重启检查。

装置失去电源又恢复正常后，装置能够恢复正常运行，运行灯亮，无异常报警。

（4）GOOSE 收发检查。

通过 IEC 61850 软件，模拟发送 GOOSE 报文给装置，装置响应后 GOOSE 断链报警消失。模拟 GOOSE 变位，装置能够正确响应对应的保护出口或遥控等节点动作。

用 IEC 61850 软件监视装置的 GOOSE 发送报文。正常无变位的情况下 stNum 不变，

sqNum 逐一增加；有变位时 stNum 增加，一次变位只增加一个数，sqNum 重新从 0 开始计数。每个配置光模块的端口均按照以上方法测试。

（5）开入量检查。

首先，在屏柜端子排处，按照图纸对所有引入端子排的开关量输入回路依次加入激励量，通过模拟液晶软件的监视界面应能正确显示。未加入激励量的开入不应变化。然后分别接通、断开连片或切换开关，通过模拟液晶软件的监视界面应能正确显示。未加入激励量的开入不应变化。

对于引入到开关量输入回路的空接点，应传动接点，同时通过模拟液晶软件的监视界面应能正确显示，并符合设计要求。

单装置测试时直接在装置的背板端子上依次加入激励量，通过模拟液晶软件的监视界面应能正确显示。未加入激励量的开入不应变化。

（6）开出量的检查。

使用 IEC 61850 软件模拟发送 GOOSE 报文给智能终端装置，装置应能正确响应保护出口和遥控命令，并正确出口。出口回路中压板应和开出一一对应，相应的模拟断路器应能正确分合闸。

传动其他形式的开出量，例如中间继电器、报警或闭锁接点的开出、控制开关或按钮的硬开出等，都要做到功能正常，分合正确。

单装置的调试，使用 IEC 61850 软件模拟发送 GOOSE 报文给智能终端装置，装置应能正确响应，并正确出口。

（7）输出接点检查。

测量输出接点由通到断或由断到通的过程。

输出接点状态测量应正确反映合并单元设备相应元件的动作逻辑。

在输出接点回路中连有压板时，必须将压板分别投入和退出，在屏柜端子总出口处测试接点的连通。

（8）交流电源回路测试。

首先，需核实屏内实际接线端子与图纸是否完全一致，火、零、地线间两两不短路。

其次，对使用交流电源的设备进行正常上电测试，如温湿度控制器、风扇、加热器、照明灯、交流插座等，依照图纸接入交流电源（火、零、地线）均需接入，测试设备是否能正常工作。不能直观验证的，如打印机电源线需量到正确的接入电压。

在接入交流电源过程中需注意人身安全。

（9）屏上按钮、切换开关检查。

对于引入到开关量输入回路的按钮或切换开关，在开入量检查中已进行了正确性检查；对于未引入到开关量输入回路的按钮或切换开关，应进行相关试验确认能正常工作，并符合设计要求。

3. 合并单元特有调试内容

（1）采样值的检查。

利用常规或者数字试验仪输出电压和电流信号，电压可以取 57.74V、电流取 1A 进行测试，检查合并单元的电压和电流采样，装置显示值的误差应不大于 5%；当有多路输入时，需要每一路输入都测试。

测试交流电压空开，断开时相应电压无采样，合上后恢复正常。

（2）SV 报文输出检查。

在进行采样测试时，应测试合并单元发送的采样值品质是否正常，点对点口抖动时间小于 1μs，采样值波形是否正常，对采样值进行傅氏算法后的幅值是否正常，对有 FT3 数字量输出的设备，应当在测试仪中检查装置发送的采样值正确。

（3）电压并列/切换功能。

通过接点开入或者 GOOSE 开入加入母线刀闸的位置，模拟合并单元运行的母线位置，装置应该能进行正确的电压切换并输出相应信号。

4. 智能终端特有调试内容

（1）跳（合）闸功能检查。

对于含有操作回路的智能终端，依据工程设计图纸，将操作回路的跳闸和合闸自保持回路的负端，分别接入模拟断路器跳闸和合闸的相应输入端。回路接线完成后，必须进行正确性检查。

（2）直流采样值检查。

对于具备直流采样功能的智能终端装置，要进行直流值的采样校验。

先检查装置在未加外部量的情况下的零点漂移值，在一定时间内满足要求。已经外接变送器的通道，先根据变送器的输出模式，整定测控装置的定值，再检查直流采样板的跳线，正确后，在变送器的输入端加适当的量，在模拟液晶软件中应能正确显示。误差不大于±0.5%。

对于引出线到端子排，但没有外接变送器的直流采样通道，根据其输入模式加适当的量，在模拟液晶软件中应能正确显示。误差不大于±0.5%。

单装置的测试时，根据其输入模式加适当的量，在模拟液晶软件中应能正确显示。误差不大于±0.5%。

3.5.3 现场调试

合并单元、智能终端等过程层设备现场调试阶段主要包括调试作业准备、单体设备调试、分系统功能调试、全站功能联调以及送电试验等环节相关工作，现场调试流程如图 3–77 所示。

过程层设备现场调试宜与保护控制系统现场调试结合进行，主要检查光纤回路连接是否正确、光纤衰耗是否在正常范围内、电缆回路连接是否正确、一次和二次设备之间配合是否正确等。

1. 产品一致性核查

产品一致性核查是调试作业准备的关键项目。投运到现场的过程层产品要求与通过国家电网有限公司入网专业检测的产品一致，现场调试和验收时需要对投运产品的合格性进行检查，包括软件版本和硬件信息。

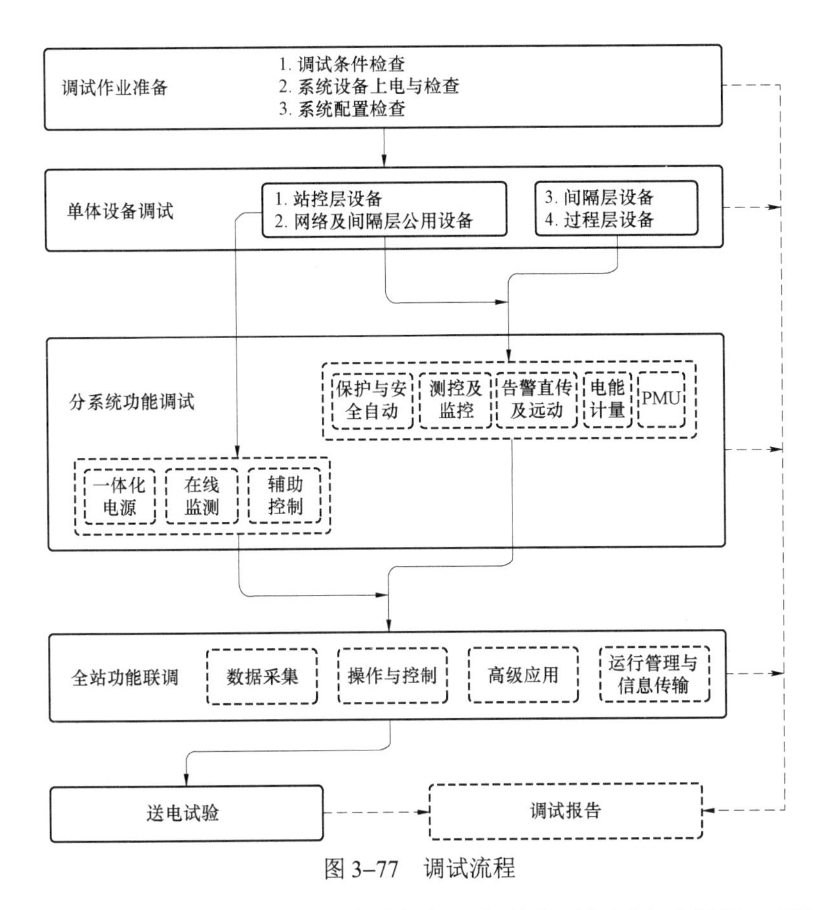

图 3–77　调试流程

第一，现场投运产品的型号应通过国家电网有限公司入网专业检测。可与国家电网有限公司合格产品公告中的型号进行比对，也可以登录“电力系统合格产品查询网站（12315.ketop.cn）”按产品型号进行查询，若搜索到相应产品信息则表示该型号通过国家电网有限公司入网专业检测。

第二，现场投运产品的软件信息应与通过国家电网有限公司入网专业检测的产品一致。可与国家电网有限公司合格产品公告中的对应型号的软件信息进行比对，也可以登录“电力系统合格产品查询网站（12315.ketop.cn）”按产品型号进行查询，跟搜索到的软件信息结果进行比对。需要比对的信息如表 3–36 所示。

表 3–36　　投运装置与通过专业检测装置软件信息比对内容

序号	软件信息比对内容	
1	主 CPU 程序	版本号
2		校验码
3	FPGA 程序	版本号
4		校验码

注　部分厂家装置的程序版本信息划分不清晰，显示内容较多。针对这种情况，需依据网站查询到的程序版本信息逐项进行比对。

第三，现场投运产品的硬件信息应与通过国家电网有限公司入网测试对应产品一致，可以登录“电力系统合格产品查询网站（12315.ketop.cn）”按产品型号进行查询，跟搜索到的硬件信息结果（包括整机照片和插件照片）进行比对。需要比对的信息如表3–37所示。

表3–37　　投运装置与通过专业检测装置硬件信息比对内容

序号	硬件信息比对内容	关注对象	比对案例
1	外壳设计	颜色和尺寸	机箱的大小可能发生变化（4U或者6U，整宽或者半宽）
2	铭牌与丝印标牌	在前面板的位置	—
3	前面板设计	液晶、指示灯和按键	1）液晶设计有无变化。 2）指示灯的数量、名称有无变化。 3）按键的数量有无变化
4	面板散热结构	上下和左右面板	1）有无散热孔。 2）散热孔的大小是否变化
5	插件数量	包括空插件	装置总插件数量可能发生变化，包括空插件，且空插件的位置不能发生变化
6	插件名称	插件后侧面板印制的名称	对应位置和对应插件的名称可能发生变化
7	插件顺序	从左至右	插件的布局和顺序可能发生变化
8	光纤接口	接口类型及数量（ST和LC接口）	光纤接口的类型或者数量可能发生变化
9	交流模拟量采集	保护TA、测量TA和电压TV的数量、型号和制造商	1）TA或TV的数量可能发生变化。 2）TA或TV的型号和制造商可能发生变化
10	对时接口	接口类型及数量	对时接口的类型可能发生变化（电口或者光口）
11	PPS输出接口	接口类型及数量	PPS输出接口的类型可能发生变化（电口或者光口）
12	调试接口	接口类型及数量	对时接口的类型和数量可能发生变化（电口或者光口）
13	单个插件的硬件设计	元器件及线路布局、硬件版本和端子数量	插件的印制版号可能发生变化

2. 文件资料检查

现场调试前，应收集相关调试所需要的资料文档，包括纸质文档和电子文档，特别是全站配置文件SCD必须是最新最全的版本，否则会影响调试的进度。具体应具备以下文档资料：

（1）工厂调试和验收报告。

（2）系统及设备技术说明书。

（3）变电站配置描述文件。

（4）设备调度命名文件。

（5）自动化系统相关策略文件。

（6）自动化系统定值单（包括互感器变比）。

（7）远动信息表文件（信息点表）。

（8）网络配置文件（包括VLAN划分）。

（9）自动化系统设计图纸（包括 GOOSE 配置表）。

（10）现场调试方案。

（11）其他需要的技术文档。

3. 安装工艺与性能检查

合并单元、智能终端组件二次设备从联调测试大厅运至现场后，所有设备重新安装、过程层网络需要重新组建，因此，首先需要对设备的安装工艺和性能进行测试。测试内容包括结构外观检查、装置单体部分功能验证、网络连通性检查。

对现场安装设备进行结构外观检查，要求屏柜安装稳固，接地可靠，柜门开合顺畅；机箱无破损、划痕，装置端子接线整齐，光缆和尾纤接线整齐，符合技术要求，线缆和光缆标号清晰正确，液晶屏无损坏，屏柜端子排排列符合相关国家或企业标准。装置单体部分功能验证的目的是为了测试装置在运输过程中没有损坏，因此只需针对性地对各个输入、输出接口、各个板件进行验证。如果有条件，最好用正式定值进行验证。网络连通性检查主要是检查各个装置和监控后台是否有断链告警出现，检查报文分析系统是否所有数据接收是否正常。

4. 二次回路检查

二次回路检验主要是检验常规一次设备与智能电子设备之间的连接以及设备的交、直流电源构成的二次回路，包括二次回路接线检查和二次回路绝缘检查。检查方法按照 DL/T 995 执行。

5. 通信链路检查

通信链路检验主要是针对光纤链路检验和非光纤链路检验进行。对于光纤链路需要检查光纤熔接和安装的工艺是否符合要求，光纤的衰耗是否符合要求；对于非光纤链路需要检测接口安装是否牢固、可靠。

对于光纤链路可以通过目测检查工艺，通过光源表和光衰耗表测试光纤的衰耗；对于非光纤链路可以通过目测和插拔通信线观察告警是否发生和复归来检查。

6. 单体功能调试

随着继电保护专业检测管理不断强化，设备日益成熟，装置标准化程度不断提高，可靠性、稳定性不断增强，装置性能测试在专业检测阶段完成，单装置调试在出厂联调阶段完成，经过出厂联调的设备在现场调试中可不重复进行单装置调试。

若调试过程中发生设计修改及变更、系统或设备配置变动，则相关设备应按要求重新进行单装置调试。

7. 一次设备整组联动试验

联调测试阶段已对二次设备间的整组回路进行了详细测试，现场的整组联动测试主要进行一次开关设备的信号传动测试及保护测控的开关/刀闸传动测试，包括顺序控制。

与常规变电站调试相同，控制或模拟一次开关/刀闸设备的实际位置和各告警信号，在保护测控设备及后台检查开关/刀闸位置。

8. 精度、极性测试

现场需要对所有安装的电子式互感器和合并单元进行精度（如有必要）、极性校验，以确保电子式互感器和合并单元安装的正确性。

可以在校验互感器精度的同时通过电子式互感器校验仪观察电子式互感器的极性，也可以对电子式电流互感器一次绕组通以直流电流。通过电子式互感器校验仪来实现极性校验。测试时，闭合开关S，随即快速断开，通过电子式互感器校验仪观察电流方向。

9. 一次通流通压测试

与常规变电站调试类似，变电站启动前夕，需要进行一次通流通压，验证整个电流/电压回路的正确性。

一次通流时，升流仪加在一次导体和大地之间，通过操作开关、刀闸及地刀，使得一次导体和大地构成导电回路，通过该电流对所有电流相关回路进行验证。一次通压时，通过升压器将工频高压加在指定的TV上，通过该电压对所有相关电压回路进行验证。

3.6 装置的运行与维护要求

智能变电站设备间信息交互采用DL/T 860（IEC 61850）标准，根据过程层的信息交互方式不同，可以分为“直采直跳”、“网采网跳”和“直采网跳”三类。信息交互方式不同，其运行维护要求也有较大差异。

由于“直采直跳”方式具有高可靠性，能够更好地满足继电保护“四性”要求，所以35kV及以上电压等级智能变电站基本采用“直采直跳”方式，即保护与合并单元、智能终端通过光纤直接连接，获取模拟量采样值并发送跳、合闸命令等信息，而联（闭）锁信息则由过程层GOOSE网络传输。

以下主要针对“直采直跳”组网方式的智能变电站，就过程层设备运行与维护要求进行介绍。

3.6.1 运行维护基本要求

1. 压板功能及定义

智能站“检修状态”压板、远方操作压板、GOOSE压板、SV压板功能和定义与常规站存在较大差异，具体如表3–38所示。

表3–38　　智能站设备压板说明

序号	压板类别	压板名称	压板说明
1	检修压板	检修状态硬压板	（1）硬压板，后台只显示其状态，压板控制保护数据的状态传输，投入后带检修品质位；一侧投入时发“检修状态不一致”信号，如果合并单元未投，保护不会动作；智能终端未投，断路器不会跳闸。 （2）参数、配置文件在检修压板投入时可以下装，下装时闭锁保护；退出时参数、配置文件不可以下装。 （3）装置接收SV报文中有检修标识时，只有本装置检修压板投入时，才将该信号作为有效进行处理或动作，否则发告警并闭锁相关保护。 （4）装置接收GOOSE报文中有检修标识时，只有本装置检修压板投入时，才将该信号作为有效进行处理或动作

续表

序号	压板类别	压板名称	压　板　说　明
2	远方操作压板	远方控制硬压板	投入时远方投退、远方切换定值区、远方修改定值功能可以在后台操作，退出时远方投退、远方切换定值区、远方修改定值功能不能在后台操作
		远方修改定值软压板	装置软压板，后台只显示其状态，压板受远方投退软压板控制，投入后可远方修改定值，退出不可修改定值；投入后可远方修改定值，退出不可修改定值
		远方切换定值区软压板	装置软压板，后台只显示其状态，压板受远方投退软压板控制，投入后可远方切换定值区，退出不可定值区；未投入不能远方切换定值区
		远方控制软压板	装置软压板，后台只显示其状态，压板受远方投退软压板控制，投入后可远方控制软压板投退，退出后不可控制；未投入不能远方投退软压板
3	SV 压板	电流 SV 接收软压板	电流取自合并单元，压板控制保护装置电流接收，投入接收电流，退出接收不到电流，退出所有电流相关保护
		边开关电流 SV 接收软压板	电流取自边开关合并单元，压板控制保护装置电流接收，投入接收电流，压板退出且接收不到电流，表明一次系统边开关处于检修状态，边开关电流不再参与保护计算，不闭锁保护
		中开关电流 SV 接收软压板	电流取自中开关合并单元，压板控制保护装置电流接收，投入接收电流，压板退出且接收不到电流，表明一次系统中开关处于检修状态，中开关电流不再参与保护计算，不闭锁保护
		保护电压 SV 接收软压板	电压取自电压互感器合并单元，压板控制保护装置电压接收，压板投入接收电压，压板退出接收不到电压，退电压相关保护
		同期电压 SV 接收软压板	电压取自电压互感器合并单元，压板控制保护装置电压接收，压板投入接收电压，压板退出接收不到电压，退重合闸检无压和检同期功能
4	GOOSE 压板	支路 GOOSE 接收软压板	母差保护接收该支路开入信息控制软压板（如启动失灵、刀闸位置），压板投入时接收该支路开入信息，压板退出时不接收；支路正常运行时投入，停电检修时退出
		跳断路器 GOOSE 发送软压板	压板投入时保护动作跳相应的断路器，压板退出时保护动作不跳相应的断路器
		启动失灵 GOOSE 发送软压板	压板投入时保护动作输出启动失灵开出，压板退出时保护动作不输出启动失灵开出
		闭锁重合闸 GOOSE 发送软压板	压板投入时保护动作输出闭锁重合闸开出，压板退出时保护动作不输出闭锁重合闸开出
		远方跳闸 GOOSE 发送软压板	压板投入时保护动作输出远方跳闸开出，压板退出时保护动作不输出远方跳闸开出

2. 保护投退操作

智能站设备压板功能及定义与常规保护有较大差别，在运行维护中应特别注意压板运行状态、压板投退顺序等要求。具体如下：

（1）正常运行时，保护装置的“检修状态”硬压板应退出，严禁投入检修状态压板。

（2）退出全套保护装置时，应先退出保护装置跳闸、失灵启动和联跳等 GOOSE 输出软压板，后投入检修硬压板。

（3）退出保护装置的一种保护功能时，需退出该保护的功能软压板；如该保护功能设有独立的跳闸出口等 GOOSE 输出，也应退出相应的 GOOSE 输出软压板。

（4）在投入保护的 GOOSE 输出软压板前，应检查确认保护及安全自动装置未给出动作或告警信号（或报文）。

（5）退出运行的保护装置，其 SV 及 GOOSE 软压板不得投入。

（6）运行的母线保护装置，其备用间隔的 SV 和 GOOSE 软压板不得投入。

智能站设备之间联系紧密，耦合关系复杂，在一、二次设备检修作业时，应特别注意保护退出范围及操作要求。具体如下：

（1）一次设备运行状态下修改保护定值时，必须退出保护，切换定值区的操作不必停用保护。

（2）对单支路电流构成的保护及安全自动装置，如 220kV 线路保护等，一次设备停运二次设备检修时，退出保护装置。

（3）由多支路电流构成的保护及安全自动装置，如变压器差动保护、母线差动保护、3/2 接线的线路保护等，由于间隔一次设备停运影响保护的和电流回路及保护逻辑判断，在确认该一次设备为冷备用或检修后，应先退出保护对应该间隔智能终端的跳闸、失灵启动等 GOOSE 输出软压板，退出接收该间隔报文的 GOOSE 接收软压板，再退出保护装置中该间隔的 SV 接收软压板。对于 3/2 接线的线路单断路器检修方式，其线路保护还应投入对应该断路器的检修软压板。

（4）检修范围包含智能终端、间隔保护装置时，应退出与之相关联的运行设备（如母线保护、断路器保护等）对应的 GOOSE 发送/接收软压板。

（5）拉合保护装置直流电源前，应先退出保护装置所有 GOOSE 输出软压板，并投入检修硬压板。

（6）当无法通过上述方法进行可靠隔离（如运行设备侧未设置接收软压板时）或保护和安全自动装置处于非正常工作的紧急状态时，可采取断开 GOOSE、SV 光纤的方式实现隔离，但不得影响其他保护设备的正常运行。

此外，双重化配置的保护装置如果各自组屏（柜），则在保护装置退出、消缺或试验时，宜整屏（柜）退出；如果组在一面保护屏（柜）内，保护装置退出、消缺或试验时，应做好防护措施。

3. 运行巡视与检查

智能站设备应定期开展运行巡视和专业巡检，在巡视和检查中除进行外观巡视、工作状态巡视、面板显示巡视外，更应注意对异常报文检查、光纤回路检查、运行环境检查。

（1）设备应无异常告警或报文，无可能导致装置不正确动作的信号或报文，如：SV 采样数据异常、SV 链路中断、GOOSE 数据异常、GOOSE 链路中断、通信故障、插件异常、对时异常等。应加强记录与分析，如发现问题应及时通知检修人员处理。

（2）正常运行时，应检查合并单元、智能终端检修硬压板在退出位置；变压器本体智能终端，非电量保护功能压板、非电量保护跳闸压板应在投入位置。

（3）一次设备运行时，严禁将合并单元退出运行，否则将造成相应电压、电流采样数据失去，引起保护误动或闭锁。

（4）母线合并单元，母线隔离开关位置指示灯指示正确，智能终端前面板断路器、隔离开关位置指示灯与实际状态一致。

（5）检查光纤是否连接正确、牢固，有无光纤损坏、弯折现象；检查光纤接头（含光纤配线架侧）完全旋进或插牢，无虚接现象，检查光纤标号是否正确，网线接口是否可靠，备用芯和备用光口防尘帽无破裂、脱落，密封良好。

（6）检查各光纤接口、网线接口应连接正常，网线端口处通信闪烁灯正常，尾纤、网线无破损和弯折。

（7）若需要对保护屏柜及光纤回路进行清扫，必须做好相应的安全措施，避免因清扫工作造成回路通信故障。

（8）定期用红外热成像仪进行测温检查，重点检查并记录保护装置背板插件、光纤接口、直流回路的空开等温度；光纤接口的运行温度不应高于 60℃。模拟量输入式合并单元电流端子排测温检查正常。

（9）智能控制柜应具备温度湿度的采集调节功能，柜内最低温度应保持在+5℃以上，柜内最高温度不超过柜外环境最高温度或 40℃（当柜外环境最高温度超过 50℃时），湿度应保持在 90%以下。通过智能终端 GOOSE 接口上送温度、湿度信息，若温度范围不满足要求，建议装设空调。

（10）合并单元、智能终端不带电金属部分应在电气上连成一体，具备可靠接地端子，并应有相应的标识。

4. 合并单元故障及异常处理

（1）合并单元装置电源空开跳闸时，应退出对应的保护装置的出口软压板后，将装置改停用状态后重启装置一次，如异常消失将装置恢复运行状态，如异常未消失，由检修人员处理。

（2）双重化配置的合并单元，单套异常或故障时，应参照合并单元检修中的相应部分内容执行临时安全措施，并由检修人员处理。

（3）双重化配置的合并单元双套均发生故障时，将失去对应的双套保护，必要时可申请将相应间隔停电，并由检修人员及时处理。

（4）当后台发“SV 总告警”，应检查相关保护装置采样，退出相关保护装置，由检修人员处理。

（5）当后台发“合并单元同步异常报警、光耦失电报警、GOOSE 总报警”时，由检修人员处理。

（6）当装置接收的采样值光强低于设定值时，则“光纤光强异常”指示灯点亮，检查装置接收母线电压的光纤是否损坏及松动，检查保护装置电压是否正常后，由检修人员处理。

（7）内部逻辑处理或数据处理芯片损坏，表现为数据异常，判别方法为：假若 a 相电流数据异常，可将 a 相数据光纤接到 b 口，b 口光纤接到 a 口，如数据仍然表现 a 相数据异常，则可断定合并单元数据接口异常。

（8）对于继电保护采用“直采直跳”方式的合并单元失步，不会影响保护功能，但是需要检修人员及时处理。

（9）当合并单元失步时，同步灯熄灭，但不告警，要检查本屏的交换机是否失电，保证交换机工作正常。否则要看其他同网的合并单元是否也同时失步，如果都同时失步，要检查主干交换机和主时钟是否失电，要保证主干交换机和主时钟工作正常。

（10）合并单元电压、电流采集回路断线（TV、TA 断线）时，应停用接入该合并单元受影响保护装置，并由检修人员处理。

5. 智能终端故障及异常处理

（1）双重化配置的智能终端，单套故障需退出运行时，应参照智能终端检修中的相应部分内容执行临时安全措施，并由检修人员处理。

（2）双重化配置的智能终端故障双套均发生故障时，必要时可申请将相应间隔停电，并由检修人员及时处理。

（3）单套配置的智能终端（如变压器本体智能终端、母线智能终端）发生故障时，应参照智能终端检修中的相应部分内容执行临时安全措施，由检修人员处理。

（4）当装置运行灯出现异常（红色）、发装置闭锁信号时，申请退出该智能终端及相关保护，由检修人员处理。

（5）当装置发外部时钟丢失、智能开入、开出插件故障、开入电源监视异常、GOOSE 告警等异常信号时，视情况退出该智能终端及相关保护，由检修人员处理。

（6）当装置断路器、隔离开关位置指示灯异常时，视情况退出该智能终端及相关保护，由检修人员处理。

（7）内部操作回路损坏，表现为继电器拒动、抖动、遥信丢失等。首先检查开入开出量是否正确，检查装置接受发送的 GOOSE 报文是否正确，装置 CPU 运行是否正常。

3.6.2 合并单元运行维护要求

1. 运行注意事项

（1）正常运行时，禁止关闭合并单元电源。

（2）正常运行时，运维人员严禁投入检修压板。

（3）一次设备运行时，严禁将合并单元退出运行，否则将造成相应电压、电流采样数据失去，引起保护误动或闭锁。

2. 典型操作

对于合并单元检修试验时，应视一次设备运行状态（运行、部分停电、全部停电）不同，接线方式及设备配置情况不同，制定间隔合并单元、主变压器本体合并单元、母线合并单元检修操作策略。

对应一次设备停电，合并单元检修试验情况，主要操作内容如下所述：

（1）对应间隔一次设备停电，模拟量输入式间隔合并单元检修，典型操作如表 3–39 所示。

表 3–39　典　型　操　作

电气主接线方式	双母线接线方式	
检修试验项目名称	对应间隔一次设备停电，模拟量输入式间隔合并单元检修	
检修试验应具备条件	对应间隔一次设备停电	
检修试验操作步骤	1	退出对应的线路保护 SV 接收软压板
	2	退出母线保护该间隔 SV 接收软压板
	3	投入该间隔合并单元“检修压板”

（2）3/2 接线方式，完整串边断路器停电，边断路器模拟量输入式电流合并单元检修，典型操作如表 3–40 所示。

表 3–40　典　型　操　作

电气主接线方式	3/2 接线方式	
检修试验项目名称	3/2 接线方式边断路器停电，边断路器模拟量输入式合并单元检修	
检修试验应具备条件	边断路器停电	
检修试验操作步骤	1	退出对应的线路保护（或主变压器保护）边断路器合并单元 SV 接收软压板
	2	退出对应边断路器保护 SV 接收软压板
	3	退出母线保护该断路器合并单元 SV 接收软压板
	4	投入该边断路器合并单元“检修压板”

对应一次设备运行，合并单元的检修情况，检修工作只针对单套合并单元进行，如果双套合并单元检修，一次设备应停运。主要操作内容如下所述：

（1）对应间隔一次设备运行，模拟量输入式间隔合并单元检修，典型操作如表 3–41 所示。

表 3–41　典　型　操　作

电气主接线方式	双母线接线方式	
检修试验项目名称	对应间隔一次设备运行，模拟量输入式间隔合并单元检修	
检修试验应具备条件	对应间隔一次设备运行	
检修试验操作步骤	1	停用对应的间隔保护（或母联保护）和母线保护
	2	退出对应的保护 SV 接收软压板
	3	退出母线保护该间隔 SV 接收软压板
	4	投入该间隔合并单元“检修压板”

（2）3/2 接线方式，完整串边断路器运行，边断路器模拟量输入式电流合并单元检修，典型操作如表 3–42 所示。

表 3–42　　　　　　　　典　型　操　作

电气主接线方式	3/2 接线方式（完整串）	
检修试验项目名称	3/2 接线方式边断路器运行，边断路器模拟量输入式电流合并单元检修	
检修试验应具备条件	边断路器运行	
检修试验操作步骤	1	停用对应的线路保护（或主变压器保护）、对应边断路器保护和母线保护
	2	退出对应的线路保护（或主变压器保护）边断路器合并单元 SV 接收软压板
	3	退出对应边断路器保护 SV 接收软压板
	4	退出母线保护该边断路器合并单元 SV 接收软压板
	5	投入该边断路器合并单元“检修压板”

此外，对应电子式互感器合并单元的检修，需停用对应的一次设备，然后可以参照模拟量输入式合并单元的检修方法进行。

3.6.3　智能终端运行维护要求

1. 运行注意事项

（1）正常运行时，禁止关闭智能终端电源。

（2）正常运行时，运维人员严禁投入检修压板。

（3）正常运行时，对应的跳闸出口硬压板应在投入位置。

（4）智能终端退出运行时，对应的测控和保护跳闸不能出口。

（5）除装置异常处理、事故检查等特殊情况外，禁止通过投退智能终端的跳（合）闸出口硬压板投退保护。

2. 典型操作

对于智能终端检修试验时，应视一次设备运行状态（运行、停电）不同，接线方式及设备配置情况不同，制定断路器智能终端、本体智能终端、母线智能终端检修操作策略。

对应一次设备停电，智能终端检修试验，主要操作内容如下所述：

（1）间隔智能终端检修，典型操作如表 3–43 所示。

表 3–43　　　　　　　　典　型　操　作

电气主接线方式	双母线接线方式	
检修试验项目名称	对应间隔一次设备停电，间隔智能终端检修	
检修试验应具备条件	对应间隔一次设备停电	
检修试验操作步骤	1	退出对应间隔保护 GOOSE 跳闸出口软压板
	2	停用对应间隔保护
	3	退出母线保护该间隔 GOOSE 跳闸出口软压板
	4	投入该间隔智能终端“检修压板”

（2）3/2 接线方式，完整串边断路器智能终端检修，典型操作如表 3–44 所示。

表 3–44　　典　型　操　作

电气主接线方式	3/2 接线方式（完整串）	
检修试验项目名称	边断路器停电，边断路器智能终端检修	
检修试验应具备条件	边断路器停电	
检修试验操作步骤	1	退出边断路器保护 GOOSE 输出软压板
	2	退出对应线路保护（或主变压器保护）中边断路器 GOOSE 输出软压板
	3	投入线路保护中边断路器强制分软压板
	4	退出对应母线保护中边断路器 GOOSE 输出软压板
	5	投入该边断路器智能终端“检修压板”

对应一次设备运行，智能终端的检修情况，检修工作只针对单套智能终端进行，如果双套智能终端检修，一次设备应停运，主要操作内容如下所述：

（1）双母线接线方式，单套间隔智能终端检修，典型操作如表 3–45 所示。

表 3–45　　典　型　操　作

电气主接线方式	双母线接线方式	
检修试验项目名称	对应间隔一次设备运行，单套间隔智能终端检修	
检修试验应具备条件	对应间隔一次设备运行	
检修试验操作步骤	1	退出对应的间隔智能终端出口跳闸、合闸压板
	2	退出间隔智能终端闭锁重合闸压板（或拆下连线）
	3	退出对应线路（或主变压器）保护的 GOOSE 输出软压板
	4	退出母线保护中对应该间隔的 GOOSE 输出软压板
	5	投入该间隔智能终端“检修压板”

（2）3/2 接线方式，完整串边断路器智能终端检修，典型操作如表 3–46 所示。

表 3–46　　典　型　操　作

电气主接线方式	3/2 接线方式（完整串）	
检修试验项目名称	边断路器运行，单套边断路器智能终端检修	
检修试验应具备条件	边断路器运行	
检修试验操作步骤	1	退出边断路器智能终端出口跳闸、合闸压板
	2	退出边断路器保护边断路器 GOOSE 输出软压板
	3	退出线路（主变压器）保护边断路器 GOOSE 输出软压板
	4	退出母线保护对应的边断路器 GOOSE 输出软压板
	5	投入该边断路器智能终端“检修压板”

第4章

时间同步系统

4.1 时间同步系统概述

时间同步是指装置或设备通过接收授时系统所发播的标准时间信号和信息，对本地时钟进行校准。换句话来说，就是实现标准时间信号、信息的异地复制。

随着智能电网以及智能变电站的发展，时间同步技术受到了极大的关注和重视。设备内部数据信息的时间同步、区域内设备之间的时间同步以及区域之间的时间同步，都随着电力系统的快速发展以及新技术的应用而提到议事日程，因此有必要对时间同步的相关技术及应用做比较系统的阐述。

4.1.1 时间的定义及其分类

1. 时间的定义

时间是物理学的一个基本参量，也是物质存在的基本形式之一，即所谓空间坐标的第四维。时间表示物质运动的连续性与事件发生的次序和久暂。

“时间”包含着两个概念：间隔和时刻。前者描述物质运动的久暂；后者描述物质运动在某一瞬间对应于绝对时间坐标的读数，也就是描述物质运动在某一瞬间到时间坐标原点（历元）之间的距离。

关于时间有没有起点的问题，现在还没有定论。但我们可以把某一特定事件的发生作为对某类事物研究的时间参考点，即时间坐标轴的原点。如研究宇宙时，可以将宇宙大爆炸作为时间轴的原点(或是起始点)；如以耶稣基督诞生为时间轴原点则是公元元年，可作为人类活动的计时原点。

在天文学上，历元是为指定天球坐标或轨道参数而规定的某一特定时刻。在天文学和卫星定位中，所获数据对应的时刻也称为历元。对天球坐标来说，其他时刻天体的位置可以依据岁差和天体的自行而计算出。在轨道参数的情况下，就必须考虑其他物体产生的扰动才能计算出另一时刻的轨道根数。常用的历元有贝塞耳历元、儒略历元、GPS历元等。

常用的时间单位有：年（year/y）、月（month/m）、日（day/d）、时（hour/h）、分（minute/min）、秒（second/s）、毫秒（millisecond/ms）、微秒（microsecond/μs）、纳秒（nanosecond/ns）、皮秒（picosecond/ps）、飞秒（femtosecond/fs）、阿秒（attosecond/as），最小时间单位：普朗克时间常数=10^{-43}s。

部分时间单位的换算关系如下：1ms=10^{-3}s，1μs=10^{-6}s，1ns=10^{-9}s，1ps=10^{-12}s，1fs=10^{-15}s，1as=10^{-18}s。

2. 时间的分类

从时间概念上可以分为绝对时间和相对时间。牛顿在1687年发表的《自然哲学的数学原理》一书中给绝对时间做了如下定义："绝对的、真实的数学时间，就其自身及其本质而言，是永久均匀流动的，它不依赖于任何外界事物。"而在现实世界里，时间是对某一空间（如宇宙）中物质运动特性的一种描述，时间随物质相对运动的产生而产生，随物质相对运动的停止而停止，并且参照系的不同也会使得时间尺度产生变化，如"动钟延缓"现象，因此时间又是相对的。

（1）世界时、时区。

世界时是以地球自转运动为标准的时间计量系统。世界时（Universal Time，UT）亦称格林尼治时，是以平子夜作为0时开始的格林尼治平太阳时。格林尼治是英国伦敦南郊原格林尼治天文台的所在地，它又是世界上地理经度的起始点。

各天文台通过观测恒星得到的世界时初始值记为 UT_0，不同地点的观测者在同一瞬间求得的 UT_0 是不同的，在 UT_0 中引起由极移造成的经度变化改正 $\Delta\lambda$，就得到全球统一的世界时 UT_1。在 UT_1 中加入地球自转速度季节性变化改正 ΔT_s，可以得到一年内平滑的世界时 UT_2。

（2）原子时。

20世纪60年代，铯束原子频标研制成功后，人们用历书时秒的秒长去测量铯束原子频标（1955～1958），并得到一个历书时秒期间铯束谐振器的振荡次数（铯束谐振器的振荡频率）为9 192 631 770±20Hz。1967年第十三届国际计量大会给原子时秒长的定义是：铯原子基态的两个超精细能级间在海平面上零磁场下跃迁辐射振荡9 192 631 770周所持续的时间。同时规定，原子时的秒、分、时、日、月、年的换算关系仍与世界时相同。原子时的起点是1958年1月1日0时，这一瞬间的原子时与世界时极为接近，仅差0.003 9s。

根据定义，任何原子钟在确定时间起始值后连续运转，都可以提供原子时。各个实验室可以用连续运转的大铯钟，也可以用大铯钟定期校准连续运转的铷钟、商品小铯钟或氢钟，也可以用多个商品小铯钟组合，来导出各自的地方原子时。

由一个实验室若干台原子钟或一个地区若干实验室的原子钟形成的钟组导出的原子时，称为地方原子时，而由分布于全球各地的原子钟共同参与产生的原子时，则称为国际原子时。1971年，国际计量大会正式指定由国际时间局建立的原子时为国际原子时，并命名为TAI（International Atomic Time）。

（3）协调世界时、闰秒。

世界协调时（Universal Time Coordinated，UTC）是以世界时作为时间初始基准计算年月日时分，以原子时作为时间单元（秒 s）基础的标准时间。从1972年1月开始，协调世界时UTC正式成为国际标准时间，也是世界各国的官方时间。

由于转动的不规律性，每天并非都是精确的86 400原子秒，就导致世界时与实际时间约每 18 个月就产生 1s 的误差。为了纠正误差，国际上决定采用协调世界时报时，作为在用的时间标准，即以原子时的秒来计时。当发现用天象观测来测定的世界时与原子时相差超过 0.9s 时，便在年中或年底的最后一秒增加或减去一个“闰秒”来协调，对协调世界时做一整秒的调整。

当世界时滞后协调世界时超过 0.9s 时，将协调世界时增加 1s，称为“正闰秒”，此刻为 60s。当世界时超前协调世界时超过 0.9s 时，将协调世界时减去 1s，称为“负闰秒”，此刻为 58s。

截至 2016 年 1 月 1 日，协调世界时 UTC 与国际原子时 TAI 的差为 36s，即：UTC–TAI=–36s，负值表示 UTC 相对于 TAI 慢了 36s。

（4）卫星时间。

1）GPS 时间。

20 世纪 60 年代，第一颗人造地球卫星的发射成功，使得高精度空基无线电导航、授时信号成为可能。1973 年 5 月，美国五角大楼制定了一项使导航、授时技术发生革命性转变的计划——导航星（NAVSTAR）系统，其无线电测距最终精度达到毫米级、授时精度达到微秒量级。

GPS 时间是一种由 GPS 地面测控系统建立的时间坐标，它以美国海军天文台的协调时 UTC（USNO）为参考基准，其时间原点定义在 UTC（USNO）1980 年 1 月 6 日 0 时。

GPS 时间与国际协调时 UTC 不同之处在于它不做闰秒修正，因而是一个连续的时间尺度。它与国际原子时相似，但与国际原子时（TAI）在任一瞬间都存在一个 19s 的系统差，即 $TAI–T_{GPS}$=19s。

2）GLONASS 时间。

GLONASS 是前苏联建立的类似于 GPS 系统的空基无线电导航系统，1982 年 10 月 12 日发射第一颗 GLONASS 卫星，1996 年 1 月 18 日完成 24 颗卫星的布局，它们均匀分布在 3 个轨道平面上，每个平面上分布 8 颗卫星。轨道倾角为 64.8°，轨道平面相互间隔 120°。与 GPS 一样，GLONASS 在 L 波段以同样功率电平发射 L1 和 L2 两个扩频信号。

GLONASS 系统时间是一个与协调时 UTC 相类似，但又不完全相同的原子时系统。与 GPS 系统时间不同的是 GLONASS 系统时间引入了跳秒（闰秒），并以莫斯科时间为基准，因此，它与俄罗斯时间空间计量研究所所产生和保持的俄罗斯协调时 UTC（SU）之间存在 3 小时的系统差，即 $T_{GLONASS}$–UTC（SU）=03h00m。

3）北斗时间。

北斗卫星导航系统的时间基准为北斗时（BDT），BDT 采用国际单位制（SI）秒为基本单位连续累计，不闰秒，起始历元为 2006 年 1 月 1 日协调世界时（UTC）00h00min00s。北斗时与国际原子时（TAI）在任一瞬间都存在一个 33s 的系统差，即 TAI–BDT=33s。BDT 溯源到中国科学院国家授时中心（NTSC）保持的 UTC 时间，简称 UTC（NTSC），与 UTC 之间的闰秒信息在导航电文中播报。BDT 与 UTC 的偏差保持在 100ns 以内。

“北斗一号”方案于 1983 年提出。“北斗一号”分别于 2000 年 10 月 31 日、2000 年

12月21日和2003年5月25日发射了3颗，这标志着中国成为继美国GPS和俄罗斯的GLONASS后，在世界上第三个建立了完善的卫星导航系统的国家，该系统的建立对中国国民、国防和经济建设将起到积极作用。北斗二号卫星导航系统（BD2、Beidou-2）是中国独立开发的全球卫星导航系统。北斗二号并不是北斗一号的简单延伸，它将克服“北斗一号”系统存在的缺点，提供海、陆、空全方位的全球导航定位服务，类似于美国的GPS和欧洲的伽利略定位系统。

北斗卫星导航系统空间段计划由35颗卫星组成，包括5颗静止轨道卫星（GEO）、27颗中地球轨道卫星（MEO）、3颗倾斜同步轨道卫星（IGSO）。

国际原子时间、协调世界时间和卫星时间之间的关系如图4-1所示。

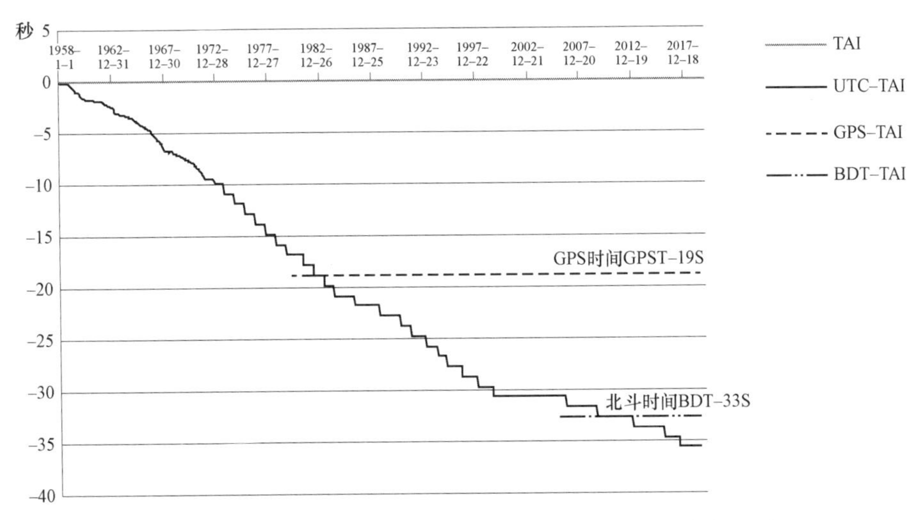

图4-1　国际原子时间、协调世界时间和卫星时间之间的关系

4.1.2　时间对电气量测量的影响

计量用的时间是以秒为单位的线性递增量。线性递增需要振荡器的工作频率来维持，而“时刻”需要秒沿（秒发生的时刻/瞬间）来标度，也就是相位，因此时间同步就涉及到频率同步和相位同步。

交流电气量的测量对时间有着严格的要求，主要体现在两点，一是采用晶振的频率精度和稳定度，二是接收的秒沿的准确度。前者主要影响单一电气量（电压、电流、频率）的测量，后者主要影响组合电气量（有功功率、无功功率、功率因数、相角差、阻抗）的计算和同类电气量的比对。

1. 工作频率对电气量测量的影响

交流电气量测量的影响因素很多，如工作频率精度、采样间隔多少、A/D转换位数、计算误差等，这里只考虑工作频率精度对电气量测量的影响。

下面以50Hz标准正弦波为例，说明电压、电流的频率及有效值的测量。

电力系统对50Hz频率测量精度的要求是±0.01Hz，折算成计数用的工作频率的精度要优于 4ppm。归算到标准的晶振规格，通常可选择频率为 1MHz、精度 2ppm 的晶振。

假设交流电压、电流的表达式为

$$i(t)=I_{\mathrm{m}}\cdot\sin(\omega t+\varphi_i) \tag{4–1}$$

$$v(t)=V_{\mathrm{m}}\cdot\sin(\omega t+\varphi_v) \tag{4–2}$$

式中：I_{m}、V_{m} 分别为电流、电压的幅值；φ_i、φ_v 分别为电流、电压的初相角；ω 为角速度，$\omega=2\pi f$，f 为信号频率（50Hz）。

有效值又称为均方根值，电压、电流的有效值可以用下列公式表示

$$I=\sqrt{\frac{1}{T}\int_0^T[I_{\mathrm{m}}\cdot\sin(\omega t+\varphi_i)]^2\,\mathrm{d}t} \tag{4–3}$$

$$V=\sqrt{\frac{1}{T}\int_0^T[V_{\mathrm{m}}\cdot\sin(\omega t+\varphi_v)]^2\,\mathrm{d}t} \tag{4–4}$$

式中：T 为信号周期，T=1/f。

根据式（4–3）、式（4–4）可得

$$I=I_{\mathrm{m}}\cdot\sqrt{\frac{1}{T}\int_0^T[\sin(\omega t+\varphi_i)]^2\,\mathrm{d}t}=I_{\mathrm{m}}\cdot\sqrt{\frac{1}{T}\int_0^T\left[\frac{T}{2}-\frac{1}{4}\sin 2(\omega t+\varphi_i)\right]\mathrm{d}t}=\frac{I_{\mathrm{m}}}{\sqrt{2}} \tag{4–5}$$

$$V=V_{\mathrm{m}}\cdot\sqrt{\frac{1}{T}\int_0^T[\sin(\omega t+\varphi_v)]^2\,\mathrm{d}t}=V_{\mathrm{m}}\cdot\sqrt{\frac{1}{T}\int_0^T\left[\frac{T}{2}-\frac{1}{4}\sin 2(\omega t+\varphi_v)\right]\mathrm{d}t}=\frac{V_{\mathrm{m}}}{\sqrt{2}} \tag{4–6}$$

以 $i(t)=I_{\mathrm{m}}\cdot\sin(\omega t)$ 为例，如图 4–2 所示，在［T/4，5T/4］区间，如果积分区间与信号周期 T 有偏差，所产生的误差最大，设时间偏差为 τ，则在［T/4，5T/4+τ］区间所计算出的有效值为

$$I'=I_{\mathrm{m}}\cdot\sqrt{\frac{1}{T}\int_{T/4}^{5T/4+\tau}[\sin(\omega t)]^2\,\mathrm{d}t}=I_{\mathrm{m}}\cdot\sqrt{\frac{1}{T}\left(\frac{T+\tau}{2}+\frac{1}{4}\sin 2(\omega\tau)\right)} \tag{4–7}$$

式中，T=0.02s，$\omega=2\pi f=100\pi$。

由此引起的测量误差为

$$\delta=\frac{I'-I}{I}\cdot 100\%=\sqrt{1+50\cdot\tau+25\cdot\sin(200\cdot\pi\cdot\tau)}-1 \tag{4–8}$$

当 $\tau\to 0$ 时，有

$$\delta=1+\frac{1}{2}(50\cdot\tau+5000\cdot\pi\cdot\tau)-1=(25+2500\cdot\pi)\cdot\tau \tag{4–9}$$

假设要求测量误差为 0.1%，即 $\delta<0.1\%$，可得

$$\tau<1.27\times10^{-7} \tag{4–10}$$

也就是每秒偏差不超过 6.35×10^{-6}s。归算到标准的晶振规格，通常可选择频率为 1MHz、精度 5ppm 的晶振。

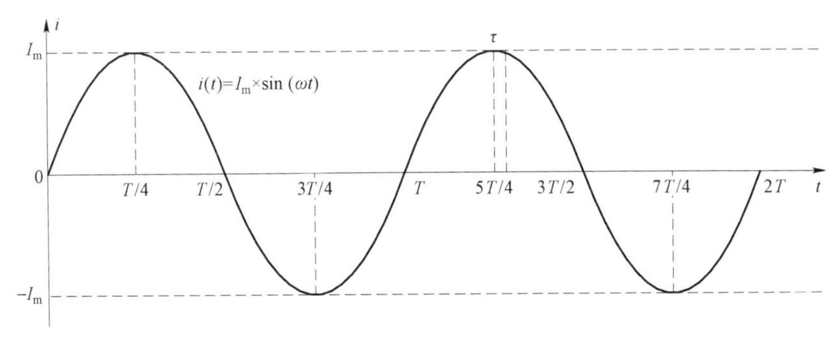

图 4–2　交流电流波形

2. 秒沿对电气量测量的影响

不同测量点采用的秒沿如果不同步，将会影响组合电气量（有功功率、无功功率、功率因数、相角差、阻抗）的计算和同类电气量的比对。秒沿对同类电气量的比对，可当作不同时刻的测量值的比对，误差的大小取决于信号（电压、电流、频率）的变化率，不宜量化，这里就不赘述了。

秒沿的偏差直接影响到电压、电流的相角差，从而影响到有功功率、无功功率、功率因数、阻抗的计算，如图 4–3 所示。

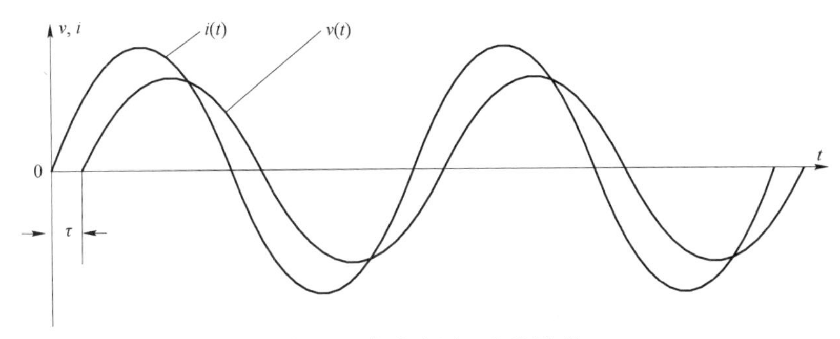

图 4–3　交流电压、电流波形

假设实际电压和电流是同相位的，由于秒沿的偏差造成电压、电流的相角差为 $2\pi f\tau$，其中 f=50Hz。复功率的表达式为

$$\tilde{S} = P + jQ = V \bullet I \bullet \cos(100\pi\tau) + jV \bullet I \bullet \sin(100\pi\tau) \tag{4–11}$$

当 $\tau = 0$ 时，有功功率 $P=V \bullet I$，$Q=0$；当 $\tau = 0.005\text{s}$ 时，有功功率 $P=0$，$Q=V \bullet I$。

当秒沿不一致，造成电压、电流时间偏差 τ，引起的有功功率的计算误差为

$$\delta = 1 - \cos(100\pi\tau) = 2\sin^2(50\pi\tau) \tag{4–12}$$

假设要求测量误差为 0.1%，即 $\delta < 0.1\%$，可得

$$\tau < 1.42 \times 10^{-4} \tag{4–13}$$

也就是秒沿误差不超过 142μs，统一到指标上为 100μs。

假设复电压、复电流的表达式为

$$\dot{V} = V\cos\theta_v + jV\sin\theta_v \tag{4–14}$$

$$\dot{I} = I\cos\theta_i + jI\sin\theta_i \tag{4-15}$$

$$R + jX = \frac{\dot{V}}{\dot{I}} \tag{4-16}$$

当电压、电流同相位时，即 $\theta_v = \theta_i$，得

$$R_0 = \frac{V}{I} \tag{4-17}$$

当秒沿不同步引起电压、电流不同相，即 $\theta_v \neq \theta_i$，得

$$R = \frac{V}{I}\cos(\theta_v - \theta_i) \tag{4-18}$$

由此引起的电阻误差为

$$\delta = 1 - \cos(\theta_v - \theta_i) \tag{4-19}$$

假设要求测量电阻误差为0.1%，即 $\delta < 0.1\%$，可得

$$\tau < 1.42 \times 10^{-4} \tag{4-20}$$

也就是秒沿误差不超过142μs，统一到指标上为100μs。

4.1.3 电力系统时间同步的特点及意义

电力系统是一个大跨域复杂的动态系统，其电压、电流、功率、相角、频率等参数都随着时间的变化而变化，因此实时数据的采集、历史数据的记录都必须有高精度、准确、同步的时间来控制。

以变电站的母线为例，根据基尔霍夫电流定律，流入母线的电流总和等于流出母线的电流总和。由于流入、流出母线的电流量是动态的（负荷的随机性），因此这个电流等式的各流入、流出的电流量必须是同一时刻的。推而广之，一个电网的潮流方程式所需的电压、电流数据也必须是一个时间断面的数据。否则不同时刻的数据不能满足潮流方程，就必须通过状态估计得出最接近实际的虚构的潮流状态。

另外，在对电网事故进行分析时，事故的发生及演变即开关的动作顺序，电压、电流的波形变化，都需要有统一的时间作为尺度，否则无法对事故做正确的判定。

上面是从实时运行的角度分析了时间同步的必要性，即实时数据的时间同步。有了时间同步的实时数据，据此形成的不断增长的海量历史数据，是电网进行高级应用（如负荷预测、发电计划、电网规划等）以及大数据分析的宝贵“资产”。

电力系统的时间同步就是保证某一区域或范围的计算机设备和二次设备所使用的时间是统一的、同步的。比如保证变电站内的二次设备时间一致的变电站时间同步，保证调控中心计算机系统时间一致的调控中心时间同步，这些是由时间同步系统来实现的。对于一个电网所覆盖的各计算机系统、二次设备的时间同步，则需要时间同步网来实现。

就时间同步而言，从同步的参考和范围来看，可分为相对时间同步和绝对时间同步。相对时间同步是指在一定的范围内，如一座变电站、一个局域计算机网、一个局部电网，

各设备的时间是同步的，与区域内的某设备时间保持一致。绝对时间同步是指设备的时间与北京时间 UTC 保持同步，即其时间可溯源到北京时间 UTC。从时间同步的来源来看，可分为无线时间同步基准源（如北斗卫星时间、GPS 卫星时间）和有线时间同步基准源（如 IRIG–B（DC）、PTP、NTP、1PPS 等）。从时间同步信号的形式来看，可分为时间同步信息和时间同步信号。时间同步信息指通过通信方式传递时间报文或对时信息，如串口报文、NTP/SNTP/PTP；时间同步信号指通过数字的或模拟的信号传输传递时间，如 IRIG–B（DC）、1PPS/1PPM/1PPH、IRIG–B（AC），包含有时沿（时刻）信号。

4.2 时间同步基本原理与关键技术

时间同步也就是通过接收授时系统所发播的标准时间信号和信息，对本地时钟进行校准。换句话来说，就是实现标准时间信号、信息的异地复制。

现代科学技术的发展，对精密授时、高精度时间传递和时间同步不断提出新的要求。时间同步在授时技术、守时技术、运行方式，以及各领域的应用中发生着日新月异的变化。

4.2.1 时间同步基本原理

时间同步实际上是完成时间信号或时间信息的同步传递，即实现输出的时间信号或时间信息与输入的时间信号或时间信息保持同步，并且当输入时间信号暂短消失时，输出时间信号也要保持既有的频率运行。

要实现时间同步需要三个主要环节：对输入的授时源信号进行解析、建立内部时钟源、同步输出时间信号和/或时间信息，时间同步的基本原理如图 4–4 所示。

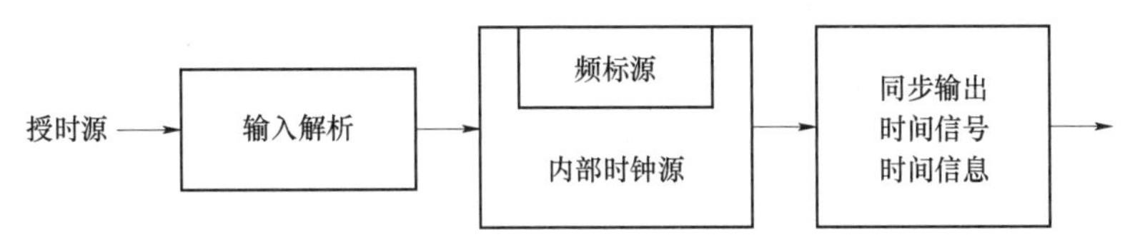

图 4–4　时间同步基本原理图

内部时钟源是时间同步的关键，内部时钟源走时准确与否取决于两个因素：一是频标源的准确度和稳定度，二是时间沿（如秒沿、分沿、时沿等）的准确度。频标源的稳定度是由频标源自身品种（如恒温晶振、铷原子振荡器等）和品质决定，而频标源的准确度和时间沿的准确度则与授时源的稳定度和准确度密不可分。

首先对输入的授时源做解析，判断时间信号的正确性，提取时间沿信号（通常为秒沿）和时间信息（年、月、日、时、分、秒）。然后利用时间沿信号的周期性驯服频标源，微调频标源频率，使得由频标源生成的秒脉冲沿与输入解析后的时间沿一致。这样就建立起了内部时钟源，并与外部输入的授时源保持同步。当外部授时源消失时，内部时钟源可以利用频标源的稳定性维持正常的走时，即守时。当外部授时源恢复正常时，内部时钟源再步进跟随，实现再同步。

时间同步要求被授时设备与授时设备时间同步。授时设备的时间来源于无线时间基准信号（北斗、GPS）和/或有线时间基准信号［IRIG-B（DC）、1588 对时、1PPS］，并以有线方式［IRIG-B（DC）、1588 对时、1PPS、NTP/SNTP、串口报文等］传递给被授时设备，即时间的处理、传递、应用。这一过程会产生时间的处理误差、传递延时，因此时间同步是一个相对概念，即在什么精度下的时间同步，如 1μs、1ms 或是 1s。当时间处理、传递产生的偏差大于规定的时间同步精度要求时，必须要做时间补偿修正。时间补偿修正可在授时端完成，也可在被授时端完成，也可通过共视方式实现。

随着现代科学技术的发展，对精密授时、高精度时间传递和时间同步不断提出新的要求。时间同步可分为相对时间同步和绝对时间同步两种。

相对时间同步，指分布在各地的某系统（如变电站自动化系统）内的不同时钟之间的时间同步。

绝对时间同步指除了实现本系统内时间同步外，还要与国际上规定的协调世界时 UTC 或国家法定的不同时区的协调世界时 UTC 相同步。

4.2.2 时间同步授时技术

时间同步授时手段有很多，从传递介质可分为无线和有线两大类。

无线授时手段有：卫星授时（如 GPS、BDS、GLONASS）、短波授时（如 BPM）、长波授时（如 LORAN–C、BPL）、低频时码授时（如 DCF77、BPC）、广播电视授时等。无线授时信号通过空间传播，只要信号能到达的地方就能获得时间，但需要相应的信号接收解析模块或接收机提取时间信号。卫星授时精度最高，可达 100ns，但接收信号的天线必须置于无遮挡的户外，是电力系统主要授时手段，也是军事、工业、民用各行业应用最广的授时、定位手段。长波授时精度可达 1μs，主要为军事使用。其他的无线授时主要在民用产品上使用，精度在 1ms 左右。

有线授时手段有：网络授时（如 NTP、SNTP、PTP）、串口报文授时、IRIG–B 授时、脉冲授时（如 1PPS、1PPM、1PPH）等。NTP、SNTP 网络授时可以在局域网，也可以在广域网中使用，主要用于管理用的计算机系统，授时精度受网络规模和交换机级联数量影响较大，通常在几毫秒到几百毫秒，主要用于调控中心、变电站站控层计算机系统。PTP（IEEE 1588）网络授时主要应用在局域网，授时精度优于 1μs，但必须是有硬件支持的 IEEE 1588 的网口，这是变电站内二次设备授时的一个发展方向。IRIG–B（DC）授时和脉冲授时精度可达 1μs，主要用于对二次设备点对点授时。串口报文授时是为脉冲授时提供对应的年月日时分秒信息。

下面就一些常用的授时技术做简要说明。

1. 卫星授时技术

卫星导航系统授时方法因其全覆盖、全天候、高精度等特点，已广泛应用于我国电力、通信、金融等各行各业。卫星导航系统的授时方法包括 RDSS 单向授时、RDSS 双向授时和 RNSS 授时三种方法。其中 RDSS 单向授时需要已知用户位置，授时精度较低；

RDSS 双向授时采用有源授时方法，授时精度高，但用户数量有限；RNSS 授时过程中定位和钟差信息可以同时产生，授时精度高。北斗一号采用的是 RDSS 单向授时和 RDSS 双向授时，北斗二号和 GPS 采用的是 RNSS 授时。下面就这三种授时技术做一简要说明。

（1）RDSS（Radio Determination Satellite Service，卫星无线电测定业务）单向授时

采用 RDSS 单向授时方法时，用户设备在位置已知的条件下，通过接收地面测量控制中心（Measure Control Center，MCC）发射，后经过 GEO 卫星转发的出站信号，即可获得高精度的系统时间，如图 4–5 所示。地面测量控制中心在北斗时（BDT）主原子钟的控制下，产生 RDSS 信号的频率、编码速率，并将含有“帧时标”的导航电文由发射系统从抛物面天线发送至 GEO 卫星，卫星 C/S 转发器将出站信号变频后，下行发送至用户接收设备。用户接收设备解算得到本地时钟与 BDT 的钟差，完成 RDSS 单向授时功能。

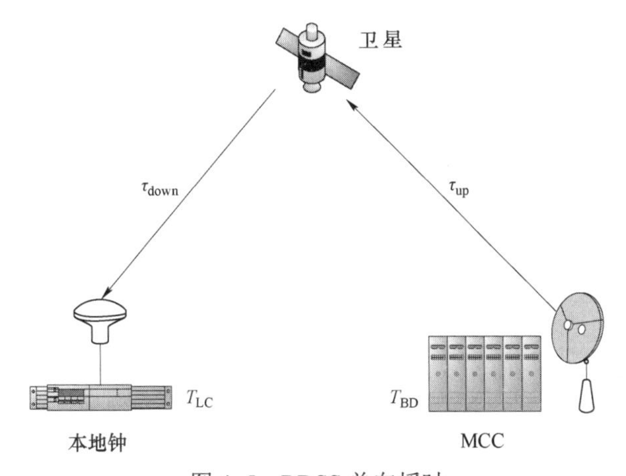

图 4–5　RDSS 单向授时

本地时钟与 BDT 的时差为

$$\Delta t = T_{LC} - T_{BD} = \tau_{delay} - \tau_{up} - \tau_{down} - \tau_{other} \tag{4–21}$$

式中：Δt 为本地时钟与北斗时的时差；T_{LC} 为本地钟时间；T_{BD} 为北斗时 BDT；τ_{delay} 为接收设备测得延迟，可以通过以本地时钟 1PPS 作为延迟测量计数器的开门信号，“帧时标”的前沿作为关门信号得到；τ_{up} 为上行延迟，可根据导航电文中的卫星位置信息、地面测量控制中心的位置计算得到；τ_{down} 为下行延迟，可根据导航电文中的卫星位置和用户已知位置得到；τ_{other} 为其他延迟，由导航电文得到地面发送链路延迟、星上转发器延迟等。

根据式（4–21），可以计算用户本地时钟与 BDT 的时间差，移相调整本地钟输出的 1PPS，使得钟差为 0，即可实现本地时间与 BDT 的时间同步。

（2）RDSS 双向授时。

采用 RDSS 双向授时方法时，本地时钟首先发出双向 RDSS 授时请求，并将自身的位置坐标等有用信息以及相关请求信息发送给地面测量控制中心，控制中心通过计算分

析出入站信号的零值、卫星转发零值、用户零值等信息，将授时基准信号和双向时延修正参数通过出站信号发送给用户，从而使用户可以获得较高的授时精度。具体过程如图 4–6 所示。

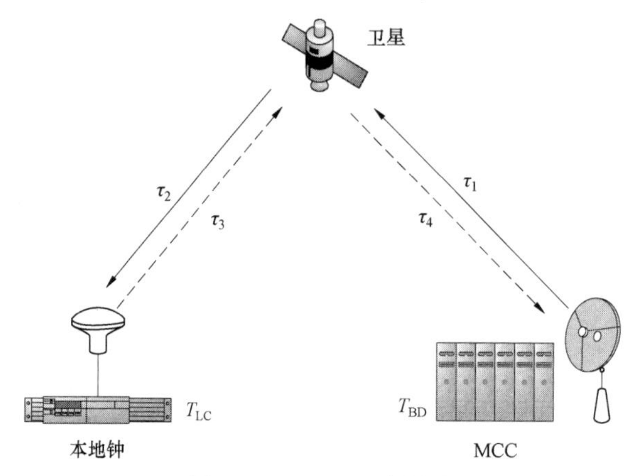

图 4–6　RDSS 双向授时

中心站在 T_0 发送时标信号 ST_0（发射零值为 τ_5），该时标信号经过各类传输时延重新到达中心站（接收零值为 τ_6），中心站系统将接收时标的时间与发射时刻相差可以得到双向传输时延 τ 。假设接收机转发时延及卫星转发时延均已经标定，则信号双向传输时延 τ 、正向传输时延 τ_+ 、反向传输时延 τ_- 分别为

$$\begin{cases}\tau=\tau_1+\tau_2+\tau_3+\tau_4+\tau_5+\tau_6\\ \tau_+=\tau_1+\tau_2+\tau_5\\ \tau_-=\tau_3+\tau_4+\tau_6\end{cases} \tag{4–22}$$

假如卫星位置在信号的双向传输过程中保持不变，则两次星地上行、星地下行链路可以看作一样，即 $\tau_2=\tau_3$ ， $\tau_1=\tau_4$ 。而实际上，卫星在 $\tau_2+\tau_3$ 这个时间间隔里会有较大程度的漂移，根据卫星高度可以算得 $\tau_2+\tau_3$ 一般为 200ms 左右，假如卫星速度为 1000m/s，则卫星会有约 200m 的漂移，这会导致正向与反向的空间传输时延不一致，其不一致程度用式（4–23）表示（由于空间电离层特性、对流层特性变化缓慢，可以认为正向和反向传输路径中的电离层延迟、对流层延迟是相等的）：

$$\tau_7=\tau_1+\tau_2-\tau_3-\tau_4 \tag{4–23}$$

中心站可以根据星历推算出卫星位置，并根据用户位置算出正向和反向的空间传输时延差 τ_7 ，此时根据式（4–22）、式（4–23）可以算得信号的正向传输时延

$$\tau_+=\tau_1+\tau_2+\tau_5=\frac{\tau_1+\tau_5+\tau_7-\tau_6}{2} \tag{4–24}$$

中心站将得到的单向传输时延发送给定时接收机，定时接收机对接收到的时标信号进行处理得到伪距 ρ （包含单向传输时延及钟差，取光速为 1），假设用户机设备时延为 τ_8 ，则可以根据伪距、信号正向传输时延与用户机设备时延计算出本地钟与中心控制系

统时间的钟差

$$\Delta t=\rho-\tau_{+}-\tau_{8}=\rho-\frac{\tau_{1}+\tau_{5}+\tau_{7}-\tau_{6}}{2}-\tau_{8} \tag{4–25}$$

根据钟差修正本地钟，使之与中心站控制系统的时间同步。

（3）RNSS（Radio Navigation Satellite Service，卫星无线电导航业务）授时。

对于 RNSS 系统授时方法，用户设备只需接收卫星发播的 RNSS 导航信号，获得北斗系统时间，然后将本地时间与北斗系统时间进行比较得到本地时钟与北斗系统时间的偏差。在测站坐标未知的条件下，RNSS 接收机需要对四颗或四颗以上卫星进行观测，即可解算出位置与钟差，也即实现定位与定时。因此，只有在具有定时功能的接收机获得正确导航解的情况下，其定时结果才是精确可靠的。另外，如果测站坐标已知且精度可靠，那么就只有钟差一个未知参数，此时只要接收到一颗卫星的信号即可进行精确定时。用户钟时间、卫星钟时间、北斗系统时间之间的关系如图 4–7 所示。

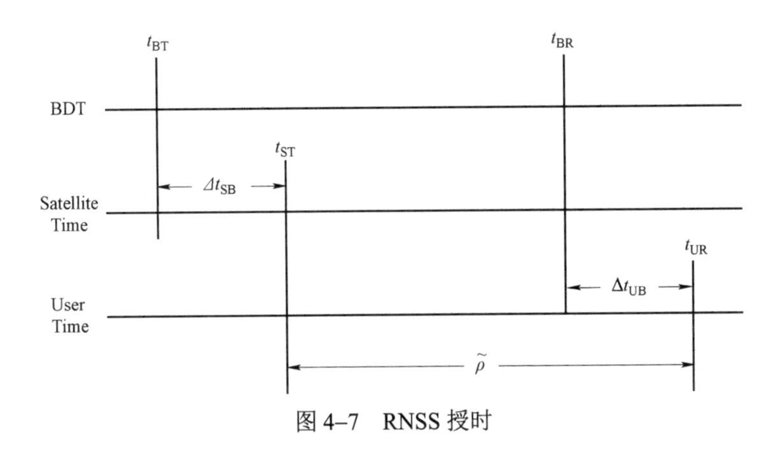

图 4–7　RNSS 授时

假设接收机接收到第 j 颗卫星的信息，信号发射时刻与卫星钟时间分别为 t_{BT} 和 t_{ST}；接收机采样时刻和用户钟时间分别为 t_{BR} 和 t_{UR}，Δt_{SB} 为第 j 颗卫星钟与信号发射时刻北斗时间的偏差，可利用导航电文播发的星钟参数进行修正。Δt_{UB} 为利用第 j 颗卫星得到的用户钟与接收机采样时刻北斗时间的偏差。$\tilde{\rho}$ 为接收机测量到的伪距。于是有

$$\frac{\tilde{\rho}}{c}=t_{\mathrm{UR}}-t_{\mathrm{ST}}=\frac{\rho^{j}}{c}+\Delta\tau+\Delta t_{\mathrm{UB}}-\Delta t_{\mathrm{SB}} \tag{4–26}$$

式中：ρ^{j} 为第 j 颗卫星到接收机的真实空间距离，c 为光速；$\Delta\tau$ 为卫星钟差、电离层误差、对流层误差、硬件延迟和接收机噪声等。

令 $\tau^{j}=\rho^{j}/c$，$\tilde{\tau}=\tilde{\rho}/c$，则第 j 颗北斗卫星信号计算可得到的用户钟差估计值为

$$\Delta t_{\mathrm{UB}}=\tilde{\tau}-\tau^{j}+\Delta t_{\mathrm{SB}}-\Delta\tau \tag{4–27}$$

由此就可以计算得出利用第 j 颗卫星得到的用户钟与北斗时间的偏差 Δt_{UB}，由 $t_{\mathrm{UR}}-\Delta t_{\mathrm{UB}}$ 就得到了接收机采样时刻的北斗时间 t_{BR}。

对于静态用户，如果已知用户位置和卫星位置，那么静止接收机可以根据单次伪距

测量值解算出钟差。而对于移动用户，仍使用前面介绍的同样的方法进行计算，只是需要解算观测方程组，以便确定接收机时钟的偏差。

2. 授时技术

电网调控中心以及智能变电站中大量使用计算机和具有以太网通信的二次设备，这些设备可以通过网络时间协议实现设备之间的时间同步。协议包括NTP（网络时间协议）、SNTP（简单网络时间协议）和PTP（精确时间协议）。

（1）NTP/SNTP。

NTP（Network Time Protocol）网络时间协议是使Internet网上的计算机保持时间同步的一种通信协议，由RFC1305定义说明。网络时间协议可以估计出数据包在Internet上往返延时，并可独立地估算出计算机时钟偏差，进而实现计算机间的时间同步。在实际应用中，为了更容易完成网络对时的开发和应用，对NTP原有的访问协议进行简化，形成了SNTP（Simple Network Time Protocol）简单网络时间协议，遵循RFC1769定义说明。

由于SNTP和NTP的数据包格式相同，计算客户端和服务器端之间的往返时延、时间偏差、客户端时间的算法一致，因此SNTP与NTP具有互操作性。也就是说，SNTP客户能与NTP服务器协同工作，NTP客户也能与SNTP服务器协同工作。

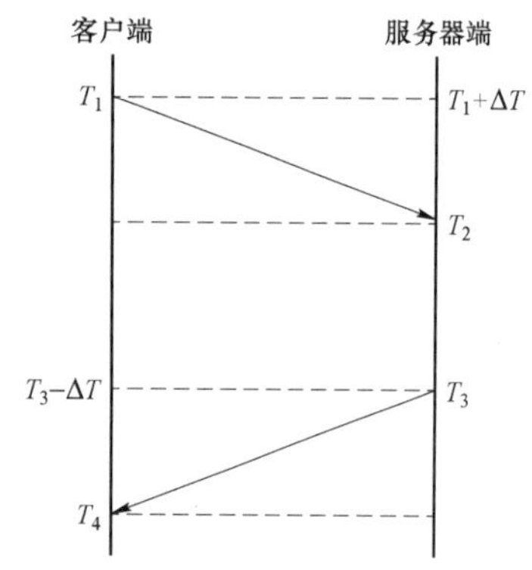

图4–8　NTP/SNTP网络对时示意图

NTP/SNTP主要通过交换时间服务器和客户端的时间戳，计算出客户端相对于服务器的时延及偏差，从而实现时间的同步，如图4–8所示。图中，T_1为客户端发送查询请求包的时刻，T_2为服务器端收到查询请求包的时刻，T_3为服务器端回复时间信息包的时刻，T_4为客户端接收到时间信息包的时刻（T_1、T_4是以客户端时钟为参照，T_2、T_3是以服务器端为参照）。

假设客户端时间为T_c，服务器端时间为T_s，客户端与服务器端的时差为ΔT，再假设信息在网上传输的往返延时相等，为d，则有

$$d=\frac{(T_2-T_1)+(T_4-T_3)}{2} \tag{4–28}$$

$$\Delta T=T_C-T_S=\frac{(T_4-T_3)-(T_2-T_1)}{2} \tag{4–29}$$

NTP/SNTP有三种工作模式：客户/服务器模式、对称模式和广播/多播模式，如图4–9～图4–11示。在客户/服务器模式中，一对一连接，客户端可以被服务器端同步，而服务器端不能被客户端同步。在对称模式中，与客户/服务器模式基本相同，但双方均可同步对方或被对方同步，先发出申请建立连接的一方工作在主动模式下，另一方工作在被动模式下。广播/多播模式为一对多的连接，服务器主动发出时间信息，客户端由此信息调整自己的时间。

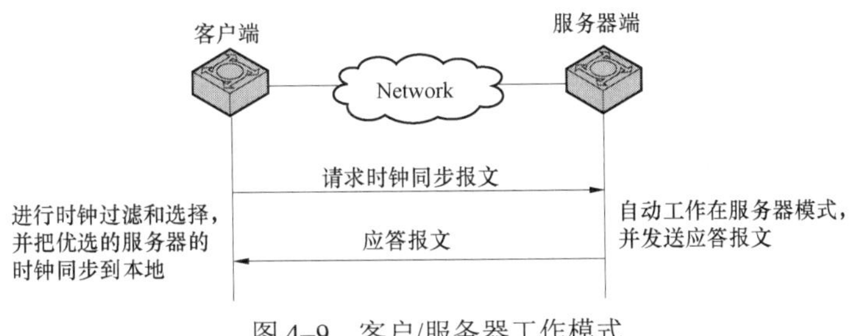

图 4–9　客户/服务器工作模式

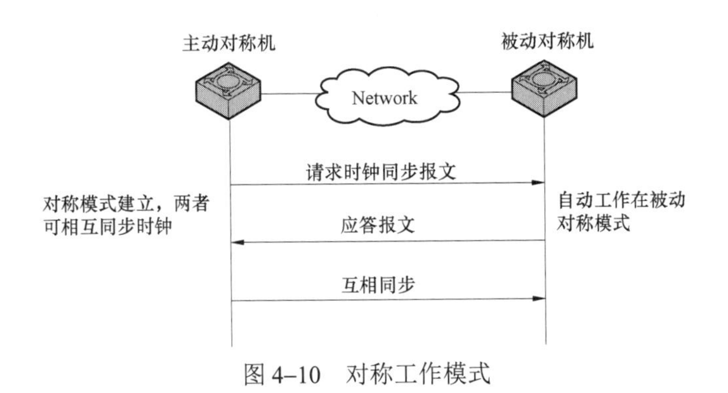

图 4–10　对称工作模式

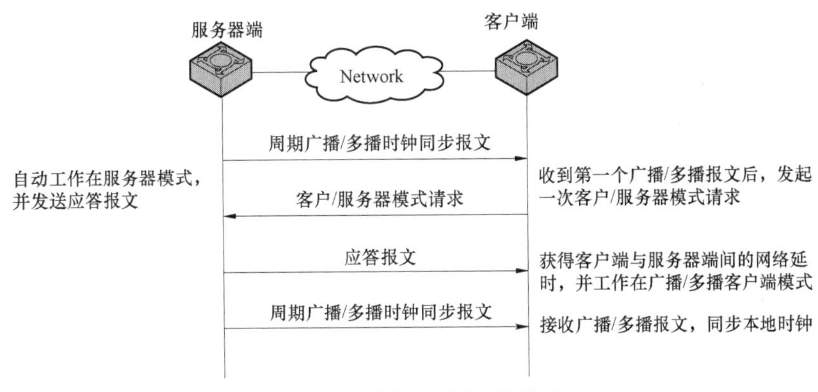

图 4–11　广播/多播工作模式

（2）PTP。

NTP/SNTP 网络时间协议只能满足对时间同步要求不高的计算机之间的时间同步，通常误差在 10～100ms 范围。对于像智能变电站中实时采集、控制、处理的具有网络通信的二次设备，要求时间误差在微秒级，因此应该采用 PTP（Precision Time Protocol）精确时间协议。PTP 网络对时遵循 IEEE 1588/IEC 61588（Standard for a Precision Clock Synchronization Protocol for Networked Measurement and Control Systems）国际标准，其定义了应用于网络测量和控制系统的精确时钟同步协议，适用于任何支持多播技术的网络，如以太网、DeviceNET、ControlNET 等，可实现亚微秒级时间同步精度。

PTP 时钟设备有三类：普通时钟（Ordinary Clock，OC）、边界时钟（Boundary Clock，BC）和透明时钟（Transparent Clock，TC），其中透明时钟又分端对端透明时钟（End to End Transparent Clock，E2E TC）和点对点透明时钟（Peer to Peer Transparent Clock，P2P TC）。普通时钟是只有一个 PTP 对时端口的时钟，边界时钟、透明时钟是带两个或多个不同的 PTP 对时通信路径端口的时钟。

普通时钟只有一个 PTP 对时物理通信端口和网络相连，一个物理端口包括 2 个逻辑接口，事件接口（Event Interface）和通用接口（General Interface）。事件接口接收和发送需要打时间标签的事件消息。通用接口接收和发送其他消息。一个普通时钟只有一个 PTP 对时协议处理器。在网络中，普通时钟可以作为最高级时钟（Grandmaster Clock）或从时钟（Slave Clock）。当作为最高级时钟时，其 PTP 对时端口处于主状态（Master），作为从时钟时其 PTP 对时端口处于从状态（Slave）。

边界时钟有多个 PTP 对时物理通信端口和网络相连，每个物理端口包括 2 个逻辑接口，即事件接口和通用接口。边界时钟的每个 PTP 对时端口和普通时钟的 PTP 对时端口一样，并且边界时钟的所有端口共同使用一个本地时钟和一套时钟数据，每个端口的协议引擎将从所有端口中选择一个端口作为本地时钟的同步输入。

E2E 透明时钟像路由器或交换机一样转发所有的 PTP 对时消息，但对于事件消息，有一个停留时间桥计算该消息报文在本点停留的时间（消息报文穿过本点所花的时间），停留时间将累加到消息报文中的“修正”（Correction Field）字段中。用于计算停留时间的时间戳是由本地时钟产生的，所以本地时钟和时间源的时钟之间的频率差会造成误差。最好是本地时钟去锁定时钟源时钟，如果本地时钟锁定的不是时间源时钟，则要求其精度能到达一定标准。如果普通时钟是从时钟，停留时间桥将接收到的时间消息、宣称消息，由输入的时钟同步消息产生的时间戳以及内部的停留时间传送给协议引擎，协议信息根据这些信息计算出正确的时间并以此控制本地时钟。如果普通时钟是主时钟，协议引擎将产生 Sync 和 Followup 消息，消息中发送时间戳由本地时钟基于内部停留时间和输出时间戳产生。

P2P 透明时钟和 E2E 透明时钟只是对 PTP 对时时间消息的修正和处理方法不同，在其他方面是完全一样的。它可以和 E2E 透明时钟一样与普通时钟合在一起作为一个网络单元。P2P 透明时钟对每个端口有一个模块用来测量该端口和对端端口的 link 延时，对端端口也必须支持 P2P 模式。link 的延时通过交换 Pdelay_Req，Pdelay_Resp 以及可能的 Pdelay_Resp_Follow_Up 消息测量出。P2P 透明时钟仅仅修正和转发 Sync 和 Followup 消息。本地的停留时间和收到消息的端口的 link 延时均记入修正。因为 P2P 的修正包括了 link 延时和停留时间，其修正域反映了整个路径的延时，从时钟可以根据 Sync 消息计算出正确的时间，而不需要再发 Delay 测量消息。再发生时钟路径倒换的时候，P2P 方式基本不受影响，而 E2E 方式则需要在进行完新的延时测量之后，才能计算出正确的时间。

根据 PTP 对时端口时钟的性质不同可分为：最高级时钟（GrandMaster Clock）、主时钟（Master Clock）和从时钟（Slave Clock）。最高级时钟是一个域中使用协议进行时间同步的最终时钟源，是系统中精度最好的被域中所有时钟溯源的时钟。主时钟是在一条 PTP 对时同步路径上作为时间源的时钟。从时钟是同步于主时钟的时钟。

图 4–12 为简单的主从层次结构图，图中端口 M 表示主时钟，端口 S 表示从时钟，从时钟同步于主时钟。时间同步源头为最高级时钟，经过边界时钟将各从时钟同步。

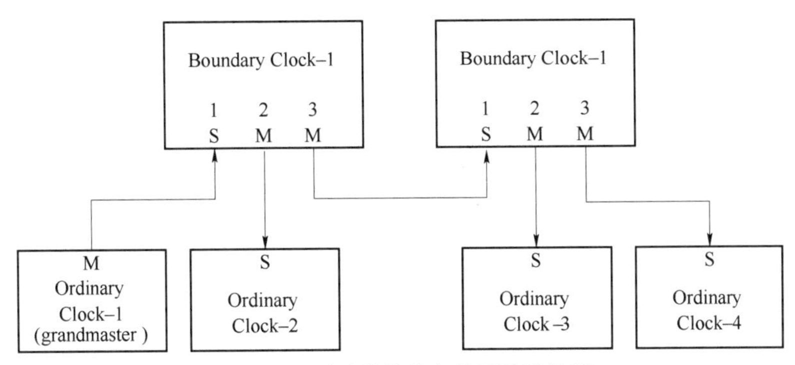

图 4–12　对时简单的主从层次结构图

PTP 对时时间服务有两种：

1）两步法：发送 Sync 报文本身，但并不带时标，专用以太网 Phy 芯片在 Sync 报文发送时自动记录时间。紧接着发送一帧 Follow Up 报文，Follow Up 中时标为 Phy 记录的 Sync 报文发送时刻。如图 4–13 所示。

2）一步法：Sync 报文带时标，发送之前 Phy 芯片对报文进行修改，添加当前时间 T，如图 4–14 所示。一步法相对两步法对硬件 Phy 和网络的要求较高，目前一般采用两步法。

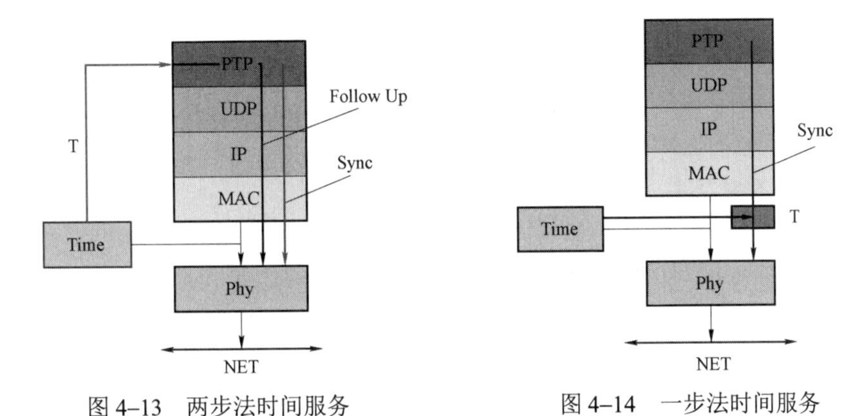

图 4–13　两步法时间服务　　图 4–14　一步法时间服务

图 4–15 以两步法为例说明如何实现从时钟与主时钟时间同步，图中 Delay 为主从之间的通信延时，Offset 为从时钟与主时钟的钟差。

（3）NTP/SNTP 与 PTP 的差异。

NTP/SNTP 与 PTP 在实现时间同步的基本方法上是相似的，都是通过四个时间戳计算出传输延时和钟差，进而完成时间同步，但在一些细节上存在着本质差异。

打时间戳的位置：NTP/SNTP 是在高层（应用层）由软件打时间戳，获得的传输延时包括了报文编码延时、网络介质传输延时和报文解码延时，而报文编码和解码的延时受软件响应和处理时间不确定性影响大，因此时间同步精度不高。PTP 是在底层（物理层）由硬件打时间戳，获得的传输延时只与网络介质传输延时有关，因此时间同步精度高。

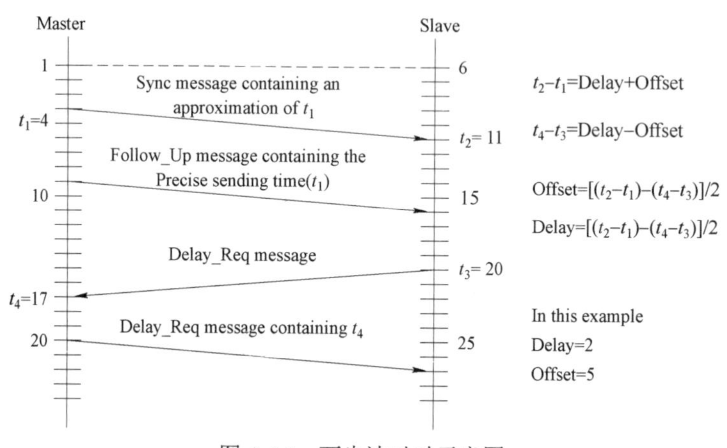

图 4–15　两步法对时示意图

对时原理：NTP/SNTP 只使用软件进行同步计算而 PTP 既使用软件，亦同时使用硬件和软件配合，获得更精确的定时同步。

传输方式：NTP 使用基于第三层 IP 的单播、广播和多播，PTP 使用基于第二层 MAC 的组播。

通信模型：NTP 严格基于 UDP，PTP 没有明确的要求，可以基于 UDP 也可直接到 MAC 层。

对时成本：NTP/SNTP 是通过软件实现网络对时，不需要增加额外的硬件费用。而 PTP 是在物理层打时间戳，需要特定的网络芯片完成，并且网络交换机也要支持 IEEE 1588 对时功能，因而要增加额外的硬件成本。

3. IRIG–B 授时技术

IRIG 是美国靶场司令部委员会的下属机构靶场仪器组的简称（Inter–Range Instrumentation Group）。IRIG 串行时间码，共有六种格式，即 A、B、D、E、G、H，其中 IRIG–B 格式时间码（以下简称 B 码）应用最为广泛。IRIG–B 码应符合 IRIG Standard 200–04 的规定，并含有年份和时间信号质量信息（参照 IEEE C37.118—2005），其时间为北京时间，如图 4–16 所示。

B 码的时帧速率为 1 帧/s，包含 100 位信息，分别表示 BCD 时间信息和控制功能信息，同时也可从串行时间码中提取 1Hz、10Hz 和 100Hz 脉冲信号。IRIG–B 码的码元定义如表 4–1 所示。

根据信号类型的不同，IRIG–B 码可分为 IRIG–B（DC）直流 B 码和 IRIG–B（AC）交流 B 码两种。

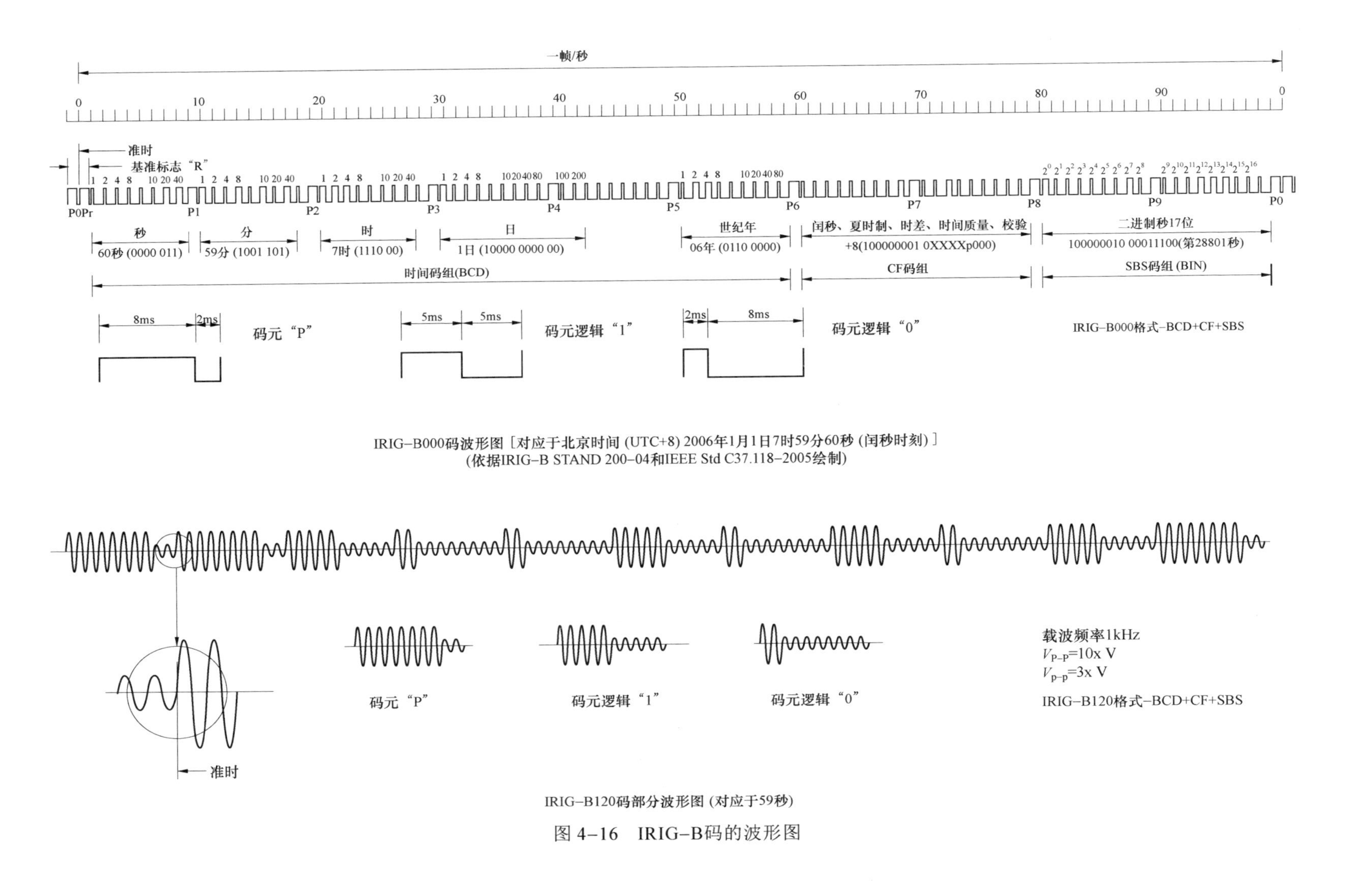

IRIG-B000码波形图［对应于北京时间 (UTC+8) 2006年1月1日7时59分60秒 (闰秒时刻)］
(依据IRIG-B STAND 200-04和IEEE Std C37.118-2005绘制)

IRIG-B120码部分波形图 (对应于59秒)

图 4-16　IRIG-B码的波形图

表 4-1　　　　**IRIG-B 码码元定义表**

码元序号	定　义	说　明
0	Pr	基准码元
1～4	秒个位，BCD 码，低位在前	
5	索引位	置“0”
6～8	秒十位，BCD 码，低位在前	
9	P1	位置识别标志#1
10～13	分个位，BCD 码，低位在前	
14	索引位	置“0”
15～17	分十位，BCD 码，低位在前	
18	索引位	置“0”
19	P2	位置识别标志#2
20～23	时个位，BCD 码，低位在前	
24	索引位	置“0”
25～26	时十位，BCD 码，低位在前	
27～28	索引位	置“0”
29	P3	位置识别标志#3
30～33	日个位，BCD 码，低位在前	
34	索引位	置“0”
35～38	日十位，BCD 码，低位在前	
39	P4	位置识别标志#4
40～41	日百位，BCD 码，低位在前	
42～48	索引位	置“0”
49	P5	位置识别标志#5
50～53	年个位，BCD 码，低位在前	
54	索引位	置“0”
55～58	年十位，BCD 码，低位在前	
59	P6	位置识别标志#6
60	闰秒预告（LSP）	在闰秒来临前 59s 置 1，在闰秒到来后的 00s 置 0
61	闰秒（LS）标志	“0”：正闰秒；“1”：负闰秒
62	夏时制预告（DSP）	在夏时制切换前 59s 置 1
63	夏时制（DST）标志	在夏时制期间置“1”

续表

码元序号	定　义	说　明
64	时间偏移符号位	“0”：+；“1”：-
65～68	时间偏移（小时），二进制，低位在前	时间偏移=IRIG-B 时间-UTC 时间（时间偏移在夏时制期间会发生变化）
69	P7	位置识别标志#7
70	时间偏移（0.5h）	“0”：不增加时间偏移量 “1”：时间偏移量额外增加 0.5h
71～74	时间质量，二进制，低位在前	0x0：正常工作状态，时钟同步正常 0x1：时钟同步异常，时间准确度优于 1ns 0x2：时钟同步异常，时间准确度优于 10ns 0x3：时钟同步异常，时间准确度优于 100ns 0x4：时钟同步异常，时间准确度优于 1μs 0x5：时钟同步异常，时间准确度优于 10μs 0x6：时钟同步异常，时间准确度优于 100μs 0x7：时钟同步异常，时间准确度优于 1ms 0x8：时钟同步异常，时间准确度优于 10ms 0x9：时钟同步异常，时间准确度优于 100ms 0xA：时钟同步异常，时间准确度优于 1s 0xB：时钟同步异常，时间准确度优于 10s 0xF：时钟严重故障，时间信息不可信赖
75	校验位	从“秒个位”至“时间质量”按位（数据位）进行奇校验的结果，可配置奇校验或偶校验
76～78	保留	置“0”
79	P8	位置识别标志#8
80～88，90～97	一天中的秒数（SBS），二进制，低位在前	
89	P9	位置识别标志#9
98	索引位	置“0”
99	P0	位置识别标志#0

4. 授时接口

（1）直流电平输出接口。

TTL 的全称 Transistor–Transistor Logic，即晶体管–晶体管逻辑集成电路，是数字电子技术中常用的一种逻辑门电路，应用较早，技术已比较成熟。采用 TTL 输出接口的时间同步信号主要包括：脉冲信号（1PPS、1PPH、1PPM、可编程脉冲）和 IRIG–B（DC）码。

TTL 电路是电流控制型器件，速度快，传输延迟短（5～10ns），因而 TTL 接口输出的时间同步信号具有抖动小、精度高的优点。但需要注意的是，由于 TTL 信号是 5V 电平逻辑的单端信号，其接口的抗干扰、防护能力较弱，因而不适用于复杂电磁环境或远距离传输的应用。

（2）RS–422/RS–485 差分电平输出接口。

RS–485 是隶属于 OSI 模型物理层的电气特性，规定为 2 线，半双工，多点通信的标准。它用缆线两端的电压差值来表示传递信号，1 极的电压标识为逻辑 1，另一段标识为逻辑 0。两端的电压差最小为 0.2V 以上时有效，任何不大于 12V 或者不小于–7V 的差值对接收端都被认为是正确的。RS–485 接口是采用平衡驱动器和差分接收器的组合，抗共模干扰能力增强，即抗噪声干扰性好。RS–422 是采用 4 线，全双工，差分传输，多点通信的数据传输协议。硬件构成上 RS–422 相当于两组 RS–485，即两个反向传输的 RS–485 构成一个全双工的 RS–422。

鉴于差分电平良好的传输特性，电力系统中采用 RS–422/RS–485 电平传输脉冲（1PPS、1PPH、1PPM、可编程脉冲）、IRIG–B（DC）码、串行口时间报文信号。

（3）RS–232 串行输出接口。

RS–232 是由电子工业协会（Electronic Industries Association，EIA）所制定的异步传输标准接口。接口使用–3～–15V 的电平表示逻辑 1，+3～+15V 的电平表示逻辑 0。连接器电气特性符合 GB/T 6107—2000，连接器为 9 针 D 型小型阳插座，9 针插座针的编号和定义如表 4–2 所示。由于其共模抑制能力较差，容易受到共地噪声和外部干扰的影响，再加上信号线之间的分布电容，因此其只适用于低速率短距离传输。在电力系统的时间同步系统中，该接口仅用于输出串行口时间报文。通常串口时间报文在整秒发送，报文头的起始沿与秒沿的误差应小于 10ms，在对时精度要求不高的情况下，可以用作对时信号。

表 4–2　　针 D 型阳插座 9 针编号和定义

针的编号	RS–232C 信号	针的编号	RS–232C 信号
1	空	4	空
2	数据接收 RXD	5	信号地 GND
3	数据发送 TXD	6～9	空

（4）静态空接点输出接口。

静态空接点接口只用于脉冲信号（1PPS、1PPH、1PPM、可编程脉冲）的输出，静态空接点接口上的输出状态与 TTL 电平信号有对应关系：接点闭合对应 TTL 电平的高电平，接点打开对应 TTL 电平的低电平。接点由打开到闭合的跳变时刻即为准时沿。

静态空接点采用三极管 OC 门方式输出，输出接口具有如下优点：接口简单，易于实现，工程成本低；接口适应强，额定工作电压范围宽（12～220VDC）；若增加光电隔离，可实现隔离输出，可靠性和安全性较高，接口的线路即使长期短路也不会损坏设备。

（5）光纤接口。

光纤接口具有良好的抗电磁干扰能力，是电力系统中常见的接口，使用的光纤接口类型主要有 SC、ST、FC 和 LC。光纤有单模和多模之分，两者不可混接，其中单模适用于远距离的信号传输。

在电力系统的时间同步系统中，光纤接口的应用较为广泛，尤其是在数字化（智能）变电站系统中，过程层和间隔层的设备大多都支持光纤接口的授时信号输入。

光纤接口上可输出的信号类型较多，具体包括：脉冲信号（1PPS、1PPH、1PPM 和可编程脉冲）、IRIG–B（DC）码、串行口报文和网络授时信号（NTP、SNTP 和 PTP）。

使用光纤传导时，亮对应高电平，灭对应低电平，由灭转亮的跳变对应准时沿。

（6）RJ45 以太网接口。

RJ45 是标准的以太网接口，在电力系统中主要用于站控层中的 10/100M 自适应以太网网络。在时间同步系统中，它主要用于传输网络时间报文，具体包括 NTP、SNTP 和 PTP。NTP 协议支持 RFC 1305 规范，SNTP 协议自 NTP 协议改编而来，支持 RFC 2030 规范，PTP 协议要求如下。

PTP 网络时间同步：

1）工作模式为客户端/服务器。

2）要同时具备 E2E 和 P2P 两种授时模式。

3）要同时支持在 IPV4 用户数据包（UDP）和在 IEEE802.3/Ethernet 上的传输。

4）需支持基于 MAC 的组播方式。

5）需支持双网对时及 BMC。

6）需支持的事件报文包含 Sync、Delay_Req、Pdelay_Req、Pdelay_Resp。

7）需支持的通用报文有 Announce、Follow_Up、Delay_Resp、Pdelay_Resp_Follow_Up。

对于 SNTP 和 NTP 的时间准确度要求，电力行标要求在局域网环境下要优于 10ms，在广域网环境下要优于 500ms；对于 PTP 的时间准确度要求为优于 1μs。

5. 授时信号

电力系统时间同步系统为调度主站系统、变电站、电厂的所有被授时设备/系统提供授时信号，并且根据不同的设备/系统对时间精度的要求提供不同的授时信号以完成设备的时间同步。对故障录波器、事件记录仪、微机继电保护及安全自动装置、远动及微机监控等系统，可采用规约软授时的时间同步方式，必要情况下可采用规约软授时+脉冲授时方式，脉冲可根据要求配置为 1PPS（秒脉冲）、1PPM（分脉冲）或 1PPH（时脉冲）等，也可以采用授时精度较高的 IRIG–B 授时方式；对 PMU、行波测距系统、雷电定位系统等对时间精度要求较高的系统必须采用软授时+1PPS 秒脉冲或 IRIG–B 授时方式以保证授时精度；对信息子站和网络服务器等对时间要求较低的设备可采用 NTP 网络授时。

电力系统时间同步系统中，每一种授时信号可对应不同的信号输出接口，如脉冲授时可采用光纤接口、静态空接点、TTL 等不同信号输出接口；同样，串口时间报文也可采用光纤接口、RS–422/485/RS–232 等方式，如表 4–3 所示。

表 4–3　　　　　　　　　授时信号、接口类型与时间同步准确度的对照

授时信号＼准确度＼接口类型	光纤接口	RS–422 RS–485	RS–232	静态空接点	TTL	AC	RJ45
1PPS	1μs	1μs	—	3μs	1μs	—	—
1PPM	1μs	1μs	—	3μs	1μs	—	—
1PPH	1μs	1μs	—	3μs	1μs	—	—
串口时间报文	10ms	10ms	10ms	—	—	—	—
IRIG–B（DC）	1μs	1μs	—	—	1μs	—	—
IRIG–B（AC）	—	—	—	—	—	20μs	—
NTP/SNTP	10ms（局域网） 500ms（广域网）	—	—	—	—	—	10ms（局域网） 500ms（广域网）
PTP	1μs	—	—	—	—	—	1μs

针对不同层次的授时要求，时间同步系统能够灵活地提供各种授时接口，电力系统中常用的授时信号有如下几种。

（1）脉冲信号。

脉冲信号是指时间同步系统每隔一定的时间间隔输出一个精确的具有一定脉宽的脉冲，被授时设备在接收到脉冲信号后进行时间同步，以消除装置内部时钟的走时误差。

脉冲信号有 lPPS、lPPM、lPPH 或可编程脉冲信号等，在整秒、整分、整时时，信号作用于被授时设备的时钟对整，实现时间同步；其输出方式有 TTL 电平、静态空接点、RS–422、RS–485 和光纤等。

（2）串行口时间报文。

串行口时间报文授时方式是指时间同步系统通过 RS–232/422/485 串口以串行数据流的方式输出时间信息，被授时设备接收串行时间信息后进行时间同步。串行口授时方式受信道时延、中断处理等不确定性延时的影响，只能实现 10ms 级对时，而无法单独实现高精度（微秒级）授时。因此，对于时间精度要求较高的被授时设备，一般会采用脉冲+串行口时间报文方式实现高精度的时间同步。

（3）IRIG–B 码。

IRIG–B 是 IRIG（Inter–Range Instrumentation Group，靶场仪器组）的 B 标准，是专为时钟传递制定的时钟码。IRIG–B 码以 BCD 方式输出，每秒输出一次，内含 100 个脉冲，输出的时间信息为：秒、分、时、一年中的第 n 天。B 码对时携带信息量大、对时分辨率高、接口国际标准化，在电力系统对时中得到了广泛应用，并成为电力系统目前采用的主流授时信号。

IRIG–B 码参考 IRIG Standard 200–04 的规定，含有年份和时间信号质量信息（参照 IEEE C37.118—2005），其时间为北京时间。

（4）NTP。

NTP（Network Time Protocol），即网络时间协议，是用于互联网中时间同步的标准互联网协议。NTP 定义了相应的报文格式、报文类型，通过互联网将计算机的时间同步到某一个标准时间。目前标准时间是协调世界时（UniversalTime Coordinated，UTC）。

NTP 的设计充分考虑了互联网上时间同步的复杂性。NTP 提供的对时机制严格、实用、有效，适应于在各种规模、速度和连接通路情况的互联网环境下工作，采用了 Client/Server 结构，具有相当高的灵活性，可以适应各种互联网环境。NTP 不仅校正现行时间，而且持续跟踪时间的变化，能够进行自动调节，即使网络发生故障，也能维持时间的稳定。NTP 产生的网络开销甚少，并具有保证网络安全的应对措施。这些措施的采用使 NTP 可以在互联网上获取可靠和精确的时间同步，并使 NTP 成为互联网上公认的时间同步工具。

目前，在通常的环境下，NTP 提供的时间精确度在 WAN 上为数十毫秒，在 LAN 上则为亚毫秒级或者更高。在专用的时间服务器上，则精确度更高。

NTP 的同步精度主要受以下因素的限制：操作系统协议栈引入的时延抖动、网络传播时延误差和时钟频率偏差引入的误差。

（5）PTP/IEC 61588。

IEEE 1588（Precision Time Protocol，PTP）或 IEC 61588 协议，即精确时间同步协议，于 2002 年 11 月得到 IEEE 批准，目前最新版本是 2008 年 7 月发布的 PTP 协议 V2，IEC 61588 V2 于 2009 年 2 月发布。

PTP 的基本思想是通过硬件和软件将网络设备的内时钟与主控机的主时钟实现同步，提供亚微秒级的同步精度，与未执行 PTP 协议的以太网毫秒级的延迟相比，整个网络的时间同步性能有显著的改善。

PTP 对时与 NTP/SNTP 的对时原理基本相同，但打时间戳的方式和位置不同，PTP 对时是在物理层由硬件完成时间戳，而 NTP/SNTP 是在应用层由软件完成时间戳，因此实现 PTP 对时需要硬件的支撑。传统的网络交换机不能提供 PTP 对时端口功能，也即是现在使用的交换机不能作为边界时钟。如果要实现 PTP 精确网络对时，时间同步装置、网络交换机、被授时二次设备都必须提供 PTP 对时功能。目前时间同步装置能提供 PTP 对时功能的网口，交换机也有具备 PTP 对时功能的设备，而被授时设备具备 PTP 对时功能的较少。

PTP 由于使用了硬件辅助的获取时间戳方法，消除了网络协议时延抖动引入的同步误差，这也是 PTP 与 NTP 的最大不同之处。

PTP 的同步精度主要受以下因素的限制：网络组件（路由器、交换机等）时延误差、路径延时非对称性以及从时钟频率偏差。

（6）可靠性比较。

脉冲信号、串行口时间报文以及 IRIG–B 码对时方式适用于近距离授时。IED 设备通过 485/232 总线或光纤直接与对时装置相连并接收对时信号，中间不通过任何网络设备转接，因此不受到任何中间设备的影响，可靠性较高。当授时距离超出线缆传输距离限制时，必须增加中间转接设备，但这种方式将降低对时精度及可靠性。

NTP/SNTP 对时报文在服务器和客户端之间传输需要通过网络传输设备，因此，传输设备的可靠性直接影响到 NTP/SNTP 对时网络的可靠性。网络规模越大，传输设备对网络对时可靠性的影响也越大。

PTP 对时可靠性也同样受到网络传输设备的影响。网络上的 IED 设备需要经过网络传输设备（如交换机等）才能接收到 PTP 对时报文，如果组网设备出现故障或是对时报文时间戳出现错误，都将导致 IED 设备无法正常对时。

PTP 网络对时信号可采用光纤网络方式进行传输，传输距离可达百公里以上，是远距离高精度地面授时的理想选择。

4.2.3 时间同步守时技术

时间同步装置实际上完成的是时间信息和时间信号的传递。当输入时间信号出现消失或不稳定时，为了保证时间输出信号稳定、正确，时间同步装置还必须具备守时能力。也就是说，时间同步装置必须有内部时钟，输出的时间信号与内部时钟同步，输入时间信号正确有效时校准内部时钟。

时间同步守时精度如何，取决于频标源的选择、频率同步和相位同步。

首先是频标源的选择，需要根据输入时间信号的精度以及对输出时间信号的要求来决定。针对电力系统的应用，通常选择频标源为 10MHz 的恒温晶振或铷原子振荡器。恒温晶振的稳定度为 10^{-10}，铷原子振荡器为 10^{-12}。当输入为 BDS 或 GPS 时间信号、频率同步和相位同步满足要求时，可以保证守时精度优于 1μs/h（恒温晶振）或 100ns/h（铷原子振荡器）。

频标源选定后，再进行频标源的频率同步和相位同步，建立内部时钟，保证内部时钟具备守时能力。

1. 频率同步

频率同步又称为频标源的频率驯服，即保证频标源产生的频率与输入的频率一致。频标源中都含有 VCO（压控振荡器），可以通过调节输入电压，微调输出信号频率，使得输出频率最贴近输入频率。

图 4–17 给出了内部时钟产生秒脉冲（1PPS）的机理。PPS_BDS 为经过北斗卫星信号接收模块处理后输出的秒脉冲信号；f 为频标源输出的脉冲信号，标称频率为 10MHz；PPS 为 f 信号经过 10 000 000 次分频后过得的秒脉冲；CLR 为分频器计数清零控制信号。

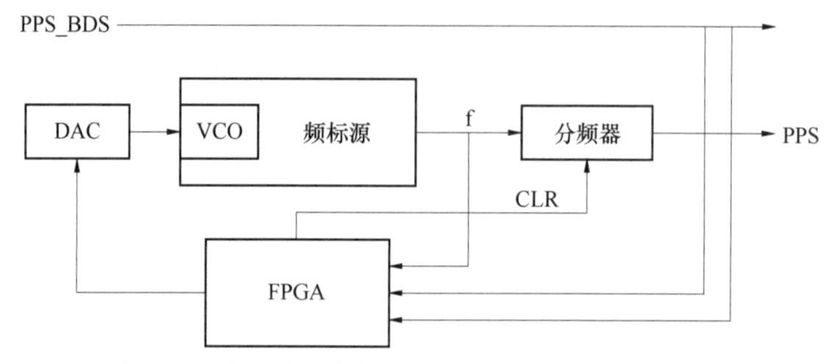

图 4–17 内部时钟产生秒脉冲（1PPS）的机理示意图

频标源的驯服过程如下：

（1）检测 PPS_BDS，确保在驯服过程中 PPS_BDS 是稳定的。

（2）设定 N 个 PPS_BDS 长度的时间窗，对 f 信号脉冲计数，计数值为 M。

（3）若 $10^7 \times N - M \geqslant 1$，则调高 DAC 输出电压，使频标源频率升高；若 $10^7 \times N - M \leqslant 1$，则调低 DAC 输出电压，使频标源频率降低；重复（2）、（3）过程，使得 $\left|10^7 \times N - M\right| < 1$。

N 的取值取决于频标源的稳定度。以恒温晶振为例，稳定度 10^{-10}，N 取 1000，即 1000s 的偏差为 10^{-7}s，也即 100ns。10MHz 频率的信号周期为 100ns，也就是说 1000s 时间窗频标源产生的脉冲数可能与标准的脉冲数 1010 相差一个脉冲。调节 DAC 电压使其在 1000s 时间窗内的脉冲数差小于 1，即完成了在现有频标源稳定度下的频率同步。

频标源频率驯服与输入频率信号 PPS_DBS 的稳定度和精度、频标源的稳定度、DAC 输出电压的稳定度和精度以及驯服时间窗长度等因素有关。

2. 相位同步

频率同步后，实现了 PPS 与 PPS_DBS 的频率同步。但是两者之间的相位可能不一致，如图 4–18 所示。示例中，PPS 的秒沿（上升沿）滞后 PPS_DBS 的秒沿 4 个 f 脉冲，通过调整分频器的清零点或分频次数，使得 PPS 最贴近 PPS_DBS，如图中的 PPS′。

相位同步有两种方法：一步调整和步进调整。一步调整用于内部时钟首次同步于外部时钟，即由 PPS_DBS 上升沿触发分频器清零。步进调整用于后续相位同步，即每秒中减少（若滞后）或增加（若超前）分频器一个或多个计数值，至相位同步，同步后恢复原计数值。

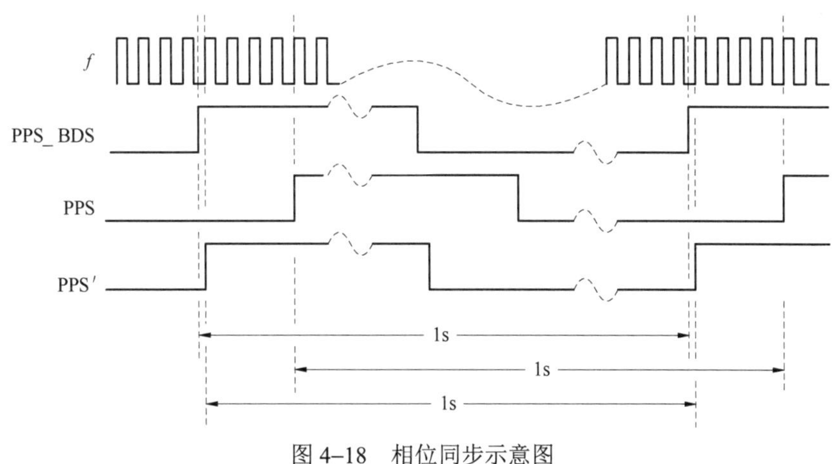

图 4–18　相位同步示意图

相位同步后，还需要继续检测 PPS 与 PPS_DBS 的相位差，记录下次相位差一个 f 脉冲所需的时间，并调整。在今后的守时中可作为调整周期，部分抵消频标源频差和老化特性。

完成频率同步和相位同步后，内部时钟就具备守时能力了。

4.2.4 时间同步传递补偿技术

时间同步是通过接收授时系统所发播的标准时间信号和信息，对本地钟进行校准。换句话来说，就是实现标准时间信号、信息的异地复制。时间同步可分为相对时间同步和绝对时间同步两种。

相对时间同步，指分布在各地的某系统（例如导航系统）内的不同时钟之间的时间同步。绝对时间同步指除了实现本系统内时间同步外，还要与国际上规定的协调世界时 UTC 或国家法定的不同时区的协调世界时 UTC 相同步。

时间同步误差主要来源于传递方式及传输过程。与 UTC 间的误差最小的方式是卫星共视传递。时间被卫星接收模块接收后，为了转换成用户需要的时间格式或接口，又经过时间同步装置以及被授时设备的层层传递。这个过程中产生的误差有些可以修正，有些会产生累积。无论采用哪一种时间同步方式，同步误差都是不可避免的，应用中应着眼于误差的修正和同步方式的合理选择。

时间信号在介质中传输时会产生延时，300m 的光缆就会引起 1μs 的延时。相量测量装置、行波测距装置等对时间精度的要求优于 1μs，为了使被授时设备在经过一段距离介质传输后，仍与时间同步装置保持时间同步，必须对时间信号做超前补偿。

1. 卫星时间传递误差

GPS 或北斗卫星是国际时间组织用于精密时间和频率传递的主要手段。卫星共视时间传递和双向卫星时间频率传递是两种主要的远程高精度时间频率传递方法，其时间传递准确度都可以达到 1ns。

在智能变电站时间同步装置设计中，来自卫星时间传递过程的主要误差产生环节是接收模块，误差来源包括卫星星历、卫星钟差、对流层和电离层延迟误差、接收机测距误差和相位测量噪声、接收机硬件延迟及不稳定性、天线坐标的不确定性、系统时间基准的不一致等。

目前，多数卫星时间接收模块精度能达到 100ns 左右，经仔细处理后可达到 20ns 或更高精度。

2. 时间同步装置内部误差

时间同步装置内部误差主要来源于时间同步处理误差以及通道类型转换延时。

时间同步装置对时间同步的处理主要采用三种方法来实现，即直接清零法、移相法、频率微调法。

直接清零法是最简单的时间同步方法，其实现方法是利用外部标准时间（例如 1PPS 秒）信号对本地钟的分频链进行“清零”，清零脉冲的上升沿或宽度直接影响时间同步的精度。所以通常利用比较器或单稳态触发器对外部标准时间（例如 1PPS 秒）信号的前沿进行整形，以提高时间同步的精度。

移相法的特点是不直接对本地钟的分频链进行“清零”，而是通过时间间隔计数器对外部标准时间（例如 1PPS 秒）信号与本地钟输出的时钟信号的钟差进行测量，通过数据采集、处理得到外部标准时间（例如 1PPS 秒）信号与本地钟输出的时钟信号的钟差，然后采用对本地钟进行移相的方法实现时间同步。

移相法避免了单次清零的随机性和清零脉冲的上升沿或宽度对时间同步精度的影响，提高了时间同步的精度。

频率微调法是通过对本地钟输出的参考频率进行调整从而实现时间同步的一种方法。频率微调法一般是在直接清零法或移相清零法的操作之后，为保持时间同步结果所采取的一种时间同步的方法。

时间同步装置对外输出各类时间信号，包括 IRIG–B、PPS、DCF77、串口报文，网络对时协议等。各类信号输出接口包括光纤、RS–485、RS–232、空接点、RJ–45、光纤网络接口等。时间信号经不同的通道转换成对应的信号类型，由此产生的转换延时也各不相同。

3. 时间信号传递误差

时间信号传递误差有两类，一类是非网络协议类的时间传递误差，例如 IRIG–B、PPS、DCF77、串口报文等，其传递介质包括光纤、同轴线缆、双绞线等，各类介质有不同的传输延时，但这类延时比较固定，可以计算获得延时值，并通过传递补偿技术进行修正。

另一类是网络协议类的时间传递误差，例如 NTP 及 PTP。NTP 和 PTP 网络对时协议的传递误差主要来自时间戳标记误差和网络时延抖动误差。消除时间戳标记误差的有效方法是提高报文时间戳在物理层标记的准确性，而时间戳在物理层的标记主要依靠硬件设备，因此高精度物理层标记同步报文时间戳的硬件成为消除时间戳标记误差的关键。

网络时延抖动来自同步报文在发送与接收过程中存在的链路和队列等路径延时变化。在使用普通以太网络交换机的变电站通信网络中，当出现阻塞、业务竞争激烈等极端情况时，同步报文将出现传输延迟甚至丢失，此时主时钟与从时钟的同步性能将严重下降，从而导致网络对时算法出现极大的偏差。IEEE 1588 标准引入了两种特殊的交换机，即边界时钟和透明时钟，对网络路径延时的不确定性进行补偿。

4.2.5 时间同步系统架构及基本运行方式

1. 时间同步系统的组成

时间同步系统是由主时钟、若干从时钟、时间信号传输介质组成。时间同步系统有多种组成方式，其典型形式有单主钟和双主钟两种。

单主钟式时间同步系统由一台主时钟、多台从时钟和信号传输介质组成，用来为被授时设备或系统对时，如图 4–19 所示。根据需求和技术要求，主时钟可提供接收上一级时间同步系统下发的有线时间基准信号的接口。

双主钟式时间同步系统由两台主时钟、多台从时钟和信号传输介质组成，用来为被授时设备或系统对时，如图 4–20 所示。两台主时钟之间需有时间信号和时间信息的互连，两台主时钟需分别向从时钟提供时间信号和时间信息，根据实际需求和技术要求，主时钟可提供接收上一级时间同步系统下发的有线时间基准信号的接口。

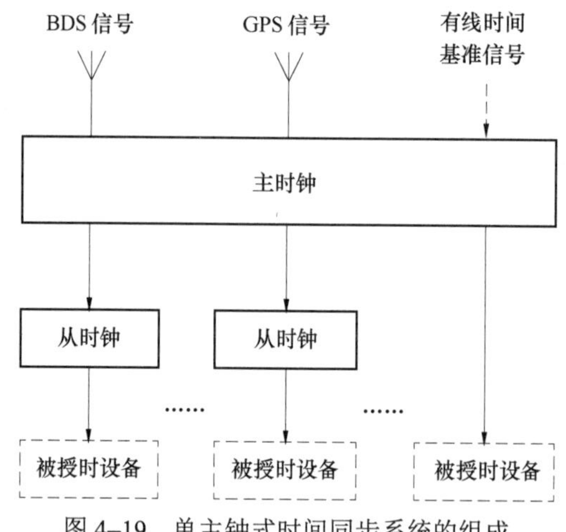

图 4–19　单主钟式时间同步系统的组成

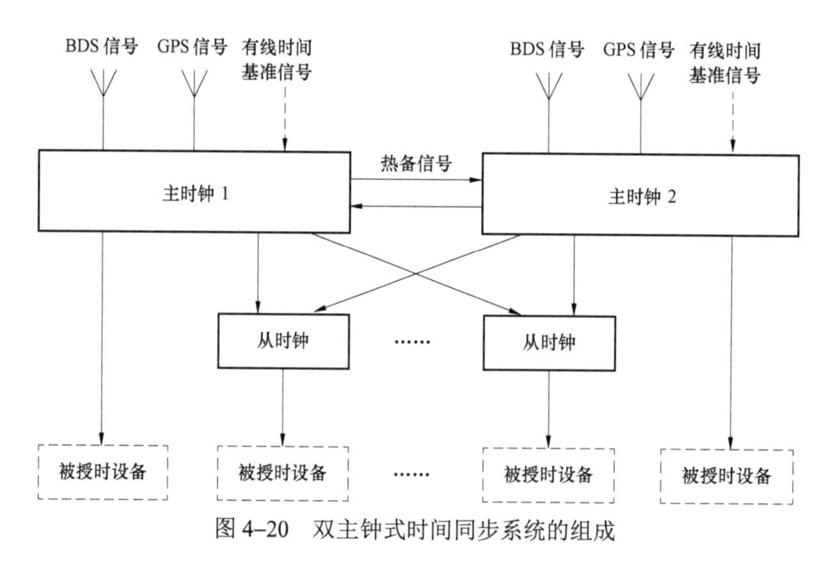

图 4–20　双主钟式时间同步系统的组成

2. 时间同步系统的运行方式

时间同步系统有独立运行和组网运行两种运行方式。

（1）独立运行方式。

时间同步系统不接入时间同步网，独立运行。比如目前运行的变电站/发电厂时间同步系统、调控中心时间同步系统，都采用独立运行方式，只实现局部区域内设备的时间同步。

（2）组网运行方式。

时间同步系统接入时间同步网，除接收无线时间基准信号之外，还接收上一级时间同步系统下发的有线时间基准信号。组网运行方式是为保证电网覆盖范围内的设备保持时间同步，也就是实现各独立的发电厂、变电站、调控中心的时间同步系统之间的时间同步，达到全网时间同步的目的，这也是下一步的工作方向。

3. 时间同步网

电力系统时间同步系统由设在各级电网的调度机构、变电站（发电厂）等的时间同步系统组成。在满足技术要求的条件下，时间同步系统可通过通信网络接收上一级时间同步系统发出的有线时间基准信号，也能对下一级时间同步系统提供有线时间基准信号，从而实现全网范围内有关设备的时间同步。时间同步网的组成如图 4–21 所示。

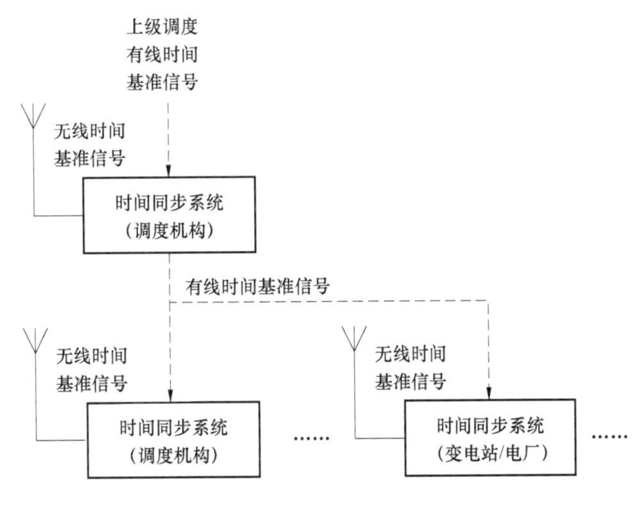

图 4–21　时间同步网

在满足技术要求的前提下，网内不同时间同步系统之间的有线时间基准信号宜采用现有通信网络传递，以完成时间信息交换。

当时间同步系统采用组网运行方式时，就具备了“天地互备”的授时模式，天基授时指接收北斗卫星和 GPS 卫星无线时间基准信号，地基授时指地面有线时间基准信号。授时的优先级是以天基授时为主、地基授时为辅，天基授时中以北斗授时为主、GPS 授时为辅。

依据时间同步网中上级时间同步信号的来源不同，可以将时间同步网分为地基时间同步网和天基时间同步网。

（1）地基时间同步网。

为保证对电力系统实时调度运行管理，各级电力公司不断加强电力调度数据网的建设，实现各级调控中心之间以及调控中心与相关发电厂、变电站之间的互连，在专用通道上利用 IP 路由交换设备组网，实现在 SDH 或 PDH 层面上与系统内公用的电力信息包括 SCADA/EMS 调度自动化系统、电能量计费系统（电能量采集装置）、继电保护管理信息系统、动态预警监测系统（相量测量装置）和安全自动装置信息等的数据传输业务，从而满足电力生产、电力调度、继电保护等信息传输需求，协调电力系统发、输、变、配用电等组成部分的联合运转，保证电网安全、经济、稳定、可靠运行。

鉴于电力系统已建立了完善的SDH同步数据传输网络，覆盖了时间同步系统所部署的各调控中心、变电站、发电厂，可以建立基于E1通道的PTP网络授时地面时间同步网，如图4–22所示。

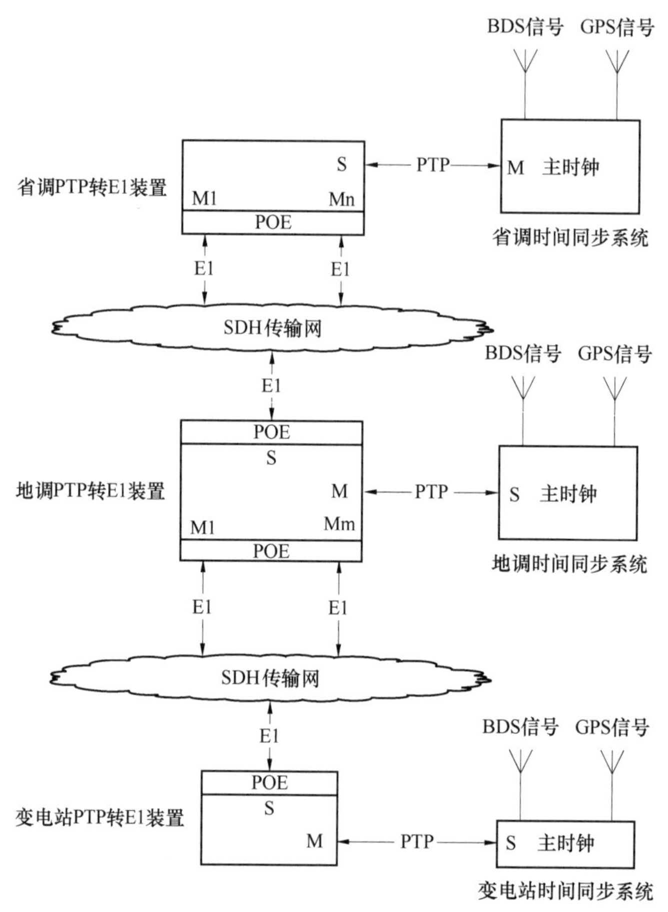

图4–22 基于E1通道的PTP网络授时地面时间同步网

E1通道速率为2048Kbit/s，帧结构符合ITU–T G.704建议，接口特性符合ITU–T G.703建议的传输通道。

为实现PTP网络精准对时，需要设置PTP转E1装置（POE，PTP Over E1），完成PTP（IEEE 1588）精确时间协议与E1通道的相互转换。图4–22中，M表示PTP主时钟（Master Clock）端口、S表示PTP从时钟（Slave Clock）端口、M_1～M_n表示PTP主时钟端口1～n，POE表示PTP与E1协议及接口的转换。

图4–23为PTP转E1装置示意图，利用FPGA（Field Programmable Gate Array，现场可编程逻辑门阵列）可以实现多路E1接口处理、支持1588的MAC以及交换机，CPU完成通信协议的处理。另外通过支持1588的网口芯片（如：DP83640）再提供一路PTP接口，这些PTP端口可以根据需求设置成一从多主的工作方式。

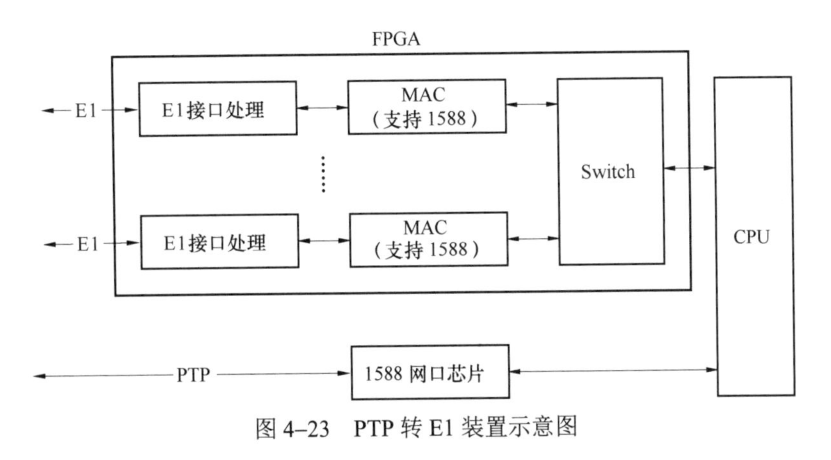

图 4–23　PTP 转 E1 装置示意图

地面网络对时的优点在于它是基于现有的 SDH 通信网络，只要分配 E1 通道，增加 POE 装置，就可以实现。只要通信网络畅通，就能有效地对时，可靠性高，精度可以达到 1μs。但由于 E1 通道上下通道不对称、延时不一致，因此在初始运行时需要做延时补偿，满足对时算法。另外，在运行过程中还会出现通道倒换操作（当通道故障时），路径变化会带来延时的变化，这种突变可以通过切换前的同步状态推算出切换后通道的延时，只是反复切换会产生累计误差。然而在实际的应用过程中，地面授时是作为辅助的时钟源（天基为主、地基为辅），因此可以利用变电站时间同步系统的多时钟源对地面授时时钟做智能修正。

（2）天基时间同步网。

天基时间同步网是利用卫星共视原理，实现各时间同步系统（调控中心、变电站、发电厂）之间的时间同步。

所谓“共视”（Common View）就是两个不同位置的观测者，在同一时刻观测同一颗卫星，也就是在一颗卫星的视角内，地球上任何两个地点的时钟可以利用同时收到的同一颗卫星的时间信号进行时间对比和同步。

设 A 地的时钟时间为 t_A，B 地的时钟时间为 t_B，卫星时间为 t_{SV}，A、B 两地与卫星的时间差分别表示为

$$\Delta t_{ASV} = t_A - t_{SV} - d_A \tag{4–30}$$

$$\Delta t_{BSV} = t_B - t_{SV} - d_B \tag{4–31}$$

式中：d_A 和 d_B 为路径延时。

A、B 两地的数据通过通信网传递给对方，然后进行共视对比后，两个差值相减可得两台时钟之间的时间差

$$\Delta t_{AB} = \Delta t_{ASV} - \Delta t_{BSV} = (t_A - t_B) - (d_A - d_B) \tag{4–32}$$

从式（4–32）可以看出，卫星共视技术消除了或大大降低了两个观测点所共有的误差，从而将误差最大限度地减小，提高了两地相对钟差的精度，达到高精度时间对比的

目的。

设 i 时刻和 $i+\tau$ 时刻得到的钟差数据分别为 Δt_i 和 $\Delta t_{i+\tau}$，由此可算出这段时间两台时钟的平均相对频率差

$$\frac{\Delta f}{f}=\frac{\Delta t}{\tau}=\frac{\Delta t_{i+\tau}-\Delta t_i}{\tau} \tag{4-33}$$

这就是校频的基本公式，式中，$\dfrac{\Delta f}{f}$ 为相对频偏，τ 为校频的时间间隔。

假设 A 为主站、B 为子站，通过式（4–33）得出的频率差调整子站的铷钟（频标源）的频率，使得与主站的频率差小于某一阈值，同时调整子站的秒沿起点，最终使子站时间溯源到主站，实现两站的时间同步。

图 4–24 给出了主站与子站通过卫星共视对比方法实现时间同步的原理示意图。在主站和子站分别设置卫星共视接收机接收北斗卫星和 GPS 卫星的相关信息，提取 1PPS。计数器以卫星（北斗、GPS）秒脉冲为开门信号，本地钟（或铷钟）秒脉冲为关门信号，测量两个秒脉冲之间的时差数据，且每秒输出一个时差值。共视数据处理软件要接收卫星星历信息及计数器的测量数据等信息，然后对其解码得到所需参数，进行滤波、数据处理，通过通信网进行共视数据传递和对比，再利用对比结果对子站铷原子钟进行校准，实现时间溯源同步。

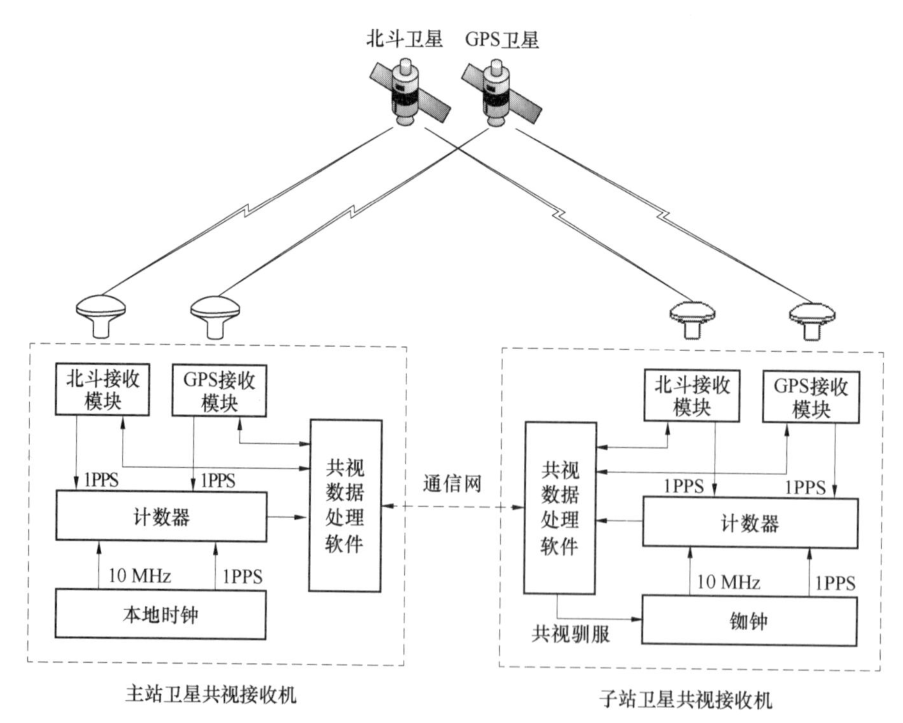

图 4–24　卫星共视对比系统原理示意图

基于卫星共视原理可以实现一主多从的时间同步网。以省时间同步网为例，如

图 4–25 所示。通过卫星共视，省时间同步系统时钟溯源（同步）于中国国家授时中心（位于陕西临潼），两台卫星共视接收机通过 GPRS 通信网络交换数据。各省属地调、变电站的时间同步系统的时钟溯源（同步）于省调时钟，卫星共视接收机之间通过电力调度数据网实现数据交换。图 4–25 中，可以实现省级时间同步网的时间同步于北京 UTC（源于中国国家授时中心），如果将虚框去掉，可实现省级时间同步网。

由于电网中运行的计算机系统、二次设备的信息交互都是在内网中完成，而中国国家授时中心与电网公司没有内网连接，只能通过公网（GPRS）交互信息。因此，为了避免外网的信息侵入，卫星共视接收机与省调时间同步系统采用光纤 B 码（IRIG–B（DC））时间信号传递时间。

采用卫星共视原理实现时间同步特别适合于不同区域的个别变电站与省调时钟同步，即实现各孤立节点的时间同步。比如，在广域保护中，为实现广域保护所涉及的变电站的时间同步，通过卫星共视的手段最便捷。也就是说，在特高压互联的坚强电网中，卫星共视是目前最理想的实现跨地域的时间同步的方法。

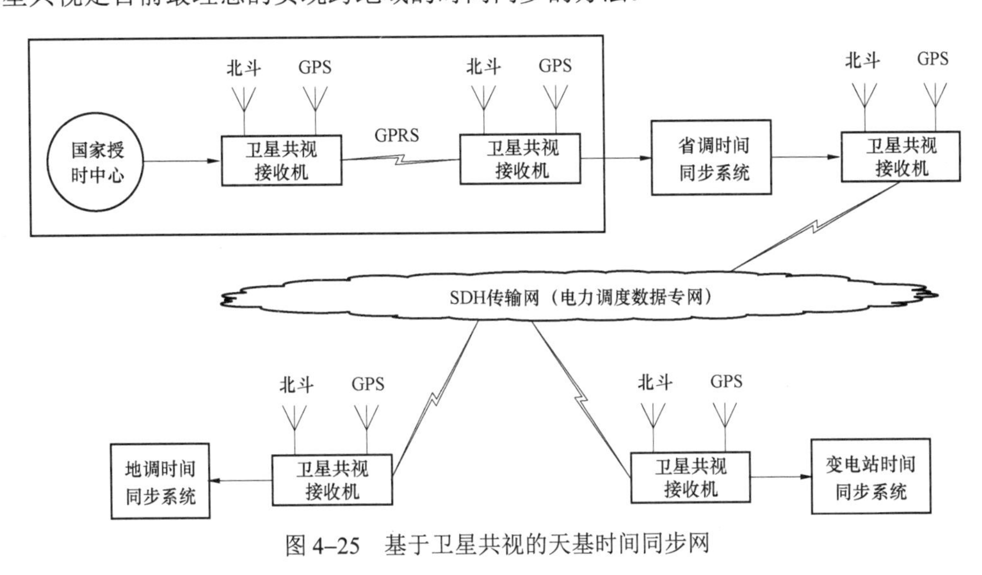

图 4–25　基于卫星共视的天基时间同步网

4.2.6　时间同步装置关键技术

1. 装置基本组成

时间同步装置主要由接收单元、时钟单元和输出单元三部分组成，如图 4–26 所示。输入装置的时间信号和时间信息的精度必须不低于装置输出的时间信号和时间信息的精度要求，以确保被授时设备正常工作。

（1）接收单元。

时间同步装置的接收单元以接收的无线或有线时间基准信号作为外部时间基准。

主时钟的接收单元由天线、馈线、低噪声放大器（可选）、防雷保护器和接收器等组成。

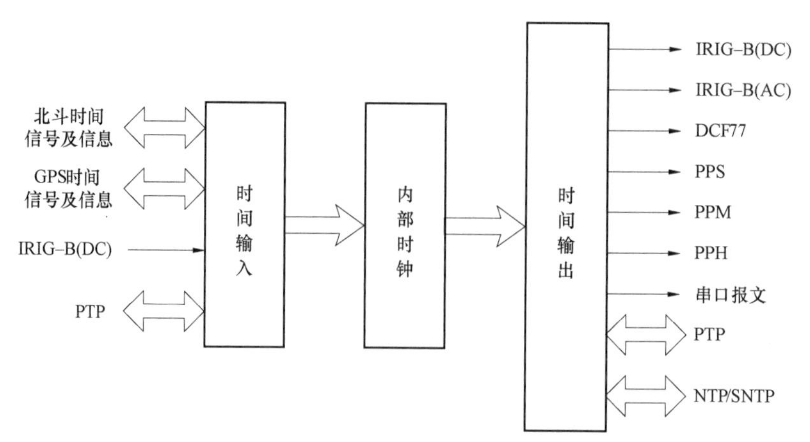

图 4–26　时间同步装置结构框图

从时钟的接收单元由输入接口和时间编码的解码器组成。

主时钟的接收单元能同时接收至少两种外部时间基准信号，其中一种应为无线时间基准信号。

从时钟的接收单元只接收两种或一种两路有线时间基准信号，这些时间基准信号互为热后备。

（2）时钟单元。

接收单元接收到外部时间基准信号后，时钟单元按优先顺序选择外部时间基准信号做同步源，将时钟牵引入跟踪锁定状态，并补偿传输延时。这时，时钟受外部时间基准信号的控制，并输出与其同步的时间同步信号和时间信息。

如接收单元失去外部时间基准信号，则时钟进入守时保持状态。这时，时钟仍能保持一定的时间准确度，并输出时间同步信号和时间信息。外部时间基准信号恢复后，时钟单元自动结束守时保持状态，并被外部时间基准信号牵引入跟踪锁定状态。

在牵引过程中，时钟单元仍能输出正确的时间同步信号和时间信息，这些时间同步信号应不出错，时间信息应无错码，脉冲码应不多发或少发。

时钟单元的频率源可根据时间准确度的要求，选用温度补偿石英晶体振荡器、恒温控制晶体振荡器或原子频标等。

（3）输出单元。

输出单元输出各类时间同步信号和时间信息、状态信号和告警信号，也可以显示时间、状态和告警信息。

时间同步装置主要完成时间信号和时间信息的同步传递，并提供相应的时间格式和物理接口。

2. 时间同步装置的输入

时间同步装置的时间输入分为无线时间基准信号和有线时间基准信号两类。无线时间基准信号主要指北斗卫星时间信号和 GPS 卫星时间信号，其信号的接收包括天线、馈线、低噪声放大器（可选）、防雷保护器、接收器等；有线时间基准信号主要指 IRIG–B（DC）（直流 B 码）和 PTP 网络精准时间协议（IEEE 1588 对时），如图 4–27 所示。

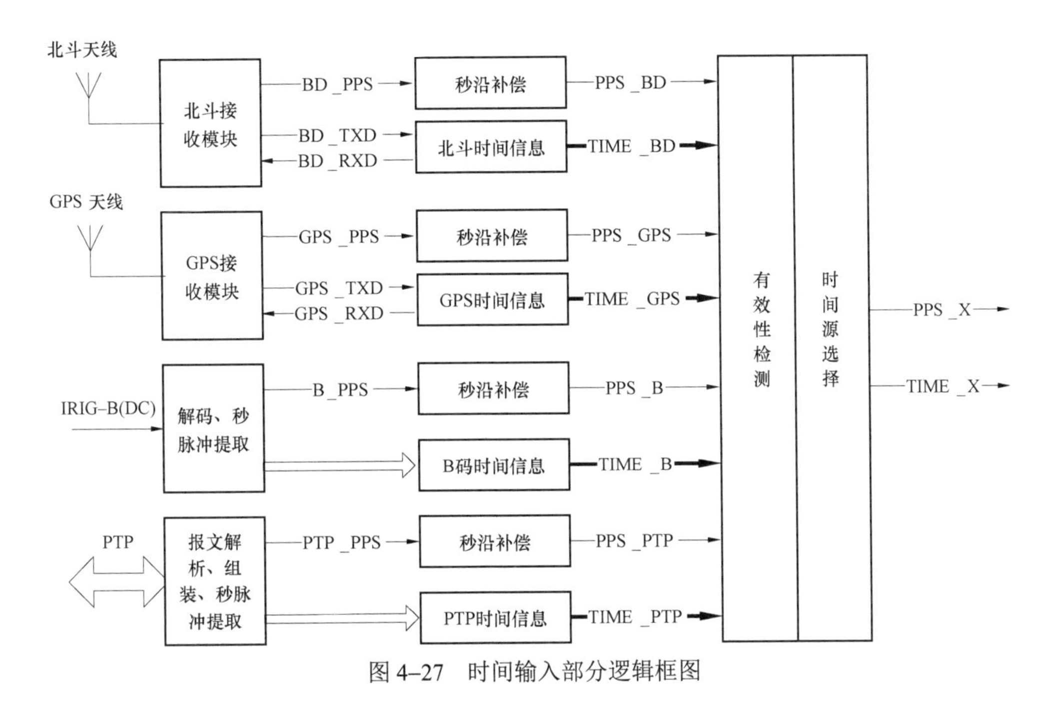

图 4–27　时间输入部分逻辑框图

时间同步装置通过北斗天线和接收模块可以获取秒脉冲（BD_PPS）信号和串口通信（BD_TXD、BD_RXD）时间信息。北斗的时间信息主要包括：年、月、日、时、分、秒、闰秒、质量、星历等。同样，也可以获取 GPS 提供的秒脉冲（GPS_PPS）和时间信息（GPS_TXD、GPS_RXD）。IRIG–B（DC）通过可编程逻辑电路进行解码和秒脉冲提取，获得 B_PPS 和时间信息。通过 PTP 对时网络芯片和逻辑电路进行报文解析、组装和秒脉冲的提取，获取 PTP_PPS 和时间信息。

由于从不同时间源提取出的秒脉冲（BD_PPS、GPS_PPS、B_PPS、PTP_PPS）在硬件处理传递过程中会产生不同的延时，需要做相应的校准补偿，以达到补偿后的各秒脉冲（PPS_BD、PPS_GPS、PPS_B、PPS_PTP）准确一致。秒沿补偿必须由硬件逻辑电路实现，利用秒脉冲周期性的特点做延时补偿，可以实现秒沿超前、滞后的校准。获取的各时间信息（TIME_BD、TIME_GPS、TIME_B、TIME_PTP）存入相应的存储单元中。

3. 多时间源输入的选择

为了实现多源判决机制，需对输入到时间同步装置的时间源做一分类：独立时间源和关联时间源。

独立时间源指来源于本时间同步系统之外的无线时间基准信号和有线时间基准信号，通常为北斗（BDS）卫星时间信号、GPS 卫星时间信号、IRIG–B（DC）、PTP 等。

关联时间源指来自本时间同步装置所属的时间同步系统中其他同级时间同步装置所产生的时间信号，在双主时钟时间同步系统中指双主时钟互联的时间信号，通常为 IRIG–B（DC）。

时间同步装置的多输入时间源的判决机制如图 4–28 所示。通常情况下输入的时间源的优先级由高到低的顺序为：北斗（BDS）时间信号、GPS 时间信号、独立有线时间信号、关联时间信号。

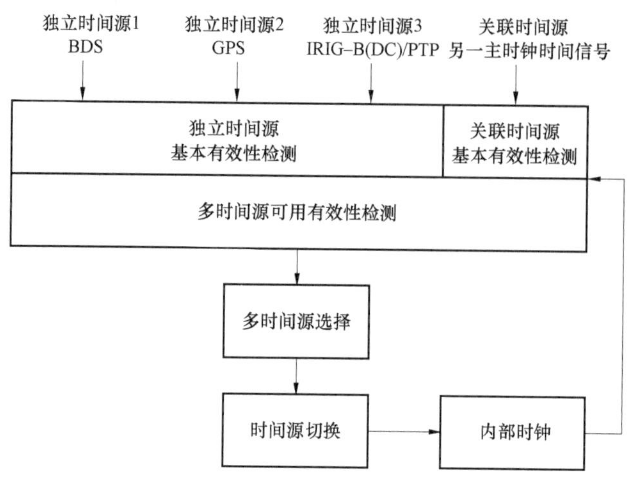

图 4–28　多输入时间源判决机制示意图

（1）时间源的有效性。

时间源的有效性检测分为基本有效性检测和可用有效性检测。

基本有效性检测主要是针对秒脉冲和时间信息所必备的基本特质进行检测。秒脉冲的基本特质包括其周期性和稳定性，时间信息的基本特质包括时间格式和连续递增。当满足了秒脉冲和时间信息的基本有效性检测后，才能确认该时间源基本有效，进一步进行可用有效性检测。

可用有效性检测主要是检测多时间源之间，以及与内部时钟的一致性，即时间信息（年、月、日、时、分、秒）是否一致、秒沿互差是否小于某一阈值 τ（如：1μs）、时间质量不低于内部时间。然后，从满足这两项检测后的时间源中，选取高优先级的时间源作为外部时间源基准。对于关联时间源，如果时间同步于本时间同步装置，则时间质量为关联时源质量位加 2；如果是处于守时状态，则随着时间的推移而逐步降档。

（2）内部时钟状态。

内部时钟有三种工作状态：初始化、跟随和守时，如图 4–29 所示。

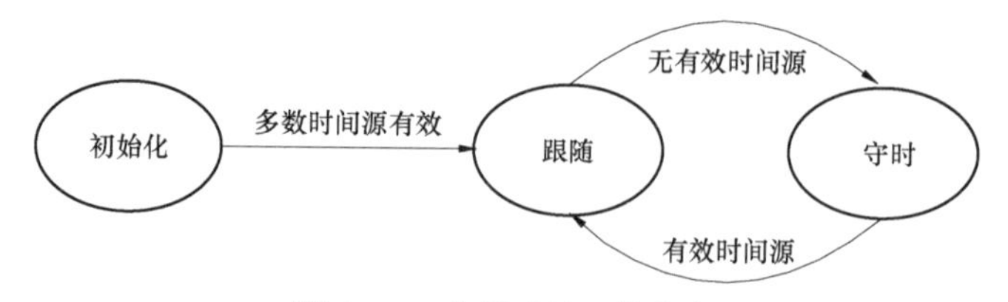

图 4–29　内部时钟工作状态

装置通电后，首先进入初始化状态，对外部时间源做有效性检测，此时内部时钟还未正常工作，装置闭锁时间输出。当多数（如 4 中取 3、3 中取 2）或全部外部时间源有效时，即这些时间源的时间信息一致、秒沿互差小于 τ，选取其中优先级最高的时间源作为内部时钟的基准，与之一步逼近同步，建立起内部时钟。接下来装置进入跟随状态。

在跟随状态中，内部时钟进行频标源的驯服工作，同时允许装置时间输出。当无有效的时间源时，装置进入守时状态；当有满足选择要求的时间源时，选择优先级最高的的时间源作为基准进行跟随，装置又恢复到跟随状态。这时的跟随宜采用步进逼近，步长不大于 200ns，并根据与时间源基准的偏差大小，调整输出时间信号的时间质量值。

（3）时间源选择。

时间源选择只是在进入跟随状态和处于跟随状态时进行。

从初始化状态进入跟随状态：独立时间源中可用有效时间源的数量应大于其数量一半，选择其中优先级最高的时间源与之一步逼近同步。

从守时状态进入跟随状态：有满足可用有效性检测要求的时间源时，选择优先级最高的时间源，采用大步长（如 200ns）逼近。

处于跟随状态：在满足可用有效性检测要求的时间源中，选择优先级最高的时间源，采用小步长（如 100ns）逼近。

外部时间源的有效性决定了装置处于跟随状态还是守时状态，状态的切换遵从以下原则：

1）当无基本有效时间源时，装置进入守时状态。

2）当有 1 个基本有效的时间源且其与内部时钟满足可用有效性检测时，内部时钟按步进方式跟随外部时间源，否则进入守时状态。

3）当有 2 个基本有效的时间源时，以下 3 种情形处于跟随状态，否则进入守时状态：

① 若 2 个基本有效的时间源与内部时钟满足可用有效性检测，则内部时钟按步进方式跟随优先级高的时间源。

② 若只有 1 个时间源与内部时钟满足可用有效性检测，则内部时钟按步进方式跟随该时间源。

③ 若 2 个基本有效的时间源与内部时钟不满足可用有效性检测，但它们之间满足可用有效性检测，则内部时钟按步进方式跟随优先级高的时间源。

4）当有 N 个基本有效的时间源时，以下两种情形处于跟随状态，否则进入守时状态：

① 若大于 $N/2$ 个时间源与内部时钟满足可用有效性检测，则内部时钟按步进方式跟随优先级高的时间源。

② 若 N 个时间源之间满足可用有效性检测，则内部时钟按步进方式跟随优先级高的时间源。

4. 时间同步装置的内部时钟

外部时间源经过输入部分的秒沿补偿、有效性检测、时间源选择后，进入内部时钟部分。内部时钟由秒沿差测量、频标源、秒脉冲发生器和时间计数器组成，如图 4–30 所示。

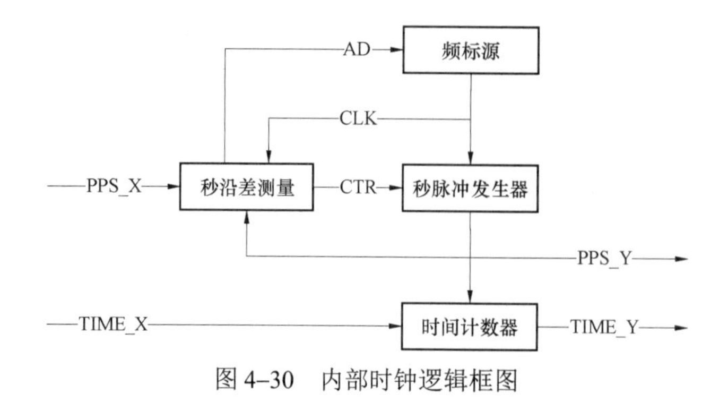

图 4–30　内部时钟逻辑框图

频标源可以是恒温晶振或铷原子振荡器，其输出的频率为 CLK，频率值的大小与对时间分辨率的要求有关，如分辨率要求为 100ns，则 CLK 为 10MHz。秒沿差测量根据输入的 2 路秒脉冲（PPS_X、PPS_Y）以及 CLK 信号，得出频标源的微调信号 AD（依据频标源的种类不同，AD 可以是模拟量或数字量电压）以及秒脉冲发生器的秒沿调节信号。时间计数器根据输入的秒脉冲（PPS_Y）生成秒、分、时、日、月、年等时间信息（TIME_Y）。

本地时钟单元在进行计算和调整时应满足以下要求：

（1）装置内部应具备时源钟差测量功能，钟差是每个有效的外部时源与本地时钟的相位偏差，测量表示范围应覆盖年、月、日、时、分、秒、毫秒、微秒、纳秒。

（2）多源判决逻辑的前提是参与选择的外部时间信号属于独立时间源，彼此没有相关性，如 BDS 和 GPS 是彼此相互独立的时间源。

（3）在采用多源判决机制时，外部时间源的进入和退出不应引起输出时间的短期波动。

（4）调整本地时钟单元偏差时，应采用逐渐逼近方式调整，步长不应超过 200ns/s。

（5）守时状态时，本地时钟仍能保持一定的时间准确度，并输出时间同步信号和时间信息。外部时间基准信号恢复后，在满足多源判决机制的条件下时钟单元自动结束守时保持状态，并被牵引入跟踪锁定状态。在牵引过程中，应采用逐渐逼近方式调整，步长不应超过 200ns/s。时钟单元在此过程中仍能输出正确的时间同步信号和时间信息。这些时间同步信号应不出错，时间信息应无错码，脉冲码应不多发或少发。

（6）时钟单元的频率源可根据时间准确度的要求，选用温度补偿石英晶体振荡器、恒温控制晶体振荡器或原子频标等。

5. 时间同步装置的输出

时间同步装置的输出是直接面向被授时设备的，时间信号和时间信息的种类不同，如 1PPS、1PPM、1PPH、IRIG–B（DC）、IRIG–B（AC）、DCF77、串口报文、PTP、NTP/SNTP 等，同一种类路数不同，每一路传输距离亦不同。因此，为了保证到达每一个被授时设备的时间同步，每一路输出的秒脉冲信号都要做秒沿补偿，如图 4–31 所示。

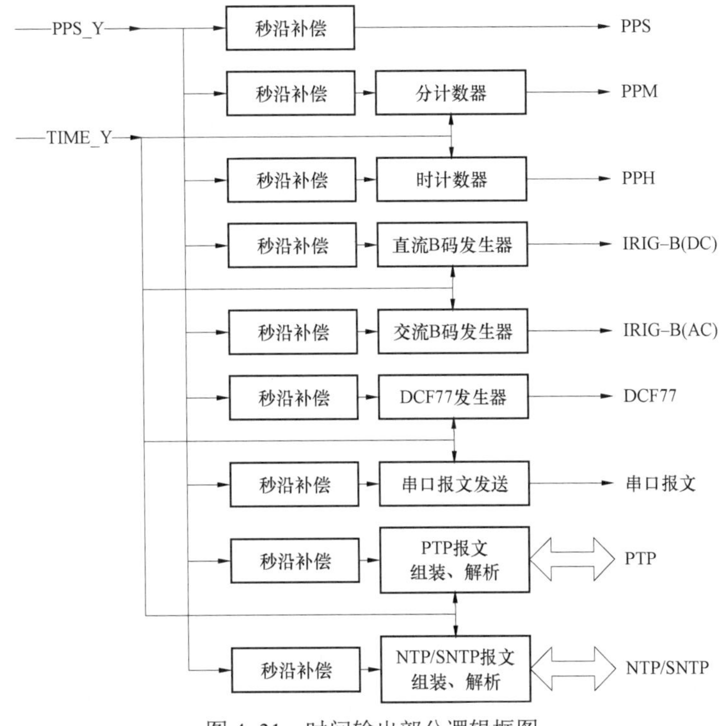

图 4–31　时间输出部分逻辑框图

4.2.7　精确网络时间同步系统

基于局域网的精确时间同步系统采用 IEEE 1588（PTP）精确时间同步协议，由 PTP 主时钟、PTP 网络交换机、PTP 从时钟和其他被授时设备组成。

PTP 主时钟（PTP Master Clock）是在主时钟基础上增加了 PTP 时间同步报文和时间信息传输功能，能够同时接收至少两路外部时间基准信号，具有内部时间基准（晶振或原子频标），按照要求的时间准确度向外输出 PTP 时间同步信号和时间信息的设备。

PTP 从时钟（PTP Slave Clock）能接收 PTP 主时钟时间同步报文，具有内部时间基准（晶振或原子频标），按照要求的时间准确度向外输出时间同步信号和时间信息的设备。

系统的时间同步依靠 PTP 报文完成，PTP 报文包含事件报文和通用报文，其中事件报文是计时的报文，在时间戳发送和接收时产生，并需要设备物理层硬件支持。

1. 系统组成

精确网络时间同步系统常用的有基本式和主备式两种。

基本式如图 4–32 所示，PTP 主时钟接收北斗/GPS 卫星同步基准或有限时间基准信号，通过网络交换设备，向下一级时间同步系统或 PTP 被授时设备提供时间基准信号。

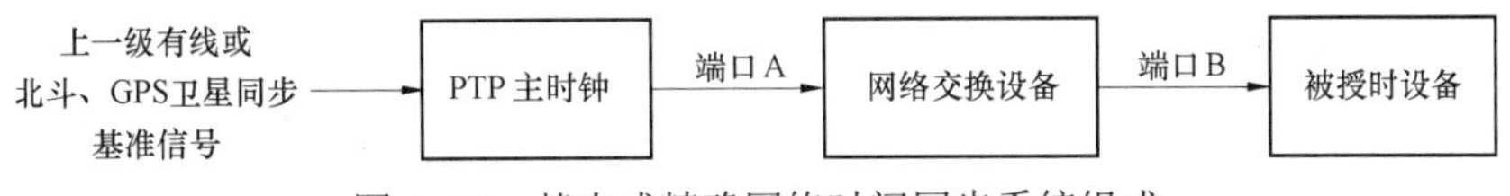

图 4–32　基本式精确网络时间同步系统组成

主备式如图 4–33 所示，时间同步系统中宜配置两台主时钟，“PTP 主时钟 A”和“PTP 主时钟 B” 互为备用，同时接收上级的无线或有线时间基准信号。

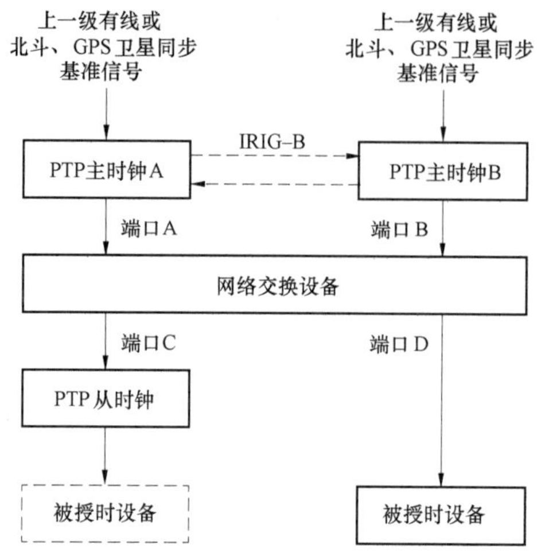

图 4–33　主备式精确网络时间同步系统组成

注：虚线框表示不支持精确时间协议的设备，实线框表示支持精确时间协议的设备。

在变电站和发电厂中实现精确网络时间同步系统有两个典型的逻辑组网方式可供选择，如图 4–34、图 4–35 所示。

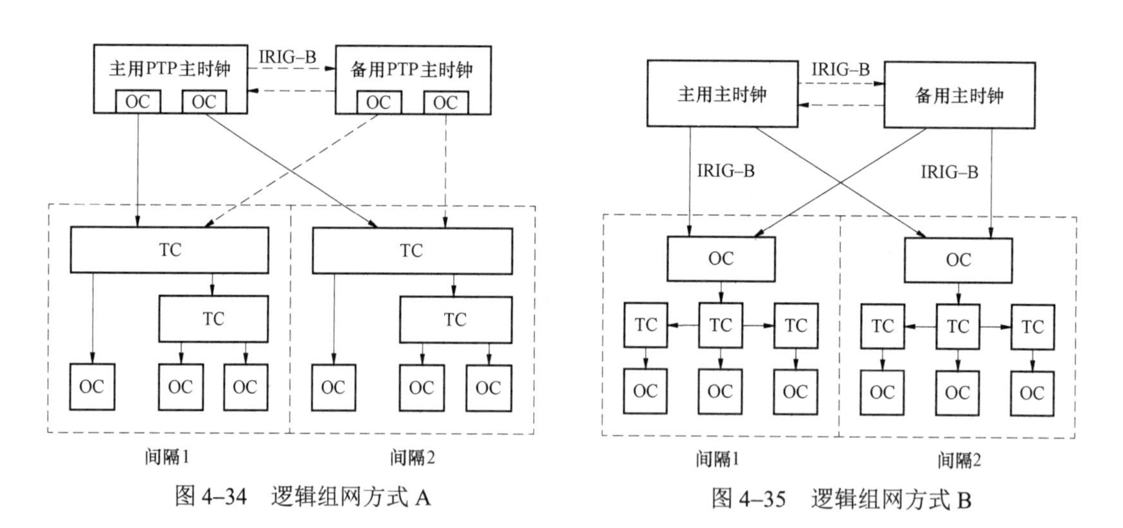

图 4–34　逻辑组网方式 A　　　　图 4–35　逻辑组网方式 B

逻辑组网方式 A 如图 4–34 所示，变电站和发电厂内配置两个互备 PTP 主时钟。主备时钟的切换，由主时钟通过 BMC（Best Master Clock，最佳主时钟）算法来完成，从时钟（被授时设备）需识别切换过程，确定使用的路径时延与工作的主时钟路径一致性。

逻辑组网方式 B 如图 4–35 所示，变电站和发电厂内已配置主时钟，但主时钟不具备提供 PTP 信息的情况，则可通过输出 IRIG–B 到具备 OC 主模式的 PTP 服务器，实现网络授时功能。

时间同步系统应用缺省设置宜符合 IEC 61850—90—4 和 IEEE C37.238，具体要求如

表 4–4 所示。

表 4–4　应用缺省设置

序号	参数	缺省设置	参考
1	同步工作模式	支持对等延时机制（P2P）	GB/T 25931—2010 中 11.4
		支持 IEEE 802.3/Ethernet 传输方式	GB/T 25931—2010 中附录 F
		至少支持 2 步法传输方式	
		支持组播传输方式	
		时钟域默认为 0	
2	同步报文发送时间	Announce 报文周期：1s	
		Announce 接收超时时间：8s	
		Sync 报文周期：1s	
		Pdelay 报文周期：1s	
3	时间参考系	报文涉及的时间格式采用 UTC 时间	
4	MAC 地址	除 Pdelay 机制以外的所有报文类型： 01–1B–19–00–00–00 Pdelay 机制的报文类型： 01–80–C2–00–00–0E	
5	优先级	主时钟（优先级 1：128；优先级 2：128） 从时钟：255	

2. PTP 设备运行模式

在智能变电站中，PTP 网络对时主要应用在间隔层和过程层。PTP 对时网络上连接的有两台 PTP 主时钟、若干 PTP 从时钟、若干 PTP 网络交换机、若干具有 PTP 端口的被授时设备。

两台 PTP 主时钟，即主用 PTP 主时钟和备用 PTP 主时钟，作为普通时钟 OC 工作在 MASTER 模式，即其端口为主状态。PTP 从时钟作为普通时钟 OC 工作在 SLAVE 模式，即其端口为从状态。被授时设备作为普通时钟 OC 工作在 SLAVE 模式，即其端口为从状态。PTP 交换机作为透明时钟 TC 工作在 Peer–To–Peer 点到点模式。

在 PTP 设备进行网络对时时，网络中只有唯一的一个最高级主时钟（Grandmaster Clock），但网络中有两个 PTP 主时钟具有成为最高级主时钟的条件，因此需要在 PTP 主时钟上运行 BMC（最佳主时钟）算法，确定出最佳主时钟。最佳主时钟源确定后，非最佳主时钟源时钟端口不应发送 Announce 报文。工作在从时钟模式下的普通时钟 OC（PTP 从时钟、被授时 PTP 设备），接收到最高级主时钟发出的 Announce 报文，并与之同步。主、从时钟通过两步点到点透明时钟实现对时，如图 4–36 所示。图中，t_{d1}、t_{c1}、t_{b1} 为端口发送 Pdelay_Req 报文时产生的时间戳，t_{c2}、t_{b2}、t_{a2} 为端口接收 Pdelay_Req 报文产生的时间戳，t_{c3}、t_{b3}、t_{a3} 为端口发送 Pdelay_Resp 报文时产生的时间戳，t_{d4}、t_{c4}、t_{b4} 为端口接收 Pdelay_Resp 报文时产生的时间戳，t_{b5}、t_{c5} 为 Sync 报文进入透明时钟产生的时间戳，t_{b6}、t_{c6} 为 Sync 报文离开透明时钟产生的时间戳，T_M 为 Sync 报文离开选定的最高级主时钟的时间，T_S 为 Sync 报文进入从时钟的时间。

点到点模式的端口需要通过 Pdelay_Req 报文、Pdelay_Resp 报文、Pdelay_Resp_Follow_up 报文测量计算出链路延时 λ，dc 链路、cb 链路、ba 链路的延时分别为 λ_{dc}、λ_{cb}、λ_{ba}：

$$\lambda_{dc} = [(t_{d4} - t_{d1}) - (t_{c3} - t_{c2})]/2 \tag{4–34}$$

$$\lambda_{cb} = [(t_{c4} - t_{c1}) - (t_{b3} - t_{b2})]/2 \tag{4–35}$$

$$\lambda_{ba} = [(t_{b4} - t_{b1}) - (t_{a3} - t_{a2})]/2 \tag{4–36}$$

Sync 报文通过透明时钟将产生驻留时间 ρ，经过透明时钟 b、c 的驻留时间分别为 ρ_b、ρ_c

$$\rho_b = t_{b6} - t_{b5} \tag{4–37}$$

$$\rho_c = t_{c6} - t_{c5} \tag{4–38}$$

传递延时 δ 为各链路延时与各驻留时间之和

$$\delta = \lambda_{dc} + \lambda_{cb} + \lambda_{ba} + \rho_b + \rho_c \tag{4–39}$$

因此，Sync 报文离开主时钟的时刻为 T_M，经过各链路和透明时钟产生的传递延时 δ，到达从时钟的时刻 T_S 为

$$T_S = T_M + \delta \tag{4–40}$$

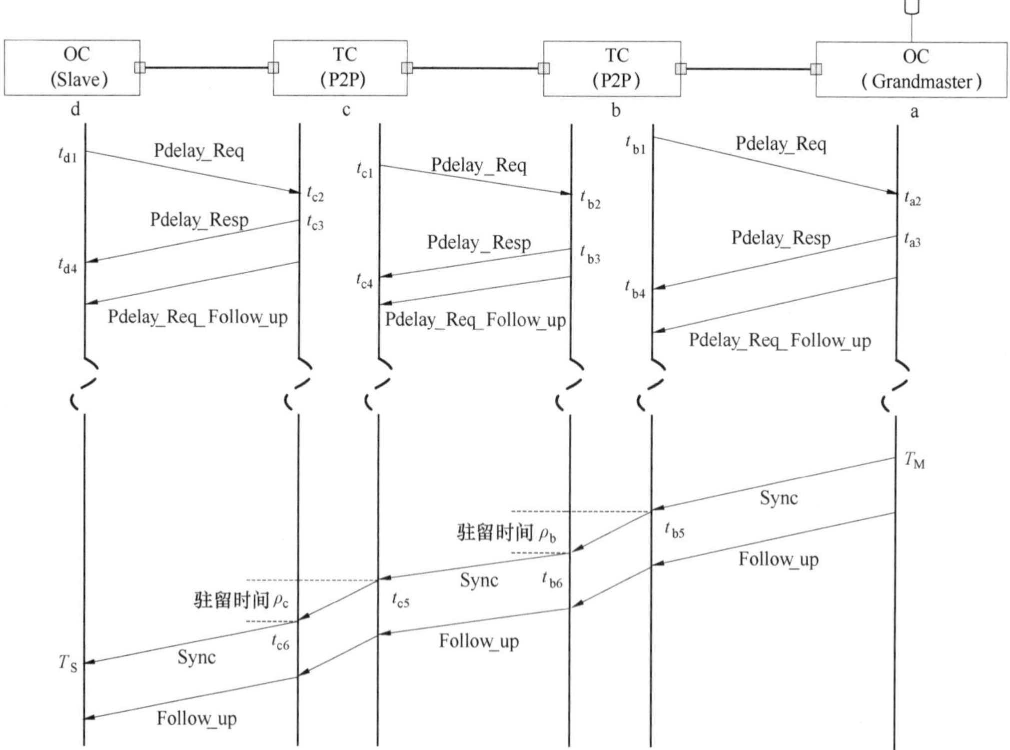

图 4–36　PTP 两步时钟和延时测量模型

图 4–37 给出透明时钟点到点驻留时间和链路延时校正模型，通过点到点透明时钟的驻留时间桥可以测量出 Sync 报文在通过透明时钟的驻留时间，并将进入端口的链路延时加到一起，累加到 correctionField 字段，最终得出传递延时。

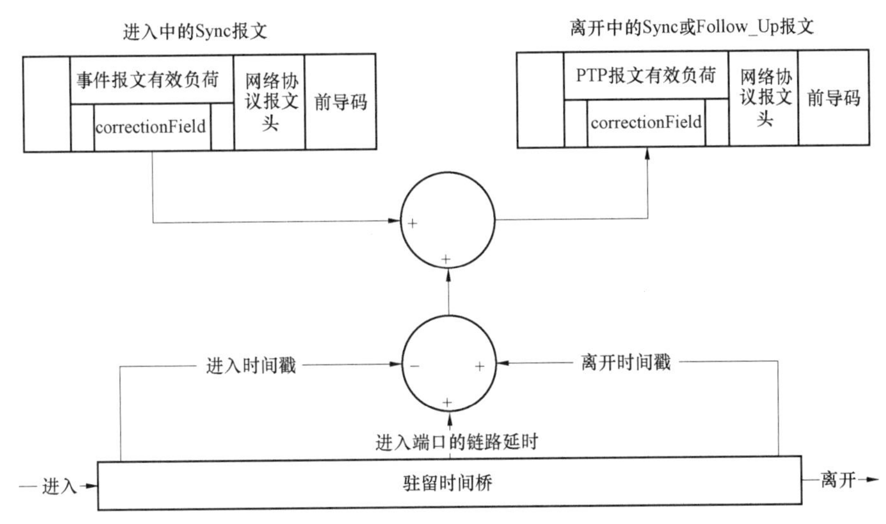

图 4–37　点到点驻留时间和链路延时校正模型

4.3 电力系统时间同步应用

电力系统是由输电线路将不同容量、不同电压等级的发电厂、变电站、负荷连成一个复杂的电力系统。各发电厂、变电站、负荷的信息需要及时地汇总到各级调控中心，形成分散保护监控、分层调控管理的信息管理体系。有大量的实现特定功能的二次设备（如：保护装置、远动装置、计量装置、相量测量装置、故障测距装置、录波装置等）和计算机应用系统［如：厂站监控系统、能量管理系统（EMS）、自动电压控制系统（AVC）、广域相量测量系统（WAMS）、继电保护信息管理系统、水调自动化系统、电能量计量系统等］需要处理海量的与时间相关的实时数据和历史数据，因此在调控中心、变电站、发电厂必须有设备提供统一的同步时间。

4.3.1　电力系统常用设备时间同步需求

电力自动化设备（系统）对时间同步精度有不同的等级要求，对工程化应用而言并非精度越高越好，对时精度的提高需要付出相应的成本代价。因此，没有必要盲目追求高精度，原则是满足被授时设备本身的最小分辨率即可。

在变电站的网络组成上，对时网络通常都是不可缺少的一环。对时的作用是给变电站内各个二次设备提供统一时间基准；如对于保护动作后，保护装置的动作报告与录波器记录的事后事故分析。对于计算机监控系统，自身主要完成数据文件记录存储，因此外部时间同步的精度不低于 1s 即可；如对于 PMU 记录的矢量数据，只有各个站内的数据是同步的，才能在调度侧对多个变电站 PMU 送来的数据做潮流分析等计算；用于故障测距，特别是为双端行波测距、双端故障电气量分析法测距装置提供必要条件；用于继电保护实验，为检验线路纵联保护（高频相差保护装置）的性能和技术指标提供技术手段。

对于实时采集电压、电流、频率的装置而言，内部都是采用同步采样算法，实现电气量的计算，只要内部的工作频率（晶振）的精度满足计算精度要求即可。如果本装置只需要向外部提供电气量的计算结果、判断操作结果以及开关动作结果，外部提供的时间同步只要满足电力系统的要求即可，如 1ms。这类设备有保护装置、测控装置、录波装置等。但有些设备提供的电气量数据是为站内其他设备实时使用的（如合并单元、网络报文记录及分析装置），或自身电气量计算结果需要与其他（站外）设备比对的（如同步相量测量装置），或是故障定位精度要求高的（如线路行波故障测距装置），这时就要求外部提供的时间同步精度满足 1μs，电力系统的常用设备和系统对时间同步准确度的要求如表 4–5 所示。

表 4–5　电力系统的常用设备和系统对时间同步准确度的要求

电力系统常用设备或系统	时间同步准确度	电力系统常用设备或系统	时间同步准确度
微机保护装置	1ms	电气测控单元、保护测控一体化装置	1ms
安全自动装置	1ms	多功能测控装置	1ms
合并单元	1μs	线路行波故障测距装置	1μs
智能终端	1ms	一体化监控系统站控层设备	1s
故障录波器	1ms	同步相量测量装置	1μs
网络报文记录及分析装置	1μs	电能量远方终端	1μs

4.3.2　电力系统时间同步应用现状

电力系统时间同步的发展经历了由相对时间到绝对时间、由区域同步到全网同步的发展过程。从时间上看，我国的电力系统时间同步发展过程经历了以下三个阶段。

第一个阶段：20 世纪 90 年代前，采用远动通信串行通信协议对时，通信协议（规约）有两类 CDT（循环式远动规约）和 Polling（问答式远动规约），计算通信传输延时，修正厂站设备时间，达到与调度中心时间一致，这种方式通常可以达到站间分辨率 20ms、站内分辨率 10ms。这个阶段通信载体主要是载波和微波，设备通信接口主要是 RS–232，传输速率低（300～1200bps），只能实现区域大时间的统一和局部的毫秒级时间同步，如图 4–38 所示。

第二个阶段：20 世纪末～21 世纪初，随着 GPS 民用的推广，出现了 GPS 对时装置，各厂家在自己的设备上安装 GPS 对时装置或板卡，在厂站内出现多套 GPS 对时装置，精度可达到微秒级，通信对时作为补充。这个阶段实现了单装置、单系统绝对时间，由于对时装置技术水平和稳定性参差不齐，时常出现各设备时间不一致，如图 4–39 所示。

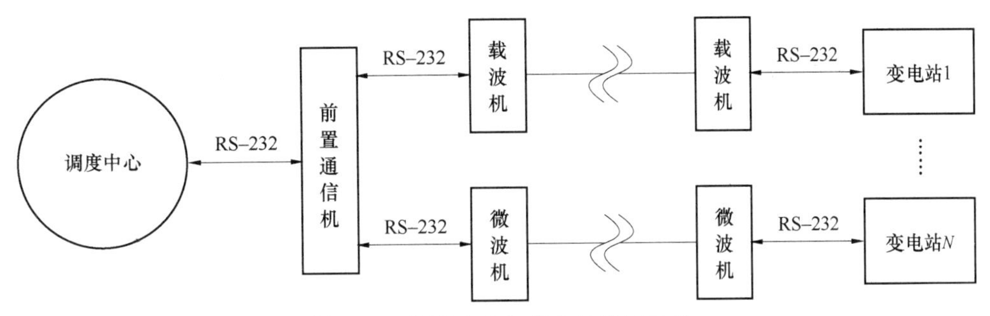

图 4–38　调度中心与变电站串口对时

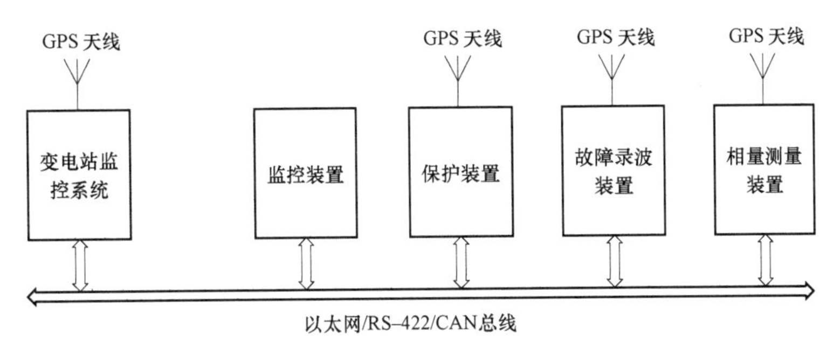

图 4–39　变电站内独立对时

第三个阶段：现阶段，在厂站内安装一套时间同步系统，可接收多个时钟源（GPS、北斗），时钟装置具备守时能力，守时频标源可以是恒温晶振或铷原子钟，双主时钟带从时钟结构。时间提供的准确性、可靠性和稳定性大大提高，保证了厂站内各设备的时间同步。这个阶段实现了厂站区域绝对时间同步，如图 4–40 所示。

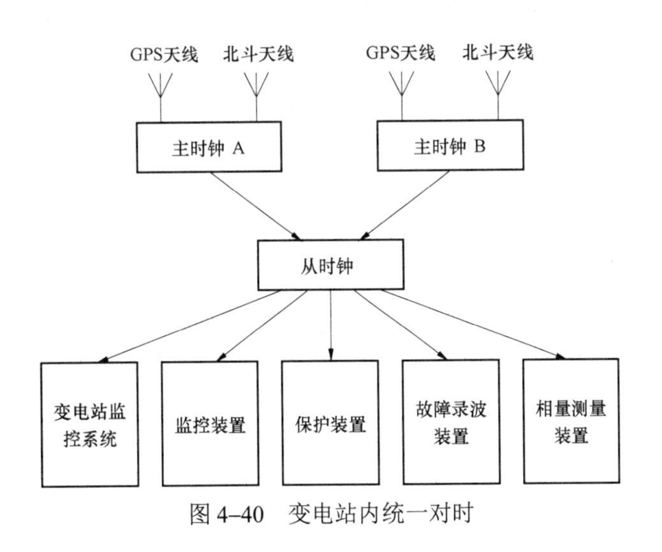

图 4–40　变电站内统一对时

第四个阶段：下个阶段，建立天地互备时间同步系统网。“天”指的是北斗、GPS卫星授时，实现局部同步授时；“地”指的是通过电力数据专网进行 PTP 网络对时，实现各授时点之间同步。天地互备极大地提高了时间同步性，实现全网绝对时间同步，如图 4–41 所示。

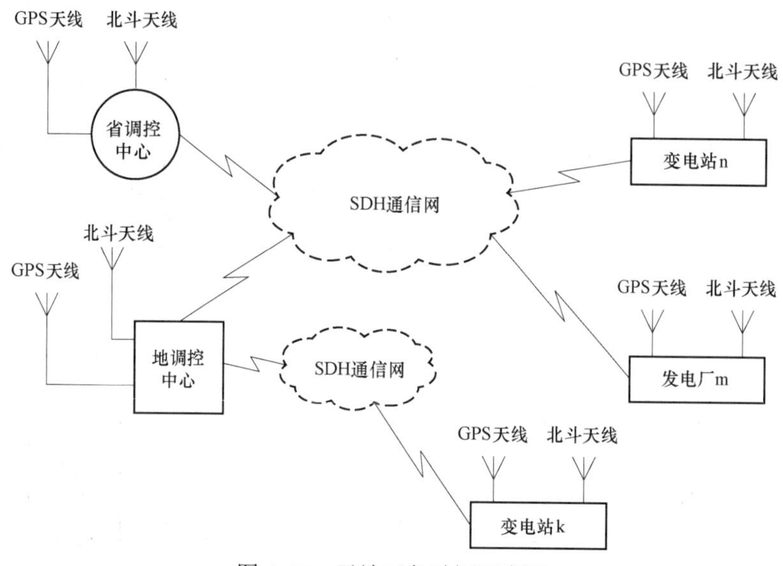

图 4–41　天地互备时间同步网

4.3.3　电力调度控制中心时间同步

电网各级调度建立了电网调度技术支持系统，调控中心的工作人员需在远方完成所辖范围内各变电站运行状态的全天候监测和一、二次设备的远程智能控制，各自动化系统的安全可靠运行均需建立在严格统一的时间系统之上，这对全网时间同步精度提出了更高的要求。在调度自动化主站系统中通常需要包括计算机设备在内的各种类型的智能设备协同运行，而各类智能设备的提供商往往采用各自独立的时钟设计，并且各时钟也因产品质量存在差异，导致整个系统在对时精度上存在偏差，从而使得系统不能在统一时间基准上进行工作，因此，构建一个可靠的对时系统有非常重要的意义。

调度控制中心的时间同步通常包括安全Ⅰ、Ⅱ、Ⅲ区的调度自动化系统、桌面办公系统、电子挂钟等系统和设备的时间同步。调度自动化系统主要包括调度支持系统、电能量计费、保护信息管理、电力市场技术支持、负荷监控、用电管理、配电网自动化管理、调度生产和企业管理等系统的主站。

调控中心的时间同步，对时间同步系统的可靠性稳定性要求较高，如果有秒级以上的时间跳变，将会给调度系统的安全稳定运行带来隐患；调度系统三个安全区间相互隔离也是调控中心建设时间同步系统的必要条件。调控中心时间同步系统由双主时钟单元和三个安全区的六台网络对时信号扩展单元组成，分别对本业务区实施网络 NTP 授时。在安全 I 区，单独配置两台可编程串口时间扩展单元，为 EMS 系统及 AGC 系统提供授时报文及电网频率测量值。

对于每个安全区，主时钟单元的两路光纤 B 码信号分别接入网络对时信号扩展单元和可编程串口时间扩展单元，实现双通道冗余备用。各区之间仅通过多模光纤与主时钟连接获取 IRIG–B（DC）时标信号，各区的数据网络相互隔离，确保信息安全。

整个系统实现双主时钟、双扩展单元、双通道冗余备用，系统结构如图 4–42 所示。

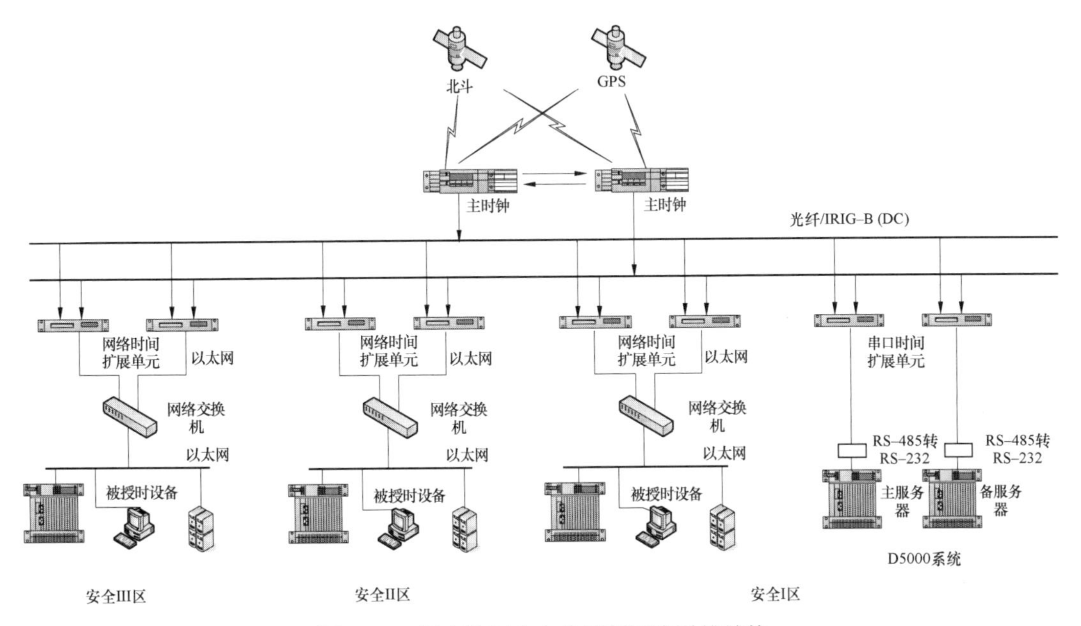

图 4–42　调度控制中心的时间同步系统结构

所配置的双主时钟单元，分别安装 GPS 和北斗卫星授时接收模块，并采用铷原子钟作为频率基准。授时接口配置为：

（1）IRIG–B 直流光纤 6 路；

（2）支持 NTP 的 10/100M 自适应网络接口 2 个；

（3）IRIG–B 直流 RS–485 差分 2 路，IRIG–B 交流 2 路；

（4）TTL 电平的 PPH、PPM、PPS 和直流 IRIG–B 各 1 路；

（5）串口 RS–232 和 RS–485 各 4 路；

（6）告警继电器接点输出：4 路。

（7）该系统一级基准钟冗余配置两套独立的主时钟，主时钟接收北斗和 GPS 对时，通过 IRIG–B 码进行互备，采集电网工频信号，通过三个时间扩展装置给安全Ⅰ、Ⅱ、Ⅲ区提供完全隔离的授时服务。主备钟同时为三个独立的时间扩展装置各提供一路 IRIG–B 码，根据三个安全区对授时资源的要求，在时间扩展装置上扩展需要的授时板卡 NTP 输出单元，与安全 III 区的自动化系统以及桌面系统对时，主备时钟分别采集的工频信号通过串口输出到安全 I 区，提供电网工频信息，实现对安全 I 区的调度自动化系统，广域相量测量系统/安全 II 区的计费系统等的时间同步。

调度控制中心时间同步系统总体方案：

（1）组网运行方案。以该调控中心的时钟系统为时间基准，采用分层区域同步的组网方案。区域中心提供区域时间，区域网络保证各区域内时间同步，各个区域中心向上同步，分层覆盖范围达到全网时间统一；实施方案必须要求标准接口，整体规划，向上兼容，分布实施，逐步完成。

（2）主备钟组成方案。主备钟分别输出 1 路 IEEE1588 或 IRIC–B 码信息到时间分配器，时间分配器链接到 SDH 的 2Mbit/s 通道与厂站设备对时，完成全网的地面链路对时功能。改造原有通过地面链路对时的两个变电站。

（3）通信系统方案。通信系统中 SDH 电力数字同步网的时间同步方式分别为：全同步方式、准同步方式以及主从和准同步混合方式。系统 ITU–T 时钟分级为：基准主时钟转接局从时钟、端局从时钟和 SDH 的网元时钟。SDH 有四种时钟源：外部时钟源、线路时钟源、支路时钟源以及设备内置时钟源。基准钟提供 BITS 信号给 SDH 电力数字同步网，作为外部备用时钟源，当优先级高的外部时钟源失效时，启动该备用时钟作为工作时钟。主站系统通过串口将 GPS 的时钟源信号按照符合规约的时间格式送入前置服务器，同步更新前置服务器本地时间。前置服务器完成授时后，一方面利用简单网络时间同步协议或网络时间协议等网络对时协议广播时间同步报文，对调度自动化主站系统的Ⅰ、Ⅱ区其他服务器和工作站进行对时。

4.3.4 变电站时间同步

变电站系统直接监测和控制电网运行，具有分布广、同步精度要求高、可靠性要求高、接入设备多和接入方式复杂等特点，采用自治的时间同步系统。时间同步系统可以使各变电站自行接收时钟源信号并实现守时，以多种方式为现场设备提供时间同步。

1. 变电站时间同步架构

变电站按照电压等级不同、需求授时接口数量不同，其变电站时间同步架构有以下几种组成方式。

（1）主从式。

根据被授时设备的数量及接口种类，决定是否增加从时钟。主时钟可预留有限时间基准信号输入接口，一般采用光纤 B 码，如图 4–43 所示。小型电厂（如小水电站）、10/35kV 变电站属于电网的末端变电站，对时间同步系统的可靠性要求不高，可以采用本方案，单主时钟方式、双无线时间基准信号（BDS、GPS）输入。

（2）主备式。

双主钟可以采用单无线时间基准信号，即一台主时钟接入 BDS、另一台主时钟接入 GPS，如图 4–44 所示。主时钟可预留有限时间基准信号输入接口，一般采用光纤 B 码。中型的电厂、110kV 变电站的时间同步系统应采用双主钟方式，从建设成本和可靠性要求综合考虑，可采用本方案。

220kV 及以上的变电站属于电网的重要变电站，对时间同步系统的可靠性要求高，因此在主备式的基础上，对每台主时钟都采用双无线时间基准信号，即 BDS 信号和 GPS 信号，如图 4–45 所示。变电站时间同步系统的内部频标源采用恒温晶振，守时精度可达

1μs/h。对于极重要的 500kV 及以上的变电站或±500kV 及以上换流站的时间同步系统，可以采用铷原子振荡器作为内部频标源，守时精度可达 100ns/h。

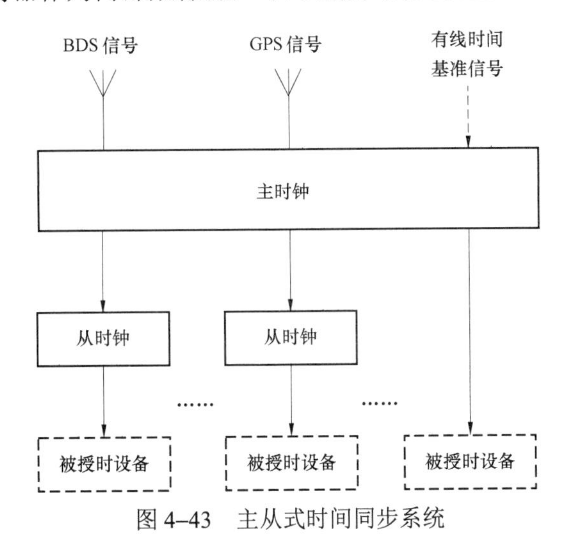

图 4–43　主从式时间同步系统

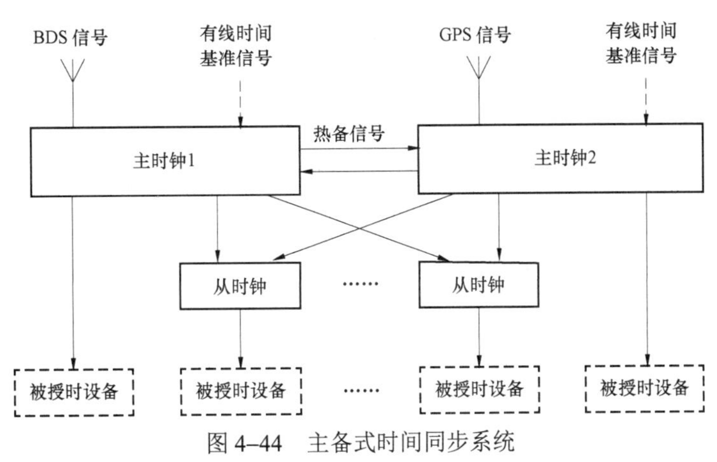

图 4–44　主备式时间同步系统

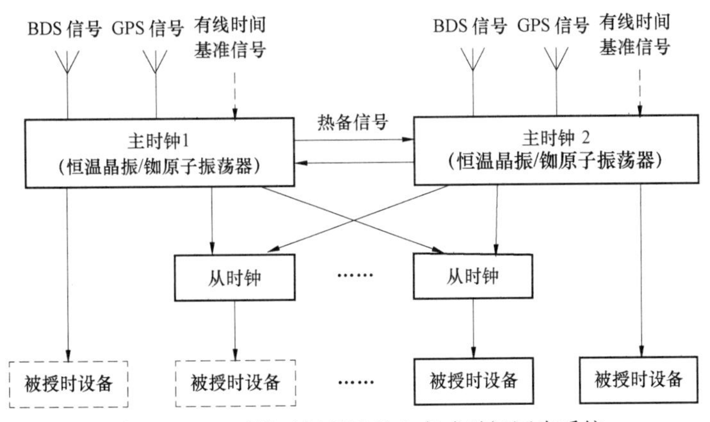

图 4–45　双无线时间基准的主备式时间同步系统

2. 常规变电站时间同步

常规变电站系统直接服务于电网运行，具有分布广、同步精度要求高、可靠性要求高、接入设备多和接入方式复杂等特点，一般采用自治的统一时钟系统。各常规变电站自行接收卫星时钟源信号并实现守时，以多种方式为现场设备提供时间同步。变电站自动化系统中测控、远动工作站以及装置型智能设备一般采用脉冲对时方式。近年来，直流B码对时技术日趋成熟，逐渐得到推广应用。当然，无论采用脉冲还是直流B码对时，站内主要设备获取的时钟精度都是能够得到保障的。而站内自动化系统使用的服务器等计算机设备与主站系统类似，采用了串口或网络对时的方式，这些设备的时钟精度要求较低。

主时钟装置与扩展时钟多采用模块化结构，可以灵活配置授时输入、输出接口模块。输出对时信号包括1PPS/1PPM/1PPH脉冲信号、IRIG–B码、串行时间报文和IEEE 1588或NTP网络授时信号，各路输出信号在电气上相互隔离。时间同步信号扩展装置同时分别接收两台主时钟输出的时间基准信号作为输入，实现两路时间基准信号的互为备用。

常规变电站按照电压等级不同、需求授时接口数量不同，其典型形式有单主钟和双主钟两种方式。35kV变电站可以按单主钟方式配置，110kV以上变电站应尽量按双主钟方式进行配置。

对于新建变电站，应只建设一套统一的时间同步系统，所有需要实现时间同步的设备都统一接入这个时间同步系统，单个设备不再单独配备同步时钟设备。从可靠性方面考虑，时间同步系统应配置两台主时钟，互为备用，每台主时钟按多时钟源设计，即北斗、GPS卫星时钟和地面时间基准的主备用方式（北斗、GPS卫星时钟为主用，地面时间基准为备用），应具备信息上传接口，以便将设备运行信息上送给调度端管理系统。

对于已运行的变电站，时间同步系统应按照统一时钟方式考虑进行改造。将站内原有系统服务器、保护、测控、故障录波、相量测量等设备的授时接口割接至新建时钟系统，对于内置有时间同步系统但无外部时间输入接口的设备保持原运行方式，待装置改造完全并具备接入条件后再接入新建时间同步系统。新建时间同步系统也应考虑配置双主钟方式互为备用，每台主时钟按多时钟源设计，采用北斗、GPS卫星时钟和地面时间基准的主备用方式。

3. 智能变电站时间同步

智能变电站对时间同步系统提出高精度、可管理、高可靠、高稳定的新要求。与常规变电站相比，智能变电站的结构体系存在巨大的差异。智能变电站的二次系统通常包含电子式互感器、合并单元、交换机、保护测控等设备。传统互感器、保护以及断路器之间复杂的电缆硬导线连接被光纤代替，保护测控设备的电流电压等采样值输入也由模拟信号转变为数字信号输入，信息的共享程度和数据的实时性大幅度提高，这些变化对智能变电站的时钟同步系统提出了严格的要求。

智能变电站时间同步系统通常设置在站控层，时间同步系统输出各种时间同步信号对站内各层被授时设备统一授时，建立统一的时间同步系统。为提高时间同步系统安全性，通常采用主备式时钟架构，另配置扩展时钟实现站内所有被授时设备的软件、硬件授时需求；通常采用基于卫星的方式获取精确时间信号，同时预留地面时钟源接口，支持地面设备提供的时钟信号。

目前智能变电站常用的时间同步系统对时方案有以下三种。

（1）方案一：

站控层设备对时采用 NTP 网络对时方式

间隔层设备对时采用 IRIG–B 对时方式

过程层设备对时采用 IRIG–B 对时方式

（2）方案二：

站控层设备对时采用 NTP 网络对时方式

间隔层设备对时采用 IRIG–B 对时方式

过程层设备对时采用 PTP 对时方式

（3）方案三：

站控层设备对时采用 NTP 网络对时方式

间隔层设备对时采用 PTP 对时方式

过程层设备对时采用 PTP 对时方式

以上三种对时方案中站控层授时方式均采用 NTP 网络对时，过程层和间隔层授时方式主要分为 IEC 61588 和 IRIG–B 码两种，目前智能变电站多采用方案一作为典型配置方案。

4.3.5　PMU 时间同步

利用基于同步相量测量装置（PMU）的广域测量系统（WAMS）能实现对电力系统动态过程的监测，提供互联电网各个节点处的同步动态信息，提供广域范围内电网动态安全监控以及稳定性控制。而全局同步时钟是电力系统广域测量的必要前提，其对时钟同步的要求非常高。

在 PMU 测量中，同步时钟一方面在 PPS 脉冲触发下驱动 AD 对三相电压、电流信号进行同步采样；另一方面为电网实时电压相量、电流相量、频率等参数信息打上全网统一的时间标签，以观测各节点的同步状态。

同步相量测量中的“同步”涉及“频率同步”和“时间同步”两个问题。“频率同步”指同步相量测量装置的采样频率必须与被测交流信号基波频率成一定的整倍数关系；“时间同步”则关系到安装在不同地点的同步相量测量装置能否完成同步采样，以及在相量上打上测量时刻的绝对时间信息。

时间同步会影响安装在不同地点的 PMU 装置同步采样的时间，从而影响被测相量的测量精度。图 4–46 为时间同步采样的原理示意图：安装在 A、B 两个子站的 PMU 在同步采样时钟脉冲控制下，同时启动对本站点电压、电流等交流信号的离散采样。显然，各子站同步采样时钟脉冲的同步精度将直接影响被测相量的相角精度。

在相量测量装置中常用到过零比较法和离散傅里叶算法，都要求有精准的时间起点和等间隔分点作为数据采集点。因此，对于同步相量的测量，都要求不同的测量点能够达到时间上的同步，或同步于内部某一精确的时间标准，或同步于 UTC，这样测量的同步相量才有意义。因此如何对电力系统中的各 PMU 进行高精度的时间同步，就显得非常重要。

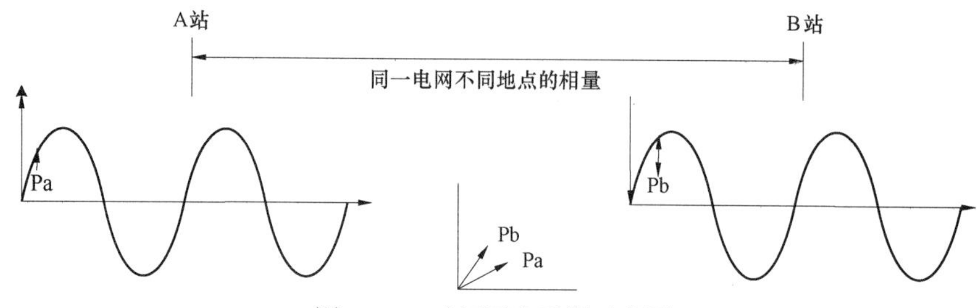

图 4–46　时间同步采样示意图

传统 PMU 装置是基于 GPS 接收装置获取同步时钟信号的，结构复杂且成本较高，应积极采用其他成熟的对时方式。例如采用 IRIG–B 码作为时钟设备与被授时装置的标准接口，将 PPS 脉冲和时间信息一起传送给 PMU，或者采用 PTP（IEEE 1588）精确网络同步协议进行时间同步，可以达到亚微秒甚至纳秒级时间同步精度。这些 PMU 对时方式既确保了时间同步精度，保证了系统的可靠性、一致性及测量精度，同时又省去了卫星授时信号接收模块，降低了设备成本。

4.3.6　广域保护时间同步

广域级保护控制以提高系统安稳控制自动化、智能化水平为目的，一般设置在区域内枢纽变电站（500kV），通过广域通信网络利用区域内各变电站的全景数据信息，实现广域后备保护、保护定值调整、优化安稳控制策略等，从而达到区域内保护与控制的协调配合。基于广域信息的后备保护，可实现区域电网范围内的线路后备保护，提高后备保护动作的速动性和选择性。利用区域内各变电站全景数据信息对电网运行状态进行分析评估，分析故障切除对系统安全稳定运行的影响，并采取相应控制措施，实现继电保护与自动控制功能的协调优化。

广域保护需要大量的实时信息，这些信息不仅容量大，而且延时要求高，同时对广域主站的数据处理能力也要求很高。

随着电力系统时间同步技术的发展，广域保护多点采样实现完全同步已不再是天方夜谭。基于电力通信网的 PTP 精确网络时间同步，以及基于卫星共视原理的跨地域时间同步，为广域保护的多点数据同步提供了新的技术选择。

图 4–47 中，区域过程层通信网基于 IEC 61850—90—5 通信规约构建，基于 PTP 对时技术实现站间数据同步，广域保护主站设有卫星时间同步装置，实现各个变电站间一发多收的对等通信业务，站间同步信号可不依赖于外部 GPS/BDS 信号。各站点的时间同步装置通过 IRIG–B 码或秒脉冲等对时方式为本站的站域保护主子站设备进行对时。

各站的采样装置完成每秒 4000 点同步采样，保护装置对接收的数据进行插值，传输带序号标签的模拟量，接收侧根据模拟量序号标签选择本地相同序号的相量，从而完成广域保护功能。当外部时钟源信号丢失时，保护装置置失步标志。当外部时钟源信号恢复正常时，经过严格判断，保护装置置同步标志，恢复同步状态。

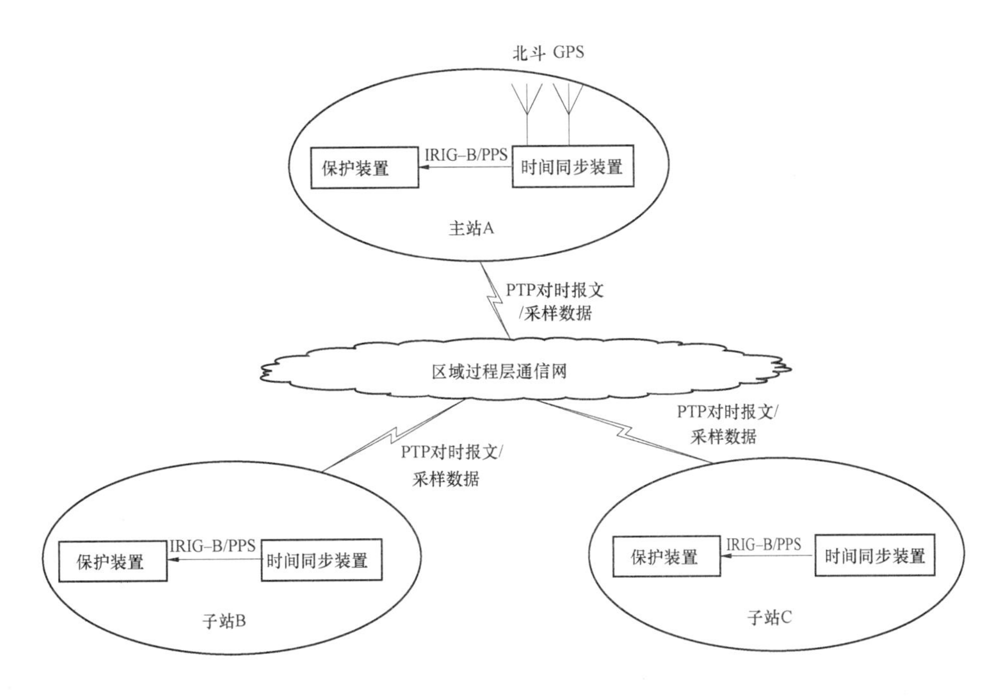

图 4–47　广域保护时间同步示意图

广域保护根据采样装置以及保护装置的同步品质，自动退出或恢复广域保护功能。

4.3.7　时间同步监测

时间同步系统已经成为智能变电站和常规变电站必配的系统，但在实际应用过程中确存在诸多问题：时间同步装置工作状态如何、提供的时间是否正确、二次设备的时间是否被同步，这些都没有有效的手段进行实时监测，通常在对事故做事后分析时或在利用实时数据和历史数据做进一步分析时，才能发现各数据的时间不一致。这些问题严重影响到电力系统正常的运行，也不利于电力生产的精细化管理。因此必须建立一套设备时间同步的监测手段，实时监测时间同步装置的工作状态、授时精度以及被授时设备的时间同步状态。

1. 基于 NTP 方式的同步监测技术

在监测精度要求不高的情况下，利用现有的网络通信手段，不增加硬件设备，采用 NTP 原理实现设备的时间同步监测。各级时间同步监测均基于乒乓原理（三时标或四时标）计算时间同步管理者与其他被监测设备之间的时间偏差。调度主站与厂站的时间同步监测精度应小于 10ms，厂站内部时间同步监测精度应小于 3ms。

在调控主站采用前置网关机作为时间同步监测管理者，通过 Linux 操作系统提供的 NTPD 工具实现对其他服务器和设备的时间同步监测。在发电厂/变电站，以厂站端监控主机作为站控层时间同步监测管理者，基于 NTP 乒乓原理（四时标）实现对时钟装置、测控装置、故障录波装置、PMU 等的时间同步监测；测控装置作为间隔层时间同步监测管理者，基于 NTP 乒乓原理（四时标）通过 GOOSE 实现对合并单元、智能终端等的时间同步监测。调度主站与厂站端之间的时间同步监测，则是以调度主站前置网关机作为时间同步监测管理者，通过 DL/T 476 或 DL/T 634.5104，基于乒乓原理（三时标）实现对厂站端通信网关机的时间同步监测管理，如图 4–48 所示。

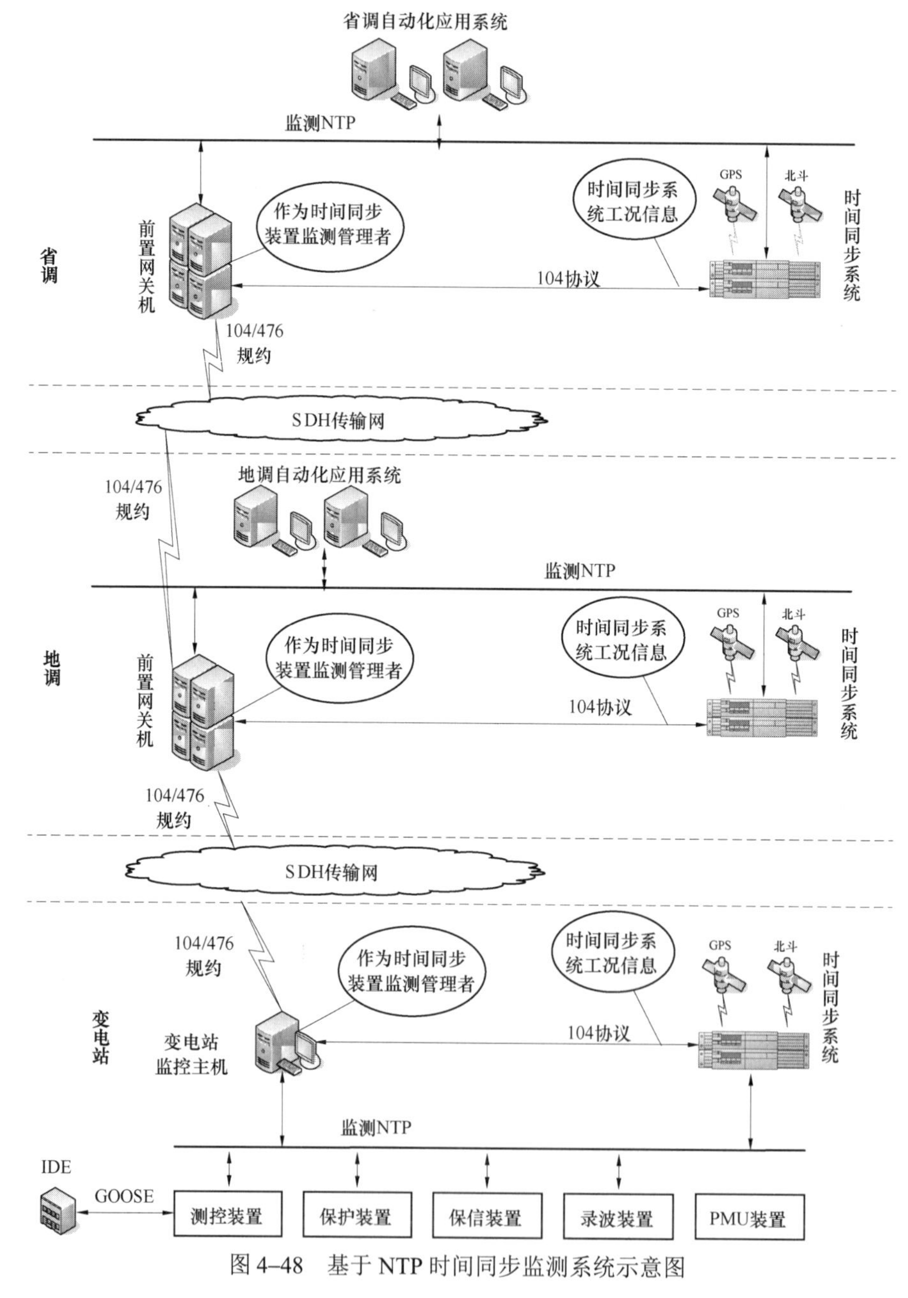

图 4–48　基于 NTP 时间同步监测系统示意图

有网络连接的计算机、二次设备的时间同步监测使用 NTP/SNTP 作为基本监测手段。为避免对网络中正常的 NTP/SNTP 对时服务造成影响，需对用于监测的 NTP/SNTP 服务进行特殊配置。基于 NTP/SNTP 的时间同步监测算法如图 4–49 所示。

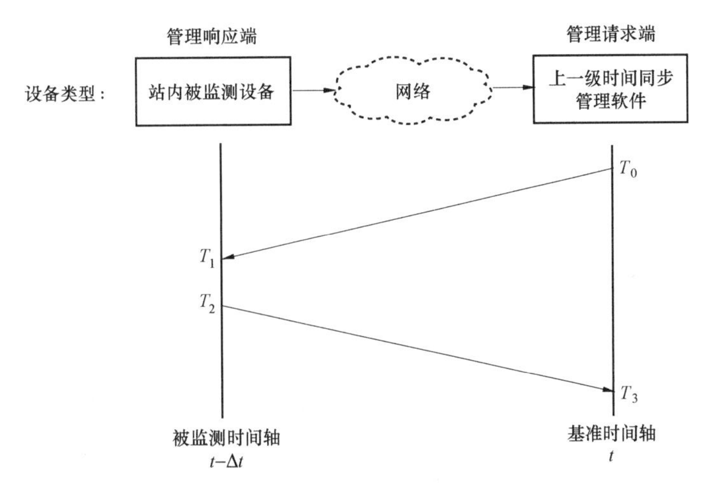

图 4–49　时间同步监测管理的基本原理图

图中：

T_0 为管理端发送“监测时钟请求”的时标；

T_1 为被监测端收到“监测时钟请求”的时标；

T_2 为被监测端返回“监测时钟请求的结果”的时标；

T_3 为管理端收到“监测时钟请求的结果”的时标。

$t-\Delta t$ 为管理端时钟超前被监测装置内部时钟的钟差（正代表相对超前，负代表相对滞后）。

（1）用于监测的 NTP 配置。

时间同步监测中，NTP 采用客户/服务器模式。该模式中，时间管理服务器为客户端，被监测设备为服务端。时间管理服务器定期向被监测设备发送报文。时间管理服务器依照被监测设备返回的时钟报文计算时钟偏差，但不会修改被监测设备的时钟。网络时间协议 NTP 报文格式如表 4–6 所示。

表 4–6　　　　NTP 报 文 格 式

0　1	4	7	15	23	31
LI	VN	Mode	Stratum	Poll	Precision
根延迟 RootDelay（32bits）					
根差量 Root dispersion（32bits）					
参考时间源 Reference identifier（32bits）					
参考更新时间 Reference timestamp（64bits）					
原始时间 Originate timestamp（64bits）					
接收时间 Receive timestamp（64bits）					
发送时间 Transmit timestamp（64bits）					
认证位（可选）Authenticator（optional 96bits）					

1）ReferenceIdentifier 字段，参考时间源。按照 NTP 标准规定，可在已预定义的标识外扩充。用于监测的服务器和客户端应统一填充“TSSM”（Time Synchronization Status Monitoring），标识自身为时间同步状态监测源，以便与正常对时用途的 NTP 服务区分。监测软件不应响应“TSSM”标识以外的请求。

2）Originate Timestamp 字段，NTP 请求报文离开发送端时发送端的本地时间。时间管理服务器监测软件（客户端）请求时应将该字段应填的值保存在本地内存中，发出的报文中该字段全部填充 0，即不向被测对象提供发送参考时间基准。

（2）监测用途 NTP 与对时用途 NTP 的区分。

为避免监测软件与正常的 NTP 对时服务产生冲突，必须保证监测 NTP 服务与对时 NTP 服务可以区分。

第一层保护措施，IP 协议的访问控制。对时 NTP 服务端仅存在于时钟装置，监测 NTP 服务端存在于被监测装置，它们的 IP 地址不同，因此正确配置 IP 地址后，监测的请求不会与对时请求混淆，保证了不同用途的 NTP 服务不会冲突。

第二层保护措施，协议标识的访问控制。通过 ReferenceIdentifier 字段区分监测和对时的 NTP 服务。监测的 NTP 不应响应“TSSM”标识以外的请求报文；对时的 NTP 则不应响应标识为“TSSM”的请求。从而保证了任何情况下两者不会冲突。

调度主站与厂站端的时间同步监测使用三时标乒乓原理，如图 4–50 所示，T_0、T_1、T_2 为三个时间点的时标。

Δt 为调度端超前厂站端的钟差（超前为正，滞后为负），计算方式为：$\Delta t=[(T_2+T_0)/2]-T_1$ 式中，T_0 为主站发送“监测时钟请求”的时标；T_1 为厂站收到“监测时钟请求”的时标；T_2 为主站收到“监测时钟请求的结果”的时标。

主站前置机定期向变电站监控系统网关机发送“监测时钟请求”命令。在完成一个“监测时钟请求”的过程后，根据 T_0、T_1、T_2 计算出主站与变电站间的时钟差 Δt。

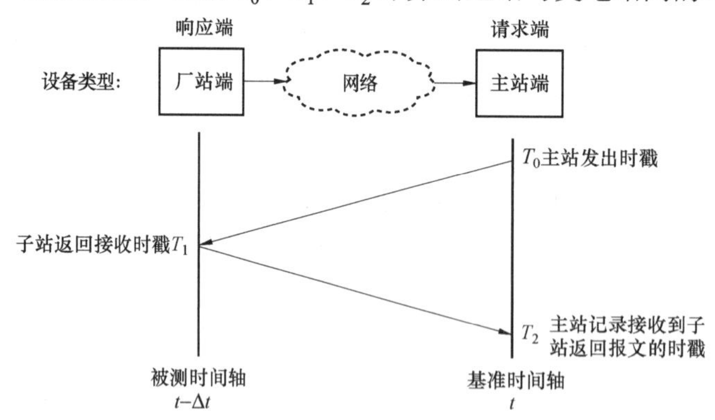

图 4–50　调度端–厂站端时间同步监测管理的基本原理图

主站前置机轮询到一次监测值越限时，应以 1s/次的周期连续监测 5 次，并对 5 次的结果去掉极值后平均，平均值越限则认为被监测对象时间同步异常，生成相应的告警信息。

调度端主站系统前置机通过升级与变电站监控系统的通信软件（如 104、476 等报文中原有的对时命令），利用乒乓原理实时监测变电站（数据通信网关机）时间同步状况；实施时对已有程序改动小，不影响原有业务功能。调度主站与厂站端的时间同步管理偏差应小于 10ms。

2. 基于 TMU 方式的同步监测技术

在调控中心（省调、地调）和变电站部署时间同步监测装置（TMU），TMU 的参考时间源可以由本地主时钟提供或时间同步网的上级时钟源提供。TMU 负责监测本地的时间同步系统的主时钟、从时钟的设备工况信息和时差信息，计算机设备和二次设备的时差信息。TMU 获取的各设备的时间同步监测信息通过调度数据网采用 DL/T 476 或 DL/T 634.5104 协议（规约）向上级调控中心传输。在省调 TMU 与地调 TMU 以及省调直属变电站 TMU 之间、地调 TMU 与地调直属变电站 TMU 之间建立 PTP Over E1（在 E1 通道上传输 PTP 协议）通道，实现地基授时或时差测量，如图 4–51 所示。

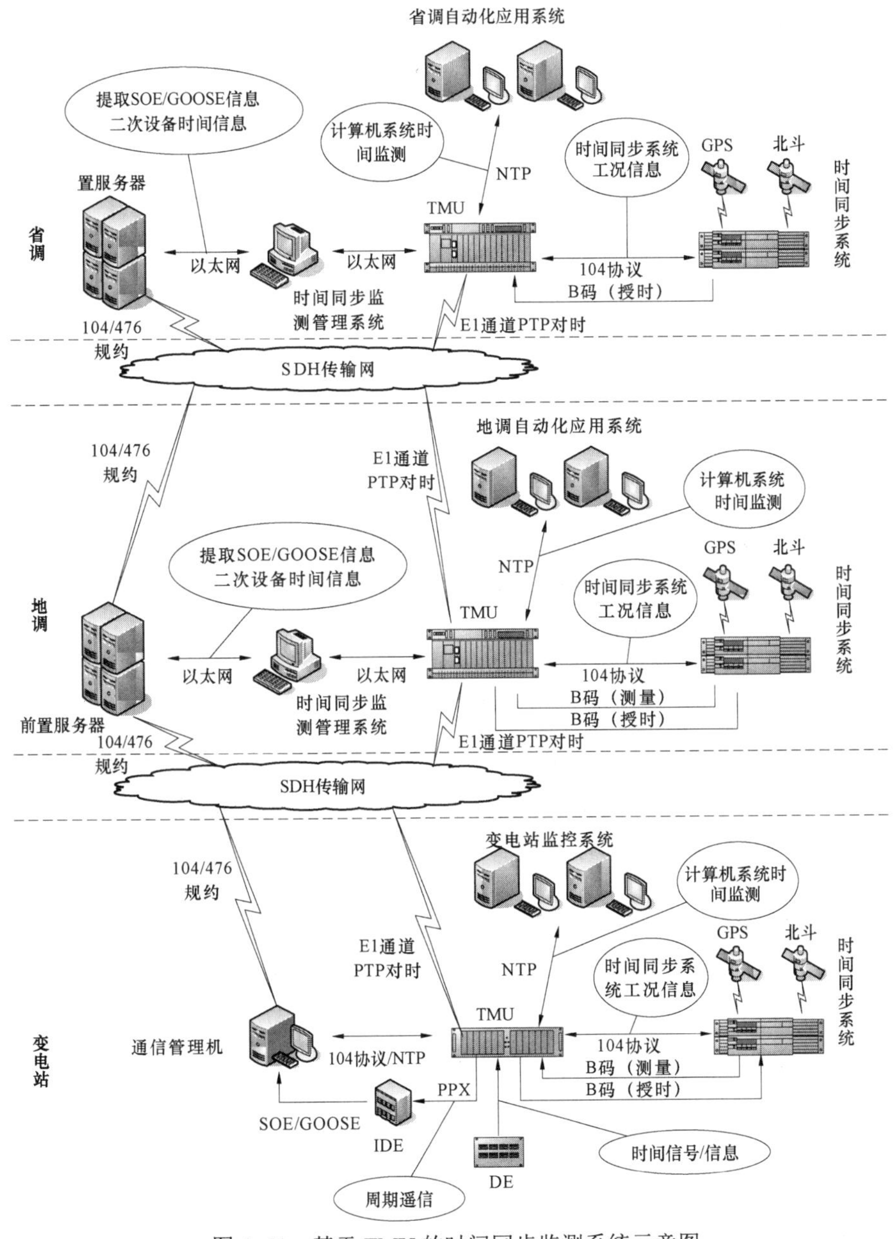

图 4–51　基于 TMU 的时间同步监测系统示意图

（1）时间同步监测装置 TMU。

1）TMU 基本结构及功能。

时间同步监测装置（TMU）基本结构框图如图 4–52 所示。TMU 接收本地主时钟的时间信号 IRIG–B（DC），也可以接收上级调度送来的 PTP Over E1 对时信息，或者通过 PTP Over E1 上送本地 TMU 与上级调度的 TMU 的时差信息。通过输入的时间信号建立内部时钟。TUM 可以接收 IRIG–B（DC）、1PPS/1PPM/1PPH、串口时间报文、NTP/SNTP、PTP 等时间信号和时间信息，并与内部时钟做时间对比，计算出对应的时差。TMU 可以输出周期性脉冲，接入保护装置、测控装置的备用遥信输入（开入量），触发 SOE，通过与本地连接的以太网获取 SOE 信息，计算设备时差。通过连接上级调的以太网上送本地监测的授时设备的状态信息以及各设备的时差信息。

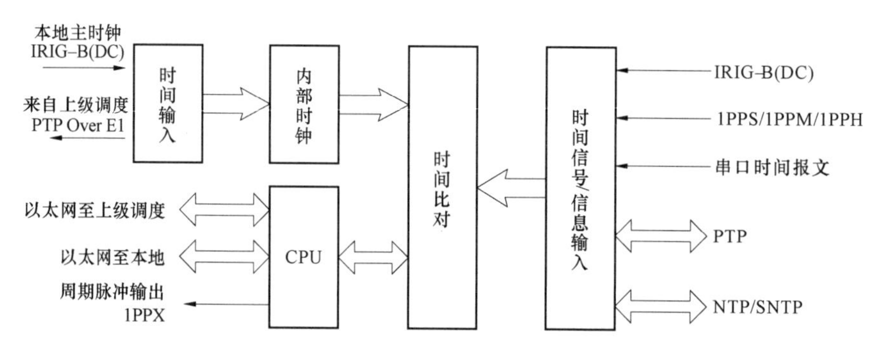

图 4–52　基于时间同步监测装置（TMU）的基本结构框图

TMU 应完成以下基本功能：① 通过以太网口获取时间同步系统中主时钟和从时钟的工况信息，包括：外部时源信号状态、天线状态、卫星接收模块状态、时间跳变侦测状态、时间源选择、晶振驯服状态、初始化状态、电源模块状态、装置工作状态等；② 监测时间同步系统中主时钟和从时钟与 TMU 内部时钟的钟差；③ 通过 NTP/SNTP 监测具有以太网接口的计算机和二次设备的时差；④ 监测具有 IRIG–B（DC）、1PPS/1PPM/1PPH、PTP 或串口时间报文输出接口的二次设备的时间信号或信息，计算时差；⑤ 对具备备用遥信输入的保护装置、测控装置，接入 TMU 提供的周期脉冲输出，触发 SOE，提取 SOE 时间，计算时差；⑥ 通过调度数据网上送 TMU 自身状态及主/从时钟工况、各设备时差。

2）TMU 的参考时间。

TMU 的参考时间可以来源于本地时间同步系统的主时钟，也可以来源于时间同步网提供的 PTP Over E1 的对时信息。采用不同的时间参考源，有不同的实现方式。

a. 本地参考源。以变电站的主时钟时间作为 TMU 的参考时间，站内授时设备和被授时设备的时间与之比对，实现站内设备时间闭环监测。调度端的 TMU 的时间以调度的主时钟的时间为参考，变电站的 TMU 与调度的 TMU 通过 PTP Over E1 做时间比对，实现广域时差监测。

b. 时间同步网参考源。省调 TMU 的时间溯源到省调时间同步系统的时间或通过卫星共视溯源到国家授时中心的UTC时间，省调TMU与各地调和变电站的TMU通过PTP Over E1将省调下属的地调和变电站TMU的时间溯源到省调TMU的时间，调度中心和变电站内的授时设备和被授时设备的时间与比对。

（2）变电站时间同步监测。

在变电站内设置TMU后，可以实现站内设备时间同步的闭环监测，如图4–53所示。无论TMU采用本地时钟源或地基授时源作为输入时间源，都可以实现站内授时设备输出的时间与被授时设备使用的时间的比对，完成时间的产生、应用和监测的闭环。

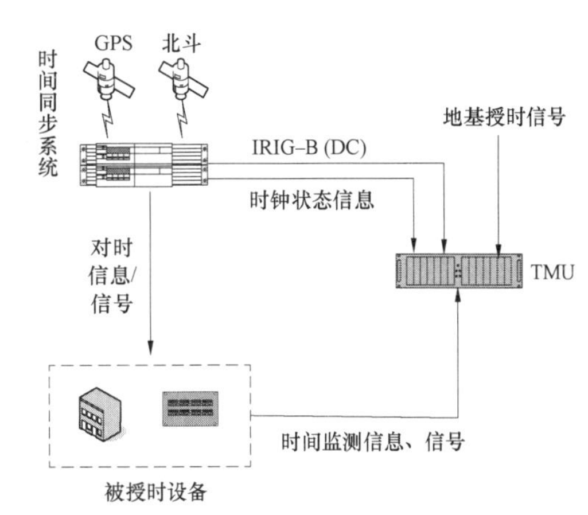

图4–53　基于TMU的变电站时间同步闭环监测示意图

调度端TMU和厂站端TMU之间通过PTP Over E1可以实现时间的传递或比对。如果E1通道传递的时间精度达到1μs，满足时间同步系统的时间精度要求，可以作为地基授时使用；如果精度不足1μs，通常不会超过100μs，可以作为时间比对，只计算时差。

（3）SOE/GOOSE方式的时间同步监测。

在被授时设备不能直接提供时间信号（如IRIG–B（DC）或1PPS）或不能提供NTP/SNTP时间监测时，可以利用某些具有备用开入量（遥信输入）设备，实现这些设备的时间同步监测。

通常情况下，测控装置、保护装置、故障录波装置、安全稳定控制装置等都能提供备用开关量输入，时间同步测量装置（TMU）提供输出周期脉冲输出信号，如1PPM、1PPH或2PPH（每半小时一个脉冲），与之对接。这些装置受开入量触发后，会产生SOE/GOOSE/COMTRADE报文，TMU解析这些报文，提取事件触发时间，与对应的触发脉冲时间比对，得出设备时差，如图4–54所示。

由于装置在做开入量变位扫查的周期都在1ms或以内，因此监测到的时差比较稳定、准确。同时此法无需改变被监测装置的硬件和软件，只需增加开入量接入线，不影响装置的正常工作。

3. 时间同步监测的发展方向

这里先对基于NTP的时间同步监测方法和基于TMU的时间同步监测方法做一下简单对比分析。

对授时设备的监测：两种方法都对授时设备（时间同步装置）的运行工况进行全面的监测，但在时差监测方面有差异。基于NTP的方法在变电站以监控主机作为监测管理者、在调度以前置网关机作为监测管理者，通过乒乓原理计算时差。由于时间戳受软件控制、通信数据传输处理延时的不定性，这样获取的时差误差在1ms或10ms数量级，甚至更高，并且时差值稳定性差。基于TMU的方法在调度中心和变电站部署TMU，以

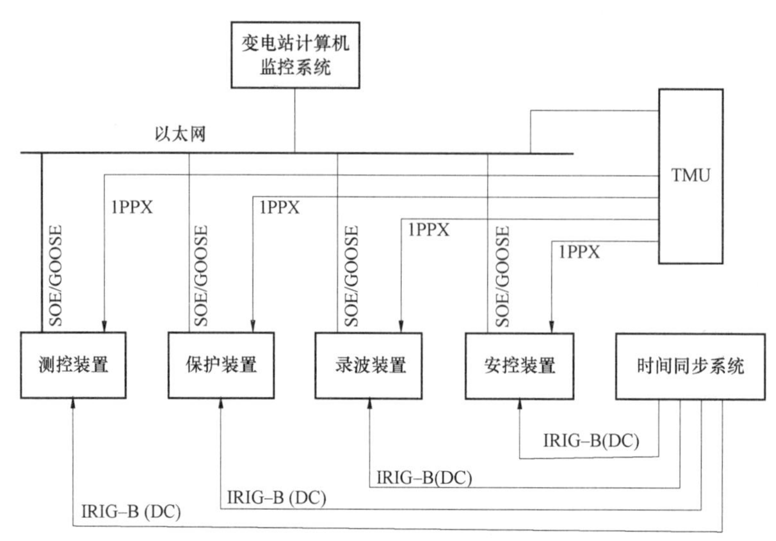

图 4–54 触发 SOE/GOOSE 方式的时间同步监测示意图

本地的主时钟的时间或地基授时的时间为参考，实现站内闭环时差监测，直接采集授时设备输出的时间信号，时间监测精度优于 1μs，变电站与调控中心之间建立 PTP Over E1 链路，以 PTP 方式计算出变电站与调控中心的广域时差，精度优于 10μs。

对被授时设备的监测：两种方法都采用 NTP 乒乓原理对带网口的设备进行时差计算，通常情况下需要对通信软件进行升级才能实现。因此会对已有设备进行软件改造，可能会对原有设备的运行产生影响。当然，在设置了 TMU 的情况下，可以采用 SOE 方式避免设备软件改造，不影响原有设备的运行质量。

总之，基于 NTP 的方法优点在于不增加硬件设备投入，只做软件改造，不会增加额外的设备维护；不足之处在于不能监测授时设备的授时精度，只能实现设备时间同步状态好坏的评估。基于 TMU 的方法优点是能对授时设备的授时精度进行完整地监测，但需要增加 TMU 设备、建立传输 PTP 协议的 E1 通道。两个方案无优劣之分，只是侧重点不同而已。

综上所述，现在的时间同步监测方案都是针对现状提出的，随着电网对时间同步依赖性越来越高，需要时间同步监测能准确反映设备时间同步精度及状态。因此需要在下述两个方面开展工作，才能更好地实现时间同步监测任务。

（1）被授时设备应提供时间信号输出，用于被监测。

目前同步相量测量装置能提供时间同步校准接口输出的秒脉冲，可用于时间同步监测。其他对时间同步要求高的二次设备，在更新的技术规范中也将要求具有时间信号输出功能，输出 IRIG–B（DC）/1PPS 时间信号。由于时间同步对这类设备的重要性，在这些设备的检测规范中要求检测时间输入与时间输出（内部时钟的时间输出）的同步性，以及时间输入消失后时间输出的偏差（内部时钟守时精度），如不大于 1ms/h。

（2）建立全网时间同步网，用于时间监测的参照。

按照时间同步天地互备的发展战略，时间同步网提供的时间源作为时间同步系统的备用时间源，同时可以作为TMU（时间同步监测装置）的参考时间源，使得全网在时间同步监测时有统一的参考时间。

4.4 变电站时间同步系统工程应用方案

4.4.1 全站时间同步系统通用设计原则

变电站宜配置一套公用的时间同步系统，主时钟应双重化配置，另配置从时钟（扩展装置）实现站内所有被授时设备的软、硬对时。支持北斗系统和GPS系统单向标准授时信号，优先采用北斗系统，时间同步精度和守时精度满足站内所有设备的对时精度要求。扩展装置的数量应根据二次设备的布置及工程规模确定。该系统宜预留与地基时钟源接口。

时间同步系统对时或同步范围包括监控系统站控层设备、保护及故障信息管理子站、保护装置、测控装置、故障录波装置、故障测距、相量测量装置、智能终端、合并单元及站内其他智能设备等。

站控层设备对时宜采用SNTP方式。

间隔层设备对时宜采用IRIG-B、1PPS、PTP方式。

过程层设备同步。当采样值传输采用点对点方式时，合并单元采样值同步应不依赖于外部时钟；当采样值传输采用组网方式时，合并单元采样值同步宜采用IRIG-B、1PPS方式（条件具备时也可采用IEEE 1588网络对时）。合并单元集中布置于二次设备室或下放布置于户内配电装置场地时，时钟输入宜采用电信号；合并单元下放布置于户外配电装置场地时，时钟输入宜采用光信号。采样的同步误差应不大于±1μs。

时间同步系统应具备RJ45、ST、RS-232/485等类型对时输出接口扩展功能，工程中输出接口类型、数量按需求配置。

时钟同步系统组屏原则：设主时钟屏（柜）1面，根据小室数量在小室相应增加扩展时钟装置屏（柜）。

4.4.2 变电站时间同步系统典型设计方案

时间同步系统的配置方式较多，比如：单授时源（BDS/GPS）还是双授时源（BDS、GPS），单主钟还是双主钟，带不带从时钟（扩展时钟），频标源采用恒温晶振还是铷原子振荡器，等等。其设计与应用方案主要依据应用环境对时间同步的可靠性要求而定。

对于常规变电站和智能变电站，在时间同步系统设计时没有差异，只是在输出接口的种类和数量上有所不同。智能变电站主要是光纤B码对时、网络对时（NTP/SNTP/1588对时），而常规变电站涉及的接口种类则较多。

下面根据变电站的电压等级以及对可靠性的要求不同，给出几种典型环境的时间同步系统的设计方案。

1. 典型设计方案一

变电站配置单主时钟的设计方案，主时钟接收 GPS 和北斗卫星信号，通过光纤 B 码连接时钟扩展装置，如图 4–55 所示。

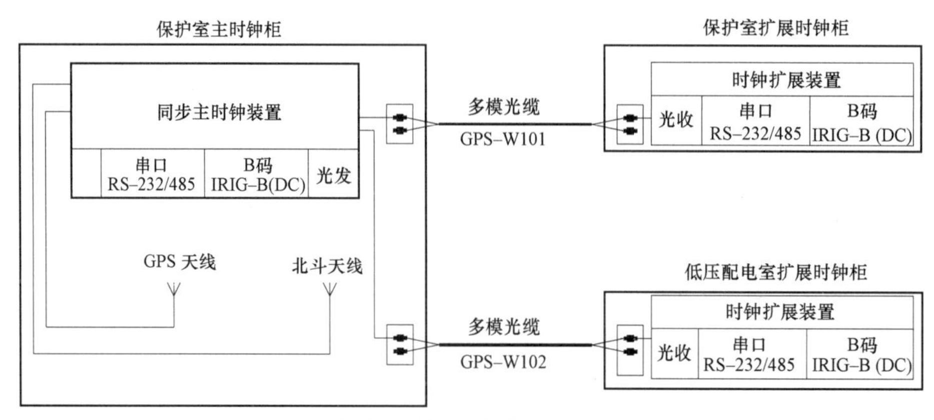

图 4–55　变电站时间同步系统典型设计方案一

2. 典型设计方案二

变电站配置双主时钟的设计方案，两台主时钟都接收 GPS 和北斗卫星信号，两台主时钟分别通过光纤 B 码连接各小室的时钟扩展装置，如图 4–56 所示。

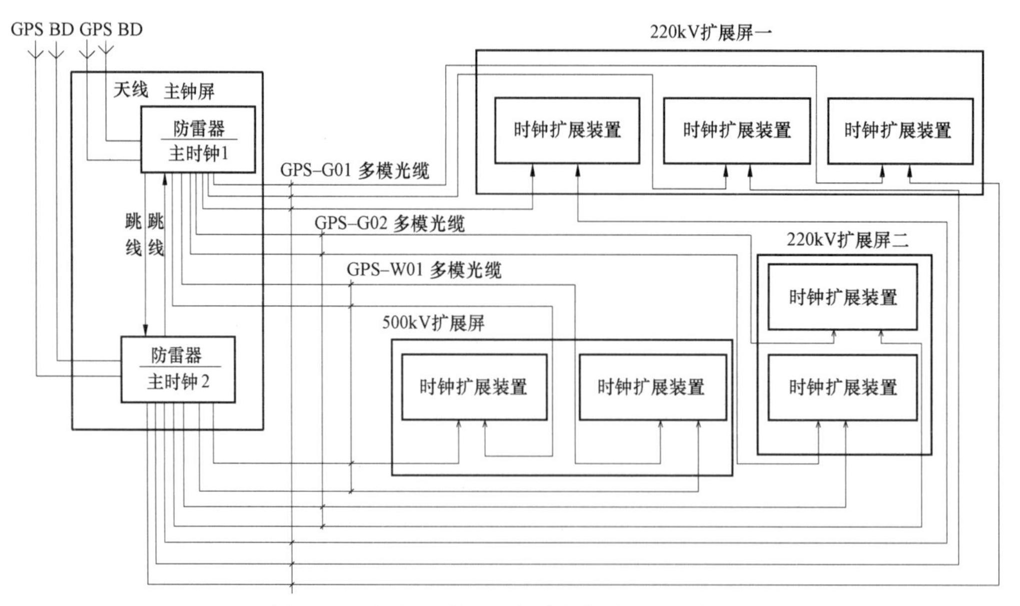

图 4–56　变电站时间同步系统典型设计方案二

4.4.3　传输介质的应用与技术指标

1. 传输介质的技术要求

主时钟时间信号输出单元和时钟扩展单元要能支持使用同轴电缆、屏蔽控制电缆、音频通信电缆、光纤等传输介质来传递时间信号。

2. 传输介质的技术指标

同轴电缆：用于高质量地传输 TTL 电平信号，如 1PPS、1PPM、1PPH 和 IRIG–B（DC）码 TTL 电平信号等，传输距离不大于 15m。

屏蔽控制电缆：用于传输静态空触点脉冲信号，传输距离不大于 50m。

屏蔽双绞线：用于传输 RS–422、RS–485 信号，传输距离不大于 1000m。

音频通信电缆：用于传输 IRIG–B（AC）信号，传输距离不大于 1000m。

光纤：用于远距离传输各种时间信号，传输距离取决于光纤的类型。

4.5 时间同步系统的调试与检测

4.5.1 时间同步系统的调试

时间同步的调试是指在时间同步系统安装接线完成后，对系统功能、性能进行调试，以保证在上电后能够正常可靠工作，调试工作主要包括主时钟调试和从时钟调试。

1. 时钟主机调试

时钟主机运行，建立卫星时间信源同步。依次对时钟主机信号输入天线进行功能调试，主机建立卫星时间信源同步。时钟主机同步稳定运行，主机授时信号输出。建立时钟主机间信号互联。主机告警信号测试。授时信号输出测试。

2. 从时钟调试

从时钟运行，建立从机和主机时间同步；从时钟信号输入切换逻辑测试。从时钟授时信号输出测试。

3. 时钟主机多信源输入逻辑切换

时钟装置运行过程中，多种时间信源输入切换逻辑测试。在时钟运行过程中，出现一种输入时间信源丢失，按照预先时钟主机输入信源设置优先次序，自动切换，同时信号输出连续。

4. 告警信号调试

按照图纸设计，依次查验时钟主机的信源丢失告警（失步告警）、失电告警以及时钟分机的信源丢失告警、失电告警是否正常。

4.5.2 时间同步系统的检测

检测一般用于系统投运前或定检，通过时间测试仪器对时钟装置的主机、分机输出的时间同步信号进行测试。对时钟主机的多信源切换进行查验，对分机的双路信源输入进行查验，对时钟主机的天线及接收器进行查验。作为一种成熟的装置，时钟同步系统一般不需要进行检测，仅在系统运行出现异常时，为了查找故障原因，才对时间同步装置进行检测。

1. 卫星授时接口

接收载波频率：2491.75MHz。

接收灵敏度：＜–127.6dBmW。

授时精度：≤100ns（单向）。

2. GPS 接收器

接收载波频率：1575.42MHz（L1 信号）。

接收灵敏度：捕获＜–160dBW，跟踪＜–163dBW。

同时跟踪：冷启动时，不少于 4 颗卫星；热启动时，不少于 1 颗卫星。

捕获时间：热启动时，＜2min；冷启动时，＜20min。

定时准确度：≤1μs（1PPS 相对于 UTC 时间）。

3. 地面有线授时接口

采用 SDH 光通信网络的 E1 通道作为承载时间业务的通道，该 E1 通道应满足如下要求。

物理接口：G.703 标准，非平衡 75Ω 或平衡 120Ω（可选）。

数据速率：2.048Mbit/s。

帧结构：非成帧方式。

同步方式：本端同步（主同步）或提取同步（从同步），根据需要选择。

4. TTL 电平接口

（1）测试内容。

1PPS 和 IRIG–B（DC）码的秒准时沿与标准时间准时沿的误差；1PPS 和 IRIG–B（DC）码的秒准时沿的上升时间；1PPS 的脉宽，IRIG–B（DC）码的码元正脉宽、码元周期。

（2）测试方法。

如图 4–57 所示，选取被测试设备的 PPS 和 IRIG–B（DC）输出进行测试，等效输入负载电阻为 50Ω。

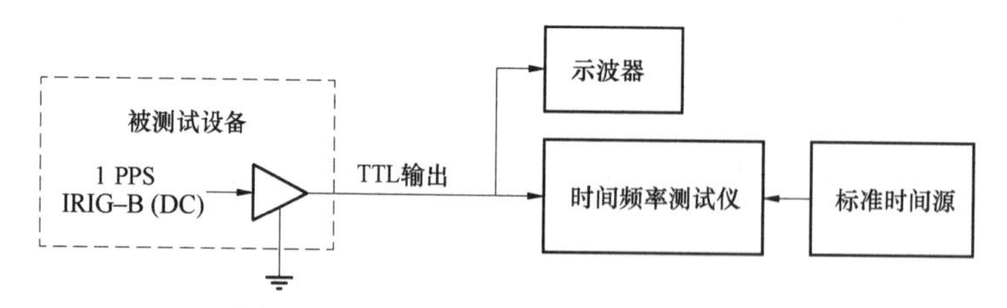

图 4–57　TTL 电平接口测试方法示意图

（3）合格判据。

1PPS 脉冲宽度 10～200ms；IRIG–B（DC）每秒 1 帧，包含 100 个码元，每个码元 10ms。

准时沿：上升沿，上升时间≤100ns；抖动时间：≤200ns；上升沿的时间准确度：优于 1μs。

5. 空接点接口

（1）测试内容。

空接点由打开到闭合的跳变对应准时沿；

用示波器测量被测试设备输出信号的上升时间。

（2）测试方法。

如图 4–58 所示，选取被测设备的 1PPS 输出进行测试，控制负载电流为 2mA。

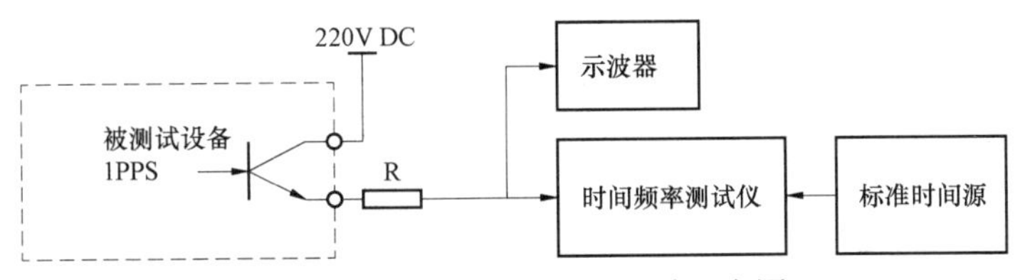

图 4–58　空接点接口测试方法示意图

（3）合格判据。

静态空接点与 TTL 电平信号的对应关系为接点闭合对应 TTL 电平的高电平，接点打开对应 TTL 电平的低电平，接点由打开到闭合的跳变对应准时沿。

准时沿：上升沿，上升时间≤1μs。

上升沿的时间准确度：优于 3μs。

隔离方式：光电隔离。

输出方式：集电极开路。

允许最大 V_{ce} 电压：220VDC。

允许最大 I_{ce} 电流：20mA。

6. RS–232 接口

（1）测试内容。

测量报文的起始发送时刻与 UTC 基准时间的误差；

检验报文中时间信息的正确性。

（2）测试方法。

如图 4–59 所示，选取被测设备的输出报文进行测试。

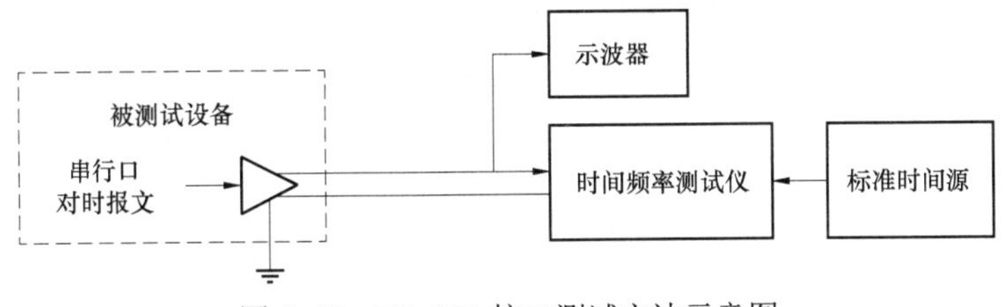

图 4–59　RS–232 接口测试方法示意图

（3）合格判据。

电气特性符合 GB/T 6107—2000。

波特率为 1200bit/s，2400bit/s，4800bit/s，9600bit/s，19 200bit/s 可选，缺省值为

9600bit/s。

数据位 8 位，停止位 1 位，偶校验。

报文发送时刻，每秒输出 1 帧。帧头为#，与秒脉冲（1PPS）的前沿对齐，偏差小于 5ms。

串行口时间报文格式如表 4–7 所示。

表 4–7　　串行口标准时间报文格式

字节序号	含义	内　容	取值范围
1	帧头	<#>	‘#’
2	状态标志 1	用下列 4 个 bit 合成的十六进制数对应的 ASCII 码值。 bit 3，保留=0； bit 2，保留=0； bit 1，闰秒预告（LSP）：在闰秒来临前 59s 置 1，在闰秒到来后的 00s 置 0； bit 0，闰秒标志（LS），0：正闰秒，1：负闰秒	‘0’ ～ ‘9’ ‘A’ ～ ‘F’
3	状态标志 2	用下列 4 个 bit 合成的十六进制数对应的 ASCII 码值。 bit 3，夏令时预告（DSP）：在夏令时切换前 59s 置 1； bit 2，夏令时标志（DST）：在夏令时期间置 1； bit 1，半小时时区偏移，0：不增加，1：时间偏移值额外增加 0.5hr； bit 0，时区偏移值符号位，0：+，1：–	‘0’ ～ ‘9’ ‘A’ ～ ‘F’
4	状态标志 3	用下列 4 个 bit 合成的十六进制数对应的 ASCII 码值。 bit 3–0，时区偏移值（hr）：串口报文时间与 UTC 时间的差值，报文时间减时间偏移（带符号）等于 UTC 时间（时间偏移在夏时制期间会发生变化）	‘0’ ～ ‘9’ ‘A’ ～ ‘F’
5	状态标志 4	用下列 4 个 bit 合成的十六进制数对应的 ASCII 码值。 bit 03–00，时间质量： 0x0：正常工作状态，时钟同步正常 0x1：时钟同步异常，时间准确度优于 1ns 0x2：时钟同步异常，时间准确度优于 10ns 0x3：时钟同步异常，时间准确度优于 100ns 0x4：时钟同步异常，时间准确度优于 1μs 0x5：时钟同步异常，时间准确度优于 10μs 0x6：时钟同步异常，时间准确度优于 100μs 0x7：时钟同步异常，时间准确度优于 1ms 0x8：时钟同步异常，时间准确度优于 10ms 0x9：时钟同步异常，时间准确度优于 100ms 0xA：时钟同步异常，时间准确度优于 1s 0xB：时钟同步异常，时间准确度优于 10s 0xF：时钟严重故障，时间信息不可信	‘0’ ～ ‘9’ ‘A’ ～ ‘F’
6	年千位	ASCII 码值	‘2’
7	年百位	ASCII 码值	‘0’
8	年十位	ASCII 码值	‘0’ ～ ‘9’
9	年个位	ASCII 码值	‘0’ ～ ‘9’
10	月十位	ASCII 码值	‘0’ ～ ‘1’
11	月个位	ASCII 码值	‘0’ ～ ‘9’
12	日十位	ASCII 码值	‘0’ ～ ‘3’
13	日个位	ASCII 码值	‘0’ ～ ‘9’

续表

字节序号	含义	内　　容	取值范围
14	时十位	ASCII 码值	‘0’ ～ ‘2’
15	时个位	ASCII 码值	‘0’ ～ ‘9’
16	分十位	ASCII 码值	‘0’ ～ ‘5’
17	分个位	ASCII 码值	‘0’ ～ ‘9’
18	秒十位	ASCII 码值	‘0’ ～ ‘6’
19	秒个位	ASCII 码值	‘0’ ～ ‘9’
20	校验字节高位	从“状态标志 1”直到“秒个位”逐字节异或的结果（即：异或校验），将校验字节的十六进制数高位和低位分别使用 ASCII 码值表示	‘0’ ～ ‘9’ ‘A’ ～ ‘F’
21	校验字节低位		
22	结束标志	CR	0DH
23	结束标志	LF	0AH

7. RS–485/RS–422 接口

（1）测试内容。

IRIG–B（DC）码秒准时沿和 UTC 基准时间的误差。

IRIG–B（DC）码的码元正脉宽、码元周期。

检验 IRIG–B（DC）码和时间报文中时间信息的正确性，时间信息包括：本地时间信息、B 码校验位、时区信息、时间质量信息（应使被测试装置在锁定状态及守时保持状态之间切换，观察时间质量信息的变化）、闰秒标识信息、SBS 信息。

（2）测试方法。

如图 4–60 所示，选取被测设备的 IRIG–B（DC）、1PPS 或时间报文的差分信号输出进行测试，等效输入负载电阻为 100Ω。

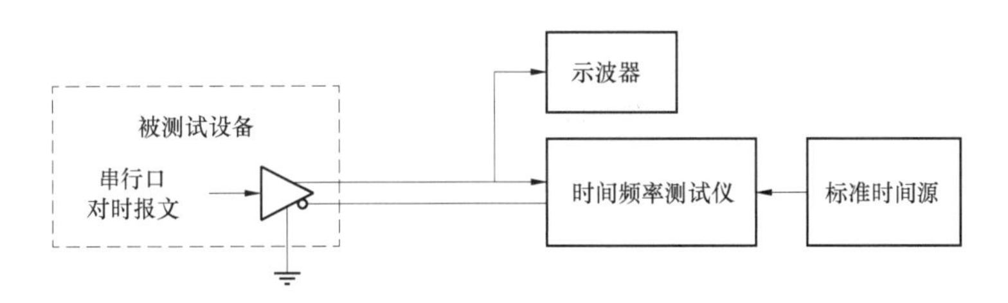

图 4–60　RS–485/RS–422 接口测试方法示意图

（3）合格判据。

RS–422 电气特性符合 GB/T 11014—1989。

RS–485 电气特性符合 ANSI/TUA/EIA 485—A—1998。

准时沿：上升沿，上升时间≤100ns。

上升沿的时间准确度：优于 1μs。

8. 光纤接口

（1）测试内容。

IRIG–B（DC）码秒准时沿和 UTC 基准时间的误差。

IRIG–B（DC）码的码元正脉宽、码元周期。

检验 IRIG–B（DC）码和时间报文中时间信息的正确性，时间信息包括：本地时间信息、B 码校验位、时区信息、时间质量信息（应使被测试装置在锁定状态及守时保持状态之间切换，观察时间质量信息的变化）、闰秒标识信息、SBS 信息。

检验 1PPS 和 UTC 基准时间的误差。

（2）测试方法。

如图 4–61 所示，选取被测设备的 IRIG–B（DC）码或 1PPS 输出进行测试。

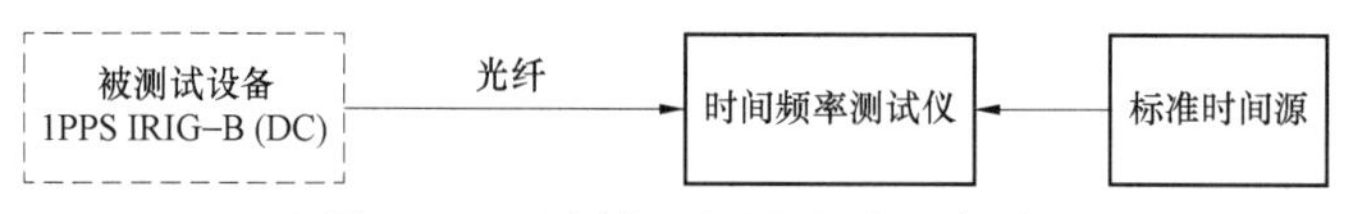

图 4–61　光纤接口测试方法示意图

（3）合格判据。

每秒 1 帧，包含 100 个码元，每个码元 10ms。

脉冲上升时间：≤100ns。

抖动时间：≤200ns。

秒准时沿的时间准确度：优于 1μs。

接口类型：TTL 电平、RS–422、RS–485 或光纤。

使用光纤传导时，灯亮对应高电平，灯灭对应低电平，由灭转亮的跳变对应准时沿。

采用 IRIG–B000 格式。

9. 交流调制接口

（1）测试内容。

IRIG–B（AC）码的秒准时点与标准时间的误差。

IRIG–B（AC）码的载波频率、幅值、调制比和输出阻抗。

检验 IRIG–B（AC）中时间信息的正确性，时间信息包括：本地时间信息、B 码校验位、时区信息、时间质量信息（应使被测试装置在锁定状态及守时保持状态之间切换，观察时间质量信息的变化）、闰秒标识信息、SBS 信息。

（2）测试方法。

IRIG–B（AC）码的测试方法如图 4–62 所示，等效输入负载电阻为 600Ω。

图 4–62　IRIG–B（AC）码测试方法示意图

（3）合格判据。

载波频率：1kHz。

频率抖动：≤载波频率的 1%。

信号幅值（峰值）：高幅值为 3～12V 可调，典型值为 10V；低幅值符合 3:1～6:1 调制比要求，典型调制比为 3:1。

输出阻抗：600Ω，变压器隔离输出。

秒准时点的时间准确度：优于 20μs。

采用 IRIG–B120 格式。

10. 网络接口

（1）测试内容。

网络对时报文格式的正确性。

NTP 对时信号的时间准确度。

（2）测试方法。

被测设备的 NTP 工作模式只作为授时源存在，对相关设备实现对时。测试方法如图 4–63 所示，将被测设备输出信号经以太网交换机后接入精密时间综合测量仪，选择测试仪相应的模式，记录网络对时信号的精确度。

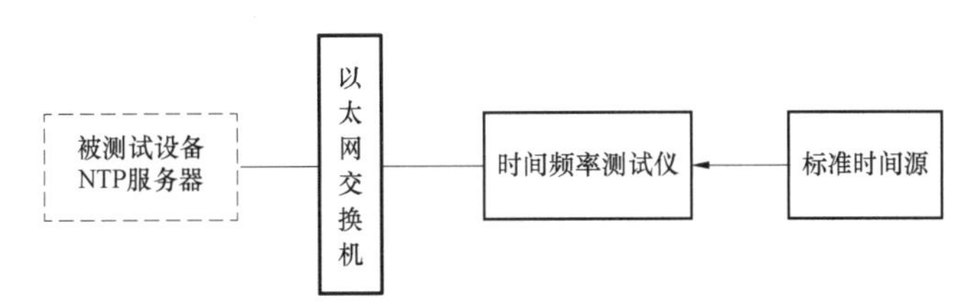

图 4–63　NTP 服务器端测试方法示意图

（3）合格判据。

工作模式：客户端/服务器。

网络接口：电缆接口或光缆接口。

支持以下协议：RFC1305（NTP），RFC2030（SNTP）。

11. 输出接口驱动性能测试

时间信号传输介质应保证时间同步装置发出的时间信号传输到被授时设备/系统时，能满足它们对时间信号质量的要求，一般可在下列几种传输介质中选用。

① 同轴电缆。用于室内高质量地传输 TTL 电平时间信号，如 1PPS、1PPM、1PPH、IRIG–B（DC）码 TTL 电平信号，传输距离不长于 15m。

② 屏蔽控制电缆。屏蔽控制电缆可用于以下场合：

传输 RS–232C 串行口时间报文，传输距离不长于 15m；

传输静态空接点脉冲信号，传输距离不长于 150m；

传输 RS–422、RS–485、IRIG–B（DC）码信号，传输距离不长于 150m。

③ 音频通信电缆。用于传输 IRIG–B（AC）码信号，传输距离不长于 1km。

④ 光纤。用于远距离传输各种时间信号和需要高准确度对时的场合。

主时钟、从时钟之间的传输宜使用光纤。同屏的主时钟、从时钟之间可不使用光纤。

⑤ 双绞线。用于传输网络时间报文，传输距离不长于100m。

（1）测试内容。

在传输电缆或光纤的末端，测输出时间信号。

（2）测试方法。

根据上述规定的各种时间信号在不同传输介质中传输距离的要求，被测设备连接相应长度的电缆或光缆接入被测试设备，测试方法如图4–64所示。

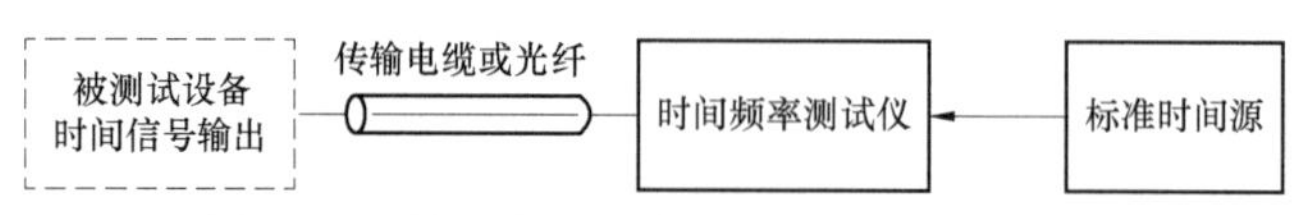

图4–64 输出接口传输距离测试方法示意图

（3）合格判据。

时间频率测试仪收到的时间信号正确。

12. 守时单元

（1）测试内容。

测试对时设备在守时时间内的守时精度。

（2）测试方法。

将被测试设备接入标准时钟源，如图4–65所示，使被测试设备进入锁定状态，30min后断开标准时钟源，此时被测试设备进入守时状态，继续运行12h后，测试被测试设备输出时间的准确度。

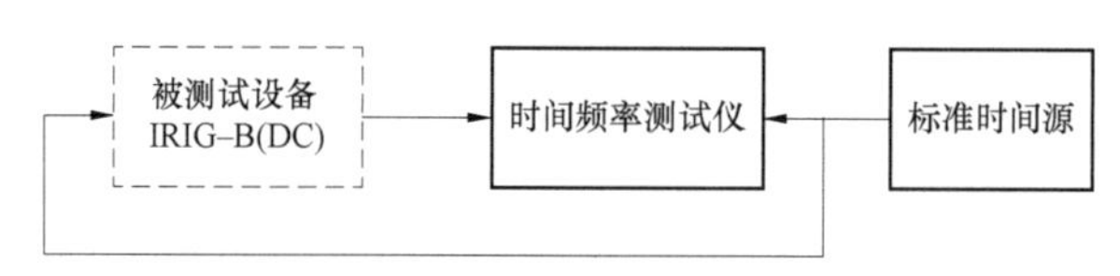

图4–65 守时测试方法示意图

（3）合格判据。

在守时保持状态下的时间准确度应该优于1μs/h，且守时时间大于12h。

13. 告警输出

（1）测试内容。

测试被测设备的电源告警、时间有效性等告警功能，并能以空触点或MMS上送。

（2）测试方法。

模拟被测设备电源失电、失步等故障状态，测试告警功能与告警信号输出。

（3）合格判据。

电源中断、故障状态等严重告警以空触点的形式输出。

满足站控层DL/T 860的MMS组网，主备时钟源状态、主备时钟源类型、时间质量、锁定状态、出口电路、主要电路、装置异常等应有经常监视及自诊断功能，装置的告警信息、状态信息、自检信息可通过站控层MMS网络上送站内监控系统。

14. 时钟的多信源切换检测

（1）测试方法。

主时钟：根据主时钟接入的时间信源类别，依次断开同步天线，检测切换逻辑执行情况。

从时钟：判定从时钟输入的同步时间信号有效，依次断开输入的时间同步信号，检测从时钟切换执行情况。

（2）测试内容。

测试主时钟设备的多源对时信号切换功能。

从时钟设备的双路信号输入切换功能。

（3）合格判据。

变电站时钟系统初次上电运行时，时钟主机按照自身多时钟源的选定顺序，快速跟踪选定的时源，同步后信号输出。

在装置正常运行时，当前跟踪的时源失步或者异常时，时间信源进行切换，首先判定切换的时间信源是否有效（卫星接收相关标志位正常为有效），在判断切换时间源有效后进行跟踪。

4.6 时间同步系统的运行与维护

一个完整的全网时间同步系统能够实现“天基对时”和“地基对时”。“天基对时”指的是基于卫星（北斗、GPS）对时，“地基对时”指的是基于 1588 对时的网络对时。天基对时主要实现全网中各局部区域（如调控中心、发电厂、变电站）的授时，地基对时主要实现全网的分层、分级授时。通常情况下，以天基对时为主，地基对时为辅。

作为部署在各局部区域的时间同步装置/系统通常是由单/双台主时钟单元和多台从时钟（扩展）单元组成，主时钟单元接收外部时钟源（北斗、GPS、1588 对时、IRIG–B（DC）等），从时钟（扩展）单元向区域内各 IDE 设备提供时间信号和时间信息（1588 对时、NTP/SNTP、IRIG–B、PPS/PPM/PPH、串口报文等）。

4.6.1 缺陷、故障及应对措施

尽管时间同步系统在设计上确保具有较强的正确性、稳定性和可靠性，使得提供的时间信号和时间信息连续正确，但诸多的内在和外在因素都可能引发故障。因此，需要对可能出现的故障做分类，并采取相应措施。

装置/系统缺陷指所发生的故障不影响装置/系统正常的输出时间信号和时间信息，但需要及时地做消缺处理，以免故障进一步扩大造成输出不正确。就分布在各区域的时间同步系统而言，系统配置不同，可能的缺陷类型也不相同，如表 4–8 中所列举的 13 个缺陷，其严重程度各不相同。缺陷（1）～（6）、（10）、（11）为一般缺陷，可列入计划消缺；（7）、（8）、（12）为重大缺陷，应马上安排消缺；（9）、（13）为特大缺陷，必须立即消缺。

表 4–8　　时间同步装置/系统缺陷及处理措施

系统配置	缺陷类型	工作状态	处理措施
单主时钟带扩展系统：北斗、GPS 双时钟源输入，上级 1588 对时或 IRIG–B（DC）输入，双电源	（1）北斗信号、北斗天线、北斗接收器故障	主时钟同步 GPS	等待卫星信号正常、调整天线位置、更换天线、更换接收模块
	（2）GPS 信号、GPS 天线、GPS 接收器故障	主时钟同步北斗	等待卫星信号正常、调整天线位置、更换天线、更换接收模块
	（3）1588 对时/IRIG–B（DC）输入故障	主时钟同步北斗	检查输入信号、更换接收模块
	（4）北斗和 GPS 均故障	主时钟同步 1588 对时/IRIG–B（DC）	等待卫星信号正常、调整天线位置、更换天线、更换接收模块
	（5）北斗和 1588 对时/IRIG–B（DC）输入均故障	主时钟同步 GPS	检查输入信号、更换接收模块
	（6）GPS 和 1588 对时/IRIG–B（DC）输入均故障	主时钟同步北斗	检查输入信号、更换接收模块
	（7）北斗、GPS 和 1588 对时/IRIG–B（DC）输入均故障	主时钟守时	检查输入信号、更换接收模块
	（8）某一电源模块故障	主时钟单电源供电	更换故障电源插件
	（9）主时钟输出故障	扩展单元守时输出	更换相应的输出插件，或 CPU 插件、内部时钟插件
双主时钟带扩展系统：每台主时钟带北斗、GPS 双时钟源输入，均有上级 1588 对时或 IRIG–B（DC）输入，双电源	（10）主时钟 A/B 输入故障	主时钟 A/B 守时，扩展单元同步主时钟 B/A	检查主时钟 A/B
	（11）主时钟 A/B 输出故障	扩展单元同步主时钟 B/A	检查主时钟 A/B
	（12）主时钟 A 输入故障，主时钟 B 输入故障	主时钟 A 守时，主时钟 B 守时，扩展单元同步主时钟 A	检查主时钟 A、B
	（13）主时钟 A 输出故障，主时钟 B 输出故障	扩展单元守时输出	检查主时钟 A、B

局部故障指所发生的故障造成装置/系统的部分输出时间信号或时间信息不正常，应立即排查故障，恢复正常输出。通常引起局部输出故障的原因是连线松动、断线、输出接口器件损坏等。

装置/系统故障指所发生的故障造成装置/系统不能正常输出，应立即消除故障，恢复正常输出。通常装置/系统故障是由于重大或特大缺陷未及时得到消除演变而来，也可能由于装置/系统失电、与被授时设备直接相连的主时钟单元/从时钟扩展单元的内部时钟部件或 CPU 部件损坏所致。

4.6.2　运维管理手段

1. 运维信息获取

作为智能变电站的标配系统，时间同步系统为整个变电站中各二次设备提供统一的时间，其运行的正确性、稳定性、可靠性不言而喻。有效的运维管理手段是保障时间同步系统正常运行的必要措施。下面通过四个层面分别描述。

（1）告警信息直传。

装置的失电告警和总告警（含北斗失步、GPS 失步、装置内部故障等）可以以硬接点遥信提供给变电站监控系统，手段直接可靠，能大体反映出装置的工作状态。

（2）装置信息上传。

装置通过以太网采用 DL/T 860 或 DL/T 634 协议，将装置内部的工作状态传送给变电站监控系统。上传的信息包括：BD 外部时源信号状态、GPS 外部时源信号状态、其他外部时源信号状态、BD 天线状态、GPS 天线状态、BD 接收模块状态、GPS 接收模块状态、时间跳变侦测状态、时间源选择、晶振驯服状态、初始化状态、电源模块状态等。通过这些信息可以全面掌握时间同步装置的工作状态。

（3）故障排查及装置定检。

当现场出现时间同步装置故障需要排查或需要做定期检测时，可以借助时间同步测试仪或时间频率测试仪完成。

（4）在线监测。

上述三种手段都是针对已有故障的发现与处理，但是不能监测时间同步装置、二次设备的同步状态，即站内各设备时间是否同步。建立了变电站时间同步在线监测系统后，可以提取时间同步装置、各二次设备的实时时间，与参考时钟源（第三方时间源，如省级时间源）对比，计算出各设备钟差。实时监视钟差，进一步确保在各设备时间运行的同步性。

2. 运维管理措施

（1）异常报警：提示装置失电等异常现象，出现异常报警时，需检查电源指示灯亮否，否则检查装置熔断器、开关和电源输入端子是否接触良好。检查数码管显示是否正常，时间是否刷新，PPS 指示灯是否每秒闪烁一次，若不正常，可关机重新上电。

（2）失步报警：提示装置收不到卫星信号，装置的 GPS 信号异常，指示灯闪烁。需检查天线安装及各接头连接是否良好。

（3）按照装置的电源输入要求，接好电源。打开装置的电源开关，若电源指示灯不亮，需检查电源开关、熔断器和电源输入端子。

（4）开机超过半个小时后，仍接收不到信号，需检查天线安装及各接头连接是否良好。

（5）运行中如果 GPS 信号异常，指示灯连续长时间闪亮，表明装置失去同步，需检查天线安装及各接头连接是否良好。

（6）异常接点闭合报警，检查装置是否失电，重新给装置上电。

（7）失步接点闭合报警，表示装置收不到卫星信号，需检查天线安装及各接头连接是否良好。

（8）装置信号输出接口无信号输出，需检查装置的设置是否正确，接线是否牢固。

（9）如以上问题经过检查后，如果仍然不能解决，须与厂家联系处理。

第5章

展 望

5.1 层次化保护控制系统展望

层次化保护控制系统对现有的保护、安稳配置方案进行改进，利用先进的数据处理与通信技术，实现了基于信息共享的保护控制体系。层次化保护控制系统在时间维度、空间维度和功能维度上协调配合，提升了电力系统保护控制性能和安全稳定运行水平。随着电网规模越来越大，电网互联程度越来越高，需要层次化保护控制系统在保护控制原理方面突破创新。同时为了更好地实现保护装置小型化、就地化的安装，促进一、二次设备的高度融合，保护装置实现技术方面也需要进一步研究。

随着电力电子装置规模化应用以及各种间歇性新能源的大规模接入，电网故障特性愈加复杂，同时随着直流工程的不断建设，交流侧保护需要与直流保护相协调，为此需要在现有层次化保护控制技术基础上，需要充分利用智能变电站信息共享的优势，开发新型快速保护技术，如基于暂态量和光子差动等保护原理的技术。相比于稳态量保护技术，基于暂态量的保护技术动作出口时间较快，可以快速切除故障，显著提高电力系统的安全稳定运行水平；基于光测量、光计算和光传输等光子技术的光子差动保护，利用光学元器件实现传统差动保护的动作判据，实现光子加减运算、光子比例运算和光子相移运算等。差动保护的光子计算技术不需要转换为电信号，在光路层面直接进行 Faraday 旋光角的加减运算、比例运算和相移运算，因此能大幅度提高保护的可靠性和快速性，是一种极具前瞻的保护新概念。光子保护技术将会把现有保护配置带入光子时代，具有潜在的巨大经济效益和社会效益。

电网结构日趋复杂，运行方式日益灵活，系统运行工况的随机性和波动性更加明显，目前后备保护的整定原则很难适应日趋复杂、灵活的电网结构，出现了由于后备保护动作导致连锁故障发生的案例，同时目前缺少抑制连锁故障的有效手段，为此层次化保护控制系统需更注重连锁故障的防御和实时控制，进而充分挖掘广域保护控制潜能。电力系统本质上是一个广域系统，系统中所有电气量都是相互关联的一个整体，广域保护控制系统可以融合多变电站稳态、动态、暂态运行信息，将电力系统稳定性作为保护的首要目的，需以避免系统性连锁故障为目标，研究实现电网的广域快速后备保护方案。电力系统中电力电子装置规模化应用影响了广域量测精度，进而对广域控制产生了不良影响，因此需要研究适应于电力电子装置规模化应用的广域测量技术，通过设计广域短时延响应算法，提高广域测量的动态响应性能，实现广域保护控制系统在低频振荡、次同步振荡、电压不稳定、频率不稳定、连锁故障等过程中的控制目的，确保复杂大电网的安全稳定运行。

在层次化保护装置安装方面，为了减少二次（光）电缆长度，优化二次回路设计，提高保护可靠性，促进一、二次设备的融合，保护装置的就地化安装成为了发展趋势。但就地化保护装置需要有抗电磁干扰、高温、高湿的能力，并且还需要保证其使用寿命，因此就地化安装对保护装置本身提出了很高要求。随着复合材料、纳米材料、新型硅晶体材料、新型绝缘材料、高温超导材料等新材料的应用和批量生产，新材料在实现保护装置小型化、就地化等方面都将发挥积极作用；保护装置通常含有电源插件、交流插件、CPU 等多组插件，造成保护装置构造复杂，不易于实现保护装置的小型化、就地化安装。通过研究专用低功耗、高性能处理芯片，开发多原理保护集成芯片，整合保护装置板卡功能及外围接口，优化保护软件结构，提高算法效率，实现保护装置的计量、保护及通信等功能，最终实现芯片保护的应用。

5.2 合并单元与智能终端展望

合并单元及智能终端装置作为智能变电站中数字化采样的功能实现的主要环节，目前正处于技术发展的过渡阶段，采用的是单体装置独立配置的方式。随着技术成熟度的不断提高，未来的合并单元及智能终端装置将趋于就地化、小型化，并且与一次设备或间隔层二次设备进行融合，主要技术路线分述如下：

1. 与一次设备融合

合并单元及智能终端装置与一次设备同体设计，通过紧密耦合的数字化远端模块实现一、二次设备数据交互。其中电流/电压互感器通过就地安装模拟量就地模块，实现就地数字化采样；断路器通过就地安装操作模块和开关量就地模块，实现其信息就地数字采集和控制；隔离开关、接地开关通过就地安装开关量就地模块，实现其信息就地采集和控制。

就地模块按照标准化、模块化、冗余化、就地化的原则进行装置设计，具备结构紧凑、高防护、抗干扰、免配置、低功耗、可不停电更换等特点，采用分散配置、就地安装的布置方式，实现电压、电流、油温、油位及断路器状态、分接头挡位、非电量信号等模拟量、开关量就地数字化。同时将一个变电站间隔内的设备组成一个 HSR 环网，采用共口传输的方式，由通信接口模块点对点对外输出数据，如图 5-1 所示。

2. 与间隔层二次设备融合

设备和功能的集成是目前智能变电站的技术发展趋势，合并单元及智能终端装置作为采样功能的主要载体，同样也具有与其他设备集成的条件。目前，合并单元已经与智能终端在 110kV 及以下级别实现了集成，并以此为基础对采样值和 GOOSE 通信报文实现了共口传输，大量节省了屏柜空间和光纤口的数量。

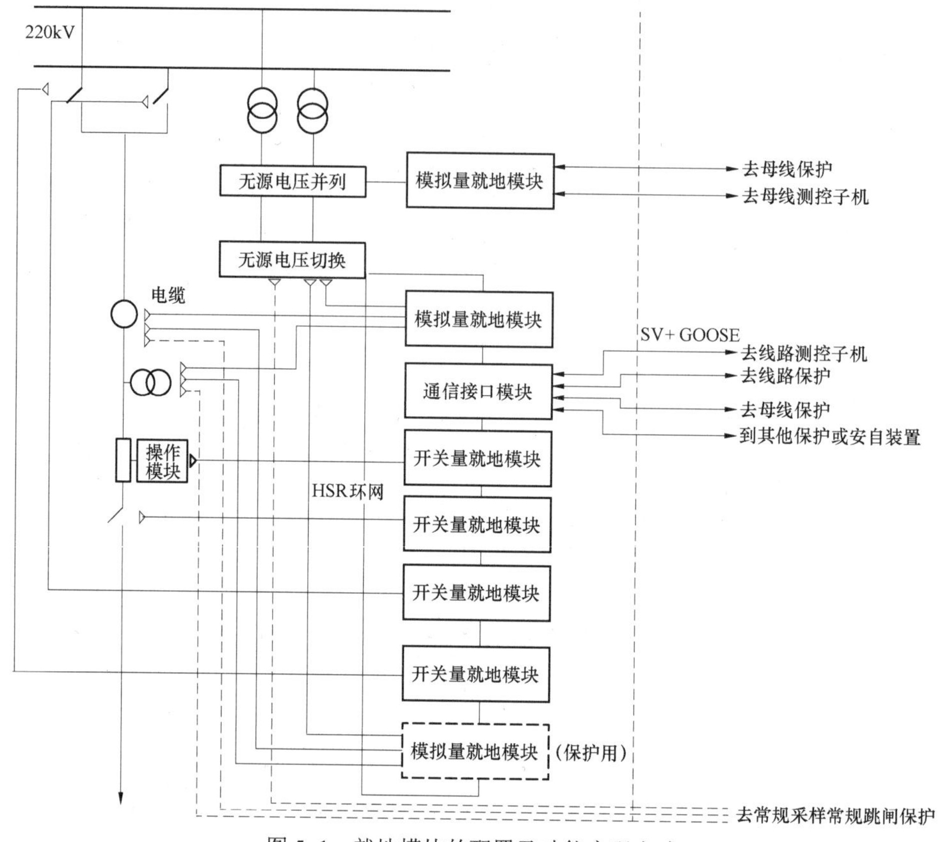

图 5-1　就地模块的配置及功能实现方式

但是，智能变电站由于增加了合并单元及智能终端装置，在继电保护装置的动作过程中增加了新的延时环节，从而造成了继电保护整组动作时间的延长。而合并单元及智能终端装置之间的集成，虽然能减少设备数量，但却无法解决由于新增环节而带来的保护动作延时的问题。

因此，根据 IEC 61850 面向对象思想和逻辑设备功能分布的概念，未来的合并单元及智能终端装置将趋向于模块化，与间隔层的保护、测控、PMU 等二次设备进行功能集成，并且随着相关间隔层二次设备的集中布置或就地布置，与间隔层二次设备融合后的合并单元及智能终端装置，将作为一次设备的一个智能化模块，实现对一次设备的保护、控制、测量及状态监测，从而进一步增加变电站二次设备的集成度。

5.3 电力系统时间同步系统展望

时间频率领域的技术发展日新月异，电力系统对时间同步的要求也日益提高。与智能电网的发展趋势相对应，时间同步技术在高精度、高可靠性、网络化授时及统一在线监测等方面的长足进步。

在时间同步的精度方面，必须深入分析授时精度影响因素，使得时间同步系统满足设备及系统最高等级的授时精度要求，即优于 1μs。影响时间同步精确授时的因素有很多，包括高精度的时钟源、内部元器件及处理算法、传输线路的影响等。目前，我国北斗卫星系统已正式面向亚太地区提供授时服务，授时精度优于 100ns。在智能电网时间同步系统中引入北斗卫星时钟源，且以北斗为主，GPS 为辅，实现真正意义上的双星备份系统，能够极大地提高来自卫星时间基准的安全性和可靠性。时间同步系统的频率源是保证高精度授时的核心元件，采用高稳定度的频率源，设计高质量的控制算法来补偿频率源可能的频率漂移，将有效延缓系统输出信号时间准确度降低的速度，保持系统授时精度在更长时间内仍能满足被授时设备需求。在智能电网未来应用中，通常要求频率源选用高性能的恒温晶振或原子频标，且时间准确度应优于 1μs/h。

在时间同步的可靠性方面，除了要求时间同步系统正常工作时不能发生跳变等故障之外，时间同步系统的状态监控也应该纳入到电网运行安全管理系统中，对时间同步系统运行状态和重要指标进行全面的在线监控。

在授时网络化方面，要逐步建立统一的全网时间同步系统，将原本各自独立的发电厂、变电站、控制中心、调度中心等纳入其中，保证各个时钟都能追溯到同一个标准时间基准源，符合溯源性要求，不同地点的时钟能够经过校准而满足时间一致性要求。在网络结构上，全网时间同步系统可以形成逐级汇接的三级拓扑结构，由一级时间同步系统（中调或省调）、二级时间同步系统（地调）和变电站等三级时间同步系统所组成，利用 SDH 网络传递地面时间基准，实现全网的时间同步。目前，各地利用已有的 SDH 网络及 IEEE 1588 协议，正在全力开展全网时间同步的相关研究，努力克服时延抖动、时延误差修正等技术难题。

在搭建全网时间同步系统的同时，还需要利用专用网络组成网管系统，实现对各级时间同步系统的监控和管理。目前，在变电站监控系统基础上完善时间同步监控功能的工作正在进行，以便真正做到全网的统一网管和维护，让时间同步设备的运行没有任何盲区，让运维变得轻松和低成本，同时可极大地提高设备运行的可靠性和安全性，进而给整个电网提供一个高稳定的时间同步网络。

在未来智能电网的建设与发展中，高精度、高稳定度的时间同步技术必将发挥越来越重要的作用，满足各类设备时间精度需求，确保实时数据采集、电网参数校验及各种信息数据提取的准确性，提高电网数据分析和控制水平，提高电网运行的效率及可靠性，从而适应我国智能电网的发展需要。

附录 引用技术标准表

序号	标准编号	标 准 名 称
1	DL 755—2001	电力系统安全稳定导则
2	Q/GDW 441—2010	智能变电站继电保护技术规范
3	DL/T 1771—2017	比率差动保护功能技术规范
4	Q/GDW 1161—2014	线路保护及辅助装置标准化设计规范
5	Q/GDW 1175—2013	变压器、高压并联电抗器和母线保护及辅助装置标准化设计规范
6	Q/GDW 1808—2012	智能变电站继电保护通用技术条件
7	Q/GDW 1396—2012	IEC 61850 工程继电保护应用模型
8	Q/GDW 11052—2013	智能变电站就地化保护装置通用技术条件
9	GB/T 17626.4—2008	电磁兼容 试验和测量技术 电快速瞬变脉冲群抗扰度试验
10	GB/T 17626.5—2008	电磁兼容 试验和测量技术 浪涌（冲击）抗扰度试验
11	GB/T 17626.6—2008	电磁兼容 试验和测量技术 射频场感应的传导骚扰抗扰度
12	GB/T 17626.11—2008	电磁兼容 试验和测量技术 电压暂降、短时中断和电压变化的抗扰度试验
13	GB/T 14285—2006	继电保护和安全自动装置技术规程
14	GB/T 34122—2017	220~750kV 电网继电保护和安全自动装置配置技术规程
15	Q/GDW 441—2010	智能变电站继电保护技术规范
16	Q /GDW 11050—2013	智能变电站动态记录装置应用技术规范
17	Q/GDW 1161—2014	线路保护及辅助装置标准化设计规范
18	Q/GDW 1175	变压器、高压并联电抗器和母线保护及辅助装置标准化设计规范
19	DL/T 5136—2012	火力发电厂、变电所二次接线设计技术规程
20	DL/T 866—2015	电流互感器和电压互感器选择及计算规程
21	GB/T 20840.7—2007	互感器 第 7 部分：电子式电压互感器
22	GB/T 20840.8—2007	互感器 第 8 部分：电子式电流互感器
23	GB/T 25931—2010	网络测量和控制系统的精确时钟同步协议
24	GB/T 34132—2017	智能变电站智能终端装置通用技术条件
25	DL/T 281—2012	合并单元测试规范
26	DL/T 282—2012	合并单元技术条件
27	DL/T 860.92—2016	电力自动化通信网络和系统 第 9-2 部分：特定通信服务映射(SCSM)-基于 ISO/IEC 8802-3 的采样值
28	DL/T 1515—2016	电子式互感器接口技术规范
29	Q/GDW 383—2009	智能变电站技术导则
30	Q/GDW 428—2010	智能变电站智能终端技术规范

续表

序号	标准编号	标 准 名 称
31	Q/GDW 441—2010	智能变电站继电保护技术规范
32	Q/GDW 1161—2014	线路保护及辅助装置标准化设计规范
33	Q/GDW 1175—2013	变压器、高压并联电抗器和母线保护及辅助装置标准化设计规范
34	Q/GDW 1426—2016	智能站合并单元技术规范条件
35	Q/GDW 1808—2012	智能变电站继电保护通用技术条件
36	Q/GDW 1902—2013	智能变电站 110kV 合并单元智能终端集成装置技术规范
37	Q/GDW 10393—2016	110（66）kV～220kV 智能变电站设计规范
38	Q/GDW 10394—2016	330kV～750kV 智能变电站设计规范
39	Q/GDW 10766—2015	10kV～110（66）kV 线路保护及辅助装置标准化设计规范
40	Q/GDW 10767—2015	10kV～110（66）kV 元件保护及辅助装置标准化设计规范
41	Q/GDW 11015—2013	模拟量输入式合并单元检测规范
42	Q/GDW 11286—2014	智能变电站智能终端检测规范
43	Q/GDW 11287—2014	智能变电站 110kV 合并单元智能终端集成装置检测规范
44	Q/GDW 11487—2015	智能变电站模拟量输入式合并单元、智能终端标准化设计规范
45	GB/T 36050—2018	电力系统时间同步基本规定
46	DL/T 1100.1—2009	电力系统的时间同步系统　第 1 部分：技术规范
47	GB/T 33591—2017	智能变电站时间同步系统及设备技术规范
48	DL/T 1100.2—2013	电力系统的时间同步系统　第 2 部分：基于局域网的精确时间同步
49	GB/T 25931—2010/IEC 61588—2009	网络测量和控制系统的精确时钟同步协议
50	GB/T 26866—2011	电力系统的时间同步系统检测规范
51	Q/GDW 11202.5—2014	智能变电站自动化设备检测规范 第 5 部分：时间同步系统
52	Q/GDW 11539—2016	电力系统时间同步及监测技术规范
53	Q/CSG 1203023—2017	南方电网数字及时间同步系统技术规范
54	GB/T 3102.1—1993	空间和时间的量和单位
55	GB/T 7408—2005/ISO 8601：2000	数据和交换格式 信息交换 日期和时间表示法
56	GB/T 29842—2013	卫星导航定位系统的时间系统
57	GJB 2991A—2008	B 时间码接口终端通用规范
58	GJB 2242—1994	时统设备通用规范
59	JJF(通信)018—2015	时间综合测试仪校准规范
60	JJF 1180—2007	时间频率计量名词术语及定义
61	JJF 1403—2013	全球导航卫星系统（GNSS）接收机（时间测量型）校准规范
62	BD 110001—2015	北斗卫星导航术语
63	BD 420004—2015	北斗/全球卫星导航系统（GNSS）导航型天线性能要求及测试方法
64	BD 420006—2015	北斗/全球卫星导航系统（GNSS）定时单元性能要求及测试方法

参 考 文 献

[1] 宋璇坤，刘开俊，沈江. 新一代智能变电站研究与设计［M］. 北京：中国电力出版社，2014.

[2] 曹团结，黄国方. 智能变电站继电保护技术与应用［M］. 北京：中国电力出版社，2013.

[3] 李振兴. 智能电网层次化保护构建模式及关键技术研究［D］. 武汉：华中科技大学，2012.

[4] 李颖超. 新一代智能变电站层次化保护控制系统方案及其可靠性研究［D］. 北京：北京交通大学，2013.

[5] 国家电力调度通信中心. 国家电网公司继电保护培训教材［M］. 北京：中国电力出版社，2009.

[6] 李振兴，尹项根，张哲，等. 基于多 Agent 的广域保护系统体系研究［J］. 电力系统保护与控制，2012，40（4）：71–75.

[7] 郑玉平. 智能变电站二次设备与技术［M］. 北京：中国电力出版社，2014.

[8] 吕航，陈军，杨贵，等. 基于交换机数据传输延时测量的采样同步方案［J］. 电力系统自动化，2016，40（9）：124–128.

[9] 李志坚，潘书燕，宋斌，等. 智能变电站站域保护控制装置的研制［J］. 电力系统自动化，2016，40（13）：107–113.

[10] 王青云，肖凡. 新一代智能变电站站域保护控制系统应用研究［J］. 电气开关，2016，54（2）：44–46.

[11] 丁毅，陈福锋，张云，等. 基于背板总线的站域保护控制装置设计［J］. 电力系统自动化，2014，38（24）：102–107.

[12] 陈国炎，张哲，尹项根，等. 广域后备保护通信模式及其性能评估［J］. 中国电机工程学报，2014，34（1）：186–196.

[13] 田霖，文安，黄盛，等. 广域保护控制系统通信网络需求分析［J］. 电力信息与通信技术 ，2014（6）：22–25.

[14] 王玉玲，刘宇 1 ，樊占峰，等. 有限集中式就地化母线保护方案［J］. 电力系统自动化，2017，41（16）：35–40.

[15] 刘振亚. 国家电网公司输变电工程通用设备 110（66）～750kV 智能变电站二次设备（2012 年版）［M］. 北京：中国电力出版社，2012.

[16] 冯军. 智能变电站原理及测试技术［M］. 北京：中国电力出版社，2011.

[17] 郑玉平. 智能变电站二次设备与技术［M］. 北京：中国电力出版社，2014.

[18] 周华良，郑玉平，姜雷，等. 适用于合并单元的等间隔采样控制与同步方法［J］. 电力系统自动化，2014，38（23）：96–100.

[19] 徐丽青，丁泉，史志伟，等. 合并单元的电快速瞬变脉冲群抗扰度分析［J］. 电力系统自动化，2014，38（21）：108–113.

[20] 姜雷，郑玉平，艾淑云，等. 基于合并单元装置的高精度时间同步技术方案［J］. 电力系统自动化，2014，38（14）：90–94.

[21] 闫志辉，周水斌，郑拓夫. 新一代智能站合并单元智能终端集成装置研究［J］. 电力系统保护与控制，2014，42（14）：117–121.
[22] 倪益民，杨松，樊陈，等. 智能变电站合并单元智能终端集成技术探讨［J］. 电力系统自动化，2014，38（12）：95–99+130.
[23] 万淑娟，王小平，蔡勇. 新一代智能变电站过程层设备集成设计的探讨［J］. 湖北电力，2013，37（09）：5–7.
[24] 李英明，郑拓夫，周水斌，等. 一种智能变电站合并单元关键环节的实现方法［J］. 电力系统自动化，2013，37（11）：93–98.
[25] 朱超，黄灿，梅军，等. 基于 FPGA 与 ARM 的智能合并单元设计［J］. 电网技术，2011，35（06）：10–14.
[26] 樊陈，倪益民，沈健，等. IEEE 1588 在基于 IEC 61850—9—2 标准的合并单元中的应用［J］. 电力系统自动化，2011，35（06）：55–59.
[27] 晏玲，李伟，曹津平. 采用 FPGA 实现合并单元同步采样的方案［J］. 电力自动化设备，2010，30（10）：126–128.
[28] 樊陈，吕晓荣，高春雷. 基于 IEC 61850 过程层总线合并单元的研究［J］. 江苏电机工程，2010，29（02）：25–29.
[29] 赵应兵，周水斌，马朝阳. 基于 IEC 61850—9—2 的电子式互感器合并单元的研制［J］. 电力系统保护与控制，2010，38（06）：104–106+110.
[30] 刘琨，周有庆，彭红海，等. 电子式互感器合并单元（MU）的研究与设计［J］. 电力自动化设备，2006，（04）：67–71.
[31] 窦晓波，吴在军，胡敏强，等. IEC 61850 标准下合并单元的信息模型与映射实现［J］. 电网技术，2006，（02）：80–86.
[32] 张世强，李士林. 数字化变电站二次侧调试技术分析［J］. 河北电力技术，2010，29（1）：5–8.
[33] 殷志良，李敏，袁成江，等. 数字化变电站合并单元的应用和测试［J］. 供用电，2011，28（5）.
[34] 刘晓晨. 合并单元检测技术探讨［J］. 浙江电力，2012，31（4）：14–17.
[35] 黄未，周家旭，张武洋. 智能变电站合并单元现场测试技术研究［J］. 东北电力技术，2014（1）：11–12，22.
[36] 张道农，于跃海. 电力系统时间同步技术［M］. 北京：中国电力出版社，2017，56.
[37] 胡春阳，焦群. 电网时间统一系统可行性研究［J］. 电力系统通信，2011，32：1–5.
[38] 冯宝英，何迎利，焦群. 电网区域时间中心系统的研究［J］. 电力系统通信，2011，32：47–49.
[39] 翟章. 电力通信几种主要传输方式的应用分析［J］. 电力系统通信，2006，6：61–63.

索　引